国家林业和草原局普通高等教育"十三五"规划教材

城市林业

李吉跃 主编

中国林业出版社

图书在版编目(CIP)数据

城市林业/李吉跃主编.—北京：中国林业出版社，2021.9（2024.8重印）
国家林业和草原局普通高等教育"十三五"规划教材
ISBN 978-7-5219-1336-1

Ⅰ.①城… Ⅱ.①李… Ⅲ.①城市林-林业-高等学校-教材 Ⅳ.①S731.2

中国版本图书馆 CIP 数据核字（2021）第 173964 号

中国林业出版社教育分社

策划编辑：肖基浒 吴 卉　　　责任编辑：肖基浒
电话：(010)83143555　　　　　传真：(010)83143516

出版发行	中国林业出版社（100009　北京市西城区刘海胡同7号）
	E-mail：jiaocaipublic@163.com　电话：(010)83143120
	http://www.forestry.gov.cn/lycb.html
印　刷	三河市祥达印刷包装有限公司
版　次	2021年9月第1版
印　次	2024年8月第3次印刷
开　本	850mm×1168mm　1/16
印　张	21.25
字　数	504 千字
定　价	65.00 元

未经许可，不得以任何方式复制或抄袭本书之部分或全部内容。
版权所有　侵权必究

《城市林业》编写人员

主　　编：李吉跃

副 主 编：韩　轶　何　茜

编写人员：(按姓氏笔画排序)

　　　　　　韦东山(内蒙古农业大学)

　　　　　　刘德良(嘉应学院)

　　　　　　苏　艳(华南农业大学)

　　　　　　李吉跃(华南农业大学)

　　　　　　邱　权(华南农业大学)

　　　　　　何　茜(华南农业大学)

　　　　　　陈世清(华南农业大学)

　　　　　　常金宝(内蒙古农业大学)

　　　　　　韩　轶(呼和浩特职业学院)

前 言

城市林业是林业的一个专门分支，是一门研究潜在生理、社会和经济福利的城市科学，是林学、园艺学、园林学、风景园林、生态学、城市环境、城市规划等学科基础上建立起来的交叉学科，也是一门发展迅速、前景广阔的边缘性和应用性学科。城市林业是全国农林院校公共选修类课程，涉及专业主要包括林学、园艺、园林、风景园林、资源环境、城市规划、旅游管理、生态学等。由于教材涉及的专业和学科门类比较多，因此，在内容的广度、深度、实用性等方面都有更高的要求。

本教材是新编的《城市林业》教材，也是我国高等农林院校编写的第二部《城市林业》规划教材。1996 年，编者在国内率先为北京林业大学研究生开设了城市林业专题，内蒙古农业大学林学院为本科生开设了城市林业课程。2000 年北京林业大学在全校开设城市林业 A 类选修课程，所用教材为自编讲义。该讲义从 1996 年一直沿用到 2010 年直到高等教育出版社出版《城市林业》为止。又经过 10 年的使用，在充分借鉴国外同类教材相关内容的基础上，应用和总结了国内外城市林业研究的最新成果，并紧紧围绕新的课程教学大纲要求，重新编写补充和完善了《城市林业》教材。本教材适应新时代对城市林业专业人才培养和城市林业建设发展的需求，填补了国内本科城市林业教材的空白，对提高和培养学生的城市环境绿化意识、开展城市生态环境及城市林业的科学研究、促进我国城市生态环境建设及城市可持续发展起到了一定的推动作用，打下了专业人才培养的基础。

本教材主要介绍了与城市林业相关的基础知识和应用技术，特别是紧跟时代发展的步伐，增加了现代新技术的内容和实际应用。主要内容包括城市及其城市化发展趋势与城市环境问题，城市林业的产生及其发展历史，城市林业的发展方向与趋势；城市林业的基本概念与范畴，城市森林的组成，城市林业的生态学（包括森林生态学及城市生态学）、森林培育学及园林学基础；城市森林环境的基本概念、组成与特点，影响城市森林的非生物环境及生物环境；城市森林、草坪与地被物、城市湿地、城市森林康养等功能与效益，城市多样性保护；城市森林综合评价指标体系（新编）；城市森林的规划设计、培育与经营；城市林业的信息管理、教育与培训等。

教材编写的具体分工是：第 1 章由李吉跃与何茜编写；第 2 章和第 3 章由常金宝编写；第 4 章由李吉跃与邱权编写；第 5 章由韩轶编写；第 6 章和第 8 章由常金宝与韦东山编写；第 7 章由李吉跃与苏艳编写；第 9 章由陈世清编写；第 10 章由刘德良编写。最后由李吉跃全面统稿。我国城市林业教育和研究的引领者和奠基人沈国舫院士对教材的内容提出了高屋建瓴的修改意见。

本教材在编写过程中参考了相关资料并予以标注,谨对相关作者表示感谢。由于编者的专业知识水平所限,教材中难免存在错误和疏漏之处,恳请读者批评指正。

编 者

2021 年 6 月

目 录

前言

第1章 绪 论 ……………………………………………………………… (1)
  1.1 城市及城市化的概念 ………………………………………………… (2)
  1.2 城市林业的产生及其发展概况 ……………………………………… (12)
  1.3 城市林业的发展方向及趋势 ………………………………………… (22)
  1.4 学习城市林业课程的要求和任务 …………………………………… (25)

第2章 城市林业基本理论 ……………………………………………… (26)
  2.1 城市林业概念与范畴 ………………………………………………… (26)
  2.2 城市森林的组成 ……………………………………………………… (28)
  2.3 城市林业的基础理论 ………………………………………………… (31)

第3章 城市森林环境 …………………………………………………… (60)
  3.1 城市森林环境的基本概念、组成及特点 …………………………… (60)
  3.2 城市森林的非生物环境 ……………………………………………… (63)
  3.3 城市森林的生物环境 ………………………………………………… (96)

第4章 城市林业的功能与效益 ………………………………………… (116)
  4.1 城市森林的功能与效益 ……………………………………………… (116)
  4.2 城市草坪与地被物的功能与效益 …………………………………… (143)
  4.3 城市湿地的功能与效益 ……………………………………………… (151)
  4.4 城市生物多样性及其保护 …………………………………………… (157)

第5章 城市森林综合评价指标体系 …………………………………… (164)
  5.1 城市森林综合评价指标体系的理论基础 …………………………… (164)
  5.2 构建评价指标体系的基本原则 ……………………………………… (174)
  5.3 城市森林评价指标的意义及定量计算方法 ………………………… (177)
  5.4 评价指标权重的计算 ………………………………………………… (189)

第6章 城市森林的规划设计 …………………………………………… (195)
  6.1 市区森林的规划设计 ………………………………………………… (195)
  6.2 郊区森林的规划设计 ………………………………………………… (225)
  6.3 苗圃总体规划设计 …………………………………………………… (231)

第7章 城市森林培育 …………………………………………………… (238)
  7.1 市区森林的培育 ……………………………………………………… (238)

7.2 郊区森林的培育 …………………………………………………… (247)
第8章 城市森林经营 …………………………………………………… (265)
8.1 城市森林的分布 …………………………………………………… (265)
8.2 城市森林土地类型 ………………………………………………… (266)
8.3 城市森林的调查与测量 …………………………………………… (268)
8.4 城市森林的利用与评价 …………………………………………… (275)
8.5 城市林业的经营 …………………………………………………… (276)
第9章 城市林业信息管理 ……………………………………………… (280)
9.1 城市林业信息管理概述 …………………………………………… (280)
9.2 智慧城市林业 ……………………………………………………… (289)
第10章 城市林业教育与培训 …………………………………………… (304)
10.1 城市林业教育与培训的发展概况 ………………………………… (304)
10.2 城市林业教育 ……………………………………………………… (308)
10.3 城市林业技术培训 ………………………………………………… (319)
参考文献 …………………………………………………………………… (323)

第1章 绪 论

世界范围内的城市化是全球的大趋势。对于这一趋势所导致的生态环境效应，从对城市化历史和发展趋势分析过程中可以得出正反两方面的结果。

城市化的进步效应表现在：首先，城市化可推动社会的进步。由于世界上大多数城市地处交通便利、水土资源优势度较高和自然条件较好的地区，因此其生态位较高。同时，由于城市地区工商业集中，建筑物集中，可以充分利用土地资源、时间与空间，并且城市往往聚集了方方面面的优秀人才，因而在城市化时间和空间领域中可以创造出比生产力低且人口分散的地区高几十倍乃至几百倍的经济效益和社会效益。国外发达国家城市化进程和结果，以及发展中国家城市化的趋势已经充分证明，城市化是现代人类社会发展中具有划时代意义的历史阶段，是人类进步的必由之路。其次，城市化促进了生产力的大幅度提高和经济效益的明显增长。由于城市是密集型经济，所以能在时间和空间上极大地节约生产成本，劳动生产率比其他经济地区要高得多。国外有人将发展中国家的城市化与社会经济发展指标的变化进行了大量的相关分析，在人均 GDP 100~1000 美元的阶段，城市化人口比重每增加 10 个百分点，人均国内生产总值要增加两倍以上。最后，城市化促进了城市功能和城市体系的完善。在城市化进程中除了培育出具有经济、政治、文化等多种功能的综合性城市外，还带动了具有特殊功能或不同特色的新兴城市和专业城市的增长，使得区域城市体系不断完善，如钢铁城、石油城、旅游城、大学城、科学城等。

城市化对生态环境负面效应表现为：首先，城市化占用了大量的土地，人口流向城市，使得大量有生物生产的土地被建筑物和道路吞噬。如美国的城市化发展持续侵占着城市周围的土地，据统计专供城市利用的土地总量已经从 1982 年的 $2100 \times 10^4 \text{ hm}^2$ 增加到 1992 年的 $2600 \times 10^4 \text{ hm}^2$，在 10 年内 $208.6 \times 10^4 \text{ hm}^2$ 林地、$152.5 \times 10^4 \text{ hm}^2$ 耕地、$94.4 \times 10^4 \text{ hm}^2$ 草场和 $77\,402.9 \times 10^4 \text{ hm}^2$ 的牧地转化成了城市用地。在发展中国家每年大约有 $47.6 \times 10^4 \text{ hm}^2$ 的可耕地被城市的扩展所侵占。其次，城市化使自然生态系统受损，表现在生物种群减少，结构单一，沿海生态环境受到威胁，植物与人类的生物量比值下降。联合国环境规划署要求城市人均绿地达到 60 m^2，但在城市化高度发展的情况下，世界上大部分城市均未达此指标。最后，城市化导致环境大面积受到污染，包括城市居民赖以生存的水环境、空气环境、土壤环境等。随着污染程度加深，城市化对城市居民的健康产生严重的影响，许多城市"文明病"或"公害病"相应产生，如呼吸系统疾病、心血管疾病、高血压病、肥胖症、癌症等。

城市化对人类生存环境的破坏造成环境恶化，破坏了城市居民的生活质量。一方面，人们为了生存而谋求城市化发展，另一方面，为了发展利益而漠视自然和生存环境，走入了城市发展的误区。因此，城市化发展过程本身就给我们提出了这样一个无法回避的问题：城市居民究竟应该生活在什么样的城市环境之中？在城市化的发展过程中如何才能做到发展经济与改善生存环境质量协调发展？而这正是城市林业需要回答和解决的问题。在城市化发展的过程中，应给予城市林业以突出的地位和关注，这样我们才能够在城市化的进程中建立真正的现代生态城市，获得真正的现代文明的宜居环境。

1.1 城市及城市化的概念

1.1.1 城市的定义

城市是人口学、社会学、地理学、建筑学和经济学等众多学科共同关注的对象。作为城市森林和城市林业的载体，有必要对城市的基本概念进行必要了解和掌握。各个学科从各自的研究角度，相应地提出了各种城市概念。

从人口学角度来认识城市，认为"城市"是按一定人口规模，并以非农业人口为主的居民聚居地，是聚居(settlement)的一种特殊形态。

从特征上定义城市，恩格斯提出："城市本身表现了人口、生产工具、资本、享乐和需求的集中。"列宁也曾经指出："城市是经济、政治和人民精神生活的中心。"以上观点基本上代表了社会学对城市的认识。社会学家的城市定义强调了城市的人为作用。事实上，在世界上任何国家，城市都是作为政治、经济、科技、文化和社会信息的中心，而中心的管理者和建设者都是人，而且是大量的聚集的人群。

从功能上定义城市，认为"城市是具有中心性能的区域焦点"，"城市是从事第二、三产业人群的居住地"。城市的功能定义有助于从根本上认识城市的地位和作用，但仅考察城市功能并不能准确揭示和刻画城市的固有属性。

从系统角度定义城市，其代表学者如美国著名的城市历史与建筑学家刘易斯·芒福德(Lewis Mumford)认为"城市既是多种形式的空间组合，又是占据这一组合的结构和机构等在时间上有机的结合"。巴顿(K. J. Borton,1986)认为："城市是一个在有限空间地区内的各种经济市场——住房、劳动力、土地、运输传导——相互交织在一起的网状系统。"李铁映(1986)的定义认为："城市是以人为主体，以空间利用为特点，以聚集经济效益为目的的一个集约人口、集约经济、集约科学文化的空间地域系统。"钱学森(1996)认为："所谓城市，就是一个以人为主体，以空间利用和自然环境利用为特点，以集聚经济效益和社会效应为目的，集约人口、经济、科学、技术和文化的空间地域大系统。"这种定义明确了城市是一个由多种因素构成的系统，因而可以用系统的方法进行研究，揭示了城市聚集的本质特征和聚集的根本内容。

王放(2000)在其新著《中国城市化与可持续发展》一书中认为："城市是在人类历史上形成的，以非农业人口为主体的人口、经济、政治、文化高度聚集的社会物质系统。"这种认识基本上也代表了新一代社会学者从社会学的角度上的认识。

从生态学的角度定义城市，如 F. Rarzel 认为："城市是指地处交通便利的环境，占据一定地域面积的密集的人群和建筑设施的集合体。"我国生态学家马世骏和王如松(1984)把城市视为一类社会—经济—自然复合生态系统，认为："城市的自然及物理组分是其赖以生存的基础，城市各个部门的经济活动和代谢过程是城市生存和发展的活力与命脉，而人的社会行为和文化观点则是城市演替与进化的动力泵。"概括上述生态学家的观点,基本上把城市看作一种以人口密集,经济和社会活动集中,并有大量的废弃物排放为特征的,由人所创造的人工生态系统。

综合国内外学术界对城市的定义,我们认为:"城市是一种以自然生态系统为基础,并在此基础上以人的大量聚集,经济和社会活动集中为特征的人工生态系统,并且这一系统是以人为主体,并为人类加工物资、积累信息,提供便利条件的高效场所,是能流、物流、信息流和人流高速发展的空间地域系统。"

1.1.2 城(镇)的形成和发展

城(镇)的形成与发展是与社会生产力的发展密不可分的。只有社会生产力发展到一定阶段,有了劳动分工,并使得一部分人能够从事手工业和商业,即只有随着大农业生产技术的发展,产生了剩余农产品的前提下,才可能由农业居民点(村或庄)逐渐演化成城或镇这种人口较为密集的单元。因而从历史上看,在城市发展的早期,就具有手工业和商业的职能。

倘若我们把公元前7350年出现的耶利哥城(巴勒斯坦约旦河畔)看作城市的诞生之日,那么迄今为止的9370年间的城市发展,由于各个历史时期的经济基础、自然条件以及社会因素的差异,使得城市发展产生了阶段性。按照各个阶段的特征,一般可划分为早期城市阶段、中世纪城市阶段、工业化城市阶段、现代化城市阶段和生态城市阶段。

早期城市阶段的城市较小,人口在几千到几万人之间,城市结构简单,社会基本处于奴隶社会,社会生产力低下,以手工业为主。城市的职能也主要是作为奴隶主统治的政治、军事和宗教中心。

中世纪城市阶段的城市规模有了一定的扩大。由于火药、指南针、印刷术和造纸的发明,使得社会生产力有了提高,城市的结构与社会职能得到了进一步的完善与深化。

工业化城市阶段的城市以英国首都伦敦为代表。资本主义工业革命的兴起,引起了社会生产力和生产关系的极大变革,越来越多的人口向城市集中,劳动分工的可能性也越来越大,从而使职业增多,社会生产力提高。同时对资源的消耗和环境的影响也越来越大。

现代化城市阶段的城市特征是人口继续增加,并向城郊扩展。以城区为核心,带动郊区等毗邻地区,形成统一的大型都市化地带。现代化城市的物质文明水平已有了明显提高,人均居住面积有了增加,水、电、卫生设备有了一定的发展。但在某些地区城市发展太快,市政建设滞后,贫民窟、环境污染、交通拥挤、住房紧缺、资源浪费等问题仍然有待解决。

生态城市阶段是城市发展的理想阶段。生态城市是结构合理、功能高效和美观协调的城市。贝考说:"生态城市应该是环境清洁优美,生活健康舒适,人尽其才,物尽其用,地尽其利,人和自然协调发展,生态良性循环的城市。"我们认为要达到生态城市应有的水平和标准,作为城市生态系统中不可或缺的城市森林生态系统,其作用和地位是至关重要的。

总之,城市作为一种人类聚集的形式,它是社会发展到一定阶段的产物,并随着社会的发展而发展。然而,如果从人与大自然和谐共存的可持续发展的观点来看,则人类在绝大多数时间都在异想天开地背离大自然,这种背离作用在城市化发展迅猛的21世纪显得尤为突出。

1.1.3 城市化及城市人口的概念

21世纪是世界城市快速发展的世纪,是城市化进程迅速推进的世纪。迄今为止城市化已进入了一个高度发展的时期。作为城市林业产生的背景和基础,城市化的概念、城市化的发展趋势与城市林业的产生和发展息息相关。因此,在掌握城市林业和城市森林的基本理论之前,有必要了解和掌握"城市化"的概念和国内外城市化发展状况。

1.1.3.1 城市化的概念

城市化(urbanization)如同城市的概念一样,不同学科由于研究角度不同,因而对城市化的定义也不尽相同。

经济学家认为城市化是人口、社会生产力逐渐向城市转移和集中的过程,其侧重面在于经济与城市的关系。

地理学家认为城市化是由于社会生产力的发展而引起的农业人口向城镇、农村居民点形式向城镇居民点形式的转化过程,即城市地域活动中心城市化是由从事农业活动转向非农业活动,从而趋向集中的过程。

人口学家从城市人口数量增长变化的角度出发认为城市化是"农业人口向非农业人口转化并在城市集中的过程,表现在城市人口的自然增加、农村人口大量涌入城市、农业工业化、农村日益接受城市的生活方式等方面。"

社会学家以社群网的密度、深度和广度作为研究的出发点,认为城市化是"农村社区向城市市区转化的过程"。即把城市化过程看作社群网的广度不断扩大,密度日益降低,人际关系逐渐趋向专门化与单一化的过程。

因此,要全面地理解城市化的含义,必须从多个角度来认识。目前,城市化已被越来越多的学者认为具有多级的特征,T. G. McGee(1994)总结其为人口、经济、社会三方面的特征,Friedmann和Wulff(1975)将其扩展为物质的、空间的、文化的、体制的、经济的、人口的以及社会的多维想象的反映。王放(2000)认为"定义城市化应当充分考虑到易行,具有可比性,易于量化和便于测度这几个方面的因素……因此,倾向于采用'城市化是人口向城市集中的过程'这样一种简单的表述。"

王雅鹃(1999)认为,城市化进程综合概括起来包括以下几个方面的特征:"从人口特征上,居住于城市的人口所占的比例增大;从空间特征上,城市型居民点的数目以及单个城市的人口和用地规模不断扩大;从产业特征上看,是以非农业经济代替农业经济的过程;从社会文化的特征上看,是城市文化、生活方式和价值观念的普及和传播。"

按照中华人民共和国建设部颁布并于1999年2月1日执行的《中华人民共和国国家标准城市规划术语》,城市化是指"人类生产与生活方式由农村型向城市型转化的历史过程,主要表现为农村人口转化为城市人口及城市不断发展完善的过程。又称城镇化、都市化。"

综上所述,城市化是以空间、数量、经济、质量等特征为标志的。空间上,城市规模大；数量上，农业人口转变为非农业人口；质量上，居民生活方式现代化(王祥荣，2000)。但其最主要和最显著特征就是城市人口的集中与城市人口占总人口比重的不断增加。

1.1.3.2 城市化水平

城市化水平，一般用城市人口占总人口数的比重来表示。大量研究资料表明，当一个国家或地区城市人口比重达到50%以后，这个国家或地区的经济、社会、政治、文化等都会发生质变。其中，结构性变动最剧烈，各种社会矛盾和问题暴露得最充分。一旦城市人口占总人口的比重超过50%、达到60%以上时，这种症状开始好转。据此，人们通常把城市人口占总人口的比重达到50%以上的阶段，称为城市化的基本实现阶段(李吉跃等，2007)。目前，全世界城市化水平平均已达50%，其中，以英、法、美、日、德等发达国家的城市化水平最高，已达到70%以上(表1-1)，而发展中国家的城市化水平相对较低，城市化率低于世界平均水平(表1-2)。

表1-1 世界一些发达国家城市化率的历史演进(%)

国家	1920	1950	1960	1965	1970	1975	1980	2000
英国	79.3	77.9	78.6	80.2	81.6	84.4	88.3	89.1
法国	46.7	55.4	62.3	66.2	70.4	73.7	78.3	82.5
美国	63.4	70.9	76.4	78.4	81.5	86.6	90.1	94.7
日本	28.0	45.8	53.9	58.0	64.5	69.6	74.3	77.9
德国	63.4	70.9	76.4	78.4	80.0	83.8	86.4	81.2*

注：*东西德统一之后的统计值；数据转引自李吉跃等《中外城市林业对比研究》，2007。

表1-2 世界城市化发展趋势(1950—2020)

年份	世界		发达国家		发展中国家	
	城市人口(百万)	城市化水平(%)	城市人口(百万)	城市化水平(%)	城市人口(百万)	城市化水平(%)
1950	734	29.2	447	53.8	287	17.0
1960	1 032	34.2	571	60.5	460	22.2
1970	1 371	37.1	698	66.6	673	25.4
1980	1 764	39.6	798	70.2	966	29.2
1990	2 234	42.6	877	72.5	1 357	33.6
2000	2 854	47.6	950	74.4	1 904	39.3
2010	3 623	51.8	1 011	76.0	2 612	46.2
2020	4 488	57.4	1 063	77.2	3 425	53.1

注：数据转引自李吉跃等《中外城市林业对比研究》，2007。

我国属发展中国家，城市化水平尚不太高，但发展速度较快。截至2019年底，我国城镇地区的人口达84 843万，占全部总人口(140 005万)的60.60%(表1-3)，已进入城市化的加速发展时期，城市数目也达到了672个。

表 1-3　中国城市人口及城市化发展状况

人口普查	年份	城镇人口(万人)	全国总人口(万人)	城市化率(%)
第一次	1953	7726	58 260	13.26
第二次	1964	12 710	69 458	18.30
第三次	1982	20 658	100 394	20.60
第四次	1990	29 651	113 048	26.23
第五次	2000	45 594	126 333	36.09
第六次*	2010	66 557	133 972	49.68
目前**	2019	84 843	140 005	60.60

注：人口中未包括香港特别行政区、澳门特别行政区和台湾省；数据转引自李吉跃等《中外城市林业对比研究》，2007。*数据来源：中华人民共和国国家统计局发布 2010 年人口普查主要数据公报(第 1 号)，2011-4-28；
**数据来源：《中华人民共和国 2019 年国民经济和社会发展统计公报》(中华人民共和国国家统计局)，2020-2-25。

1.1.3.3　城市人口的概念

城市人口(urban population)的数量是城市化水平的一个主要特征。城市人口又称城镇人口或城镇居民，在我国还特指为居住在城市范围内并持有城市户口的人口。城市人口包括 3 种情况：①持有城市户口的人口；②居住在城市规划区范围内的人口；③居住在市辖区域范围内的人口。从城市规划、管理和建设来看，城市人口应包括居住在城市规划区域建成区内的一切人口，即包括一切从事城市的社会、经济和文化等活动，享受着城市公共设施的所有人口。城市的一切设施和物质供应，活动场所必须考虑容纳这些人口，并为他们做好各种各样的服务。因此，有些学者直接用城市人群来表示城市人口。

1.1.4　城市化发展趋势与城市生态环境问题

1.1.4.1　城市化发展趋势

(1)世界城市化进程

城市化是人类社会经济发展的必然趋势。随着世界人口的迅速增长，城市规模的不断扩大，这种趋势也愈演愈烈。据资料统计，1800 年(即工业革命初期)全世界的城镇人口总数为 2930 万人，占当时世界人口的 3%；到 1850 年，世界城镇人口已上升至 8080 万，占世界总人口的 6.4%；1900 年上升至 2.244 亿，占到世界人口的 13.4%；1950 年又上升至 7.121 亿，占到世界总人口的 28.6%；1980 年又增至 40%；1990 年世界城镇人口达到 22.34 亿，占世界总人口的 42.6%；2000 年城市人口已达到 28.54 亿，占世界总人口 60 亿的 47.6%(表 1-2、图 1-1 和图 1-2)。到 2018 年底，世界城市人口已达 42 亿，占世界总人口(77 亿)的 54.5%，预计到 2025 年，世界城市化率将达到 60%，发达国家将达到 80%左右。根据世界银行的资料显示，发展中国家在 1975—2000 年的城市化速度，比前

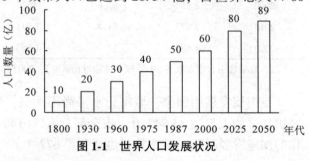

图 1-1　世界人口发展状况

25年(1950—1975)增加了2倍。可见城市化现象并不仅限于发达国家,而是一种世界趋势。

现代城市化发展趋势的另一个重要特征就是伴随着城市人口的增加,城市的数量和规模也越来越大。在20世纪初,超过10万人(中等以上)的城市全世界也仅有380座;至20世纪中期,已近100座;到了1975年,已超过200座。1900年全世界人口超

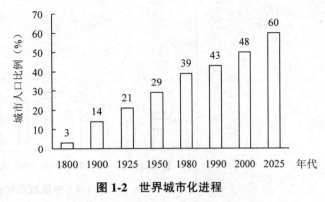

图1-2 世界城市化进程

过100万(大城市)的城市总共有10座,1950年为71座;60年代初期为102座;70年代中期达180座;1985年增至270座;2000年已达到400座。目前,纽约、墨西哥、东京、上海、洛杉矶、北京等城市人口已超过1000万(巨型城市)。从规模上看,由于工业的畸形发展,致使有些地区的工业城市或工商业区逐渐相连成片,形成"大工商业地带"。较著名的有美国大西洋沿岸的纽约、波士顿等城市。随着工业生产和工业资本的日益集中,城市规模越来越大,形成了费城、巴尔的摩、华盛顿、纽约、波士顿等相连成片的"大工业地段",人口达3700万之多,面积达53 500 km²。这个地带拥有美国全部制造工业的70%,集中了全国人口的40%。又如,日本的东京、大阪、名古屋三大中心城市的工商业活动约占全国的70%;法国大巴黎城市地区产生了占全国50%以上的国民生产总值。

(2) 中国城市化进程

我国现尚属城市化水平不高的国家,但发展速度较快。中华人民共和国成立后,城市人口和城市数目呈剧增的趋势。1949年至1983年,我国城镇人口由5765万增至24 126万人,增加了3.2倍。城镇人口比重从1949年的10.6%增长到1982年的20.6%。2000年的全国城镇人口达了45 594万人,占全国人口(126 333万)的比重为36.09%,比1982年又上升了近16个百分点。到2010年底,全国城镇人口66 557万人,占总人口(133 972万人)的49.68%(表1-2、图1-3和图1-4),城市化进程不断加快。根据第七次全国人口普查数据(截至2020年年底),全国人口总数已达141 178万人,城镇人口也增加到90 199万人,达到总人口的63.89%。

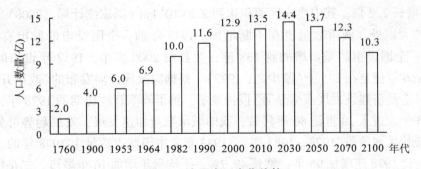

图1-3 中国人口变化趋势

图 1-4　中国城市化进程

根据2018年全国1%人口抽样调查数据显示，我国城市化进程不断加快，但发展不平衡，东部城市的城市化程度最高，深圳市的城市化已经达到100%，广州市也高达86.38%，而西部的重庆市和成都市分别只有65.50%和73.12%（图1-5）。

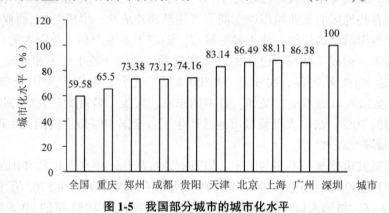

图 1-5　我国部分城市的城市化水平

随着城市人口的增加，城市规模也在不断扩大，城市用地（即建成区）逐年增加。城市建成区是指城市行政区内实际已成片开发建设、市政公用设施和公共设施基本具备的地区。例如，北京城市用地从1950年的139 km² 扩大到了1983年的394 km²，增加了1.8倍，到了2018年，北京城市用地面积已达1469 km²，与1950年相比扩大了10.6倍。从全国来看，2007年全国地级及以上城市（不包括市辖县）行政区域土地面积为62.2×10⁴ km²，比1978年增长2.2倍，其中建成区面积达到2.8×10⁴ km²（国家统计局，2008）。除了城市规模不断扩大以外，城市数量也在不断增加。1949年前，全国设市的城市有58个，到1949年底，全国设市的城市增加到138座，设县镇2000多个，1957年设市的城市达到177个，1966年稳定在175个（苏少之，1999）。根据国家统计局发布的《改革开放30年报告：城市社会经济建设发展成绩显著》报告显示，到了改革开放初期的1978年，全国城市发展到193个。进入20世纪80年代后，我国城市数量加速发展，发展趋势可分为三个阶段：一是较快发展阶段（1978—1983年）。1983年末中国城市数量由1978年的193个上升到289个，比1978年增加96个，增长49.7%，平均每年增加16个城市。二是快速增长阶段（1984—1991年）。1986年全国城市已达353个，1991年末共有城市479个，比1983年增加 190 个，增长 65.7%，平均每年增加 23 个。三是平稳发展阶段（1992—2007 年）。进入 90 年代中期，我国城市数量达到高峰并基本稳定下来，1994 年全国城市已发展到 622 座，1997 年达到城市数量最高峰 668 个，进入 21 世纪以后，全国城市数量因行政区划撤销或合并略有下降，到 2018 年末，全国城市数量达到 672 个，比 1992 年增加 193 个，增长 40.3%，平均每年增加 7 个（图 1-6）。

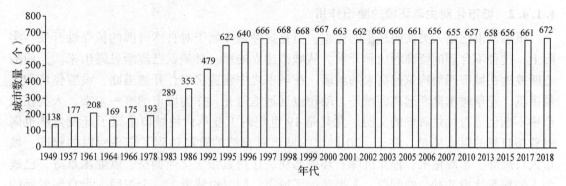

图 1-6 中国城市化发展情况

20 世纪 80 年代后中国城市化进入城市化的新阶段。据《中国城市统计年鉴 2004》资料显示，2003 年中国共有城市 660 座，其中，1000 万人口以上的巨型城市 3 座，500 万~1000 万人口的超大城市 6 座，200 万~500 万人口的特大城市 25 座，100 万~200 万人口的大城市 72 座（表 1-4）。从表 1-4 还可以看出，除巨型城市、超大城市集中于东部，以及中部地区的大城市和中等城市（50 万~100 万人口）的总数分别超过相应的东部地区以外，其他的特大城市、大城市、中等城市、小城市（50 万~10 万人口）各项指标，无论是城市总数还是相对应的百分比，东部城市、中部城市和西部城市都有明显的梯度差异（李吉跃等，2007）。

表 1-4 2003 年中国按城市市镇区人口和地区分组的城市数量及构成

城市规模	全国	东部城市		中部城市		西部城市	
		城市数（个）	百分比（%）	城市数（个）	百分比（%）	城市数（个）	百分比（%）
合计	660	263	39.8	247	37.4	150	22.7
巨型城市	3	3	100				
超大城市	6	5	83.3			1	16.7
特大城市	25	18	72.0	5	20.0	2	8.0
大城市	72	26	36.1	30	41.7	16	22.2
中等城市	113	33	29.2	53	46.9	27	23.9
小城市	441	178	40.4	159	36.1	104	23.3

注：县级市人口为城关镇人口；数据转引自李吉跃等《中外城市林业对比研究》，2007。

根据第七次全国人口普查数据（截至 2020 年年底），我国已有 16 座城市人口突破 1000 万，分别是北京、上海、广州、深圳、天津、重庆、成都、武汉、苏州、杭州、郑州、西安、石家庄、哈尔滨、南阳、临沂，其中，有 6 座城市人口超过 2000 万，分别是重庆、上海、北京、广州、深圳、成都。

总之，随着工业和经济的发展，世界各地的城市化发展都极为迅速，城市化给社会带来长足进步，它不仅改变了人类的生产方式和物质条件，同时也改变了人类的生活方式、思维方式，使人的需要发生改变，并改变人的观念、提高人的素质，其作用是广泛而巨大的，影响上是深远的。

1.1.4.2 城市化对生态环境的胁迫作用

虽然城市化是人类文明进步的标志，但是这种进步始于对自然资源的掠夺性开发。实际上，这种不合理的资源利用和开发，从城市建立的那一时刻就已逐渐显露出来。人们随心所欲地在城市四周构筑起高大的城墙，在城市之中建造房屋，开通道路，设置作坊和交易市场。花草树木渐渐远离到城外，动物也远远地避开。作为城市的唯一主宰，人类在城市中不断创造着灿烂辉煌的文明。尤其是19世纪的工业革命使城市集聚了开发自然也同时背叛自然的巨大能量，终于，20世纪的城市对自然的背离达到了忘乎所以的程度，城市人口爆炸、水源危机、地面沉降、环境恶化、住房紧张、交通拥挤、就业困难等，已成为人们深感忧虑的社会性问题。人类建造了城市，同时也建造了一个按照人类意愿发展的城市生态系统。在这个生态系统中，自然环境与生物种类都发生了根本性变化。尽管城市作为人类改造自然的高度象征，已创造出与自然生态系统相对应的一套极其独特和复杂的人工生态系统，但是城市人工生态系统依然受到自然生态系统一般规律的严格制约。若违背了自然生态系统的发展规律，城市也将成为人类的灾难之所。

城市化进程产生同时也破坏了人类自身赖以生存的生态环境，带来了许多城市生态环境胁迫问题，具体表现在：

（1）重金属元素的积聚污染

密集的工业生产和人类活动，产生并积聚了大量的对人体健康有不良效应的有毒元素和污染物质，通过土壤污染，富集和植物吸收积累，最终危害人类，如Pb、Zn、Cu、Ni、Ag、F、Se等。据对美国28个城市的调查表明，这些城市人们的心脏病、动脉硬化、高血压、慢性肾炎、中枢系统疾病，以及呼吸系统的癌症患病率，都与大气环境中诸如Ca、Zn、Pb、Cr等重金属元素的浓度显著相关。

（2）导致了严重的资源匮缺与环境污染

首先，随着城市化进程不断加快，世界上的大多数城市都面临严重的水资源匮乏和水污染问题。不仅发展中国家闹水荒，一些发达国家也开始出现水资源短缺。如日本大部分城市用水紧缺，使得政府不得不采取一系列规定与政策，如提高水价、发展节水型产业等，以解决水资源不够的问题。加拿大为全球水资源最丰富的国家，但1994年夏大旱，多伦多市有史以来第一次

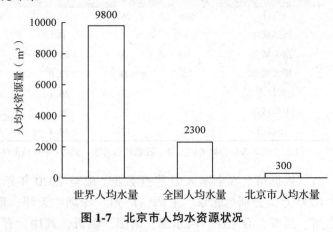

图1-7 北京市人均水资源状况

严格控制浇灌草坪用水。我国更是水资源分布不均衡的国家，1996年100座城市因缺水造成经济损失近200亿元。如今全国672个城市中贫水城市达300个，严重缺水的城市达50个。由于过度抽取地下水，使地下水位不断下降，发生地面沉降现象。如北京水资源总量只有36×10^8~40×10^8 m^3，人均水资源占有量不足300 m^3（图1-7），只相当于全国人均水资源的1/8，世界人均的1/32，远远低于国际公认的人均水量1000 m^3（国际公认的人均缺水警戒线）的下限。据测算，2005年前北京平均年缺水量达到8×10^8~16×10^8 t，到2010年达到16.15×10^8 t，水资源供需矛盾十分突出。1980年到1998年，地下水水位为波动下降期，降速较慢，年均下降0.29 m。1999年到2015年，由于连年干旱和经济社会快速发展对水资源的需求逐步增加，这一阶段地下水位呈快速下降阶段，年均下降0.82 m。全市平原区1997年地下水平均埋深12.09 m，与1980年相比较，水位下降了4.85 m。特别是1999年一年中，北京地下水储存量减少约15×10^8 m^3，地下水位下降了1.5~2 m，是当时几年下降最为严重的一年。近几年，随着南水北调中线工程通水，北京地下水水位已经连续5年实现回升。2014年底，随着南水北调中线工程通水，近七年来有效缓解了北京水资源匮乏的问题，并在2015年止住了地下水连年下降的趋势。从2015年末到2020年末，累计回升了3.72 m，水生态环境得到极大改善。又如上海市，1996年地面沉降已突破10 mm的警戒线，使得上海市地面已普遍低于黄浦江高潮时水位2 m，对防汛工作造成极大压力。大量地质勘探资料显示，目前上海市平均地下水位仅有0.5 m。

水污染是城市化进程中的另一个严重的生态环境胁迫因子。城市水污染主要表现为工业废弃物、化学农药、生活污水和工业污水的随意排放，污染了城市地下水、水井和河水等饮用水资源，被污染的水是造成各种疾病的主要原因。据1990年统计资料，全世界53亿人口中，14亿人缺乏卫生设备，12亿人缺乏安全饮用水，腹泻病人10亿人，460万5岁以下儿童死于腹泻，2亿人患血丝虫病，1亿人患疟疾，500万人受到昏睡病的威胁。在2006年召开的第四届世界水论坛提供的联合国水资源世界评估报告显示，全世界每年约有4200×10^8 m^3的污水排入江河湖海，污染了5.5×10^{12} m^3的淡水，这相当于全球径流总量的14%以上。发展中国家约有10亿人喝不清洁水，每年约2500万人死于饮用不清洁水，全球平均每天5000名儿童死于饮用不清洁水，约1.7亿人饮用有机物污染的水，3亿城市居民面临水污染。如果人类不改变目前的消费方式，到2025年全球将有50亿人生活在用水难以完全满足的地区，其中25亿人将面临用水短缺。中国科学院1996年发布的一份国情研究报告表明，我国532条主要河流中，有436条受到不同程度的污染。七大江河流经的15个城市河段中，有13个河段水质严重污染，同时一半以上的城市地下水受到污染。有资料显示，2005年，我国废水排放总量为524.5×10^8 t，城市污水处理仅为149.8×10^4 t，其中工业废水占35%~39%，城市污水占61%~65%，城市污水已经成为主要的污染源。目前，我国工业、城市污水排放总量为416×10^8 m^3，而经过集中处理的仅占23%，其余的大都直接排入江河，导致了大量的水资源出现恶化现象。据2019年中国生态环境状况公报显示，全国地级以上城市集中式饮用水水源水质达标率稳定保持在90%以上，但约50%重点城镇集中饮用水水源仍不达取水标准。

其次，城市化发展过程中，空气污染是又一个巨大的城市环境胁迫因子。城市工业生产、交通运输和居民生活排放的大量二氧化碳（CO_2）、二氧化硫（SO_2）、一氧化碳（CO）、二氧化氮(NO_2)、氟化氢(HF)等有害气体和烟尘是空气污染的主要原因。据美国85个城市的调查资料，由于大气污染，每年城市住宅被侵蚀造成的损失就高达6亿美元。墨西哥城是现在世界上最大的城市(人口达1800万)，也是空气污染最严重的城市，常年笼罩在烟雾中。大气污染的另一个突出表现就是因CO_2排放量的增加而出现的所谓"温室效应"。据联合国政府间气候委员会的研究报告预测，如果人类对CO_2排放不加以限制，到21世纪末全球平均气温将上升2~5℃，其增温幅度将为1万年以来所未有过的，气温变暖将导致海平面升高30~100 cm，许多海拔低的岛屿和大陆沿海地区将会葬入海底，导致陆地面积和耕地减少，从而威胁人类的生存。

另外，城市噪声污染也是城市化发展所带来的一个巨大的生态环境负面效应。据测定，意大利罗马是欧洲噪声污染最严重的城市，在车流高峰时，主要商业区及广场的噪声高达79 dB，有时达91 dB。由于噪声污染，美国每年大约损失40亿美元。

(3) 固体废弃物污染

1980年，美国处置的城市垃圾为$1.6×10^8$ t，日本处置的城市垃圾约为$4390×10^4$ t。目前，全世界城市垃圾年均增长速度为8.42%，每年产生城市垃圾$4.9×10^8$ t。我国有200多座城市陷于垃圾的包围之中，城市垃圾增长率达到10%以上，每年产生近$1.5×10^8$ t城市垃圾。2009年全国城市生活垃圾堆存量达$70×10^8$ t，而无害化处理率仅为50%(李攻等，2009)。据测算，北京市现在年产垃圾量$672×10^4$ t，每天的产量是$1.84×10^4$ t，平均每年垃圾的增长率为8%。目前，上海市日产垃圾总量逾$2×10^4$ t，一年达$720×10^4$ t。2007年沈阳市生活垃圾产量达到$213.3×10^4$ t，而到了2020年沈阳市生活垃圾产量高达$1225.1×10^4$ t (任婉侠，等，2011)。据对我国城市垃圾组成的平均数据统计，在大城市的垃圾中，有机物占36%，无机物占56%，其他占8%。无机物垃圾是可分解的，而有机物垃圾有些无法自然分解。如塑料垃圾进入土壤后不但长期不能被分解，而且影响土壤的通透性，破坏土质，影响植物生长。不仅如此，塑料垃圾重量轻，体积大，填埋处理往往要占用和破坏大量的土地资源，而填埋后的垃圾还会污染地下水。

(4) 城市化既占用大量土地又使自然生态系统受损

随着城市规模的扩大，城市占可耕地面积越来越大，城市化既占用大量土地又使自然生态系统受损。据估计，在发展中国家，每年大约有$47.6×10^4$ hm^2的可耕地被城市的扩展所侵占。城市化过程往往使得自然生态系统强烈地朝着人工生态系统方向发展，生物种群减少，结构单一。城市中保留下来的物种，往往是人工驯化的物种。原生植被演化为次生植被，物种多样性大大减少，植被覆盖率大大降低。

以上城市生态环境问题是城市居民感受到的具体体现。面对21世纪以来的各种灾变，人们从大自然的报复中醒悟过来，寻求解决的办法，由此，一种响亮的声音开始回荡在城市上空："回归自然"。"把森林引入城市，城市建在森林中""让森林走进城市，让城市拥抱森林"已成为人们的迫切需要，于是城市林业便应运而生了。

1.2 城市林业的产生及其发展概况

人类起源于森林，森林是人类的摇篮。城市森林作为城市生态系统的初级生产者，对于改善城市环境质量,保障城市系统的可持续发展都有不可替代的重要作用。居住在城市里的居民们也越来越关注城市森林的数量和质量。在这种背景下,城市林业越来越受到许多国家的重视。

1.2.1 城市林业发展概况

1.2.1.1 国外城市林业发展概况及趋势

(1) 早期发展

虽然城市林业(urban forestry)这一术语出现的时间很短,但追溯起来,人们对于树木培育、管理和树木所具有的价值认识,确实是有很悠久的历史了。在古代人们就对树木很崇拜,也很珍重,认为它是很神圣的东西,常常把它栽植在宗教的神庙里。据记载,公元前1500年,埃及就开始移栽树木了。到了中世纪,由于植物的药用价值被普遍发现和重视,着重于培植药用植物的植物园得到了普遍发展。随着文明的提高和发展,到了文艺复兴时期(15~16世纪),植物作为国家间的贸易对象,开始从一个国家被引种到另一个国家。由此,产生了植物引种技术。到了1578年英格兰出版了由詹姆斯·雷特编著的 *Dens* 专著,在本书中,首次提出了"树木栽培学家"这一术语——"Arbrist"。1678年英格兰又出版了由威廉姆·拉尔森编著的《新型果园和植物园》一书,详细记载了有关果树林木培育、管理技术等内容。

1778年,英格兰人约翰·爱弗林发表了具有划时代意义的巨著《森林》。本书详细记载了当时有关森林和果树方面的所有知识内容。到了18世纪,在英国伦敦和法国巴黎的各种广场上,出现了人工栽植的树木和草坪。

在北美洲,由于殖民者的入侵和欧洲大陆移民的大量涌入,在17世纪末到18世纪初,开始出现了树木随移民引入,成为城市公共绿地和街道树木。这些树种主要包括英格兰榆树、挪威槭树等。但是到了18世纪中叶,由于在树木引种过程中,没有植物检疫制度,因而随着树种的引入,一些外来的昆虫和病害也随之迁移到了北美大陆。这样就导致了当地的园艺学家和植物栽培学家拒绝引进外国树种,大力提倡利用乡土树种来代替外来树种。进入19世纪,随着工业文明的发展、城市规模的扩大,以及城市郊区的不断扩展,产生了风景的概念。风景的设计和建造主要体现在郊区的私人别墅区,街道自然曲折,穿越树林和山坡,地形有了一定的起伏,产生了非常典型的自然美。到了1872年,美国有了自己的植树节。20世纪初,开始了对绿地、街道和公园树木的研究。在1924年,国际树木栽培协会成立,反映了人们开始有组织地对绿地和街道树木栽培管理进行研究。

(2) 近期发展

虽然在城市中栽植、管理、培育树木和其他植物具有非常悠久的历史,但过去研究主要集中在个别树木的种植、树木培育和风景设计上,城市林业的概念或者说把城市林木和植物作为一个完整有机的系统进行栽培管理和研究,直到20世纪60年代以前还是空白。到了20世纪60年代,许多科学家根据世界上一些发达国家经济繁荣,生活富足,城市环境却不断恶化的特点,提出了在市区和郊区大力发展城市森林。北美洲是城市林业的发源地,1962年,美国肯尼迪政府在户外娱乐资源调查报告中,首次使用"城市森林"(urban forest)这一名词。1965年加拿大多伦多大学的 ErikJorgensen 教授首次提出了城市林业(urban forestry)的概念，并率先开设了城市林业课程，引起了许多国家的重视。1965年，美国林务局的代表在美国国家森林公园白宫会议上，提出了城市森林发展计划。1967年，美国农业和自然资源教育委员会出版《草地和树木在我们周围》一书，提出美国生活方式和对城市环境评价。1968年，美国娱乐和自然美学咨询委员会主席S. S. Rokefeller向美国总统提出关于城市和城镇树木计划报告，鼓励研究城市树木问题，为建设和管理城市树木提供资金和技术，当时的总统接受了这个报告。自此，官方承认了城市林业和城市森林的概念。从1968年以来，美国有33所大学的森林系、自然资源学院和农学院等开设了城市林业课程。1970年，美国成立了平肖（Pinchot）环境林业研究所，专门研究城市林业，以改变美国人口密集区的居住环境。1971年，美国国会城市环境林业计划议案，为城市林业提供3500万美元资金。1972年，美国公共法第92-288款支持林务局发展城市林业计划。同年，美国林业工作协会设立城市林业组，专门组织研究城市森林和有关学科。1972年，美国国会通过了《城市森林法》。以后，许多州修订了各自的合作森林法条款。1973年国际树木栽培协会召开城市林业会议。1978年，美国国会制定了《1976年合作森林资助法》，其中第六部分是发展城市森林，对城市森林管理、病虫害防治、森林防火等予以资助。联邦政府授权树木栽培协会，对州林业工作者提供经济和技术援助。加拿大建立了第一个城市林业咨询处，研究回答城市林业的有关问题。1981年美国林业工作协会创办了《城市林业杂志》。

城市林业概念提出以后日益受到国际社会的重视，国际树木协会召开了城市林业会议，世界林业大会也把城市林业纳入大会议题，1978年美国林业工作协会召开了首届全国城市林业大会，到1991年已连续召开了五届城市林业大会。1991年第十届世界林业大会研讨领域中第十个议题就是"森林和树木的社会，文化和景观功能"，该议题就城市林业的范围、作用及森林与文化和社会的关系进行了交流与探讨。美国林业协会副主席M. Moii先生指出"城市林业不能只看成林业的一个分支，它是在城市规划、风景园林、园艺、生态学等基础学科上建立的"。他把土地利用的探讨放在很重要的位置上，因而要与城市决策层和社会领导人对话，在投资上也与其他城市项目进行竞争。他认为城市林业的经营目的不是木材生产，而是生态、社会和公共卫生的价值。美国林务局太平洋沿岸西南林业试验站的A. Ewert博士认为今后必须把社会因素纳入森林生态系统的研究领域中去，要研究人为干涉对自然生态的关系。法国工程师B. Fischesser和P. Bremai指出欧洲的城市居民剧增，要求城市林业有很高的质量，为城市起解毒作用。英国森林委员会S. Beu和G. Palterson表示英国采纳了多目标营林政策，要求林业委员会在木材生产和环境功能方面保持平衡，首先要进行景观规划，以便土地利用的经济、生态、社会三大效益达到最佳状态。1993年加拿大林学会召开了首届城市林业大会，回顾了城市林业在北美和加拿大的发展历史，探讨了城市林业的概念、功能与作用。

从20世纪60年代城市林业开始出现以来，加拿大、美国等许多国家的有关院校开设了城市林业课程，并出版了多部专著。如1986年，美国G. W. Grey出版了《城市林业》(*Urban forestry*)，该书在1992年再版，1996年他又出版了专著《城市森林：综合经营管理》(*The urban forest: comprehensive management*)；1986年，新加坡大学出版了《城市和森林》(*Urban and forest*)；1988年，美国威斯康星大学R. W. Miller教授出版了《城市森林》

(*Urban forest*)等。日本、俄罗斯、德国、奥地利、法国、瑞典、墨西哥等许多国家对城市林业也都有专门的论述。这些专著从理论和实践方面，论述了城市林业的概念、城市森林的构成、树种选择、规划设计、施工、养护管理和城市林业的法律法规、组织管理、机构、效益、教育和培训等，肯定了城市林业作为林业的一个新领域，其发展前景十分广阔。

1.2.1.2 我国城市林业的发展概况

我国是世界上城市最多国家之一，根据国家统计局资料，到2018年末，我国现有城市672座。随着社会经济的飞速发展我国城市化进程也在不断加快。

中华人民共和国成立70年来，由于在城市建设中之初忽视环境问题，使城市生态环境不断恶化。1997年世界卫生组织评出全球十大污染城市：贵阳、重庆、太原、兰州、米兰(意大利)、淄博、北京、广州、墨西哥城和济南，我国就有8个城市榜上有名，并被划入不适于人类居住的城市。因此可见，大力发展我国的城市林业具有十分重要的意义。

我国台湾省是最早引入城市林业概念。1978年台湾大学林学系开设了城市森林课。1984年台湾大学高清教授出版了《都市森林学》专著。20世纪80年代末至90年代初，大陆开始引入城市林业和城市森林的概念(吴泽民，1989；沈国舫，1992；王义文，1992；沈国舫，1993；吴泽民，1993；陈美高等，1994；王木林，1995)，之后，在全国范围内得到迅速发展(李吉跃等，1997a，1997b；丛日春等，1997；丛日春等，1997；王木林等，1997；孙冰等，1997；王木林，1998；李吉跃等，1999；彭镇华等，1999；刘殿芳等，1999；刘森茂，1999；蒋有绪，1999；罗红艳等，2000；李吉跃等，2001年；彭镇华，2003a，2003b；陆贵巧等，2004；韩轶等，2005；常金宝等，2005)。1998年中国林业科学研究院开始研究国外城市林业发展状况(陈乐孺，2005)；同年，长春市开始兴建"森林城"。1992年8月，中国林学会与天津林学会共同召开了中国首届城市林业学术研讨会，提出了我国城市林业的指导思想、规划布局原则和战略。时任中国林学会副理事长的沈国舫先生是最早推进我国城市林业的关键人物，对我国城市林业的发展起到了引领性和奠基性作用。1992年沈国舫先生在参加第十届世界林业大会后，发表了《森林的社会、文化和景观功能及巴黎的城市森林》(沈国舫，1992；1993；2012)。沈国舫先生在文中介绍了第十届世界林业大会讨论领域C中的第十个专题"森林和树木的社会、文化和景观功能"下设的4个论题，包括"城市环境中的树木和绿地""城市—野地交接地带：大城市附近的未来森林经营""欧洲景观中的森林"和"森林、文化和社会"，同时也介绍了法国巴黎的城市森林。他敏锐地把握了世界林业发展的最新动向，认为城市林业对中国来说是一个较新的概念，指出在我国大中城市，市区绿化一般由园林部门负责，属城建系统，而郊区绿化则归林业部门负责，两个部门各司其职。虽由绿化委员会统一协调，但终归专业上缺乏交流渗透。因此，在一些城市林业问题上，如统一布局、合理规划、城乡结合部的经营特点、郊区林业如何为市民服务等，尚需林业和园林两个方面的专业人员协作努力作深入探讨。他认为在这些方面，北美和欧洲有关城市林业的理论和实际经验可供我们参考和借鉴。现在我国很多城市的林业与园林部门合并开展城郊一体化绿地系统建设无不与这种认识有很大关系。同时，沈国舫先生还根据法国巴黎的城市林业建设实践，提出了具有前瞻性的预见：由于经济还不发达，现在(当时)我国城市居民首先关心的可能还是住房、交通等问题，但下一步就该轮到游憩需求了，对此应该有足够的预见性。这种预见对我国城市林业的发展方向起到了关键的引领作用,如今中国社会的发展和需求也已经印证了沈国舫先生的预见。在1992年召开的中国林学会城市林业学术研讨会的总结发言中,沈国舫先生就城市林业的概念与范畴、城市林业的学科位置、城市林业的目标和效益、城市林业的发展战略等城市林业发展中的重大问题提出了高屋建瓴的观点和建议(沈国舫,1992;2012),这些观点和建议对我国日后城市林业的发展起到了关键性的指导作用。

1994年,中国林学会成立城市森林分会,中国林业科学研究院设立城市林业研究室。1995年全国林业厅局长会议确定城市林业为"九五"期间林业工作的两个重点之一,原林业部部长徐有芳指出大力发展城市林业势在必行。1996年北京市林业局和原林业部共同下达"北京市城市林业研究"项目,由北京林业大学、北京市林业局共同承担,研究北京市城市林业可持续发展战略,主要包括北京市城市林业概念与范畴的确定、北京市城市林业的结构与功能、北京市城市林业的发展模式、21世纪北京城市林业发展规划设想等。这些研究为我国城市林业的发展起到了奠基性和开拓性的推动作用,在实践中探索出符合地方特点的城市林业发展道路。1995年北京农学院园林系设立了全国第一个城市林业本科专业(因故只招生了两届);同年,北京林业大学开始招收城市林业研究方向的硕士和博士研究生,并从1996年开始在国内率先为研究生开设城市林业专题讲座。内蒙古农业大学林学院从1996年开始为林学、生态环境工程等专业的本科生开设城市林业专业课程。2000年北京林业大学开始在全校开设城市林业选修课程。2002年由上海市农业委员会、上海市农林局和华东师范大学联合主办的"上海城市森林与生态城市国际学术研讨会"在上海召开,研讨会旨在把握世界城市森林发展的新趋势,实现"生态城市、绿色上海"的目标,建设天更蓝、地更绿、水更清、居更佳的新上海,以优美的生态环境迎接2008年奥运会和申办2010年世博会。来自中国和英国、德国、美国、日本、韩国等10个国家的专家学者,就世界城市森林和生态城市建设相关的理论和实践等问题进行了全面广泛的探讨。2003年由中国可持续发展林业战略研究项目组出版的《中国可持续发展林业战略研究总论》提出了我国城市林业发展的战略目标、战略布局及战略措施,对我国城市林业的发展起到了很大的推动作用;同年,中国林业科学研究院创办《中国城市林业》杂志。2004年华南农业大学在林学专业招收城市林业方向本科生,北京林业大学城市林业学科成为全国第一个该学科博士点,目前也是全国唯一的城市林业博士点。同年11月"亚欧城市林业研讨会"在苏州和北京召开,来自亚欧成员国的22个国家代表应邀参加会议,围绕亚欧城市林业发展中的社会经济和文化价值、城市森林的评价和管理指标、城市林业的社会参与、城市林业和绿色奥运、城市林业的景观生态与规划设计理念等主题开展了广泛深入的研讨。大会通过了《推动亚欧城市林业发展的倡议》,提出了亚欧城市林业研究的发展途径、长期目标、优先领域和后续活动,这是亚欧城市林业研究与发展的一个重要里程碑。2005年1月中国林学会城市森林分会换届会暨第三次学术研讨会在北京召开,大会选举产生了中国林学会城市森林分会第二届委员会;同年11月"首届中国林业学术大会"在浙江省杭州市召开,大会共设12个分场,其中第9分场是城市森林分场,主题是"城市森林与身心健康"。

由全国政协人口资源环境委员会倡导和推动,国家林业局举办的中国城市森林论坛和"国家森林城市"的评比活动,掀起了我国城市林业发展的新高潮。2004年11月首届中国城市森林论坛在贵州省贵阳市召开,论坛的主题是"城市·森林·生态"。中共中央政治局常委、全国政协主席贾庆林专门为论坛题词:"让森林走进城市,让城市拥抱森林"。来自全国 40 多个城市的市长、城市森林研究领域专家、各地林业部门负责人共 200 多名代表参加了会议,贵阳被授予全国首个"国家森林城市"称号。2005 年 8 月第二届中国城市森林论坛在辽宁省沈阳市召开,论坛的宗旨是"加快城市森林建设,努力构建和谐社会",在本届论坛上,国家林业局首次发布了"国家森林城市"评价指标,进一步规范了"国家森林城市"的评比,沈阳市被授予第二个"国家森林城市"称号。2006 年 10 月第三届中国城市森林论坛在湖南省长沙市召开,本届论坛的主题是"绿色·城市·文化",并首次邀请来自韩国、日本、奥地利、德国的城市代表和专家参会交流。大会通过了《中国城市森林论坛——长沙宣言》,长沙被授予全国第三个"国家森林城市"称号。2007 年 5 月第四届中国城市森林论坛在四川省成都市召开,这次论坛的主题是"科学发展·和谐城乡",其宗旨是"让森林走进城市,让城市拥抱森林",与会代表广泛交流和探讨了城市森林与城乡一体化建设、人居环境建设、乡村旅游发展的关系等问题,总结推广了城市森林建设的经验和成功模式。这届论坛还公布了国家林业局新修订的《国家森林城市评价指标》。这届论坛还通过了《中国城市森林论坛——成都宣言》,该宣言旨在倡导全社会遵循自然规律、建设"节约型城市森林"和"开放式城市绿地",建立起符合中国国情和以森林植被为主体的"中国城市生态体系"。成都市、包头市、许昌市、临安市等 4 个城市被授予第四批"国家森林城市"称号。2008 年 11 月第五届中国城市森林论坛在广东省广州市召开,本届论坛以"城市森林与生态文明"为主题。与会代表深入探讨了城市森林与城市生态文明建设,城市森林建设与城乡统筹发展,城市森林建设与城市生态承载力和城市生态安全,城市森林建设的新理念、新方法、新手段,城市森林碳汇与固碳政策,城市森林的科技与创新,城市森林与居民身心健康,城市森林建设的生态产业化与产业生态化,生态文明评估指标体系等重大理论和实践问题。广州、新乡、阿克苏等 3 个城市被授予第五批"国家森林城市"称号。到 2019 年,已经有 16 批 192 个城市获得了"国家森林城市"称号(表 1-5),大大推动了我国城市林业的发展。

表 1-5 我国国家森林城市名单

年份	省份	国家森林城市	年份	省份	国家森林城市
2004 年	贵州省	贵阳市	2010 年	湖北省	武汉市
2005 年	辽宁省	沈阳市		内蒙古自治区	呼和浩特市
2006 年	湖南省	长沙市		辽宁省	本溪市
2007 年	四川省	成都市		贵州省	遵义市
	内蒙古自治区	包头市		四川省	西昌市
	河南省	许昌市		江西省	新余市
	浙江省	临安市		河南省	漯河市
2008 年	河南省	新乡市		浙江省	宁波市
	广东省	广州市	2011 年	辽宁省	大连市
	新疆维吾尔自治区	阿克苏市		吉林省	珲春市
2009 年	浙江省	杭州市		江苏省	扬州市
	山东省	威海市		浙江省	龙泉市
	陕西省	宝鸡市		河南省	洛阳市
	江苏省	无锡市		广西壮族自治区	南宁市、梧州市

(续)

年份	省份	国家森林城市	年份	省份	国家森林城市
2011年	四川省	泸州市	2015年	河北省	石家庄市
	新疆维吾尔自治区	石河子市		内蒙古自治区	鄂尔多斯市
2012年	内蒙古自治区	呼伦贝尔市		辽宁省	营口市、葫芦岛市
	辽宁省	鞍山市		浙江省	绍兴市、义乌市
	江苏省	徐州市		安徽省	黄山市、宣城市
	浙江省	衢州市、丽水市		福建省	漳州市、龙岩市
	河南省	三门峡市		江西省	南昌市、宜春市
	湖北省	宜昌市		山东省	济南市、青岛市、泰安市
	湖南省	益阳市		湖北省	荆门市、咸宁市
	广西壮族自治区	柳州市		湖南省	永州市
	重庆市	永川区		广东省	东莞市
2013年	江苏省	南京市		云南省	普洱市
	山西省	长治市、晋城市		青海省	西宁市
	内蒙古自治区	赤峰市	2016年	吉林省	长春市
	辽宁省	抚顺市		黑龙江省	双鸭山市
	浙江省	湖州市		江苏省	常州市
	安徽省	池州市		浙江省	金华市、台州市
	福建省	厦门市		安徽省	六安市
	山东省	临沂市		福建省	三明市
	河南省	平顶山市、济源市		江西省	九江市、鹰潭市
	广西壮族自治区	贺州市、玉林市		山东省	烟台市、潍坊市
	四川省	广安市、广元市		河南省	焦作市、商丘市
	云南省	昆明市		湖北省	十堰市
	宁夏回族自治区	石嘴山市		湖南省	常德市
2014年	山东省	淄博市、枣庄市		广东省	珠海市、肇庆市
	河北省	张家口市		广西壮族自治区	来宾市、崇左市
	江苏省	镇江市		四川省	绵阳市
	浙江省	温州市		陕西省	西安市、延安市
	安徽省	合肥市、安庆市	2017年	河北省	承德市
	江西省	吉安市、抚州市		吉林省	通化市
	河南省	郑州市、鹤壁市		安徽省	铜陵市
	湖北省	襄阳市、随州市		福建省	福州市、泉州市
	湖南省	郴州市、株洲市		江西省	上饶市、赣州市、景德镇市
	广东省	惠州市		山东省	日照市、莱芜市
	四川省	德阳市		湖南省	张家界市

(续)

年份	省份	国家森林城市	年份	省份	国家森林城市
2017 年	湖南省	张家界市	2018 年	广东省	深圳市、中山市
	广东省	佛山市、江门市		广西壮族自治区	贵港市
	广西壮族自治区	百色市		重庆市	荣昌区
	四川省	攀枝花市、宜宾市、巴中市		云南省	楚雄市
	云南省	临沧市	2019 年	北京市	延庆区
	陕西省	安康市		河北省	唐山市、保定市、廊坊市
2018 年	北京市	平谷区		吉林省	敦化市
	河北省	秦皇岛市		江苏省	盐城市
	江苏省	南通市		浙江省	东阳市、永康市
	浙江省	舟山市、桐庐县、安吉县、江山市		安徽省	马鞍山市、淮北市、宿州市
	安徽省	芜湖市		福建省	南平市、宁德市、平潭综合实验区
	福建省	莆田市		山东省	胶州市
	江西省	萍乡市、武宁县、崇义县		河南省	安阳市、信阳市
	山东省	济宁市、聊城市、滕州市、邹城市、曲阜市		湖北省	荆州市、恩施市
	河南省	濮阳市、驻马店市、南阳市		广东省	汕头市、梅州市
	湖北省	黄石市、宜都市		广西壮族自治区	防城港市
	湖南省	湘潭市、湘西土家族苗族自治州		四川省	眉山市
				云南省	曲靖市、景洪市
				陕西省	榆林市、汉中市、商洛市

　　城市林业是城郊一体化的现代林业，涉及林业、园林、城建等多个部门，由于我国体制上的特点，一直存在林业部门负责郊区林业、园林部门负责城区绿化的局面，严重制约了城市林业的发展。2000 年上海市园林局更名为"上海市绿化局"，拉开了我国城市园林绿化与城市林业统筹发展管理体制改革的序幕。2001 年贵阳市在全国率先把市林业局与园林局合并，成立了"贵阳市林业绿化局"；2004 年 11 月，上海市把原市绿化局与市农林局合并成立新的上海市绿化局；2006 年 2 月，北京市园林局与首都绿化委员会(即市林业局)合并组建北京市园林绿化局；2006 年 10 月成都市林业局与园林局合并组建成都市林业和园林管理局；2009 年 11 月广州市林业局与园林局合并组建广州市林业和园林局。贵阳市、上海市、北京市、成都市和广州市进行的林业局与园林局的合并，是我国城市林业发展过程中具有里程碑式的大事件，这一举措对于解决长期以来，由于行政管理的分离使城区和郊区绿地建设脱节，影响城市绿地系统整体功能发挥的问题奠定了基础，并且为我国城市林业建设的长期战略发展目标的实现，提供了体制上的保障。

1.2.2 我国城市林业存在的主要问题

我国属于发展中国家，从全国城市绿化的发展情况来看，城市林业仍然属于不发达水平。目前，我国城市建成区绿化覆盖面积已达到 $319.30×10^4 hm^2$，城市平均绿化覆盖率达 41.30%，人均公共绿地面积由 2000 年的 $6.52 m^2$ 上升到 2019 年的 $14.11 m^2$，仍然远远落后于发达国家，也落后于联合国要求的力争世界城市人均绿地面积 $60 m^2$，以及国际标准要求达到的 50% 的绿化覆盖率。以我国首都北京为例，目前城市绿化覆盖率由 2000 年的 36% 上升到了 2019 年的 48.46%，人均公共绿地面积由 2000 年的 $9.66 m^2$ 上升到 2019 年的 $16.40 m^2$，而世界上绿化较好的城市，早在 20 世纪 90 年代人均公共绿地面积平均就达二位数，例如，"世界绿都"华沙人均公共绿地面积达 $93.6 m^2$，堪培拉 $70.5 m^2$，斯德哥尔摩 $68.3 m^2$，平壤 $47.0 m^2$，华盛顿 $45.7 m^2$，莫斯科 $44.0 m^2$，巴黎 $24.7 m^2$，伦敦 $22.8 m^2$，布加勒斯特 $21.0 m^2$，纽约 $19.2 m^2$ 等，差距是显而易见的（表1-6）。目前，我国城市林业存在的主要问题是：

一是城市森林、树木和绿地资源总量不足，质量不高，城市公共绿地面积偏低，远落后于发达国家，难以满足城市可持续发展的要求。

二是城市林业建设尚未完全纳入城市发展的整体规划，城市林业的发展滞后于城市发展速度，城市绿地和森林被征占和毁坏的情况仍然时有发生。

三是城市森林结构不合理，特别是在树种选配上选择的树种单一，使许多城市形成"多街一树"的单调景观，整体上景观效果和生态效益有待提高。

表1-6 中国与世界大城市绿化状况比较

	城市	人均公共绿地面积（m^2）	城市	人均公共绿地面积（m^2）
国外	华沙	93.6	布加勒斯特	21.0
	堪培拉	70.5	纽约	19.2
	斯德哥尔摩	68.3	波恩	17.3
	平壤	47.0	维也纳	15.5
	华盛顿	45.7	日内瓦	15.1
	莫斯科	44.0	大阪	12.3
	巴黎	24.7	罗马	11.4
	伦敦	22.8	哥本哈根	10.1
国内	深圳*	14.94	广州*	22.95
	北京*	16.40	上海*	8.49
	杭州*	13.80	重庆*	17.14
	天津*	9.38	青岛*	16.75
	南京*	15.47	全国	14.11

世界城市数据来源：沙青《绿色备忘录》，1992。

*中国城市的数据截至 2019 年年底。注：根据《城市绿地分类标准》，现已采用"人均公园绿地面积"取代"人均公共绿地面积"。

四是由于认识和技术上滞后，导致我国城市林业经营管理粗放，使城市森林生态系统在生物多样性、持续稳定性及效益发挥能力等方面表现不良，对环境压力的承受力还很脆弱。尤其是由于我国体制上的特点，城市林业涉及林业、园林、环保、城建、土地等多个部门，虽然在大部制机构调整中有所整合，但在关系及职能协调上仍然存在不少问题，城乡绿化分治，缺乏统一规划、建设和管理，阻碍了城市林业有序、稳定和可持续的发展。

五是对城市林业的宣传、教育不够。到目前为止，除了我国台湾大学高清教授在1984年撰写了《都市森林学》外，本教材是我国大陆为数不多的《城市林业》教材之一。目前，除北京林业大学、内蒙古农业大学、华南农业大学等少数大学开设了城市林业课程外，大多其他农林及相关高等院校都还未开设城市林业的课程。城市林业的专门人才还相当缺乏。虽然北京林业大学拥有国内唯一的城市林业学科博士点，但还没有在城市林业学科名下单独招生，城市林业方向研究生的培养都是挂靠在森林培育、森林经理等学科。目前，虽然国内已有十几所农林院校在从事城市林业的本科教育，但也主要是在本科教学中开设城市林业课程或专业方向，而没有真正的城市林业本科专业，大部分农林院校只培养城市林业方向的研究生，使城市林业的高级人才培养缺乏本科基础，这种专门人才培养基础的缺失将会严重阻碍我国城市林业的持续发展。

1.2.3 我国城市林业的发展目标与对策

城市林业的发展应当服从或服务于国家总体的林业可持续发展，根据《中国21世纪议程林业行动计划》，我国城市林业发展的总体目标是到21世纪初，人均公共绿地面积达到7 m^2（目前已经实现，达到了8.98 m^2）；到21世纪中叶，人均公共绿地面积达到25~50 m^2。为此应该采取的行动和对策是：

(1) 确立城市林业的地位，广泛开展生态环境保护和城市林业重要性的宣传和教育活动，逐步建立城市林业公共教育制度，让公众全面了解城市林业的重要作用和多种功能，提高全社会对城市林业重要性的认识，鼓励全民和全社会参与城市林业建设和保护。

(2) 建立必要机制，把城市林业建设纳入城市发展总体规划之中，并理顺管理体制，协调好林业、园林、环保、城建、市政、国土、交通等各部门之间的关系，确保我国城市林业的有序发展。

(3) 扩大城市森林和绿地面积，提高城市森林、树木及绿地的数量和质量，利用生物共生互利原理，建立合理的多林种、多树种、多层次的城市绿地及城市森林景观结构，并积极开展城市林业科学研究，建立城市林业可持续发展评价标准及指标体系；同时，加强城市森林、树木和绿地培育、保护和管理，充分发挥城市林业高效的生态、社会和经济三大效益。

(4) 科学地经营管理城市林业，实施城市林业的分类经营，制定统一的城市林业产业规模和产业政策，加强高新技术的引进、消化和吸收，开展城市森林资源综合利用和开发技术的研究，积极推行清洁生产，节能降耗，提高城市林业产业发展水平和城市森林资源的利用率，倡导和发展低碳经济的城市林业产业体系，大力发展花卉产业和城市森林旅游业。

(5) 加强城市林业的科学研究和教育，培养大专以上的专门人才，健全科研机构，培养一支既具有古典园林和传统林业科学技术，又掌握现代园林和林业科学技术的城市林业规划设计、栽培与管理的专业队伍。

（6）广筹资金，增加城市林业投入，建立保护城市森林资源、改善城市生态环境的多元化投资机制，制定以政府为导向，行业与社会为基础，银行信贷为补充的投资政策。建立城市林业建设基金，并建立相应的法律、法规来支持城市林业的发展。

（7）完善和制定城市林业发展的有关法律和规章，健全监督检查机构和执法体系，并不断提高执法力度和能力，保障城市林业的可持续发展。

1.3 城市林业的发展方向及趋势

1.3.1 发展方向

（1）注重整体性和系统性

在城市林业的研究和建设过程中，应注重学科发展的整体性和系统性。作为城市林业研究和发展的理论基础——生态系统论，是现代生态学的标志，运用在城市林业研究中，首先，要将城市当成由各种成分合理而有序构成的有机整体——城市生态系统，它在区域的生物环境中保持动态平衡，维持凝聚力。其次，要把城市森林看作一个具有整体效应的城市绿地生态系统，这个系统是城市生态系统中自然系统的重要成分，是其他系统的支持系统，更是整个城市减缓环境压力、进行良性循环机制的生态保证。

（2）注重人的适宜与调控性

现代生态学的一个标志是关注人类自身及生存环境的关系，重视人类作为调控者对生态系统实施作用的机理和影响程度。城市林业是城市中人与绿地相互适宜与约束的结果，是人为调控机制的体现，它应保证城市系统中生物因子生态位配合的适宜度，满足绿地系统的生态阈值要求，以实现良好的生态维持能力，最终满足人的生理及心理需要。

（3）注重布局的合理性

长期以来，局部市区绿地往往成为刻意求作的对象，而它在整个城市林业系统中的地位及它与系统中其他绿色元素（绿元）的关联和呼应却被轻视了，当用"人均绿地面积"或"绿地覆盖率"指标来评价整个城市的绿色风貌时也忽视了一个显见的结论：同样的绿地指标，偶隅城市一角与均衡分布所起到的景观及生态效益是截然不同的。因此，各具功能的城市内绿色元素呈均衡而各有重点的分布格局才能构成高质量的城市森林系统。城市是人口集中之地，生存空间有限，随着城市化进程的推进，城市中心区域的地域竞争愈演愈烈，只能采取见缝插绿的规划措施，而能对城市环境起调控作用、促进大气环流形成及交换、减弱城市热岛效应的成片绿地，只能向郊野尤其是向城乡结合部发展。随着郊区成片绿地区域的形成，市区内部可以有相对更多的土地，用于城市建设其他急用。由于森林群落是陆地所有植被类型中生物量最大、物种构成最丰富、生态综合效应最高的类型，所以高效的城市森林系统不是简单的成片扩展，而是要求将农用村野式绿地设计成为含有相当比例森林面积的近郊绿色空间。

（4）注重生物多样性

绿地数量（绿量）是形成城市良好绿色环境的基础，世界上许多著名城市的绿地指标都很高，如以人均绿地面积计算，波兰的华沙高达93.6 m^2/人，澳大利亚的堪培拉达70.5 m^2/人，瑞典的斯德哥尔摩达68.3m^2/人（沙青，1992）。尽可能地增加城市绿地数量是完善城市林业的重要准则。国内许多大城市在建设国际化都市的进程中，都把提高绿地数量作为城市绿化工作首要目标。但绿色数量的单纯叠加，不能包容城市林业的全部内涵，尤其在中国，存在人与绿色争地的尖锐矛盾，唯有提高每个绿元的生态品位，达到更高的生态效率，才能缓解冲突。要实现城市林业的功能，在进行城市绿地规划设计时应遵循下列准则：一是区域或局部设计中需要选择与城市传统和环境氛围相协调的乡土树种，以营造统一的绿色背景与情调；二是构造与城市地带性植被相一致的植物群落，以提高群落生存质量和稳定性；三是提高群落层次物候变化及搭配的丰厚度，以达到适宜的群落叶面积指数，并且有较好的景观价值；四是市区绿地要进行精细的养护管理，郊野成片绿地要采取相应的集约经营方式以提高绿地生态效益的实现度。

1.3.2 发展趋势

(1) 城市林业的发展必须以可持续发展理论为基本原则

可持续发展是人类社会发展史上的一场深刻革命，也是现代人类社会发展的必然选择，其中心内涵就是在对后代人需求不构成威胁的前提下，最大限度地满足当代人的需求。作为城市生态系统的重要组成部分，城市森林将在实现城市社会经济及生态环境可持续发展中发挥不可替代的作用。可以说，现代城市林业所面临的机遇和挑战是前所未有的，其发展的目标已成为环境、经济和社会诸多目标的综合体现。城市林业的发展必须以可持续发展理论为基本原则，一切不符合可持续发展前提的城市林业建设、城市森林培育技术和生产工艺都将被淘汰。

(2) 城市林业的发展必须紧紧围绕城市生态环境问题

随着社会经济的飞速发展和城市化进程的不断加快，大气污染、风沙危害、水资源短缺、水土流失等城市生态环境问题日趋突出。城市林业是城市生态系统的重要组成部分，作为城市林业的主体，城市森林、树木和绿地广泛参与城市生态系统中物质、能量的高效利用和社会、自然的协调发展，在城市生态系统发展的动态自我调节中，特别是在改善城市小气候、防止大气污染、杀菌防病、净化空气、降低噪声等方面发挥着不可替代的重要作用。可以说，城市森林在城市生态环境保护方面有着特殊的地位，因此，城市林业的发展将继续以发挥生态环境功能为其主要目标，必须紧紧围绕城市生态环境问题来开展城市林业建设和科学研究。

(3) 城市林业的基础理论研究将得到进一步加强

城市林业健康有序的发展必须以坚实的科学理论为基础，因此，必须进一步加强城市林业的基础理论研究。城市林业研究应以可持续发展理论为基本原则，以生态学原理和社会—经济—自然复合生态系统理论为指导，从系统和整体上把握城市林业生态系统与城市生态系统的关系，对城市林业建设与发展理论、城市森林生态系统结构与功能、城市景观生态等进行深入的基础性研究，譬如城市森林群落中合理的植物种类、大小、结构和相关配套设施的研究；各种城市生物群落的演替变化规律、稳定性及其与自然环境、城市人工环境、城市物流、能流及人流等关系的研究；合理的城市森林布局、规模和林种、绿地及各种植物群落适宜比例的研究；城市景观中各个组成部分的异质性，它们之间的相互关系以及人类活动对城市景观的影响；城市林业的多功能综合目标及生态、社会与经济效益协调发展的战略研究等。

(4) 高新技术应用和多学科融合将极大推动城市林业的发展

人类已经进入现代科学技术发展日新月异的时代，人类科学技术发展正以几何级数速度在加快，人类知识更新周期在缩短。而城市林业的发展一方面有赖于对出现的一些新问题的研究向纵深发展，另一方面借助于相关科技的进步与应用，特别是一些高新技术而拓宽其研究范围。同时，各个学科之间的相互渗透和技术之间的融合，也为城市林业的发展开辟了广阔的前景。

当前，城市林业中高新技术应用还处在开创阶段，主要是生物工程技术和信息技术的应用。许多科学家认为，生物工程是今天的热门学科，明天的技术，后天的产业。21世纪将是生命科学和生物工程的时代。生物工程技术的应用主要体现在城市林木和花卉品种的育种和良种繁育、育苗技术等领域。如美国利用生物技术培育出郁金香、香石竹等城市用花卉品种。现在各种基因工程(如基因重组、转基因等)、克隆(如体细胞培养等)、多倍体育种(如优良多倍体的培育)、辐射育种等高新技术无一不渗透到城市林业的良种繁育和育种工作中来，同时也为丰富城市森林的植物种类组成和完善其功能结构奠定了更为丰富的物质基础。城市林业的育苗技术也同时受到了国内外先进技术的影响和推动，如采用自动化程度及管理水平极高的工厂化育苗技术、容器育苗技术、水培技术等，所有这一切都将会在未来的几十年中从广度和深度两个方面都得到深入发展和研究。

现代信息技术导致了城市林业科学技术的倍增效应，日益重视信息占有和利用现代信息技术，已成为当代世界城市林业科技发展的又一重要趋势。信息技术的渗透和多技术融合的加速，使高新技术在城市林业科技发展中的介入层次不断加深，介入的层面不断拓宽，从宏观到微观都呈现出旺盛的势头。城市的各种监测及管理系统(如城市大气污染、城市水污染、城市森林资源、古树名木、绿地系统等)，在进一步提高精度和准确度的同时，将向智慧林业(云计算、物联网、大数据、虚拟现实、移动互联网、"3S"及北斗导航等技术)的方向发展，为综合地、多层次地进行城市森林空间结构及城市景观分析奠定基础，使宏观的城市森林资源管理及监测系统跃上一个新台阶。现代信息技术广泛应用于城市林业资源管理系统(如行道树管理系统，以及公园绿地、植物园、植物病虫害等方面的计算机管理信息系统)，将进一步提高城市林业的综合分析和资料处理能力，为多学科协同解决城市林业的重大科学技术问题提供技术保障。

(5) 城市林业的发展将以多功能利用为目标

城市森林作为城市生态系统的主体，是城市区域生态环境的核心，它在改善城市小气候、防止大气污染、净化空气、降低噪声、保持水土、涵养水源等方面，发挥着极为重要的作用。同时，城市野生生物栖息、城市动植物基因库、城市森林游憩、城市森林康养、城市花卉、城市房地产等多功能利用，使城市林业的发展必然要以综合发挥城市林业的生态、社会、经济效益为目标。

1.4　学习城市林业课程的要求和任务

　　城市林业是林学专业、环境专业的一门重要的专业基础课程，同时也是一门发展迅速、前景广阔的边缘性学科，它是由林学、园艺、风景园林、生态学、城市规划组成的交叉学科。课程内容涉及广泛，但应以城市森林培育、经营和管理为核心和重点。学习城市林业的目的就是使同学们掌握城市森林培育和城市森林经营管理方面的先进理论和技术，解决城市林业生产中的实际问题。

　　本课程的主要任务是使学生深刻认识城市森林在城市生态环境中的重要作用。掌握城市森林的培育、经营和管理，了解城市林业的发展历史、最新成就和未来发展趋势，培养学生热爱森林科学，刻苦钻研，分析问题解决问题的能力。

　　通过本课程的学习，要求学生系统掌握城市森林的培育、经营和管理，能分析各种城市森林组成成分之间的相互关系，掌握各种城市森林组成成分的特点、性质和培养经营的异同点。要求学生能够了解城市林业的由来、发展过程和发展趋势，能够把从其他学科所学的专业知识和新技术、新方法运用到城市林业学科中来。

思考题

1. 简述城市的概念、特征及其发展阶段。
2. 试述城市化的概念及其发展趋势。
3. 简述城市林业产生的背景。
4. 简述国外城市林业的发展阶段。
5. 试述国内城市林业发展现状、问题与对策。

推荐阅读书目

1. Bradley G A，1995. Urban forest landscapes. University of Washington Press.
2. Hibberd B G，1989. Urban Forestry Practice. Her Majstys Stationery Office.
3. Grey G W，1996. The Urban Forest. Printed in the United of America.
4. 高清，1984. 都市森林学. 国立编译馆.
5. 哈申格日乐，李吉跃，姜金璞，2007. 城市生态环境与绿化建设. 中国环境科学出版社.
6. 李吉跃，常金宝，2001. 新世纪的城市林业：回顾与展望. 世界林业研究，14(3)：1-8.
7. 李吉跃，刘德良，2007. 中外城市林业对比研究. 中国环境科学出版社.
8. 李吉跃，2010. 城市林业. 高等教育出版社.
9. 梁星权，2001. 城市林业. 中国林业出版社.

第 2 章 城市林业基本理论

2.1 城市林业概念与范畴

2.1.1 城市林业的概念

早在 1910 年，美国就有人提出"林学家的阵地就在城市"的口号。1962 年美国肯尼迪政府户外娱乐资源调查报告中，首先使用"城市森林"（urban forest）这一名词。1965 年加拿大多伦多大学林学院的埃里克·乔根森（Erik Jorgensen）最早提出"城市林业"（urban forestry）的概念。

那么何谓城市林业？何谓城市森林？各国林学家说法不一，尚未形成统一的定义。下面就国内外有关城市林业比较有代表性的概念和观点做一简述。

城市林业的创始人之一、加拿大多伦多大学的埃里克·乔根森认为"城市林业并非仅指对城市树木的管理，而是对受城市居民影响和利用的整个地区所有树木的管理，这个地区包括服务于城市居民的水域和供游憩及娱乐的地区，也包括行政区划为城市范围的地区"。

美国林业工作者协会城市林业组的定义是"城市林业是林业的一个专门分支，是一门研究潜在的生态、社会和经济福利学的城市科学，其目的是综合设计、栽培和管理那些对城市生态、社会和经济具有实际和潜在效益的树木及有关植物，其范围包括城市水域、野生动物栖息地、户外娱乐场所、园林设计、城市污水处理场、树木管理和木质纤维的生产等。"他们认为城市林业不只是林业的一个分支，实际上它是在城市规划、风景园林、园艺、生态学等许多学科的基础上建立的，因而包括了对城市内及其周围所有的树木和相关植被的综合设计、营造和管理。

1974 年，第十次林业会议上，作出了较为明确的一个概念，认为"城市林业超出了传统的市政管理和单一树木栽培的范围，形成了林业的一个特殊分支，城市林业与园林不同，它把林业作为城市生态系统的一个子系统，从城市整体来考虑林业的结构和功能；城市林业不仅包括城市内部，也包括城市周围城乡结合部的城郊林业，它突破了原来城市规划中的绿地范围，除城市内部各种类型的绿地，还必须在城市周围建设以森林为主体的绿色地带。城市林业给城市社会提供潜在的环境效益、社会效益和经济效益，这种效益包括它对环境总体的改良作用，及娱乐和满足一般心理需求的美学价值"。

美国城市林业学家 Gene W. Grey 从功能目标的角度给出城市林业的简明定义："城市林业就是使树木能与城市环境和谐共存并充分发挥其改善环境功能的必要性经营管理。"

我国台湾大学高清教授认为，"城市林业包括：庭园木的建造、行道树的建造、都市绿地的造林与都市范围内风景林和水源涵养林的营造。"

20世纪80年代末90年代初，城市林业和城市森林的概念逐渐被我国大陆学者引入。不少学者从各自的研究角度和国内城市林业和城市森林概念的内涵出发，也给城市林业的概念下了定义。其中，比较有代表性的如吴泽民(1996)提出"城市是一个复杂的生态系统，它由社会、经济和自然三个亚系统所构成，城市林业是对城市环境中自然生态亚系统的经营和管理。因此，它是以生态系统原理为基础，运用森林经营的原则，达到维持城市生态系统平衡的目的，同时吸收了风景园林的美学思想，为城市居民创造现代化的生活环境的一门专业"。

王木林(1995)年提出："城市林业是建设和经营城市森林生态系统的行业，是指在建设、经营利用城市范围内，以树木为主体的生物群落及其中的系统，它是由林业和园林融合而成的。"

叶渭贤、王喜平(1996)提出："城市林业是现代林业的一个分支，城市林业是以成片森林为主体，乔、灌、草相结合，与城市布局相适应，支撑城市持续发展，改善城市生态环境的科学。"

孙冰、栗娟、谢左章(1997年)给出的城市林业的定义是："通过系统工程措施，改善城市生态系统和物流传递，发挥城市树木和其他绿色植物的社会、生态和公共卫生价值，营造安全、美观、效率的城市环境，促进城市文化的理性运行，提高城市居民的生活质量。"

梁星权等(2001年)给城市林业的定义是："城市林业是城市森林景观系统及其森林生态系统的经营与管理。"

综上所述，目前就国内国外对城市林业的定义可以清楚地看到，人们对城市林业的认识是随着时间的推移和社会的发展而不断深化和发展的。但在给定城市林业的概念之前，首先必须明确城市森林的定义。

张庆贲、徐绒娣(1999)认为"城市森林是建立在改善城市生态环境的基础之上，借鉴地带性自然森林群落的种类组成、结构特点和演替规律，以乔木为骨架，以木本植物为主体，艺术地再现地带性群落特征的城市绿地"。

王木林、缪荣兴(1997)认为"城市森林是一个庞大复杂的生态系统，是由人工生物群落和自然生物群落组成的，包括城市范围内的各类林地，为城市服务的不同树木花草种类，不同结构、形态、功能的生物群落"。

彭镇华(2003)认为"城市森林是指在城市地域内以改善城市生态环境为主，促进人与自然和谐，满足社会发展需求。由以树木为主体的植被及其所在环境所构成的森林系统，是城市生态系统的重要组成部分"。

就目前的趋势和大家的认同感来看，美国林业工作者协会城市森林组下的定义比较全面和切合实际，他们认为：城市森林是指在城市及其周围生长的以乔灌木为主体的绿色植物的总称。而城市林业则又根据分析问题的角度不同，分为狭义和广义两种概念。

狭义的城市林业的概念是：城市林业是林业的一个专门分支，它是研究栽培和管理那些对城市生态和经济具有实际和潜在效益的树木及有关植物，其任务是综合设计和管理城市树木及有关植物，以及培训市民等。

广义的城市林业的概念是：城市林业是研究树木与城市环境（小气候、土壤、地貌、水域、动植物、居民住宅区、工业区、活动场所、街道、公路、铁路、各种污染等）之间的关系，综合设计和合理配置、栽培管理林木及其他植物，改善城市环境，繁荣城市经济，维持城市可持续发展的一门科学。

2.1.2 城市林业的范畴

城市林业就是"以服务城市为主旨的林业"，它是园林与林业融为一体的多功能林业，是城郊一体化、林园融一体的林业，是高生态和高效益有机结合的林业，是全民受益和全民投入相一致的林业，它既是园林的扩大，又是传统林业的升华。目前，对于城市林业的范畴，国内外学者的论述有所不同，但基本观点是一致的：凡是城市范围内的森林、树木及其他植物生长的地域，以及地域内的野生动物，必需的相关设施等都属于城市林业的范畴，主要包括城市水域、野生动物栖息地、户外娱乐场所、城市污染处理场、公园、花园、植物园、城市街道、路旁的树木及其他植物；居民区、机关、学校、厂矿、部队等庭院绿化；街头绿地、林带、片林、郊区森林、风景林、森林公园，以及为城市造林绿化提供苗木、花草的苗圃、花圃、草圃等生产绿地。

一般来说，城市林业的范畴有两种划分方法：

（1）按地域及内容划分

凡是城市区域范围（即行政管辖范围）内的树木及其他植物，以及在该地域的野生动物、必需的相关设施等都属于城市林业的范畴，包括公园、花园、动植物园、街道旁的树木、住宅区等场所的绿地、近郊区的片林以及远郊区的国家森林公园和自然保护区等。譬如，美国规定行道树是城市林业的重要组成部分，美国纽约州的城市林业包括公园、街道、公路铁路、公共建筑、治外法权地、河岸、住宅、商业、工业等地域内的树木和其他植物，市内及城市周围的林带、片林，以及从纽约市区到郊区宽阔的林带。

（2）按游览的时间划分

国外许多专家学者还从游览时间上给城市林业规定了范围，认为由市内出发，当日可返回的旅游胜地均在其列。美国学者认为乘小汽车从市内出发，当天到达，并能返回的范围内游览地都属城市林业的范围。瑞典科学家认为是从市内骑自行车或滑雪出发，当天到达游览区后，于当日可返回市内的所有娱乐区域都视为城市林业的范畴，并规定从市中心外延 30 km 以内的森林都属于城市森林。

2.2 城市森林的组成

城市林业是一门新兴学科，其经营和管理的主要对象就是城市森林。所谓城市森林是指城市地域以内，以改善城市生态环境为主，促进人与自然和谐，满足社会发展需求，由树木为主体的植被及其生存环境所组成的森林生态系统，简言之，城市森林就是城市及其周围生长的以乔灌木为主体的绿色植物及其生长环境的总称。

然而，目前国际上对城市森林组成和类型认识却较为混乱，由于国情和见解及用途不同，许多国家的认识也不尽相同。国外如日本的学者先将城市森林按市区和郊区分类，再

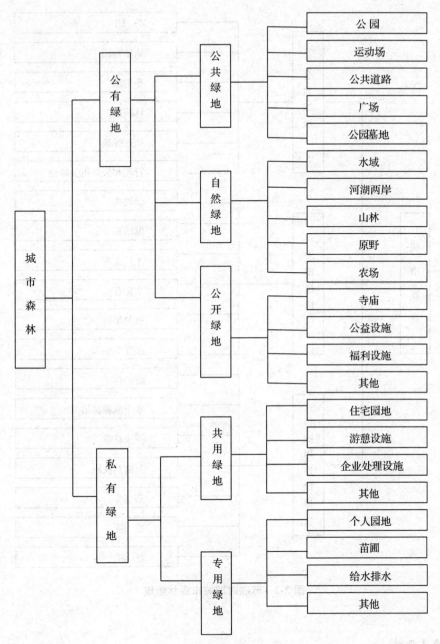

图 2-1　日本绿地划分系统

将市区、郊区绿地按功能分类。在日本城市绿地规划中，首先分为公有绿地和私有绿地，其绿地划分系统如图 2-1 所示。日本的城市森林类型组成基本上代表了目前发达资本主义国家的一般情况。

苏联时期的分类观点与我国相近，他们一般将城市森林分为公共绿地、专用绿地和特殊用途绿地三大类，各大类下的进一步划分如图 2-2 所示。

根据我国国情和当前城市森林现状，我们认为我国的城市森林一般应由如下成分

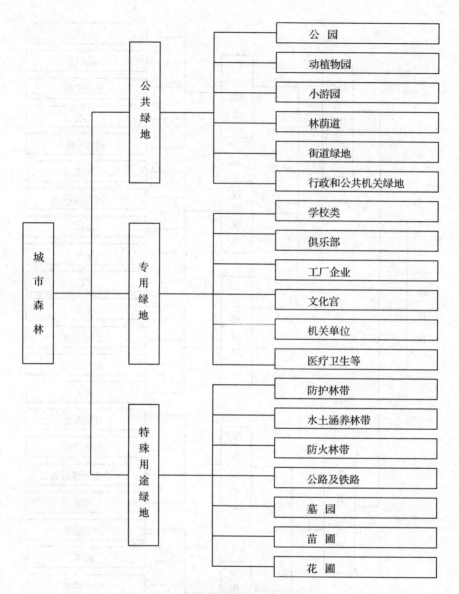

图 2-2 苏联时期城市森林组成

构成：

(1) 市区森林

市区森林主要指分布在城市的建成区内，并为广大市民使用的公共绿地，包括：

①城区内的大小公园；
②植物园、动物园、花园；
③市区内的街头绿地、广场和小游园；
④行道树及市区内河、湖岸林带；
⑤各种名木古树和纪念性的公园；
⑥住宅区绿地；

⑦企事业单位、学校、部队及医疗卫生专用绿地；
⑧分布于市区之内的苗圃、花圃及屋顶垂直绿化带等。

（2）郊区森林

郊区森林又可根据距离城区的远近分为近郊森林和远郊森林两类。

近郊森林是指分布在城郊结合部的各种森林类型，主要包括：

①分布在近郊的各种风景林，主要包括动、植物园、森林公园（近郊）、自然风景区（近郊）、纪念林等；

②各种防护林，如防风固沙林、水土保护林等；

③分布于近郊的自然保护区；

④分布于近郊的经济林，乡、镇绿化林带，各种母树林；

⑤各种类型的近郊果园、花圃、苗圃和国防林等。

远郊森林主要包括分布于远郊的自然保护区和国家森林公园两大类型。这些自然保护区和国家森林公园虽离市区较远，但行政上仍由市政管辖。

总之，城市森林是由城市行政区域内所有的乔木、灌木、草本、藤本植物和楼宇内人工种植的各种草本花卉、盆花植物及在此栖居动物组成。当然，随着我国国民经济的高速发展和城市化进程的加快，城市绿地的组成类型将随之发生变化。

2.3 城市林业的基础理论

城市林业是20世纪末在我国刚刚兴起的一门新兴学科，至今尚未形成成熟的理论体系。城市林业是把已存在于城市环境中、以树木为主体的植物群落作为生产经营对象，因而它的经营活动必须在植物群落与其生态环境相协调统一的基础之上来进行，因此对于植物（以树木为主）及其群落和系统的认识，以及对生态环境（包括非生物环境和生物环境）的本质和系统认识就是城市林业必需的知识基础。生命科学，尤其是森林培育学、生态学、园林学、园艺学等，以及环境科学，尤其是气象学、土壤学等，还有社会科学、美学、城市规划等，都为城市林业提供了丰富的知识和理论基础。

2.3.1 森林生态学基本原理

建设城市森林是城市实现可持续发展和林业发展战略向生态效益为主转变的重要体现。城市生态系统是指城市空间范围内的居民与自然环境系统和人工建造的社会环境系统相互作用而形成的统一体，城市森林是城市生态系统的重要组成部分，担负着改善城市人居环境的生态重任，同时城市森林也是森林生态系统研究的一个重要内容，它的建设和发展，遵循森林生态系统的组成和功能、干扰和恢复、生态适应性和生态位等基本理论。

2.3.1.1 森林生态系统组成与结构

森林生态系统由有生命和无生命两大类成分所组成，其结构是指这些组成成分的空间位置，以及随时间和空间的变化状况。

（1）森林生态系统组成

自1935年英国学者坦斯利（A. G. Tansley）根据前人和他本人对森林动态的研究，特别是在美国学者克莱门茨(Clements)的森林演替的单元顶极理论(monoclimax theory)与他本人提出的森林演替多元顶极理论(poly climax theory)的基础上提出了生态系统(ecology system)的概念以来，经过1942年美国学者林德曼(R. L. Lindeman)和能量学家奥德姆(E. P. Odum)等生态学家的长期研究，生态学得到了迅速的发展，生态系统理论已经成为大家广泛接受的理论。

坦斯利强调："我们不能把生物从其特定的形成物理系统的环境中分割开来，这种系统是地球表面上自然界的基本单位，它们有各种大小和种类。"而森林是分布在自然区域并和该区域的动物、土壤和气候相互作用的木本植物群落。因此，森林生态系统是指以森林为主体的，并与非生物之间相互作用，进行物质和能量交换的任一自然地域。其完整的组成包括以下几个部分：

①以林木为主体的生物成分中的初级生产者，包括林木、其他绿色植物和能进行光合作用和化能合成的细菌，它们利用太阳能把简单的无机物质合成为有机物质。这一群体是生态系统中最基本的和最为关键的组合，太阳能只能通过生产者才能进入生态系统，成为消费者和还原者的能量来源。②消费者，主要是生活栖居在森林环境中的各种动物，它们是利用植物作为食物和能量来源，并使其中一部分转化为动态物质的食草动物及以食草动物为食物的捕食动物。③分解者，指森林环境中的细菌、真菌等各种微生物。它们利用动植物残体及其他以有机物为食的小型异养生物，大部分生存在土壤表层或地表，把动植物残体分解并矿化还原于环境中，从而形成养分循环。④非生物环境，指光、热、大气、水、土、岩石及死的有机物质。它们是生物赖以生存的环境，同时又是生物所需物质和能量的来源，通过其物理状况和化学状况对生物的生存产生综合影响。

(2) 森林生态系统的空间结构

森林生态系统的空间结构包括垂直结构和水平结构。

垂直结构是指水生和陆生生态系统都有空间的垂直变化或水平分化和成层现象。生态系统中的生命现象各有生长型，其生态幅度和适应性又各不相同，它们各自占据着一定的空间，它们的同化器官和吸收器官处于地上的不同高度和地下或水面下的不同深度，它们这种空间上的垂直配置，形成了植物群落的层次结构，即垂直结构。这种结构在城市绿化中具有非常重要的作用。

水平结构是指生态系统的群落结构在空间的水平分化或镶嵌现象形成了水平结构。森林生态系统的水平分化基本结构单位是小群落，它反映了群落的镶嵌性，形成的原因主要是环境因素的不均匀性，如小地形和微地形的变化，土壤温度和盐碱化程度的差异，以及群落内部环境的不一致性等。另外，动物的活动和人类的影响，以及植物本身的生态学和生物学特性，尤其是植物的繁殖与散布特性，以及竞争能力等，也都具有重要作用。生态系统的水平结构同样为城市人工或自然群落的配置与分布提供规范性。

(3) 森林生态系统的时间结构

时间结构或时间成层现象是指植物群落结构在时间上分化或在时间上的配置。它反映了群落结构随时间的周期性变化而相互地发生更替，这种更替在很大程度上表现在群落结构的季节性变化和年度变化上。

植物群落结构的时间分化，主要表现在层片结构的季节性更替，群落的层片结构随季节性变化，一个层片为另一个层片所取代，或随着季节性变化表现为依次更替的季节性层片。群落中种群的年龄结构也是群落时间结构的一个要素，随着时间的变迁，种群年龄结构也不断地变化，它们在不同层片中的个体数目的优势也不断变化，从而反映出群落结构在时间上的分异，并形成一定的群落时间结构。应用这种时间结构，特别是季节性更替，对丰富城市绿化的季相变化是非常重要的。

2.3.1.2 生态平衡理论

广义的生态平衡是指生态在各个层次上、主体与环境的综合协调。而狭义的生态平衡指生态系统的平衡，简称生态平衡。

生态平衡是生态系统在一定时间内结构与功能的相对稳定状态，其物质和能量的输入、输出接近相等，在外来干扰下，能通过自我调节保持稳定状态，保持这种状态则可称为生态平衡，也就是说，生态平衡应包括三个方面的平衡，即结构上的平衡、功能上的平衡，以及输入和输出物质数量上的平衡。

生态平衡是相对的平衡。任何生态系统都不是孤立的，会与外界发生联系，会经常受到外界的干扰和冲击。生态系统的某部分或某一个环节经常在一定的限度内有所变化，只是由于生物对环境的适应性，以及整个生态系统的自我调节机制，才使系统保持相对稳定状态。所以生态系统的平衡是相对的，不平衡是绝对的。而当外来干扰超过生态系统自我调节能力，不能恢复到原初状态时称为生态失调，或生态平衡的破坏。

生态平衡是动态平衡，不是静态的。生态系统各组成部分不断按照一定的规律运动或变化，能量在不断的流动，物质在不断地循环，整个系统常处于动态变化之中。维护生态平衡不是为保持其原始状态。生态系统在人为有益的影响下，可以建立系统新的平衡，达到更合理的结构，更高效的功能和更好的生态效益。

对生态平衡的影响除了自然因素，还有人为因素。特别是在城市这一人类占据绝对主导地位的人工生态系统中，人为因素对于生态平衡的影响是极其显著的，更多地体现在负面影响方面。随着工业的发展，加强了经济建设，改善了人民生活，同时有许多有毒物质进入生态系统，工业三废污染了农田、水域和大气。例如，工厂和汽车燃料排出的 SO_2 和 NO，同大气中水分结合冷凝成为酸雨，使土壤肥力被破坏，影响作物生长，还能直接伤害作物，并祸及鱼类和人类。1978 年 7 月底的雨后，内蒙古包头市郊区高粱、玉米叶出现黄斑，提早脱落，葡萄、杨树叶也出现病斑，茄子、番茄表皮皱缩卷曲，就是大气受氟污染造成的灾害。城市中的厂矿在其生产中均会向大气中排放各种有害气体成分，其中不少有害物质超过国家标准，尤其含氟废气，污染范围广，使动植物产量大幅度下降。

2.3.1.3 植物群落演替理论

演替是一个植物群落被另一个植物群落所代替的过程。森林演替是森林内部各组成成分间运动变化和发展的必然结果，也是森林群落动态的一个最重要的特征。一个先锋植物群落在裸地上形成不久后，演替便发生。演替取决于环境条件的变化，植物传播和繁殖体的散布或生命繁衍、植物间的相互作用以及新的植物分类单位的产生或小演化。

一个植物群落接着一个植物群落相继地、不断地被一个植物群落所代替，直至顶极群落。演替类型从不同的角度划分，具有不同的分类结果：按基质和变化趋势可分为原生演替和次生演替系列；按水分关系可分为水生演替、旱生演替和中生演替系列；按时间上的发展分类可分为快速演替、长期演替和世纪演替；按演替主导因素分为内因生态演替、外因生态演替、群落发生演替和地因发生演替等。

植物群落的演替，无论是旱生演替或水生演替，常是从先锋群落经过一系列阶段，达到中生性的顶极群落(指演替最终的成熟群落)，这种沿着顺序阶段向着顶极群落的演替过程，称为进展演替，反之，如果是由顶极群落向着先锋群落演替，则称为逆行演替。在城市森林的建设中，一定要根据演替理论的基本原理，营造并形成稳定的城市森林顶极群落。

2.3.1.4 生态适应性及生态位理论

(1) 生态适应性原理

由于植物长期与环境协同进化，对生态环境产生了生态上的依赖性。因此，植物的生长发育不仅具有其固有的生物学特性，而且还具有生态学特性，环境的各生态因子(如气候、土壤、地形、生物、地史变迁等)决定了植物只能占有一定的分布区域，同时也形成不同特性的植物，如有些植物为喜光植物，而另一些则是耐阴植物；有些为喜酸性植物，有些为喜碱性植物；有些为水生植物，有些为旱生植物等。

在城市森林的营造过程中，可利用选择途径(选树适地和选地适树)和改造途径(改树适地和改地适树)以达到树种特性与立地条件相适应，即适地适树。

(2) 生态位理论

生态位(niche)是生态系统中的一个重要的概念。在自然界稳定的群落中，每一个种有它自己的独特的生态位。生态位是说明群落中每一个种特殊性的术语。群落是一个种间相互作用，生态位分化的机能系统。生态位这个术语是1917年被提出的，演变到今天，它指的是一个种的功能适应和分布的特征，现分述如下：①生态位指的是种在生态系统中的功能地位，这个术语强调了各个种地位的复杂性。例如，它是植物、动物？还是微生物？它是大的还是小的？它是自养的还是异养的？它的生产力如何？在水分和养分循环中起的作用如何？换言之，该种在该生态系统的复杂功能过程中占有何种地位？打一个比喻说，生态位在这方面的含义就像是一个人的职业一样。我们说一个人是林业工人或农民，就说明了他们是靠什么生活的并在当地社会经济中占有的地位；②生态位也指的是一个种的生境，因此，确定一个种的生态位包括着它对光、温度、水分、营养、土壤、大气的适应性以及这些因素在不同时间上的变化范围；③生态位的定义也包括对一个种分布的地理区域的概念。分布区的概念与生境不同，前者指的是地理范围和其分布区的位置，而后者指的是决定种是否生存的环境因子。从功能适应性和分布区等特征来全面鉴定一个种的生态特征，显然是很复杂的，要包括大量参数。同时，一个种的生态位也并不是固定不变的，在与其他种的相互作用中会有所变化。此外，幼年时的生态位和老年时也不同。

格鲁比(Grubb)在解释植物种的共存时提出可将植物的生态位分为4种：①生境生态位，即成年植物所能忍耐的自然环境的界限；②生活生态位，包括大小和生产力的表现以及三维格局；③季相生态位，即季节发育格局；④更新生态位，即在一个成年个体被下一代个体替代过程中，对成功机遇的表现，它包括种子生产(开花、授粉、结实)、种子散播(时间上的散播和空间上的散播)、种子萌发、幼苗成活和生长等生物学过程。

2.3.2 城市森林生态学及其在城市森林建设中的应用

城市化发展导致了城市生态失衡，已经引起了社会的广泛关注。把建设城市森林作为改善城市生态环境的主要措施，已成为全社会的广泛共识。同时，城市森林也是一个复杂的生态系统，它与一般的山地森林生态系统不尽相同。从其组成来看，城市森林生态系统是人工生态系统，完全受人为控制，消费者占优势，系统本身调节和维持能力很薄弱，并且其分解功能不充分，维护费用较大；从其功能来看，城市森林主要是为了发挥森林生态效益和社会效益，改善城市居住和生活环境。因此，根据城市特点，如何运用森林生态系统的基本原理，建立布局科学、结构合理、效益明显的健康森林生态系统已成为当今城市林业发展中需要解决的热点问题。

(1) 城市森林生态规划

城市森林生态规划是城市森林建设的基础，它必须建立在充分调查城市森林生态系统生物和非生物生态系统的基础上（非生物环境调查和分析包括城市地貌、气候、城市水文及资源状况；生物环境主要指城市及城市周边的动植物环境、城市人口及人为干扰等），要求合理规划城市生态用地。依据森林生态系统结构和生态平衡理论，按城市森林建设的原则和目标，在一定绿量控制下，规划和设计城市森林的空间结构、群落结构，使城市森林最大限度满足居民生活和生产需求。在绿量规划时可根据以下方法计算：一个成年人在安静的状态下每天约吸入（消耗）0.73 kg 的 O_2，呼出 1 kg 的 CO_2，而 1 hm^2 森林通过光合作用，一天能吸收 1 t 的 CO_2，放出 730 kg 的 O_2，因此，城市居民每人至少需有 10 m^2 的树林或者 25 m^2 的草地，才能保持碳氧循环的平衡。

(2) 绿色植物材料选择

绿色植物材料的选择是城市森林生态系统的健康及生态功能发挥的根本保证。

目前城市绿化树种选择往往偏重于树种的形态、叶形、花色、干形等观赏性指标，或有一种盲从心理，盲目引种绿化树种，忽视或较少重视生态适应性强的乡土树种，致使引进树种死亡或生长不良，无法充分发挥森林的生态效益，同时忽视乡土树种，也易导致城市绿化千篇一律，难以体现区域特征和城市特点。另外，在城市行道树管理过程中，存在一个常见问题，即树木根系受水泥地面的限制，致使行道树生长不良或由于根系腐烂而死亡，这些都是违背树种生态适应性原理的典型现象。由于不同城市森林类型及生态环境差异较大，所以，应根据具体地段的生态因子确定绿化植物种类，并要求群落演替过程中，使植物与环境生态条件相适应，让最适应的植物生长在最适宜的环境中，以维护城市森林生态系统的健康和稳定。

在引进和选择绿化植物时，注意物种的生态位协调，这是城市森林生态系统健康、安全的保证。依据生态位原理，利用植物在不同年龄生态位要求差异进行合理搭配，使景观错落有致，同时充分利用空间，发挥植物的生态效益。

(3) 城市森林布局与树种配植

生态系统总体功能的强弱取决于生态系统结构的合理性以及生态学过程的状态。所以，根据森林生态系统基本原理，建立合理的城市森林结构。城市森林配置模式单一，结构不合理，生态景观单调，生物多样性低，且生态功能不高是当今城市森林结构较为普遍存在的问题。合理的结构体现在物种组成和时空结构合理，生物群体与环境资源组合之间的相互适应，城市森林生态系统健康和安全，改善城市生态环境明显等方面。

(4) 城市森林生态平衡调控

城市森林生态系统主要是残留的地带性森林和人工栽植的树木共同组成的斑块。当地残留的地带性森林具有一定的自我更新和维持的能力，包括部分绿带和较完整的林分。但目前城市森林主要还是人工栽植的树木，自我更新的能力差或基本上不具备自我更新能力。所以，如何通过人为措施进行生态平衡调控，增强城市森林稳定性，维持生态系统平衡是城市森林建设和管理的重要内容。

城市森林生态系统结构是城市森林建设和管理工作的基础和重点，所以，应该研究城市生态平衡对人类的反馈作用及生态效益，认识城市生态环境现状，预测城市生态系统变化趋势，并通过生物、物理、化学等技术手段控制城市森林生态系统的结构，调节城市生态系统平衡，使城市植物群落的演替方向朝着人类的需求方向发展，同时维持生态系统安全、健康和平衡，充分发挥森林生态效益，实现人与自然和谐共处。

2.3.3 森林培育的基本原理

森林培育是把以树木为主体的生物群落作为生产经营对象，研究有关森林培育的基本原理和方法。城市林业是研究城市生态系统中以树木为主体的生物群落的栽培、管理及经营，因此森林培育学成为城市林业的主要理论基础学科之一。森林培育从本质上说是一门栽培学科，与作物栽培学、果树栽培学、花卉栽培学等处于同等地位。森林栽培学与其他栽培学科的不同特点主要是由森林的特点所引起的，那就是它所涉及的种类多（物种的层次及生态系统的层次）、树体大、面积广、培育时间长、培育目标多样、内部结构复杂、与自然环境的依存度大等。森林培育的对象既可以是天然林，也可以是人工林，还可以是天然与人工起源相结合的森林，实际工作中还包括不呈森林状态存在的带状林木及散生树木（如城市森林中的行道树，各种防护林带、古树名木等）。由于森林培育是一个很长的过程，从几年到一二百年，而且所培育的世代之间又有很强的相互影响，因此，对森林培育必须要有一个完整的理论及技术体系的认识。森林培育过程大约可以划分为前期规划阶段、更新营造阶段、抚育管理阶段和收获利用阶段。各阶段所采用的培育措施不同，但必须前后连贯，形成体系，指向既定的培育目标。

森林培育的前期规划阶段是非常重要的阶段，因为这是一个决策设计阶段，在很大程度上影响整个培育工作的成败。这个阶段的主要技术工作包括培育目标的论证和审定、更新造林地的调查、更新造林树种及其组成的确定（包括天然更新的前期调查）、培育森林的结构设计及整体培育技术体系的审定等。在森林培育前期工作中很重要的一项工作是种子苗木的准备。林木种子的生产和苗木的培育各有一套自己的技术体系，它也要服从总的培育目标。

森林培育的更新造林阶段是把规划设计付诸实施的关键施工阶段，它的主要技术工作包括旨在促进更新的自然封育及改善幼树生长环境的造林地清理和整地，为实现森林结构设计而进行的种植点配置，为保证幼树健康成活而实施的植苗（或播种）系列栽植技术以及在幼林形成郁闭前为保持幼树顺利成活生长的立地环境和生物环境的系列幼林抚育保护技术等。

森林培育的抚育管理阶段是时间延续最长的阶段。在这个阶段内为了保证幼林按预期目标(速生、优质、高产、稳定以及多功能效益的高效)成长，需要不断调查林木与林木之间以及林木与环境之间的关系，使之始终处于理想的林分结构状态(高度、组成、树龄分布)及有利于生长发育的环境状态。为此，需要采取有一定间隔期的、多次重复的培育和管理措施，包括林木施肥、修枝、透光疏伐、卫生伐、垦覆、林下植被处理的复合经营等，林木结构的调控及林木生长调控都要服从于培育的定向目标。

森林的收获利用阶段(或称主伐利用阶段)也作为森林培育的一个阶段来提出，这是森林培育的特点所致。无论是森林的主伐利用还是森林的生态保护功能的利用，都要密切地考虑下一世代森林更新的需要。科学的森林利用要考虑合理利用的规模、时间、形式及利用时的林分状态，要把森林利用的需要和森林恢复更新的需求，或更客观地说是森林可持续发展的需求密切结合起来，这是决定森林收获利用的方式(择伐、渐伐、皆伐、更新伐、拯救伐、任其自然的保护等)和技术措施的基本准则。

综观森林培育的全过程，各项培育技术措施是通过林木遗传调控(组成结构、水平结构、垂直结构及年龄结构)和林分的环境调控(立地的理化环境、生物环境)这两方面来实现的。通过这两个方面的调控，在森林生长的各个阶段培育健壮优良的林木个体(指培育目标的个体)，优化林分群体结构，形成适生优越的林地环境，从而达到预期的定向培育目标。根据定向培育目标，各项培育措施必须配套协调，形成体系。

2.3.4 园林学基本原理

园林在中国古籍里根据不同的性质也称作"园、囿、苑、园亭、庭园、园池、山池、池馆、别业、山庄等"(杜汝俭，1986)。英美各国称之为 landscape architecture、garden、park、landscape garden。它们的性质、规模虽不完全一样，但都具有一个共同特点：即在一定的地段范围内，利用并改造天然山水地貌，或者人为地开辟山水地貌，结合植物的栽植和建筑的布置，从而构成一个供人们观赏、游憩、居住的环境。创造这样一个环境的科学就是"造园学"或"园林学"。园林学是着重研究如何合理利用自然因素和社会因素(山、水、植物、建筑)来创造美的、生态平衡的人类生活环境的学科。园林学的内涵和外延，随着时代、社会生活及相关学科的发展，不断地丰富和扩大(陈自新，1998)。对园林的研究，是从记述园林景物开始的，以后发展到或从艺术方面探讨造园理论和方法，或从工程技术方面总结叠山理水、园林建筑、艺术布置的经验，把所有的造景要素都纳入自己的研究范围，逐步形成传统园林学。资产阶级革命以后出现的新园林，先是开放王公贵族的宫苑，后来研究和建设为公众服务的各类公园、城市绿地系统布局、游憩活动的安排以及通过绿地手段进行城市景观美化等内容。之后，随着城市问题乃至环境问题的加重以及城市的拥挤，城市居民对大范围的绿化及自然的回归要求日益强烈，从而使园林的含义进一步发展，进入第三层次——"大地景观规划"(李敏，2002)。如今，园林的分类越来越细，其内涵和外延却越来越大，远远超出了传统造园的界限，继而出现了景观环境设计、绿地环境规划、绿地生态设计、地域环境学等新概念。

2.3.4.1 生态园林

近年来，随着人们对环境问题的关注，"生态园林"的概念应运而生，其含义可以理解为：以城市为中心，遵循生态学原理（如互惠共生、生态位、物种多样性、竞争、化学互感作用等）以高度艺术手法，通过增加和保护生物多样性，建立合理的复合人工植物群落，建立建筑、交通工具等人为外在物质，在城市中以及城市的周围建立一个与人工构筑物及自然（包括动物、植物、微生物及其生存环境）和谐共存的良性循环的生态系统。在这个生态系统中，乔木、灌木、草本和藤本植物，因地制宜地配置在一个群落中，种群间相互协调，有复合的层次和相宜季相色彩，具有不同生态特征的植物各得其所，能够充分利用阳光、空气、土地空间、养分、水分等，构成一个和谐有序、稳定的群落，它是园林绿化工作最高层次的体现。可以看出，生态园林从理念、文化背景，已经与传统园林大相径庭，在本质上与城市森林没有大的差别，这两者的核心是统一的，就是最终改善城市生态环境。因此，发展城市森林与城市园林并不矛盾，二者的融合，可以取长补短，优势互补，共同促进人居环境的改善与人类生存环境的可持续发展。

2.3.4.2 园林对城市森林的影响

园林是中国的传统，是一门独有的艺术，并不完全等同西方的 landscape architecture，garden，park 或 landscape garden。从某种角度上，园林首先是一门艺术，然后才是一门技术，一门科学。园林的核心是林。这里的"林"指的是乔木、灌木、草本植物、藤本植物、竹类、地被类植物，更准确的说，指的是所有观赏植物，它们是城市森林的一部分，是森林植物。森林植物经过园艺匠师们的选择、栽种、驯化和培育，取观赏价值较高的品种予以应用、更新、保存和发展，形成园林植物并与其他造景要素配合，形成丰富多彩的园林景观或环境艺术。

科学技术发展到今天，随着城市化的高速发展，随着人居环境的变化，我们需要的城市森林植物，不但要求有较高的观赏价值，在城市郊区，尤其是在环境恶劣的干旱区城市郊区甚至远郊区，我们更强调城市森林植物对环境的重要性，要求它们能够适应各种恶劣的环境条件（干旱、盐碱、贫瘠、大风、寒冷、弃渣、陡坡等），能够吸收或适应各种对人体有害的污染物质，能够发挥更多更好的生态效益，因此对城市森林植物的选择标准，在某种程度上应该不同于园林植物，这对于城市森林的发展建设将是一个任重而道远的任务。

当然，任何一门新学科的发展，对其基础学科都将是一个扬弃的过程。城市林业，既要运用园林学理论、工程技术、艺术处理手法，又要体现 21 世纪人类发展的需要，才能创造出一流的作品。城市森林是园林发展到一定程度时与时代结合的产物，在城市森林规划和发展的过程中，应该遵循园林艺术、园林植物种植设计、园林绿地规划的基本原理，并以自然美为前提，融合艺术美，重视植物的景观、美感、寓意和结构效果，尽量体现园林的艺术性，多采用开放的自然式园林设计，利用"师法自然"的种植手法，通过多样的种群，灵活的配置和丰富的色相、季相变化，使生态效益与景观效益结合，自然生物属性得到文化体现，产生富有自然气息的美学价值和文化底蕴。同时强调开放性与外向性，与城市景观特色、不同造景和结构的建筑物相协调配置，并考虑教育、文化、环境、经济等诸多方面的要求，创造高标准的人居空间。

2.3.5 生态保护与生物修复理论

2.3.5.1 生态系统的健康与生态系统的管理

(1) 生态系统的健康

生态系统健康是生态系统的综合特性，它具有活力、稳定和自我调节的能力。换言之，一个生态系统的生物群落在结构、功能上与理论所描述的相近，那么它们就是健康的，否则就是不健康。一个病态的生态系统往往处于衰退、逐渐趋向于不可逆的崩溃过程。

健康的生态系统具有弹性，保持着内在稳定性。系统发生变化就意味着健康状况的下降。如果系统中任何一种指示者的变化超过正常的幅度，系统的健康就受到了损害。当然，并不是所有的变化都是有害的，它与系统多样性相联系，多样性是易于度量的。事实上生态系统健康可能更多地表现在系统可以创造性地利用胁迫的能力，而不是完全抵制胁迫的能力。健康的生态系统对于干扰具有弹性，有能力抵制疾病。霍林（Holling）认为这是一个系统在面对干扰保持其结构和功能的能力。弹性能力越大，系统越健康。

生态系统健康是生态系统发展的一种状态。在此状态中，地理位置、光照水平、可利用的水分、营养及再生资源量需处在适宜或十分乐观的水平，或者说处在可维持该生态系统生存的水平。

健康是一种状态。在此状态中，生态系统在为人类提供需求的同时，维持着系统本来的复杂性特征，而生态系统健康又是一种程度，是生态可能性与当代人需求之间的重叠程度。如果一个生态系统有能力满足我们的需求，并且在可持续方式下产生所需要的产品，这个系统就是健康的。

(2) 健康生态系统的建设与管理

生态城市是人们对进入工业文明以来所走过的路程进行深刻反思，对人与自然关系的认识不断升华后，所提出来的未来城市发展模式。它反映了人类谋求自我可持续发展的良好意愿，体现了人类与自然关系的更深层次的认识。生态城市追求人类和自然的健康和活力，并认为这就是生态城市的全部内容，足以指导人们的正确活动。国内学者对生态城市的普遍认识是：生态城市是一个经济发达，社会公平、繁荣，自然和谐，技术与自然达到充分融合，城市环境清洁、优美、舒适，从而能够最大限度地发挥人的创造性，并促使城市文明度不断提高的、稳定、协调、持续发展的复合生态系统。

城市生态环境建设的途径与内容主要包括：①规划布局与工艺技术在解决城市自然保护问题中所占的比重；②地理生态边界、相邻地区的布局联系和功能联系、人口规划；③城市生态分区，以限制每个分区污染影响与人为负荷，降低其影响程度；④解决环境危险时的用地功能及空间担负的基本方针；⑤符合生态要求的城市交通工程、能源等基础设施；⑥建设空间与绿色空间的合理比例，并以绿色为"骨架"；⑦生态要求居住区与工业区的改建原则；⑧城市建筑空间组织的生态美学要求。

总之，现阶段国内外生态城市的建设特点归纳为三点：①制定正确的生态城市建设目标和指导原则；②强调生产资源的再利用，生活消费减量和垃圾循环利用的"3R"原则

(Reduce，减量化；Reuse，再利用；Recycle，再循环)；③促进地方社区的参与，提高市民的生态意识。

在我国，马世骏院士(1984)提出了城市社会—经济—自然复合生态系统理论以指导城市建设，并倡导进行了大量生态城镇、生态林的建设和研究，这些都极大地推动了国内生态城市理论发展。王如松等(2002)也提出建设生态城市需满足人类生态系统的满意原则、经济生态学的高效原则、自然生态的和谐原则。王祥荣(2002)以上海市为例探讨了生态城市建设的理论、途径和措施，认为生态城市建设的科学内涵体现在5个方面：①高质量的环保系统；②高效能的运转系统；③高水平的管理系统；④完善的绿地系统；⑤高度的社会文化和生态意识。

城市现代化的标志是雄厚的经济实力、高品质的生活环境、实现社会公平。"生态城市"是在全球生态浪潮中被推入到21世纪的城市发展新概念，它体现了人与自然关系的深层次认识。人与自然和谐、生态环境优良、充满生机和活力的生态城市是实现城市现代化的必然选择。

2.3.5.2 受损生态系统的生物修复理论

(1) 生物修复

广义的生物修复是指一切以利用生物为主体的环境污染的治理技术。它包括利用植物、动物和微生物的吸收、降解、转化土壤和水体中的污染物，使污染物的浓度降低到可接受的水平，或将有毒有害的污染物转化为无害的物质，也可以将污染物稳定化，以减少向周边环境的扩散。生物修复一般分为植物修复、动物修复及微生物修复3种类型。根据生物修复的污染物种类，它又可分为有机污染的生物修复、重金属的生物修复及放射性物质的生物修复等。而狭义的生物修复是指通过微生物的作用清除土壤和水体的污染物，或是使污染物无害化的过程，它包括自然的和人为控制条件下的污染物降解或无害化的过程。植物修复是指利用植物去治理水体、土壤和底泥等介质中的污染物的技术。植物修复技术包括6种类型：植物萃取、植物稳定、根际修复、植物转化、根际过滤和植物挥发技术。微生物修复是利用微生物将环境中的污染物降解或转化为其他无害物质的过程。动物修复是指通过土壤动物群的直接(吸收、转化和分解等)或间接作用(改善土壤理化性状、提高土壤肥力、促进植物和微生物的生长等)而修复土壤污染的过程。

生物修复的机理主要是受污染的环境中的有机物除少部分是通过物理、化学作用被稀释、扩散、挥发及氧化、还原、中和而迁移转化外，主要是通过修复生物的代谢活动将其降解转化。因此，生物修复首先必须考虑适宜微生物的来源及其应用技术。其次，微生物的代谢活动需在适宜的环境条件下才能进行，而天然污染的环境中条件往往较为恶劣，因此，我们必须为提供适于微生物作用的条件，以强化微生物对污染环境的修复作用。

植物的生物修复技术主要体现在重金属的植物修复去除、有机物的植物修复去除和放射性核素的植物修复去除等方面。重金属的植物修复的主要作用机理就在于利用植物对重金属元素的固定、植物挥发和植物吸收3种方式来进行降解和去除重金属的污染。众所周知，金属不同于有机物，它不能被生物所降解，只有通过生物的吸收得以从环境中去除。植物具有生物量大且易于后处理的优势，因此利用植物对金属污染位点进行修复是解决环境中重金属污染问题的一个很有前景的选择。植物固定是利用植物及一些添加物质使环境中的金属流动性降低，生物可利用性下降，使金属对于生物的毒性降低。然而植物固定并没有将环境中的重金属离子去除，只是暂时将其固定，使其对环境中的生物不产生毒害作用，没有彻底解决环境中的重金属问题，如果环境条件发生变化，金属的生物可利用性可能又会发生改变。因此，植物固定不是一个很理想的去除环境中的重金属的方法。植物挥发是利用植物去除环境中的一些挥发性的污染物，即植物将污染物吸收到体内又将其转化为气态物质，释放到大气中。有人研究了利用植物挥发去除环境中汞，即将细菌体内的汞还原基因转入十字花科拟南芥属（*Arabidopsis*）中，这一基因在该植物体内表达，将植物从环境中吸收的汞还原为 Hg(O)，使其成为气体而挥发。另有研究表明利用植物也可将环境中的 Se 转化为气态式（二甲基硒和二甲基二硒）。由于这一方法更适用于挥发性污染物，应用范围较小，并且将污染物转移到大气中对人类和生物有一定的风险，因此它的应用将受到限制。植物吸收是目前研究最多并且最有发展前景的一种利用植物去除环境中重金属污染的方法，它是利用能够吸收重金属的植物吸收环境中的金属离子，将它输送并储存在植物体的地上部分。植物吸收需要能耐受且能积累重金属的植物。因此，研究不同植物对重金属离子的吸收特性，筛选出合适植物是研究的关键。根据美国能源部的规定，能用于植物修复的最好的植物应具有以下几个特性：①即使在污染物浓度较低时也有较高的积累速率；②能在体内积累高浓度的污染物；③能同时积累几种金属；④生长快，生物量大；⑤具有抗虫、抗病能力。经过不断的研究以及野外试验，人们已经找到了一些能吸收不同金属的植物种类及改进植物吸收性能的方法，并逐步向商业化发展。

在所有污染环境的重金属中，铅是最常见的一种。目前有关铅污染的植物修复研究最多，并且已有公司预计该技术将商业化。很多研究表明，植物可大量吸收并在体内积累铅，如 Reeves 等（2003）报道，圆叶遏蓝菜（*Thlaspi rotundifolium*）可吸收铅达 8500 μg/g，但是这种植物生物量较小且生长慢，不适于用作植物修复。有许多植物能吸收大量的汞（Hg）储藏在体内，如纸皮桦可富集 10 000 μg/kg 的汞。加拿大杨树体内，汞的耐受阈值约为 95~100 g/kg，每株内最大汞吸收数量约为 6779 μg。吸收汞的植物可作为某些工业与建筑用材。红树植物对汞也有很强的吸收积累作用，能将大量的汞吸收在植物体内，可有效地净化土壤中的汞。例如，汞污染的稻田可改种芝麻，土壤汞的净化速率可达 41%，土壤净化恢复的年限比种水稻缩短 8.5 倍。钱尼（Chaney）及其同事（1998）研究了植物对 Zn 和 Cd 污染土壤的修复，他们筛选了能积累这两种金属的小型草本植物，库马兹（Kumaz）等（2000）研究发现芥子草（*Brassica juncea*）不仅可吸收铅，也可吸收例如 Cr、Cd、Ni、Zn 和 Cu 等金属。

有机物的植物修复技术主要包括植物对有机污染物的直接吸收作用，植物释放的分泌物和酶促进环境有机污染物的去除、根系有机物的分解等。

一般有机污染环境的生物修复多是用微生物来完成的，但由于植物修复应用的适用性，近些年内的研究很多，有的已达到了应用的水平。

植物可从土壤中直接吸收有机污染物，然后将没有毒性的代谢中间体吸收并存在植物组织中。这是植物去除环境中亲水性有机污染物的一个重要机制。化合物被吸收到植物体后，植物可将其分解，并通过木质化作用使其成为植物体的组成部分，也可通过挥发、代谢或矿化作用使其转化成 CO_2 和 H_2O，或转化成为无毒性作用的中间代谢物如木质素，储存在植物细胞中,达到去除环境中有机污染物的作用。环境中大多数 BIEX 化合物、短链的脂肪族化合物常常通过这一途径去除。布肯(Bucken)等(2001)研究发现植物可直接吸收环境中微量除草剂阿特拉津。

植物对化合物的吸收受三个因素的影响:化合物的化学特性、环境条件和植物种类。因此为了提高植物对环境中有机污染物的去降效应从这三个方面深入研究。

植物生活在土壤中,可以释放一些物质到土壤中,以利于降解有毒化学物质,并可刺激根区微生物的活性。这些释放到土壤中的物质包括酶及一些有机酸,它们与脱落的根冠细胞一起为根区的微生物提供重要的营养物质,促进根区微生物的生长和繁殖。莱利(Reilley)等在1996年研究了多环芳烃的降解,发现植物根区微生物密度增加,使多环芳烃的降解增加。

植物根区的菌根真菌与植物形成共生作用,有其独特的酶途径,用以降解不能被细菌单独转化的有机物。植物根区分泌物刺激了细菌的转化作用,在根区形成了有机碳,根细胞的死亡也增加了土壤有机碳,这些有机碳的增加可阻止有机化合物向地下水转移,也可增加微生物对污染物的矿化作用。另有研究发现微生物对阿特拉津的矿化作用与土壤有机碳成分直接相关。

(2)放射性核素的植物修复去除

核炸弹、核试验以及核反应的进行,使核裂变副产物成为环境中的一类重要污染物,这些放射性核素长期存于土壤中,对人类及生物的健康造成很大的威胁,如果农业生态系统被污染则会造成很多问题。因此,如何从环境中去除这类污染物,也是一个重大的环境问题。目前已有的技术需将土壤从污染位点转移,然后用分散剂和螯合剂进行处理。土壤的转移需要很大的设备,处理费时、费钱并且很困难,因此目前很少有人尝试用这一技术处理大面积低浓度的放射性核素污染。植物可从污染土壤中吸收并积累大量的放射性核素,因此用植物去除环境中的这类污染物是一个值得研究的方法。有关植物吸收环境中放射性核素的文献很多,Nifontova 等(1998)在核电源的附近地区找到多种能大量吸收^{137}Cs 和^{90}Sr 的植物。Entry 等(1998)则发现桉树苗一个月可去降土壤中 31%的^{137}Cs 和 11.3%的^{90}Sr。用生长很快的多年生植物与特殊的菌根菌或其他根下微生物共同作用,以增加植物吸收和累积也是一个很有价值的研究方向。

2.3.6 生物多样性原理

城市化过程是一个自然生态系统不断受到破坏、人为干扰不断加强的过程,这种趋势是不可逆转的,如何适应这种发展趋势,维持城市化地区的环境可持续发展,发展城市森林是一条有效途径。城市森林建设的目的就是要通过建设以林木为主体的城市森林来解决城市化进程中的环境问题,其中很重要的一个方面就是如何保护生物多样性(biodiversity)。生物多样性是近年来生物学与生态学研究的热点问题,一般的定义是"生命有机体及其赖以生存的生态综合体的多样化(varity)和变异性(variability)"。按此定义生物多样性是指生命形式的多样化(从类病毒、病毒、细菌、支原体、真菌到动物界与植物界),各种生命形式之间及其与环境之间的多种相互作用,以及各种生物群落、生态系统及其生境与生态过程的复杂性。一般来讲,生物多样性包括遗传多样性、物种多样性、生态系统多样性与景观多样性。

城市化过程造成了以森林为主的自然生态系统不断被肢解和蚕食，使城市化地区的生物多样性受到破坏，保护生物多样性已经成为城市生态环境建设的重要内容。城市森林建设的宗旨就是要发挥林木在改善城市生态环境方面的作用，也有利于保护和增加城市地域范围内的生物多样性，许多城市在城市绿化材料引进和选择、植物群落配置、城市森林整体布局等环节，都强调要保护和增加生物多样性。但在实践过程中，有些地方把保护和增加生物多样性的重点集中在引进外来植物方面，这不仅是对生物多样性概念的误解，而且也不利于城市生物多样性保护，甚至带来绿地生态功能不高、维护费用高等问题。

2.3.6.1 城市森林建设中保护生物多样性的意义

城市森林建设中注意提高和保护生物多样性，能够丰富城市景观，满足城市地域内不同环境的绿化需求，增加城市森林生态系统功能过程的稳定性，具体包括如下几个方面：

(1) 城市化过程对生物多样性造成严重威胁

城市地域生物多样性受到威胁的原因是多方面的，但最主要是来自人类活动。德国卡尔斯鲁厄布有30种植物的生活受到不同程度的威胁，主要原因是人类活动的影响，其中很大一部分植物种类是因为正在失去其生存环境而受到威胁。植物群落多样性的变化决定了动物多样性，也是鸟类生态分布的重要限制因素。森林作为生产力水平最高、物种群落最为丰富的陆地生态系统，比草地提供的生境类型要多得多，有更大的容纳量，成为鸟类、兽类和各种昆虫的栖息地。因此，建设城市森林更符合保护和提高城市生物多样性的要求。

(2) 增加生物多样性是搞好城市森林建设的基础

近年来在城市提倡城市绿化生态化。城市森林建设特别强调提高绿地的生态功能，而生态功能的发挥是通过植物来完成的。植物是城市森林建设的主体和基础。不同的植物具有不同的生态功能，单调的植物种类建立起来的绿地生态功能单一，失去人类的维护是不稳定的，城市森林本身就意味着要增加生物多样性。同时，绿量是体现绿地生态功能的重要指标，增加单位面积上的绿量，提高群落的生产力和生态效益，需要搞多层次、多树种混交的多层绿化，这一点没有植物的多样性是难以实现的。在一些城市，引种往往成为城市绿化的重要环节之一。以天津市为例，由于天津市地下水位比较高，土壤盐碱化比较严重，本地区的乡土树种比较少，自20世纪80年代中期以来，引种成功的乔木、灌木、藤本和草本植物多达233种以上，为天津市的绿化提供了丰富的植物材料，其中引种最为成功的绒毛白蜡已经在1984年被定为天津市的市树。

(3) 增加生物多样性可以创造更加丰富多彩的城市森林景观

城市生态环境建设对城市森林的功能需求是多种多样的。为了提高绿地的生态效益，增强城市森林的自然化和突出地方特色，需要增加乡土植物特别是建群种和优势种的应用。创造清洁优美的城市环境，需要种植更多种类的植物来满足。城市森林建设中有一些能够突出景观效果的园林景点是非常重要的，而这些丰富多彩的园林景观有赖于多种多样的植物配置模式，有赖于能够提供不同景观需求的各种各样的植物材料。而草本植物被大量地、高比例地重复使用，不仅会使城市景观单调乏味，甚至易产生严重的病虫害等不良后果。

(4) 增加生物多样性有利于保持城市森林生态系统的稳定和提高其生态功能

以人工植被为主的城市森林生态系统，不仅需要植物的多样性，还需要动物和微生物的多样性，它们彼此之间通过食物关系形成食物链和食物网，达到相互制约、相互依存的关系，从而使绿地生态系统处在比较稳定的状态，发挥改善环境的功能。具体表现在：①高的生物多样性增加了具有高生产力的种类出现的机率；②生物多样性高的生态系统内，营养的相互关系更加多样化，为能量流动提供可选择的多种途径，各营养水平间的能量流动趋于稳定；③生物多样性高的系统具有较强的恢复能力，在任何生态系统中，必定有某些物种处于不够适合的条件下，它们生活在那些最适合现存条件的物种之中，处于从属地位。一旦条件发生变化，其中一些物种作为新的生态系统的创造种将具有重要的潜在意义。一个物种非常稀少的系统则非常缺乏恢复力。例如，在北极生态系统中，如果地衣的生长受到损害，则整个系统就会崩溃，因为其他的所有生物常直接或间接地依赖地衣而生活；④高的生物多样性增加了系统内某一个种所有个体间的距离，降低了植物病体的扩散；⑤在生物多样性高的生态系统内，各个种类充分占据已分化的生态位，从而提高系统对资源利用的效率。

增加城市森林生物多样性，不仅为濒危动植物资源提供了异地保护的场所，还可以充当动植物迁移过程中的"驿站"，甚至成为它们的生境，从而促进生物多样性的保护工作。

(5) 增加植物多样性有利于满足城市环境异质性的需要

城市的环境状况具有高度的异质性。影响城市环境的自然和人为因子的多变性，导致了城市环境在时间上存在日变化、月变化、季节变化和年际变化，在空间上存在不同地区的城市、一个城市的不同区域(街道、广场、庭院等)之间的差异。夏季，城市建筑物多，气温和地表温度高，热岛效应显著，街道、广场需要耐热、耐干旱的植物；厂矿及空气中的污染气体和粉尘比较多，需要对污染气体有抗性和吸附灰尘能力强的植物和绿地类型；城市水资源缺乏，需要耐旱和水资源消耗少的植物；商业区、医院需要杀菌、除尘的保健植物；墙体和立交桥绿化，需要攀缘植物。可以说城市的各个部位绿化对植物的需求都不尽相同，需要有丰富的植物多样性和各种配置模式作保证。

2.3.6.2 作为基础理论的生物多样性理论在城市林业中的应用问题

(1) 物种多样性不一定导致生态系统的稳定

保护和增加生物多样性是一项比较复杂的工作，特别要重视生态系统和景观尺度上的多样性。目前，增加城市森林生物多样性，进行尽可能多的搭配组合，形成丰富多彩的视觉效果，也期望获得稳定高效的生态功能，而从生态系统的角度来看，生态系统的稳定性和高效性是靠构成生态系统的各个成分之间以及它们与生存环境之间形成的复杂关系来维持的，物种多样性只是一个方面，更重要的是要有相互协调的关系。物种多样性不一定导致生态系统的稳定。对森林、草地等自然生态系统长期的定位研究表明，一种植被类型的物种多样性不是一成不变的，而是处在一个动态的变化之中，顶极群落与演替初期对比，可能生物多样性要低，但它是比较稳定的。人工搭配的城市绿地生物多样性与自然生态系统的生物多样性是完全不同的两个概念。人工植被最大的弱点就是它的不稳定性，因此，这种人工植被类型生物多样性高低并不能表示其稳定性大小和生态功能的强弱。

(2) 生物多样性高不能人为拼凑

在城市条件下，人工植被的比重很大。目前，许多城市通过植物引种丰富了城市森林建设的植物资源，也创造了许多组合模式，使物种的丰富度显著提高。但是，许多植物和配置模式的保持都必须借助不断的人工措施来实现，因此，我们必须充分地认识到在这些过程中存在的潜在危险。许多自然分布区相隔的植物被人们硬性地栽植在一起，它们之间以及与外界环境之间是否能够形成和谐统一的关系将最终决定能否普遍推广。生物多样性应该主要通过生态系统的内部生态过程来维持，而人为拼凑出来的较高的城市生物多样性与保护和增加城市生物多样性并不是一回事。

(3) 生物多样性不等同于物种丰富度

在城市生物多样性的统计中存在一种倾向，就是特别重视物种的多样性，许多城市都把城市有多少种植物作为一个重要的生态环境建设指标，热衷于统计城市绿化植物材料增加了多少种类。当然，不能否定这些植物材料种类的增加为城市森林建设提供了丰富的植物资源，但如果把城市森林建设的核心都放在这个方面就会出现另一个问题。物种丰富度仅仅是生物多样性的一个方面，它还包括物种的优势度和均匀度，这两点是十分重要的，如果我们统计的物种大多数是生长在植物园或少数庭园里，这种丰富度对整个城市森林建设的意义是不大的。

(4) 景观多样性也能意味着生境破碎化

景观生态学是近些年来发展起来的一门新兴学科，其核心就是保护生物多样性。景观多样性也是生物多样性的一个方面，是景观单元在植物和功能方面的多样性，两者都是自然、人类活动干扰和植物演替的结果。景观类型多样性既可以增加物种多样性，又可以减少物种多样性，两者之间不是简单的正比关系。特别是在城市化过程中，景观多样性并不是越高越好，因为景观多样性高往往会导致显性破碎化和隐性破碎化：①显性破碎化：主要是在城市化过程中森林、草地、湿地等自然生态系统被人工建筑不断挤占和分割所造成的，这种破碎化在景观尺度上比较好理解。②隐性破碎化，这是在显性破碎化基础上产生的一种深层次的生境破碎化。在城市环境下，由于森林、湿地等自然生境的条块分割和单一植物构成的植物群落相对增多，许多动物遭到生境隔离而呈现一种隐性的破碎化，即虽然整个城市范围内的绿地面积很大，但对于某种特定的生物来说，能够生活的绿地面积很少或处于被其他地类或植物类型隔离的状态，使它的栖息环境和迁移受到破坏，这样的破碎化还没有受到人们的重视。

从景观多样性统计来看，计算的通常是景观要素的多样性，因此，两种景观破碎化过程中增加了景观要素的多样性，实质上不利于城市生物多样性的保护，是对城市生物多样性的破坏。

保护和增加生物多样性是城市森林建设的目的之一，也是提高其生态功能的主要手段。但仅仅强调增加植物种类，而忽视绿地生物群落结构和类型的多样性，并不能够达到真正的增加生物多样性的目的。

2.3.6.3 生物多样性原理在城市森林建设中的应用

城市生态系统多样性包括动物、植物、微生物等多种成分，植物多样性是前提和基础，但更重要的是群落多样性、生态系统多样性。动物和微生物不是靠引种就能增加的，必须有满足其生存的环境条件。因此，要转变目前在保护和增加城市生物多样性过程中的一些错误观念和不合理的做法，从整个城市的地域角度着手，把城市的建成区、近郊区和远郊区作为一个有机的整体，进行全面规划，合理布局，大力保护和发展自然林和近自然林模式，提高城市森林生态系统的稳定性，全面改善城市的整体生态环境，促进城市生物多样性保护。具体包括以下几个方面：

(1)进行科学的城市森林发展规划

城市森林发展规划是针对整个城市地域范围的，具有宏观性和长远性。在这个尺度上重视城市森林多样性保护，要按照有利于城市森林生态系统稳定和增强各组成成分空间之间连接性的目标，进行合理的城市森林规划。具体就是：要重视城市范围内一些核心林地建设，进行合理布局；其次要有连接各个核心林地的主干廊道，有利于生物在不同绿地间的迁移。

(2)注重增加群落的多样性

增加群落的多样性是提高林地生态效益和具有较高物种生物多样性的基础。在城市森林建设过程中，构建乔、灌、草、藤结构的多种类型城市森林绿地，增加群落结构的多样性。

(3)注重乡土树种和植被的利用

城市森林建设中进行科学的树种规划选择和配置是保护和提高生物多样性的重要环节。乡土树种和乡土植被对当地的环境条件有长期适应性，造林容易成活，容易形成以乡土树种为主的地带性植物群落，从而有利于保护生物多样性。

2.3.7 城市景观生态学原理

2.3.7.1 景观与景观生态学概述

(1)景观的基本概念

景观(landscape)一词含有风景、景色的意义，它可以代表一副风景画，也可用来表达某一区域的地形或者从某一角度所能看到的地面景色。在生态学上，景观被认为是具有结构和功能整体性的生态学单位，由相互作用的斑块(patch)或生态系统组成，有相似形式重复出现的具有高度空间异质性(heterogeneity)的区域。由此可见，景观是高于生态系统的自然系统，是生态系统的载体，它具有明显的边界和范围(具有一定的空间尺度)，具有可辨性和空间上的重复性。其边界由相互作用的生态系统、地貌和干扰状况所决定，具有高度的异质性。而生态系统是相对同质的系统。

(2)景观生态学的主要内容及特点

景观生态学是宏观生态学中的一个新兴的研究领域，它主要应用于以下几个方面：①景观的生态体系和生态建设规划，可掌握不同景观生态类型与其利用现状之间的协调程度与发展趋势，重点为城市生态建设、规划的目标和景观的最优利用；②城市景观的空间结构与景观组合的合理配置，重点在于研究城市及郊区水土资源的合理利用及其容量负荷，城市及郊区的景观组合与生态功能；③人类活动对景观的干扰与景观设计、塑造，重点研究大型工程的生态影响评价与生态预测；④景观生态变化的动态监测与研究，重点研究生态脆弱地区与经济建设重点地区的生态平衡；景观保护与景观演替的研究，重点是自然保护区的规划与管理；⑤风景旅游区的景观评价与规划方法。

(3) 景观生态学的基本原理

福曼(R. T. T. Forman)和哥顿(M. Godron)(1986)在其合著的《景观生态学》(*Landscape Ecology*)一书中提出了景观生态学的7条原理：

①景观结构和功能原理　即在景观尺度上，每一独立的生态系统(或景观单元)可看作一个宽广的镶嵌体，狭窄的走廊或背景基质(本底)。每一景观均是异质的。在不同的镶嵌体(斑块)走廊的基质中，物质和能量及物种是不同的，生态对象在景观单元间连续运动或流动，决定这些流动或景观单元间相互作用的是景观功能。景观功能不同，其物质流、能量流和物种流也不相同。

②生物多样性原理　景观的高度异质性导致稀有的内部种的丰度减少，但却增加了边缘种的丰度，增加了要求两个以上景观单元的动物丰度，同时提高了潜在的总物种的共存性。

③物种流原理　在自然或人类干扰形成的景观单元(如城市)中，当干扰区对外来种的传播有利时，会引起敏感种分布的减少。在相同的时间，种的传播和繁殖可以消灭、改变和创造整个景观单元。不同生境之间的异质性，是引起物种移动和其他流动的基本原因。在景观单元中物种的扩张和收缩，既对景观异质性有重要影响，又受景观异质性的控制。

④养分再分配原理　矿质养分可以在一个景观中流入和流出，或者被风、水及动物从景观的一个生态系统流到另一个生态系统重新分配。矿质养分在景观单元间的再分配比例随景观单元中干扰强度的增加而增加。

⑤能量流动原理　随着空间异质性增加，会有更多能量流过一个景观中各景观单元的边界。能量和生物量越过景观的镶嵌体、走廊和基质的边界之间的流动速率，是随景观异质性增加而增加的。

⑥景观变化原理　在景观中，适度的干扰常常可建立更多的镶嵌体和走廊，例如沙质景观可被破坏到露出异质性基质。当无干扰时，景观水平结构趋向于均质性；适度干扰迅速增加景观异质性；强烈干扰可增加异质性，也可减少异质性。

⑦景观稳定性原理　景观稳定性是由于景观对干扰的抗性和干扰后复原的能力。每一个景观单元有它自身的稳定度，因而景观总的稳定性反映景观单元中每一种类型的比例。实际上，当景观单元中没有生物量，如公路或裸露的沙丘，由于没有植物光合作用表面吸收有用的阳光，这样系统可迅速改变湿度、热辐射等物理特性，趋向于物理系统稳定性。当存在低生物量时，该系统对干扰有较小的抗性，但有对干扰后迅速复原的能力，耕地就是如此。当存在高生物量时，如森林系统，对干扰有较高的抗性，但复原缓慢。

2.3.7.2　景观结构与景观要素的基本类型

1) 景观结构

景观由景观要素(landscape element)组成，景观要素(或称景观结构组分)是地面相对同质的生态要素或单元，包括自然要素或人文要素。从生态学角度看，景观要素可以看作生态系统，一般能在航空照片上辨认出来，宽度在 10 m 到 1 km 或者更大。

如果我们把一个社区看作城市景观中的一个元素，就会发现它是由房屋、院落、绿地、道路等组分组成，所以景观要素仍然可以看作异质的。景观生态学中，将要素中最同质的部分称为镶嵌体,是景观空间范围中最少可见的同质单元。

2)景观要素的基本类型及特征

景观要素有3种类型,即斑块、廊道(corridor)和基质。

(1)斑块

斑块是一个在外观上与周围环境明显不同的非线性地表区域。按照起源可把斑块划分为干扰斑块、残余斑块、环境资源斑块和引入斑块4大类型。斑块的大小、形状、物种结构和成分、异质性、边缘等重要性状与周围地区有很大差别。一般来说,斑块是物种的聚集地,可以是生物群落,但也有一些斑块是没有生物群落或主要是微生物群落的斑块。斑块的主要特征有:①大小,斑块大小是极易看到的特征。斑块大小一方面影响到能量和营养的分配,另一方面影响到物种数量。一般来说,大斑块边缘比例小,而小斑块边缘所占比例高。②形状,斑块的形状在景观生态学研究中,常用形状系数(shape coefficient)这个指标为:

$$D = \frac{1}{2}\sqrt{\pi A} \tag{1-1}$$

式中　D——形状系数;
　　　L——斑块周边长度;
　　　A——斑块面积。

斑块的形状对于生物的散布和觅食具有重要作用。③格局,斑块的格局指的是斑块在空间上的分布、位置和排列。就两个景观中斑块来说,如果斑块起源、大小、形状和数量相同,不意味着两斑块完全一致,因为其格局可能是不同的。

(2)廊道

廊道是指不同于两侧基质的狭长地带,可以看作一个线状或带状的斑块。廊道可以是一个孤立的带,但常常有相似组分的斑块相连。实际上景观具有双重性质,它一方面被分割成许多部分(或组分),另一方面又被廊道连接在一起。故廊道在很大程度上影响景观的连通性,也在很大程度上影响着斑块间物种、物质和能量的交流。廊道最显而易见的功能作用是运输,例如,河流、铁路、公路的运输性能;廊道还起着保护作用,如防风林带、防沙林带、环境卫生防护林带、防噪声绿篱、城市行道树林荫带、滨水绿带等;以经济植物组成的廊道还能提供资源(如薪材、油桐、水果等)、水果和作为饲料(树的嫩枝条等)等。

廊道的产生有不同的原因。带状的干扰一般可以产生干扰廊道,如铁路、线状伐带等;来自基质上的干扰产生残存廊道,廊道的持续性或稳定性与其产生的机理相关;环境资源廊道,如河流,是相对长期的,而线状伐木作业这样的干扰廊道则是短期的。影响廊道持续性的另一个重要原因是人的管理维护。廊道的特征主要表现为:①结构,廊道最重要的特征之一就是它的弯曲度或通直度。一般弯曲度是用廊道中两点间的实际距离与它们之间的直线距离之比来表达的。廊道越通直,景观中两点间的实际距离越短,物体或动体在廊道中移动地越快;②连通性,廊道的另一个重要特征是它的连通性,它以廊道单位长度中裂口的多少来表示。对有的廊道来说,必须维持其完全的通道,如河流;对有的廊道如防护林带,则必须要有裂口以利通行,但是也会影响廊道的整体性;③宽度,廊道的宽度是一个经常发生变化的特征，它会影响到物体的移动。

根据廊道的横切面形状，又可把廊道分为线状廊道和带状廊道，前者以边缘种占优势，较狭窄；后者内部种占一定比重，较宽。

根据廊道与周围景观要素垂直高度的差异，又可把廊道分为底位廊道和高位廊道两类。凡廊道植被低于周围植被者（如林间小路）属于前者；凡廊道植被高于周围植被者（如农田防护带）属于后者。

(3) 基质

基质是景观中的背景地域，是一种重要的景观元素类型，在很大程度上决定着景观的性质，对景观的动态起着主导作用。例如，如果对某一地区数十甚至上百年间的由乡村景观逐步演变成城市景观的现象进行分析时，就会发现：起初，在广阔的农田景观中零散分布着住宅斑块，这类斑块逐步发展，出现了街道、商业中心，并逐渐扩大为城镇。每个城镇都在继续扩张，逐步吞没了周围的农田，连片成为城市或城市群，出现了城市景观。而残留下来的一些农田则已成为城市景观中的斑块了。这说明斑块与基质之间可以互相转换。但基质是占地面积最大，连接度最强，对景观的功能起的作用也最大的景观要素。

一般的基质与斑块的区分要遵循下述3种标准：①相对面积，一般来说基质的面积应超过所有其他类型的总面积，或者说，应占总面积的50%以上。②连通性，连通性高的景观类型一是可以作为障碍物，将其他要素分开，这种障碍物可起物理、化学和生物的障碍作用；二是当连通性是以相互交叉的带状形式实现时，可形成网状廊道，这既便于物种的迁移，也便于种内不同个体或种群间的基因交换；三是网状廊道可以使那些被其包围的要素成为被包围的生境岛。当一个景观中发生这种隔离时，有些动物（如鼠类、蝴蝶等）的种群会发生遗传分化。由于以上效果，当一个景观要素完全连通并将其他要素包围时，则可将它视为本底。③动态控制作用，对动态控制作用的大小可以作为区分斑块与基质的第三条标准。如在森林地区，采伐迹地和火烧迹地与原始森林相比是不稳定的，它们内部乔木树种的更新和恢复，要靠周围森林供应种源并给其他方面的有利影响。所以森林应为基质，而采伐迹地与火烧迹地应为斑块。

基质的重要特征归纳起来主要是孔性和网络。斑块在基质中即是所谓的孔，所以斑块密度和孔性有密切联系。但是孔性计算时只计算有闭合边界的斑块，其他则不予以计数。孔性的生态意义是：它可以在一定程度上表明基质中不同斑块的隔离程度，同时也可以说明边缘效应及隔离程度影响到动植物种的基因交换，并进一步影响到它们的遗传分化。孔性低说明基质中环境受斑块影响少。

廊道互相之间交叉相连，则成为网络。网络是基质的一种特殊形式。许多景观要素，如道路、沟渠、防护林带、树篱等均可形成网络。网络在结构上的重要特点是有交点和网格大小等。

2.3.7.3 城市景观及景观要素特征

城市是一个高度人工化的生态系统，由社会、经济、自然要素复合而成，其景观结构复杂，特征明显。在1:2万至1:50万卫星假彩色合成图像中，城市是区域中的一个点，城市景观为一小块蓝褐色彩斑组成的聚合体。在1:2万航空彩红外图象中，城市是区域空间中的一片，由工厂、居民区、街道、公园绿地、菜地、农田、河流等景观单元组成。

这些人工与自然因素相互作用下形成的景观单元，具有相对独立性，占有一定空间，进行一定的生态学过程，完成某种功能。我国学者的定义为：城市生态系统中完成某种特定功能、相对独立的空间实体，称为城市景观生态元（landscape ecological unit）（杨小波，2000）。景观生态元是景观成分和景观要素的叠加，是组成生态系统的功能单元。

城市景观在区域的大尺度上，往往被看作干扰斑块。但从城市林业的研究角度出发，由于城市森林范畴既包括市区森林又包括郊区森林（远郊、近郊），因此，城市又可作为一个景观单元。其内部的工厂、街道、居民区、绿地、道路等共同构成了城市景观单元的结构要素——斑块、廊道和基质。

（1）城市景观生态元特点

城市是人类处于主导地位的人工生态系统。城市景观生态元的特点首先是具有不稳定性。由于社会经济的发展，以及政治、文化等因素的变动，城市景观变化极快。特别是在城市郊区这种不稳定性表现极为突出。在这一范围内，城市具有动态扩展的特征，相邻城市因此连接成为"城市带"或"城市群"。同时，城市生态系统的高度对外依赖性，也是造成城市景观不稳定的一个重要因素。城市景观生态系统的另一个特征是其具有破碎性。这种破碎性是由于城市中的交通网对市区景观的切割所造成的，是与城市人口的工作、生活相适应的。

（2）城市景观结构要素的特点

城市景观主要由街道和街区构成，它们共同构成城市景观的基质。城市中的基质、斑块与廊道之间没有严格的界限，基质本身也是由不同大小的斑块和廊道组成的，而且可以按地域、功能和行政单位进行划分，如居民区、商业区、工业区、工业园、重工业区等。

城市景观中的斑块，主要指各呈连续岛状镶嵌分布的不同功能分区。最明显的斑块如残存下的森林植被、公园等，由于植被覆盖好，外观、结构和功能明显不同于周围建筑物密集的其他区域。学校、机关单位、医院、工厂、农贸市场等也可视为不同规模的功能斑块体。

城市廊道可以分为两大类：人工廊道和自然廊道。前者是以交通为目的的铁路、公路、街道等。后者有以交通为主体的河流以及以环境效益为主的城市自然植被等。城市内的有些廊道往往具有特殊功能，如各大城市的商业街，不仅交通繁忙，而且是许多商品的集散地。

城市景观中，占主体的组成部分是建筑群体，这是它区别于其他景观之处。人类为了工作、生活便利，建立起各种功能、性质和形状不同的建筑物。这些建筑物出现在城市有限的空间内，构成一幅城市的主体景观。廊道贯穿其间，既把它们分割开来，又把它们联系起来。因此，城市的基质是由街道和街区构成的。

（3）城市景观的异质性特点

异质性是景观的根本属性，城市景观也毫无列外是异质性的，同时城市景观是以人为干扰为主形成的景观。从空间格局来看，城市是由异质性单元所构成的镶嵌体。城市景观要素同样是由廊道、斑块和基质组成的，行道和街区共同构成城市景观的基质，但在城市中景观三要素之间没有严格的界限，也就是说基质本身就是由大小不同的斑块和廊道所组成。

城市景观的异质性是由城市中的人工景观(如公园、街道、广场、铁路、公路等)和自然景观(如过境河流、残留下来的自然植被等)所导致的。城市景观异质性首先表现为二级平面的空间异质性，公园、绿地、水面、建筑物、街道性质各异，功能各不相同。城市中的森林、草坪和水面是城市景观中的"肺"，能够创造氧气，净化空气，供人娱乐，美化城市。道路网络起着通道作用，增加了城市景观的破碎性和异质性。其他诸如柏油和水泥路面、楼群的差异，以及城市中各个功能分区的存在，也同样会导致城市景观的差异性。城市景观的异质性同时还表现为垂直空间的异质性。由于城市是一个高度人工化的景观，高楼林立，因此使得城市景观粗糙度较大，在垂直方向上也表现出异质性。

至于时空耦合性，也存在于城市景观中，如前述的空间异质性导致的时间异质性属于一种时空耦合的异质性。一般而言，异质性是指景观要素的空间分布不均匀性，而把时间异质性用动态变化来表述，异质性的表现形式为空间格局。城市景观的异质性主要表现为二维平面的异质性。

2.3.7.4 城市景观的演变

(1) 城市自然景观的演变

城市建立的开始，就是人类对于自然景观的改变之时，从起始的个别景观组分的改变，直至引起景观整体的变化。自然景观的演变有时会使其原有价值完全丧失。从开发利用的角度看，城市社会发展不仅需要适宜的自然景观(土地)作为建设用地，而且对自由的开阔空间也有一定的需求。在较高人口密度的城市化地区，城市外围的自然环境大多作为城市建设后备基地，但也有把城市外围的自然环境作为改善城市生活质量的生态缓冲地带加以建设与保护。城市自然景观是城市发展或居民点体系赖以维持生存与发展的重要资源综合体。只有充分地提高自然景观的环境效益，才能使城市在有限的空间内得以进一步发展。同样，城市景观的可变性亦是影响城市开发与建设的限制性因子。当然在景观要素中每一个因子对环境的影响是不同的，一般把那些对景观变异起决定性的要素称为主导要素，而受主导要素支配的要素可称为被主导要素。

(2) 城市人文景观的演变

景观被人类开发利用，不可避免地要被改造。人类为了满足生存与发展的需要，还要建造新的实体。这种部分或整体被改造的自然景观与人造地物实体的空间组合，可以统称为人文景观。人文景观是地球表面的一部分，许多的自然景观和人类建造的景观并存，在很多地区自然景观与人文景观的界线是较难确定的。按自然景观的被改造程度可以把景观划分为以下几个类型：

①轻微改变的景观　支配自然景观要素的规律很少受到破坏，自然景观保存着自动调节的能力。例如，保存下来的自然森林植被以及城市中较大的湖泊等。

②较小改变的景观　人类活动触动了几个或几个景观组成要素，但是自然要素之间的基本联系未被破坏，仍然保留着自然调节能力，景观的变化是可逆的。例如，过境的污染河流、城市大气、公园中的土壤等。

③强烈改变的景观　人类活动强烈影响景观的多个组成要素，使其结构与功能发生本质的变化。景观作为整体的自然调节功能受到很大的破坏，被破坏功能的恢复，只有借助于社会资本的投入，即通过消耗大量能量和物质的生物工程或其他工程技术来实现。被恢

复的功能不可能促使景观恢复到原来初始状态。人类聚集的城市化地区或工业区，自然景观几乎被完全改变，例如，由于城里高层建筑林立，形成局部地区的小气候环境；由于发展工业的需要，农田坡地变为布有厂房车间的工业区；由于居民居住生活的需要，湖面被改变为居民区等。

总之，人文景观的主要成分是人造地物与实体。工厂、房屋、交通等人工实体，均是以当地的自然景观为基础进行改造、加工和建造的。

2.3.7.5 城市景观规划

人类对城市环境的强烈影响，在多方面、多层次上改变了城市原有的自然景观，并且处处渗透着人类历史、文化和社会经济发展的烙印，城市景观也因此具有自然生态和文化内涵双重性。自然景观是城市的基础，文化内涵则是城市的灵魂。要维持城市的健康发展，就要保证城市景观生态平衡和环境良性循环，各种生态流输入输出运行畅通，城市系统高效运转。城市的开发建设要正确处理的关系很多，其中正确处理居民生活需求与资源、人类与自然、人类与其他生物的关系，使环境的投入和产出形成一个良性的循环，合理的景观规划是建设生态城市、使城市人文景观符合生态学意义、充满自然性、富有文化内涵的前提。

1) 城市景观规划的目的和基本原则

（1）以人为本的原则

城市景观设计的终极目标是为满足城市居民生活和工作的需求，并使他们的居住环境得以彻底改善，因此景观设计都应以人的需求为出发点，体现对人的关怀。例如，根据婴幼儿、青少年、残疾人的活动行为特点和心理活动特征，创造出满足其各自需要的空间，如运动的场地，宽阔的草地和老人俱乐部等。

（2）尊重自然、和谐共存创建特色城市

自然环境是人类赖以生存和发展的基础，其地形地貌、河流湖泊、城市植被等要素构成城市的主要景观资源，尊重并强化城市的自然景观特征，使人工环境与自然环境和谐共处，有助于城市特色的创造。

（3）延续历史、创造未来

城市景观建设大多是在原有基础上的更新与改造，今天的建设成为连接过去与未来的桥梁。对于具有历史价值、纪念价值和艺术价值的景物，要有意识地挖掘、利用和维护保存，以使历代所经营的城市空间及景观得以连贯。同时应用现代科技成果，在城市景观的多个要素方面，创造出具有地方特色与时代特色的城市空间环境，以满足时代发展的要求。

（4）协调统一、多元变化

一个城市的各景观要素要从城市的整体性和系统性出发，各要素协调统一，并富有变化，才能达到和谐、健康与整体美的目的。

2) 城市景观规划内容

城市景观规划设计是以城市中的自然要素与人工要素的协调配合、以满足人们的生存与生活需求，创造具有地方特色与时代特色的空间环境为目的的工作过程。其工作领域覆盖到从宏观城市整体环境规划到微观局部环境设计的全过程，一般分为城市总体景观、城市区城景观与城市局部景观三个层次。

城市景观规划的主要内容和重点包括城市道路系统的规划和城市植被系统的景观设计。城市道路系统是典型的廊道类型，具有明显的人工特征，亦是城市景观规划的重要环节；而城市植被是城市景观中的镶嵌体类型，是相对自然的组分。做好城市道路网络与城市植被系统的景观规划，以及做好城市景观中的文化研究就能使一个畅通的、健康的、现代城市的人文景观得到充分体现。

(1) 城市道路网络系统景观规划

道路的规划与建设是城市建设中的一大难点，在区域范围内要减少过境公路对城市区的干扰，在城市区范围内要寻求最合理的道路配置。对道路的形态结构和总体格局的规划设计既要保证城市中各种景观之间的物质流动和传输的畅通，又要最大限度降低对自然环境的破坏。

在做好道路系统的规划设计的同时，特别要加强道路绿化体系的建设。行道树和防护林是城市景观中非常重要的绿色廊道，它在提高绿色植物对街道空气的碳氧循环效率，吸尘、降噪、降解其他有害气体的污染，展示城市形象与风貌等方面都有非常重要的作用。总之，道路与道路绿化带相伴而行并视为统一整体是道路网络系统规划中永远适用和应该遵循的原则。

(2) 城市植被系统景观规划

保证相当规模的绿色空间和植被覆盖度是建造好的城市植被景观的关键。在城市建设过程中，要珍惜原有的自然绿色，对一些具有特殊意义的自然和文化景观要尽可能保留。同时针对不同功能区和实际情况尽可能利用空地重新建造人工植被系统。

随着城市的发展，城市居民对工作和居住环境周围的近距离绿地的需要更为迫切。因此，在建成区内提倡因地制宜设计不同功能的园林绿地类型，如生产型、观赏型、保健型、抗逆型、文化艺术型等，以"小、散、均"的原则呈均衡和各有重点的分布格局，以满足城市居民生活休憩和观赏需求，同时对市区环境的调节以及对生物多样性的保护起到一定的作用。

同时，处理好城市中人的活动强度与植被覆盖率的关系，亦是城市植被景观规划需要注意的问题。在城市中，一般来说，土地使用的强度是工业区>居民区>文化教育区>行政机关用地，而目前，在工业人口集中分布的地区，或者说工业用地比例大的地区，环境质量较差，城市植被覆盖率较小。同时在进行城市景观规划和建设中，应以当地的自然条件、地理位置特点为基础，融合传统文化、民俗风情和现代生活需求，折射城市居民的发展眼光和艺术品位，给绿色景观赋予人类的思想文化，只有这样，城市的绿化建设才具有灵魂、生气和活力。

2.3.7.6 城市景观的文化研究

城市景观不仅是城市内部和外部形态的有形表现，它还包括了更深层次的文化内涵，是物质与精神的总和。每一个城市在各个时期、不同时代的建筑风格沿着成网的干道向城市四周散开，如今这种文化积淀的轨迹，将成为人类共同的文化知识特征，也构成城市的文化特色，成为城市景观规划的重要内容。通过城市景观反映一定地区、一定时期下的城市特色及居民的经济价值、精神价值、伦理价值、美学价值等各种价值观，表达居民对环境的认识、感知和信念等文化内涵。同时，文化规划使得城市人文景观形成富含文化意义，给城市居民提供与城市自然、社会环境相互交流感情、抒发人的各种情怀的空间。城市形成了具有特色的文化氛围，能够满足人的精神文化需求，城市也因此有了灵魂，城市居民的生活才会丰富而有意义。

2.3.7.7 景观生态学原理在城市森林建设中的应用

景观生态学在我国起步较晚，但发展很快，在城镇景观格局分析中很受重视。北京、上海、广州等城市利用景观生态学原理开展了城市基质特征分析，并在绿地系统规划方面做了许多工作。从现有的研究来看，主要集中在两个方面：一是通过景观现状分析，采用多样性、均匀度、丰富度等景观指数分析方法，进行城市森林建设的格局分析；二是根据景观生态学廊道设计的原则，基于热岛效应、污染源分布等局部环境问题进行的城市森林配置和廊道疏通设计，以及基于污染物扩散进行的以道路和河流为主干线的廊道设计，确定城市森林的骨架。但是，目前的研究基本上是停留在理论水平上和局限在城区范围内的研究，景观指数分析的实际生态意义难以与现实的生态过程相结合进行，而宏观的规划又没有把城镇置于大环境之下，规划的尺度与城市环境建设所要设计的尺度不能够完全吻合。而从保护生物多样性的角度来看，斑块的大小、结构以及连接斑块的廊道特点是非常重要的制约因素。

(1) 城市森林景观格局分析

城市森林建设是针对整个城市范围的，除了强调面积和森林结构以外，很重要的一点就是要有合理的空间布局。利用景观生态学的原理和方法开展城市森林景观格局分析，是一种非常有效的手段。通过对城市森林景观格局的分析，可以了解城市森林在整个城市地域范围内的分布情况，与城市气候、污染、建筑区布局等结合起来进行分析，评价城市森林分布的合理性，为进行合理的城市森林发展规划提供理论依据。目前，国内外对城市森林景观格局的分析技术和方法已经形成一套比较成熟的体系，将在城市森林建设中发挥重要作用。

(2) 以景观生态学为指导进行城市森林发展规划

城市森林发展规划是做好城市森林建设的基础，要具有一定的超前性。同时，城市森林的规划要为整个城市生态系统服务，要有利于城市生态系统的良性循环，有利于保护和增加城市的生物多样性。景观生态学为此提供了有力的工具和理论支持。埃亨(Ahern, 1991)在对美国马萨诸塞州的Hadley附近地区的研究中，把景观要素分成两大类：一类是指源于长期地貌过程的要素，如河流、地形等；另一类是源于近期土地利用实践的要素，如绿篱、森林斑块等。他还指出，如果考虑到景观的可持续问题，这些地貌因素必须被综合并形成一个被较近期景观要素所依附的主体框架，要对这种潜力充分理解，以便在那些目前不存在森林斑块和廊道的地区创造出新的森林斑块和廊道。这种思想对于搞好城镇绿地系统规划是非常有帮助的，无论是总体布局，还是模式配置和植被材料选择，首先都必须对城镇所处的环境背景值(包括气候、土壤、植被、水资源等)有充分全面的认识，才能做好适合于本地区特点的城镇绿地系统规划。另外，城镇自然植被受到极大破坏，生境破碎化、外来种入侵、人类活动干扰等因素导致城镇乡土物种丰富度降低和主要生境丧失。虽然生物多样性保护的核心地区不在城镇范围内，但城镇各种绿地所包含的众多物种和提供的生境也可以为生物多样性保护工作提供有益的补充（Miller，1997）。因此，在城镇森林网络体系建设的整体规划和具体配置模式等各个环节，都要创造有利于保护和增加生物多样性的环境条件，这也是提高绿地生态功能的有效途径之一。

城市森林生态系统建设要考虑满足主要生态过程正常运行的最低需要，实行大斑块绿地（尽量扩大森林斑块的面积）为主体，通过近自然的宽绿带为联系的生态廊道相连接的城市森林空间布局体系，充分发挥城市森林的生态功能。为此，要运用景观生态学的原理与方法，对城市森林现状及城市生态环境问题的需求进行分析，根据现实需求对城市森林的布局进行结构性调整，并在减少景观破碎化的同时，充分发挥廊道的连接作用，从森林斑块的生物多样性及景观丰富度的角度，使城市森林类型的结构及布局合理化、科学化。

2.3.8 人文生态学原理

人文生态学是对自然生态系统的研究延伸至人类社会文化系统的进一步深化，人文生态学研究是建设生态文明社会的基础。人文生态学强调人类应遵循生态学原理，在实现人与自然和谐相处协调发展的同时，必须同社会历史文化等其他方面的发展相结合相协调，其核心就是研究人类如何遵循生态学原理来构建社会发展的人文基础和文化环境，从而确保发展的全面性和可持续性。我国对人文生态学的研究正处于起步阶段，许多学者认为可持续发展理论和我国古代的"天人合一"的思想是中国人文生态学的基础。人文生态学一般包括可持续发展与生态文化、"天人合一"的文化生态观、以人为本的人居环境学、生态伦理四个方面。

（1）持续发展与生态文化

可持续发展就是满足当代的发展需求的同时，应以不损害、不掠夺后代的发展需求为前提，它是人类社会进步的一种新的发展观和发展战略。正确认识和处理文化与可持续发展的关系，确立新的、符合可持续发展理念的文化形态，不论是对生态文化自身的发展，还是对可持续发展都具有重要意义。传统文化中的许多思想往往片面强调人类中心主义，导致掠夺式地开发利用自然资源，忽视对自然的保护，加剧了环境的退化，引起人地关系的不和谐，生态环境日益恶化。正如有些学者提出，生态危机本质上是人类文化的危机，人类必须从文化上进行自救，树立可持续发展观念，实现人地和谐。为了实现这一要求，必须对传统文化进行扬弃，进行文化创新，促进可持续发展战略的顺利实施。可持续发展的文化是在保持文化多样性的前提下的整体依存的绿色文化。

（2）"天人合一"的文化生态观

"天人合一"是中国传统文化思想体系中的精华，它对中国文化、哲学以及政治、经济各方面都产生了非常广泛而深远的影响。"天人合一"的观念在中国具有悠久的历史，先秦诸子几乎都有关于"天人合一"的论述。西汉董仲舒对"天人合一"的观念进行了拓展，并使这一生态文化观念成为系统的理论体系。在这个体系中，把天人关系看作同构、感应和相通的，"天"与"人"是相通而感应的有机整体。城市应是包含有内在联系，与自然环境协调并存的统一体。人们可以从不同的角度把它作为某种系统（如工业系统、交通系统、商业系统、文化系统、教育系统乃至于社会系统）来看待和研究。美国城市社会学家沃尔特·法尔和杰里·乔纳森学派在修正古典生态学理论的过程中，认为只有把文化和价值观看作人文生态学理论核心，城市的结构和功能才能得到正确的解释。这一理论已在城市规划与建设中引起关注并得到应用。这一新的文化体系为城市规划和城市森林建设，以及研究城市的未来发展提供了一种新的视角和方法论。

(3) 以人为本的人居环境学

人居环境是人类的聚居生活的地方，是与人类生存活动密切相关的地表空间。人居环境是人类在大自然中赖以生存的基地，是人类利用自然、改造自然的主要场所，也是一个复杂的生态系统。人居环境科学就是以人居环境（包括乡村、集镇、城市等）为对象，着重探讨人与环境之间的相互关系的科学。它研究的基本前提是：人居环境的核心是"人"，人居环境研究以满足人类居住需要为目的；大自然是人居环境的基础，人的生产生活以及具体的人居环境建设活动都离不开更为广阔的自然背景；人居环境是人类与自然之间发生联系和作用的中介，人居环境建设本身就是人与自然相联系和作用的一种形式，理想的人居环境是人与自然的和谐统一。

(4) 生态伦理

生态伦理研究的兴起，有其深刻的现实背景和理论渊源。就其背景而言，乃是全球性生态环境危机对人类生存造成日益严重的威胁。而从理论渊源来说，可以从康德伦理学中找到其源头，甚至可以追朔到远古时代的"万物有灵论"观念，也可以在生物进化论、分子遗传学等自然科学中发现其科学依据。生态伦理倡导人类的活动应遵守"只有一个地球""人与自然平衡""平等发展权力""互惠共济""共建共享"等原则，承认世界各地发展的多样性，以体现高效和谐、循环再生、协调有序、运行平稳的良性状态。概括地说，生态伦理就是指以生态伦理问题为载体，以人与自然和谐关系为手段，以人类在现实与未来双向性过程中可持续生存与发展为目标的伦理规范及行为准则的总和，它反映的是人类共同体对待自然物利用及改造问题上所呈现的人及人与社会的利益关系。

2.3.9 环境经济学原理

(1) 自然资源价值理论

资源就是"资财之源，一般指天然的财源"。资源作为社会财富的本源（包括物质财富和精神财富），国内外都有许多对资源的相似却又不同的解释。1972年联合国环境规划署下的定义是：所谓资源特别是自然资源，是在一定时间条件下，能够产生经济价值以提高人类当前和未来福利的自然环境因素的总和。

按照属性，可将资源划分为自然资源和社会资源两大类。凡属天然存在的自然物称为自然资源，如土地、阳光、森林、湿地、水和矿产等资源。凡属社会要素的资源称为社会资源，如劳动力、科学技术、资金、信息、智力等（马中，1999）。自然资源又可根据其的再生性，分为可耗竭资源和可更新资源两大类。可耗竭资源是指在任何对人类有意义的时间内，资源质量保持不变，资源蕴藏量不再增加的资源。可更新资源是指能够通过自然力以某增率保持或不断增加的自然资源，如太阳能、大气、森林等。

整个人类发展史就是一部人类不断开发、利用各种自然资源，创造社会财富，以满足人类社会发展各种需要的历史；同时也是一部人类自发地、盲目地开发利用自然资源逐步向自觉、有效、经济、合理地开发利用、保护和改造自然发展的历史。

(2) 环境资源价值的含义

经济学上认为：稀缺性赋予商品或劳务以价值。如果某种物品能够满足任何消费者，那么这种物品无论在道德、美学或经济上多么重要，它都不具有价值。例如，清洁的空气和灿烂的阳光没有价值，因为所有人都能够随意享用。但是一旦阳光受到大气灰尘的阻碍、空气受到污染时，人们对灿烂的阳光和清洁的空气不能随意享用时，阳光和空气便具有了潜在的经济价值。由于人们显示出对环境质量的偏好和大自然的向往，而环境质量不断恶化，自然生境不断减少，这时，环境质量和自然生境将逐渐成为稀缺的商品。在这种情况下，可根据人们为改善环境和保护自然，或为了防止环境质量进一步下降和阻止自然生境不断减少而支付一定的金钱的意愿来推断环境质量和自然生境价值（OECD，1996；薛达元，1999）。

(3) 环境资源价值的决定因素

未经人类劳动的自然资源也是有价值的，这种价值是由其有用性和稀缺性决定的。效用价值概念是从人对物的评价过程中抽象出来的。它本质上体现着人与物的关系，即当人类面对不同稀缺程度的物质资源时，如何评价和比较其用处或效用的大小。这是环境有价性的一个理论根据。建立在环境资源有价基础上的产品价格与建立在环境资源无价基础上的产品价格是有很大不同的。前者，可能在综合考虑各种有关因素的情况下，确定出合理的价格；而后者，由于先天价格构成不完全，不可能制定出合理的价格。例如，我们的木材价格中，只包含了采伐和运输的成本，没有包括营林的成本，森林资源本身的价格就更无考虑，所以价格严重偏低（李金昌，1994）。

(4) 环境资源的外部不经济性

环境经济学认为，引起资源不合理的开发利用以及环境污染破坏的一个重要原因是环境资源的外部不经济性。

外部性是指某个微观经济单位的经济活动对其他微观经济单位所产生的非市场性影响。当影响对影响者有利时为外部经济，当影响对影响者不利时为外部不经济。非市场性，是指这种影响没有通过市场价格机制反映出来。当影响者因为外部经济收益时，他们不需要向行为者支付报酬；当影响者因为外部不经济受害时，他们也不需要从行为者处获得补偿。

由于外部经济的存在，使完全竞争厂商按照利润最大化原则确定的产量与按帕累托条件确定的产量严重偏离，这种偏离就是资源过度利用、污染物过度排放。公共物品是具有外部经济性的典型例子，它具有无排他性和无排斥性。

可以说，人们滥用和浪费资源、破坏环境的原因是资源与环境的外部性。外部性是市场失灵的表现，它导致私人成本与社会成本发生偏离，市场无法解决这个缺陷，必须由政府干预，对资源与环境功能进行评价、进行补偿，对破坏者加以征税或罚款，对受害者加以补偿，对受益者加以收费，对保护者加以补贴。生态评价与补偿是一种使外部成本内部化的环境手段。

(5) 环境经济学原理在城市林业发展过程中的应用

环境经济学的研究范围日趋广泛。根据环境经济学，森林营建活动具有外部性，及它为不相干的人带来好处；森林采伐具有外部不经济性，即它为不相干的人带来害处。这些好处和害处，虽然现在还没有价格和价值表达，但它确实会为他人带来经济收益或经济损失，而本人也不会收益或承担赔偿责任。

1992年联合国里约环境发展大会《21世纪议程》明确指出，提倡对树木、森林和林地所具有的社会、经济和生态价值纳入国民经济核算体系的各种方法，建议研制、采用和加强核算森林的经济和非经济价值的国家方案。中国《21世纪议程——林业行动计划》明列了相关条款。

在中国的林业发展中，过去只看到了森林生产木材的价值，而忽视了大于木材收益几倍乃至十几倍的环境价值，也就是忽视了森林的"外部性"——即忽视了外部经济性，也忽视了外部不经济性。城市森林具有很强的外部经济性，除少量的旅游风景区，有很多地方森林的外部经济性也一样受到忽视，森林的外部经济性就比近在咫尺的地方被无偿利用。营造城市森林会给地方带来很大的环境效益，但这种外部效益基本上都没有转化为内部效益。城市森林具有许多生态功能，降温增湿、缓解热岛效应、净化空气等，这些生态效益具有明显的外部经济性，因此在建设城市森林时，不能一味地以直接经济效益来决定是否建设城市森林、如何建设，而要充分考虑到城市森林的生态功能给人们带来的生态环境效益，以及由于城市森林存在而带来的周围地区的土地极差收益。

复习思考题

1. 简述城市林业的概念及其范畴。
2. 简述城市森林的概念及其组成。
3. 森林生态学基本原理包括哪些主要内容？如何在城市森林建设中进行应用？
4. 在城市森林建设中应该遵循哪些森林培育学基本原理？
5. 如何认识园林与城市林业的关系？
6. 城市森林建设中如何应用生态修复理论与技术？
7. 试述生物多样性在城市森林建设中的地位与作用。
8. 试述城市景观生态的基本原理及其在城市森林建设中的应用。
9. 如何应用人文生态学基本原理指导城市林业的发展？
10. 在城市林业发展中如何应用环境经济学基本原理？

推荐阅读书目

1. Bradley G A, 1995. Urban forest landscapes. University of Washington Press.
2. Hibberd B G, 1989. Urban Forestry Practice. Her Majstys Stationery Office.
3. Grey G W, 1996. The Urban Forest. Printed in the United of America.
4. 高清, 1984. 都市森林学. 国立编译馆.
5. 哈申格日乐, 李吉跃, 姜金璞, 2007. 城市生态环境与绿化建设. 中国环境科学出版社.
6. 冷平生, 1995. 城市植物生态学. 中国建筑工业出版社.
7. 冷平生, 吴庆书, 2000. 城市生态学. 科学出版社.
8. 冷平生, 2013. 园林生态学. 中国农业出版社.
9. 李吉跃, 常金宝, 2001. 新世纪的城市林业: 回顾与展望. 世界林业研究, 14(3): 1-8.
10. 李吉跃, 刘德良, 2007. 中外城市林业对比研究. 中国环境科学出版社.

11. 李吉跃，2010. 城市林业. 中国林业出版社.
12. 梁星权，2001. 城市林业. 中国林业出版社.
13. 彭镇华，2003. 中国城市森林. 中国林业出版社.
14. 翟明普，沈国舫，2016. 森林培育学(第3版). 中国林业出版社.
15. 王兰州，2006. 人文生态学. 国防工业出版社.
16. 薛建辉，2011. 森林生态学(修订版). 中国林业出版社.
17. 杨士弘，2005. 城市生态环境学(第2版). 科学出版社.
18. 左玉辉，2003. 环境经济学. 高等教育出版社.

第3章 城市森林环境

3.1 城市森林环境的基本概念、组成及特点

3.1.1 城市森林环境的基本概念

环境是相对于某一中心事务而言，是作为某一中心事物的对立面依存体而存在的，它因中心事物的不同而不同，随中心事物的变化而变化。与某一中心事物有关的周围事物，就是这个事物的环境。

环境包括自然环境和人工环境两大类。自然环境是人类赖以生存、生活和生产必需的自然条件和自然资源的总称。人工环境是指由于人类活动而形成的环境要素，它包括由人工形成的物质、能量和精神产品，以及人类活动过程中所形成的人与人之间的关系(或称上层建筑)。

环境要素是指构成人类环境整体的各个独立的、性质不同的而又服从整体演化规律的基本物质组分。环境要素可分为自然环境要素和人工环境要素。其中自然环境要素通常指水、大气、生物、阳光、岩石、土壤等。环境要素组成环境结构单元，环境结构单元又组成环境整体环境系统。例如，由水组成水体，全部水体总称为水圈；由大气组成大气层，整个大气层总称为大气圈等。

城市森林环境(urban forest environment)是指影响城市中以乔灌木为主的城市绿色植物及栖居于这个环境中的动物和微生物的各种自然的或人工的外部条件。

根据研究的广度和深度及所考虑的影响因素的差异，城市森林环境亦可分为狭义和广义两种。狭义的城市森林环境主要是指绿色植物、动物及微生物周围的有生命的生物环境和无生命的非生物环境。所谓生物环境是指城市中的人群、动物、植物和微生物；非生物环境则包括城市的气候、城市土壤、城市水文、城市的地质、地貌和地形以及城市建筑和基础设施等。也有人把城市的土壤、水分、地质、地貌统称为城市的自然环境，而把城市中的建筑和各种基础设施统称为城市的人工环境。广义的城市森林环境除上述生物和非生物环境外，还包括城市的社会环境(主要包括服务设施、娱乐设施、社会生活等)、城市的经济环境(主要包括资源、市场条件、就业、收入水平、经济基础、技术条件等)以及城市的美学环境(主要包括风景、风貌、建筑特色、文物古迹等)。

3.1.2 城市森林环境的组成

根据以上城市森林环境的定义，可以归纳出如下城市森林环境组成(图3-1)。

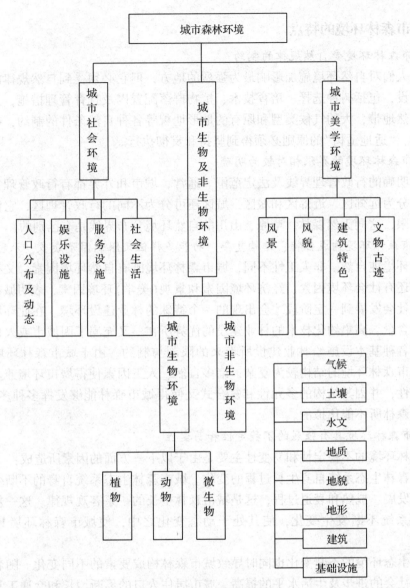

图 3-1 城市森林环境组成

城市森林的生物与非生物环境构成城市森林环境,它是在人类出现之前就已存在的,但具体到城市自然环境,就绝非能与无人类时纯粹的非人工生态系统相同。城市森林的生物与非生物环境为城市森林这一物质实体提供了一定的空间区域,是城市森林赖以生存的地域条件,同时也为实现城市森林各种功能提供了必需的物质基础和设施。城市森林的社会环境体现了城市森林区别于乡村森林或其他森林在满足人类在城市活动多方面所能提供的社会条件;城市森林的经济环境是城市森林的生产、服务功能的集中体现,反映了城市林业的经济发展和社会福利条件的潜在或现实的价值;城市森林的景观环境(美学环境)是城市形象、城市气质和城市韵味的外在表现和反映。

3.1.3 城市森林环境的特点

(1) 城市森林环境受自然规律的制约

城市是人们对自然环境施加影响最为强烈的地方，但它必须受到自然规律的制约。城市森林的建设，包括树种选择、培育技术、植物群落配置以及抚育管理措施，无不受到城市所处的自然地带，大的气候类型和原有的地形地貌等各种自然条件的制约，在城市森林建设过程中，"适地适树"的原则必须得到坚持和贯彻执行。

(2) 城市森林环境的界限相对较为明确

城市有明确的行政管理界线及法定范围。通常，城市和外界都有行政管理界限。城市内部还可以分为远郊区、近郊区和城区，城区还可分为不同的行政管理区，它们之间都有行政管理界限，这同天然森林、草原、山川的自然环境分布界线是有区别的。

(3) 城市森林环境构成独特、结构复杂、功能多样但又限制因子众多，矛盾集中

与自然环境纯自然、非人工性不同，城市森林环境既有自然环境因素，又有人工环境因素，同时还有社会环境因素、经济环境因素和景观(美学)环境因素，表明城市森林环境是一个人类社会发展到一定阶段才会出现的一个特殊的林业建设环境。在此环境中，既具备了高科技含量、高集约化技术的林业建设的优势所在，又充满了因城市或人口高密度集中所需要的各种基本设施给林业建设所带来的限制与制约。由于城市森林环境的独特构成，使得城市森林环境的结构较为复杂，诸多自然、人工因素使得城市环境兼具自然—人工的多种特性，并因其结构的多元性和复合式又使得城市森林能够发挥多种多样的功能，这也是天然森林所不能比拟的。

(4) 城市森林环境具有强烈的不稳定性和易变性

城市森林环境的不稳定性和易变性主要是由于以下三方面的因素所造成：

①城市森林生态系统自身生长过程的变化。城市森林生态系统自身的不断变化，具有一个形成、发展、成熟和衰退过程，这是城市森林生长的一条客观规律。这一规律造成城市森林生态系统不断发生变化，使其处于动态变化之中，使城市森林环境具有动态性特点。

②城市生态环境的不断变化也同时导致城市森林构成要素的不同变化。随着城市经济不断发展、社会的进步及生活水平的提高，城市居住人口的不断增长和交通工具的急剧增加，城市污染源和污染量也不断增加，造成城市森林生态环境日趋恶化，为改变这一状态，不得不对原有的已呈稳定或平衡状态的城市森林生态系统进行改造或扩建，这就使城市森林环境处于不断变化的状态。

③城市化进程的加剧和城市规模的扩大，亦会引起城市森林环境状态的不断变化。任何一个城市都不会静止不动，不管是规模扩大还是功能的加强，其原有的城区、建筑设施都会发生变化，这样现有的城市森林生态系统也不得不相应地随之扩展和补充。

由于上述三个因素，导致了城市森林环境将会长期地处于一种不稳定和易变状态，这一点是城市森林环境与天然森林环境及乡村森林环境之间最显著的区别所在。

(5) 城市森林环境对城市居民及城市居住地环境质量有很大影响

从范围上讲，城市面积在国土面积中十分有限，但居住的人口众多，截至2019年年

底，我国大陆地区有672座左右的城市(4座直辖市，293座地级市，375座县级市)，其占地面积只占国土总面积的0.5%左右，但城镇人口为8.4亿人，大陆地区的城镇化率60.1%。由此可见，城市森林环境质量好坏，直接与我国大陆地区一半的人口有关。一旦发生严重影响城市的大气污染、水污染等生态环境灾难，对城市居民的健康便会带来难以估量的危害，而城市森林环境质量高低，直接影响到一个城市的生态环境质量的高低。

总之，正如前面的论述中已经指出的，城市森林的概念和内涵是十分复杂的。概念中内在的复杂性反映了城市森林环境的复杂性。企图用单一尺度来分析城市森林生态环境的多样性是不可能的。城市区域可以用它们的生态系统多样性来确定，其复杂程度可由树种组成、下层植被的存在与否、天然及人工植被状况、覆盖度大小或者对野生动物生存的适合性大小来确定。

在城市森林环境中，除了生态系统的复杂性之外，其他系统也应充分考虑，如社会基础性结构、人口密度、所有权及与人口有关的社会特征等。实际上，城市森林是生存在一个由人类占统治地位的环境中，城市森林环境是自然和人类环境的综合体。因此，城市森林必须生存在一个城市社会所必须的设施和结构都已建成而剩余的空间中。城市森林不能与城市中的其他建筑或设施，例如人行道、停车场、线路、给排水管线和其他必要的市政设施发生冲突，因而城市森林必须生长在一个不易引发上述冲突的空间中。另外，城市森林还必然受城市特定的土壤条件和污染空气的制约。

因此，本章将按照城市森林环境的组成状况，就各个组成要素进行讨论。

3.2 城市森林的非生物环境

城市森林的非生物环境主要包括城市气候、土壤、水分、地质、地貌、地形、建筑和各种基础设施等。在上述各项因子中，城市的微气候条件、土壤条件、地形条件以及林木生长空间大小、位置等因素决定城市森林能否存在，以及以什么样的形式存在。

3.2.1 城市的气候环境

3.2.1.1 城市气候环境概述

城市形成后，由于密集的建筑物及水泥沥青和裸地面改变了下垫面性质和城市空气垂直分布状况，化石燃料的大量使用，造成空气污染，改变了大气组成。同时，城市增强了人为热及人为水汽的影响，导致了城市内部气候与周围郊区气候的差异，并形成了一种特殊的局地气候，这种差异并不能改变城市原所处地理位置决定的大气候类型，但在多个气象和气候要素上表现出明显的城市特征。因此，详细研究城市的气候特点，掌握城市温度、水分、风及风速、湿度、太阳辐射与热量等气候要素的时空分布规律，对于合理进行城市森林的树种选择与配置，最大程度地发挥城市绿地防污降噪作用，改善城市生态环境有着极其重要的意义。

首先，一个城市的气候环境取决于该城市在大气候地理分布带中的具体位置，即一个城市气候环境的优劣取决于城市的地理纬度、大气环流、地形、植被、水体等自然因素。在中国，南方城市与北方城市、东部城市与西部城市由于所处地带的温、湿状况差异巨大，因而气候条件明显不同。

其次，城市气候又明显受到人类活动的影响。通常，城市气候是指城市内部形成的不同于城市周围地区的特殊小气候。这种小气候是受人为环境的影响而形成的，其形成因素主要是因城市所特有的诸如钢铁、水泥、砖瓦、土石、玻璃、沥青等特殊的下垫面材料，这些下垫面材料的弹性、比热、导热系数等与自然地面明显不同，从而改变了热辐射表面和反射表面的情况，同时也改变了表面与下垫面交换和表面气体动力粗糙度；另外，由于工业生产、交通运输、增暖降温、家庭生活等活动释放出来的热量，明显使城市内部形成一个与周围农村不同的气候环境（表 3-1）；还有，在城市环境中，由于大量气体和固体污染物排入空气中，明显地改变了城市上空的大气组成，影响了城市空气的透明度和辐射热能收支，并为城市的云、雾、降水提供了大量的凝结核。

表 3-1 城市与农村的气候差异

气象因子	变化的类型	城市与农村环境的比较
温度	夏季最高气温	高 0.5~1.0℃
	冬季最低气温	高 0.0~3.0℃
相对湿度	年平均	高 6%
	冬季	低 2%
	夏季	低 8%
尘粒	尘粒	高 9 倍
云	云覆盖	多 5%~10%
	雾（冬季）	频次多 100%
	雾（夏季）	频次多 30%
辐射	水平面总量	少 15%~20%
	紫外线（冬季）	少 30%
	紫外线（夏季）	少 5%
风速	年平均	低 20%~30%
	大风	少 10%~20%
	无风	多 5%~20%
降雨	降水量	高 5%~10%
	降雨 5 mm 的天数	多 10%

注：转引自王祥荣《生态与环境——城市可持续发展与生态环境调控新论》，2001。

为了更好地理解城市气候环境的特殊性，了解和掌握城市范围内空气垂直分层也是十分必要的。Oke（1987；1990）认为，城市范围内空气垂直分层可区分为：①城市覆盖层（urban canopy layer，UCL），在城市建筑物顶以下至地面这一层称为城市覆盖层。它受人类活动影响最大，与建筑物密度、高度、几何形状、门窗朝向、外壁涂料颜色、街道宽度和走向、路面铺砌材料、人为热、人为水汽的排放量等关系密切。②城市边界层（urban boundary layer，UBL），由建筑物层顶向上到云层中部高度，称为城市边界层。它受城市空气污染物性质及其浓度和参差不齐屋顶的势力和动力影响，湍流混合作用显著，与城市覆盖层间存在着物质交换和能量交接，并受区域气候因子的影响。③城市屋羽层（城市尾烟气层）（urban plume layer，UPL），在城市的下风方向还有一个城市屋羽层或称城市尾烟气层。这一层中的气流、污染物、云雾、降水和气温等都受到城市的影响。④乡村边界（rural boundary layer，RBL），屋羽层之下称为乡村边界。城市边界域的上限高度因天气条件而变，白昼和夜晚不同，在中纬度大城市，晴天白昼常可达 1000~1500 m，而夜晚只有 200~250 m。

总之，城市小气候的一般特点是：①年平均气温和最低气温普遍较高，即形成城市"热岛效应"；②风速小，静风多；③年平均相对湿度和冬夏相对湿度都较低；④因尘埃和云雾，太阳辐射减少；⑤降雨日数和降水量增加（表 3-1）。

3.2.1.2 城市气候因子

1) 城市气温

(1) 城市的辐射与热量

城市地表的辐射平衡状况如图3-2所示。

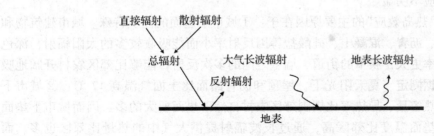

图 3-2 城市地表辐射平衡

辐射平衡方程式通常为：

$$Q = (S + H) \times (1-a) + (G - E) \tag{3-1}$$

式中　Q——辐射平衡（净辐射）；

　　　S——太阳直接辐射；

　　　H——天空散射辐射；

　　　G——空气逆辐射；

　　　E——地面长波辐射；

　　　a——反射率。

城市中，由于空气中固态和气体污染物多，透明度比郊区小，太阳短波辐射（S）比郊区少，天空短波散射辐射（H）虽然因气溶胶和烟尘较多而有所增强，但增加值不足以补偿损失值，故城市总辐射（$S+H$）比郊区小。O. H. Landsberg(1974；1981)总结大量城市与郊区对比观测资料，得出城市中心地面上，年平均总辐射比郊区少15%～20%。在大城市中，当太阳高度角小，空气污染程度大时，可减少30%以上(Oke，1990)。

由于下垫面的改变，城市中反射率要比郊区小10%～30%(Kung，1996)。在辐射平衡方程中，除了短波辐射外，还有地—气之间的长波辐射交换，即空气逆辐射(G)和地面辐射(E)的交换。它在城市和郊区也是不同的，决定这种辐射能量大小的主要因子是辐射体的温度。城市中石头、水泥、沥青、裸地等所构成的下垫面的表面温度远比郊区森林、农田、草地等组成的下垫面温度高。因此，城市地面向上的长波辐射(E)必然比郊区大。

另外，由于城市空气中 CO_2 含量比郊区高，CO_2 对波长在 13～17 μm 波谱区的地面长波辐射具有强烈吸收作用。因此，大气温度比郊区高，空气逆辐射也大于郊区。

由上所述，在辐射平衡式中，城市内的输入和输出都有变化。总的来说，到达城市下垫面的太阳辐射比郊区小，但由于其下垫面的反射率亦比郊区小，因而在短波辐射上，城市与郊区差别不大；在长波辐射中，城市空气逆辐射虽比郊区大，但城市地面长波辐射也大于郊区，因此，长波辐射的收支域间差别不大。

(2) 城市气温的水平分布——城市"热岛效应"

城市中心地区近地层温度高于周边地区以及郊区的现象被称为"热岛效应"，这是城市气候最明显的特征之一。早在1918年，霍华德(E. Howard)在《伦敦的气候》一书中就将伦敦的气候比周围农村高的现象称为"热岛效应"。城市热岛效应在宏观气象中是一种中小尺度的气象现象，它还要受到大尺度大气形势的影响，当大气形势在稳定的高压控制下，气压梯度小，微风或无风，天气晴朗无云、少云，有下沉逆温时，有利于热岛的形成。大风时，城市热岛效应不明显。

城市具有特殊"热岛效应"的主要原因在于：①城市下垫面的性质特殊。城市建筑物和铺装的材料如砖石、沥青、混凝土、硅酸盐等因反射率小而能吸收较多的太阳辐射，深色的屋顶和墙面吸收率更大；狭窄的街道、墙壁之间的多次反射，能够比郊区农村开阔地吸收更多的太阳能。据测定，夏天阳光下，屋顶和沥青路面比土面气温高17℃；②城市下垫面的建筑材料的热容量、导热率比周围郊区农村自然下垫面要大的多，因而城市下垫面储热量多，晚间下垫面温度比郊区高，通过长波辐射提供大气中的热量比郊区也多。而且，城市空气中存在大量的污染物，它们对地面长波辐射热吸收和反射能力很强，形成城市温度高于郊区的重要条件，其温差夜间更为明显，最大的可达8℃；③城市中的建筑物、道路、广场不透水，且植被稀少，从而吸热多而蒸发散热少。大多数城市不透水面积在50%以上，上海市则高达80%。城市降水之后很快通过排水系统而流失，因而地面蒸发小。乡村则一般有大量的植物蒸腾，疏松的土壤可以蓄积一部分水分缓慢蒸发。据测定，地面蒸发1 g水，下垫面要损失2500 J的潜热，所以城市比郊区的温度高；④城市中有较多的人为热量进入大气，如大量生产、生活燃烧耗能放热，高纬度地区冬季化石性燃料大量的使用等。例如，这种人为产生的热量在莫斯科超过了辐射热的3倍；⑤城市建筑密集，不利于热量的扩散，一般风速在6 m/s以下时，城市温差最明显，风速大于11 m/s时，城市"热岛效应"不明显。

奥克(Oke, 1990)在加拿大多次观测城市的热岛效应，指出由农村至城市边缘的近郊时，气温陡然升高，他称之为"陡差"(Cliff)；到了市区气温梯度比较平缓，因城市下垫面性的区段差异(引起微气候差异)而稍有起伏，称之为"高原"(Plateau)；到了市中心区人口密度和建筑密度及人为热释放量最大的地点，则气温更高，称之为"山峰"(Peak)。此"山峰"与郊区农村的温差称为"热岛强度"。

城市的"热岛效应"是普遍存在的。米切尔(Mitchell, 1989)分析了奥地利维也纳市区Sohottenstift和郊区HoheWarte 1956年7月和2月逐时的平均气温，发现无论是7月还是2月在夜间城区气温都高于郊区，"热岛效应"明显。彼德威尔(Petewiller, 1990)研究了1951—1960年巴黎城中心的年平均气温和郊区气温变化情况，得出巴黎城中心区气温10年平均值比郊区10年平均值高1.7℃，等温线围绕市区作椭圆形分布。我国田涉贞(1984；1991)对上海市1984年全年定时观测的城区气候资料进行了研究，在上海冬季和夏季的热岛强度可分别达到6.8℃和4.8℃。

城市的热岛强度与城市的布局状况、地貌地形等有密切关系。城市若为团块状紧凑布局，则城市中心热岛强度大。城市呈条形分散结构则反之。城市若建在盆地或凹地中，由于风速小，"热岛效应"特别强，这不仅抵消了冷空气的下沉作用，反而成为最暖的"热岛中心"。城市规模包括城市面积、城市人口及密度等对热岛强度均有不同程度的影响(表3-2)。

表 3-2　城市规模与城乡气温(夜晚)的差别

指　标	旧金山	圣约瑟	帕罗奥多
面积(km^2)	116.81	38.33	22.27
人口(万)	78.4	10.1	3.3
密度(人/km^2)	6712	2635	1481
平均城乡气温差(0℃)	5.6~6.7	3.9~5.0	2.2~3.3

注：转引自王祥荣《生态与环境——城市可持续发展与生态环境调控新论》，2001。

城市附近自然景观以及城市内部下垫面性质亦对城市热岛强度起一定作用。无绿化的宽阔街道和广场，到中午时剧烈增温，在夜里又急剧冷却，气温日差较大，林荫区和其他城市绿地日温差较小。

城市"热岛效应"引起城乡间的局地环流，使四周的空气向中心辐射，尤其在夜间易导致污染物的增加。

(3)城市气温的垂直分布与逆温

在大气圈的对流层内，气温垂直变化的总趋势是随着海拔高度的增加，气温逐渐降低，这是因为大气主要依靠吸收地面的长波辐射而增温，地面是大气主要的和直接的热源。

气温随海拔高度的变化，通常以气温的垂直递减率，即垂直方向每升高100 m气温的变化值来表示。整个对流层中的气温垂直递减率平均为0.6 ℃/100 m，在对流层上层为0.5~0.6 ℃/100 m，中层为0.4~0.5 ℃/100 m，对流层下层为0.3~0.4 ℃/100 m。

事实上，在近地面的低层大气中，气温的垂直变化比上述情况要复杂得多，垂直递减率可能大于零，可能等于零，也可能小于零。等于零时气温不随高度而变化，这种空气层为等温气层；小于零时表示气温随海拔高度的增加而增高，这种空气层为逆温层。

逆温的形成有多种原因，在晴朗无风的夜晚，地面和近地面的大气层强烈冷却降温，而上层空气降温较慢，因而出现上暖下冷的逆温现象，这种逆温称为辐射逆温。地形特征也可使辐射冷却加强，如在盆地和谷地，由于山坡散热快，冷空气有大规模下沉气流时，在下沉运动终止的高度上可形成下沉逆温，这种逆温多见于副热带气旋区。在两种气团相遇时，暖气团位于冷气团之上，可形成锋面逆温。

据刘攸弘等(于志熙，1992)研究，广州市全年都可能出现逆温，按地逆温10~12月频繁出现，悬浮逆温集中在1~4月。按地逆温强度大于1.0 ℃/100 m时，市区二氧化硫日平均浓度就会超标，可见逆温与大气污染程度的恶化有十分密切的关系，特别是近年来的雾霾，也与城市近地层大气逆温现象有直接关系。兰州市1年有310日出现逆温，占全年日数的86%。

2)城市的风

空气的运动形成风。城市建设所引起的局部空气边界层的改变，将对低层气候和湍流特征产生显著的影响。具有较大粗糙面的城市下垫面，可以形成更强的热力湍流和机械湍流，而热岛效应又会引起局部地段的环境变化，因此，城市的风场极为复杂。

(1)城市市区内风向及风速的一般特点

随着城市建筑物密度的增加，年平均风速逐渐变小。据测定，上海市在1981—1985

表 3-3 上海市历年平均风速的变化(1884—1985)

高度(m)	1884~1893	1894~1990	1901~1910	1911~1920	1921~1930	1930~1940	1941~1950	1951~1955	1956~1960	1961~1965	1966~1970	1971~1975	1976~1980	1981~1985
12		3.8							3.2	3.2	3.1	3.1	3.0	2.9
35				4.7	4.7	4.2	42	3.6						
40~41	5.6		5.4											

注:转引自周涉贞,束炯,1994。

表 3-4 上海城区和郊区近年来平均风速的比较*

站 名	市 区				郊 区		
	杨浦	徐汇	长宁	上海台	上海县	嘉定	宝山
风速(m/s)	(2.4)**	(2.3)	(2.6)	2.9 (2.9)	3.4 (3.4)	3.3 (3.3)	3.8 (3.7)

站 名	郊 区						
	川沙	南汇	奉贤	松江	金山	青浦	崇明
风速(m/s)	3.5 (3.5)	4.2 (4.4)	3.4 (3.4)	3.3 (3.1)	3.6 (3.6)	3.6 (3.6)	4.1 (4.1)

注:转引自周涉贞,束炯,1994。
 *杨浦点风仪装在7.8m高的平台上,风仪高出平台7.4m;徐汇点风仪装在7.5m高的平台上,风仪高出平台11.5m;长宁区点风仪装在7.77m高的平台上,风仪高出平台10.02m。
 **括号内数值为1983年、1984年两年平均风速,其余为1981—1985年5年平均风速。

年间的平均风速比80多年前的1884—1900年的平均风速降低了23.7%,市区风速也小于建筑物较少的郊区(表3-3和表3-4)。

在城市内部不同地段的流场差异很大,有些地方成为静风区,风极微,但在特殊情况下,某些地方的风速亦可大于同高度的郊区。这种差异的产生,一方面由于街道的走向、宽度、两侧建筑物的高度、朝向和形式不同,使得不同地点所获得太阳辐射有明显差异,在局地湍流使城市内部产生不同的风向和风速;另一方面,由于盛行风吹过城市中鳞次栉比、参差不齐的建筑物时,因阻碍摩擦产生不同的升降气流、涡动和绕流等,使风的局地变化更为复杂。以东西向街道为例,白天屋顶受热最强,热空气从层顶上升,与层顶同一高度街道上空的空气流湍流向层顶以补充其位置,街道上空又被下沉的气流所替代,这在屋顶上就形成一个小规模的空气环流,在街道向阳的一面空气上升,背阴的一面空气下沉,其间有水平的气流来贯通,也产生一个环流,夜间屋顶急剧变冷,冷空气从屋顶降至街道,排挤地面上的热空气,使之上升,这样又形成与白天不同的街道空气环流。

当盛行风遇到建筑物阻挡时,在迎风面有一部分气流上升越过屋顶,一部分气流下沉降至地面,另一部分绕过建筑物的周侧向屋后流去。气流经此障碍物的干扰可分为4个区域:未受干扰区、气流变形区、背风涡旋区和尾流区。如果盛行风与街道走向一致,则因风狭管效应,街道上的风速将比开阔地增强。据观测,当风速为8~12 m/s时,在平行于主导风向的行列式的建筑区内,由于狭管效应,风速可增长15%~30%(周淑贞等,

1985)。

(2) 城市热岛环流

一般认为，在晴朗无云，大范围气压梯度较小的形势下，由于热岛效应的存在，可以在城市中形成一个低压中心，在一定高度范围内，城市低空比郊区同高度空气气温更高，这样就产生了指向城市的气压梯度力，在低层造成向内的复合流场和上升气流。在几百米高度上，空气又以相反的方向从城市向郊外流出并下沉，形成一缓慢的热岛环流。

然而，实际情况要复杂得多。至少在某种条件下，热岛环流并非完全是在对城市热岛和气压梯度的响应过程中形成的，稳定度因子亦起着重要的作用。环流的上升运动有时不在热力扰动中心之上，而是偏向于热力中心的下风方向。可见，热岛环流是一种比较复杂的中小尺度系统。

对于热岛环流在水平风场的观测，国内外都有实例。我国北京、上海等城市都有过此类观测研究。在实测中，热带环流往往与其他作用，例如地形作用密切相关。如北京冬季的热岛环流有时受到其西部和北部山地的影响。当大范围气压梯度比较平缓，天气晴朗时，北京常出现山谷风，风速一般为 2~4 m/s，厚度为 300 m 左右，这种山谷风常与热岛环流相叠加。而上海地区，海陆温差则对于城市热岛环流的形成起促进作用，并对其造成影响。

(3) 城市局地气流

地形和地貌的差异，造成地表热力性质的不均匀性，往往会形成局地气流，其水平范围一般在几千米至几十千米。常见的局地气流有海陆风、山谷风等。

地形、山脉的阻滞作用，对风速也有很大影响，尤其是封闭的山谷盆地，因四周群山的屏障，往往造成静风或小风。我国是一个多山之国，许多城市位于山间河谷盆地上，静风频率高达30%以上。例如，重庆为33%、西宁为35%、昆明为36%、成都为40%、兰州为62%、万县66%等。这些城市因静风、小风时间多，不利于大气污染物的扩散。

(4) 风对城市污染物的作用机理

第一，风对污染物具有冲淡和稀释作用。风速越大，单位时间从污染源排放出来的污染物被很快地拉长，这时混入的外界空气越多，污染物浓度越小。因此，在其他条件不变的情况下，污染物的浓度与风速呈反比；若风速增加1倍，则下风侧有害气体浓度就减少一半。在一般情况下，对一个连续污染点而言，污染物质的地面浓度与风速的关系可用 Sutoon 理想化模式来表示：

$$C(x, o, o, H) = 2Q/[\pi C_y C_z u X^{2-n} \exp(-H^2/C_z^2 X^{2-n})]$$
$$H = H_0 + \Delta H \quad (3\text{-}2)$$
$$\Delta H = B/u; \quad B = D_0 W_0 (1.5 + 2.7 \Delta T/T_0 D_0)$$

式中　Q——污染物排放量(g/s)；

　　　C_y, C_z——烟气水平方向和垂直方向的扩散系数；

　　　n——与大气稳定度有关的大气紊流系数；

　　　u——平均风速(m/s)；

　　　X——烟源至下风向任意点的距离(m)；

　　　H——烟囱有效高度(m)；

　　　H_0——烟囱实际高度(m)；

ΔH——烟气抬升高度(m);
D_O——烟囱出口直径(m);
W_O——烟气出口速度(m/s);
ΔT——烟气出口温度与环境温度之差(K);
T_O——环境温度(K)。

从上式可见,风速增加1倍,下风侧有害气体的浓度大致就减少一半,但这时污染范围将扩大;此外,烟气在离开烟囱后,由于惯性和热力作用还会升高一些,升高的高度与风速也有关系,风速越大,烟气抬升越小;风速越小,烟气抬升越高,越有利于稀释。

在城市生态规划中,风向频率图(又称风玫瑰图)具有十分重要的指示作用。其主要做法是将风按16个方位进行统计,得出各方位的风向频率,计算公式如下:

$$G_n = F_n / (\sum F_n + C) \tag{3-3}$$

式中 G_n——n方向的风频率;
      F_n——所取资料年代内有n方位的风次数,n表示方位,共16个方位,两相邻方位之夹角为22.5°;
      C——在所取资料年代内观测到的静风的次数。

从风频率图上可得到主导风向,对城市生态规划工作中的产业布局具有重要的参考作用。

第二,湍流作用加强了大气污染物的扩散和稀释。大气运动具有十分明显的湍流特性,直观的感觉是风时大时小,具有阵性,并在主导风向的左右作无规则的摆动,风的这种特性称为大气湍流。湍流的作用使得气体的各部分得到充分的混合,因此进入大气的污染物,在湍流的混合作用下会逐渐得到稀释,这种现象称为大气扩散。

由上述情况可知,污染物在大气中的扩散稀释的最直接因素就是风速。风速越大,湍流越强,扩散稀释的速度就越快,污染物的浓度就越低。

(5)城市风与城市规划

德国学者阿萨姆斯(A. Schmauss)在1941年曾提出,在城市规划布局中,工业区应布局在主导风向的下风方向的原则。我国自20世纪50年代以来一直采用这个原则,但如果我们进一步分析会发现这个原则在季风气候的国家使用并不恰当,因为冬季风和夏季风一般是风频相当、风向相反的,冬季的上风方向在夏季就成了下风方向;对全年有两个主导风向以及静风频率在50%以上的或各风向频率相当的地区,也都不适用。

我国学者朱兆瑞(1987)根据我国600多个气象台站1月、7月及年风向频率玫瑰图分类,将我国风向类型区划为4个大区、7个小区。

①季风变化区 我国东半部盛行季风,从大兴安岭经过内蒙古,穿过河套地区,绕四川东部到云贵高原一线以东,盛行风向随季节变化而转变。冬夏季风向基本相反,一般冬季或夏季盛行风频率在20%~40%,很难确定哪个是全年的主导风向。在季节变化型地区,城市规划不能仅用年风向频率玫瑰图,而要将1月、7月风向玫瑰图与年风向玫瑰图一并考虑。在规划中应尽量避开冬、夏对吹的风向,选择最小风频的方向,布置在居住区的上风方向,以尽可能减少居住区的污染。例如南昌市冬季盛行北风,风频27%,加上东北偏北风,风频为52%,夏季盛行西南风,风频19%,加上西南偏南风,风频为36%,在北与东北偏北和西南与偏南风夹角为135°~180°,全年最小风频方向为西北偏西,风

频为0.6%,工业企业应布置在这个方向,居住区应在东南偏东方向。

②主导风向区 主导风向区包括三个区域：新疆、内蒙古、黑龙江北部，这一带常年在西风带控制下，风向偏西；云贵高原西部，常年吹西南风；青藏高原，盛行偏西风。主导风向区可将排放有害物质的工业企业布置在常年主导风的下风侧，居住区布置在主导风向的上风侧。

③无主导风向区 无主导风向区主要分布在宁夏、甘肃的河西走廊、陇东以及内蒙古的阿拉善左旗等地。影响我国的4条冷空气路径，不同程度地影响着上述地区。该区没有主导风向，风向多变，各风向频率相差不大，一般在10%以下。这里布局工业时，常用污染系数（又称烟污染强度系数）来表示:

污染系数 = 风向频率/平均风速　　(3-4)

大气污染的浓度与风速呈反比，因此城市规划中应将向大气排放有害物质的工业企业布置在污染系数最小方位或最大风速的下风向，居住区布置在污染系数最大方位或最大风速的上风向。

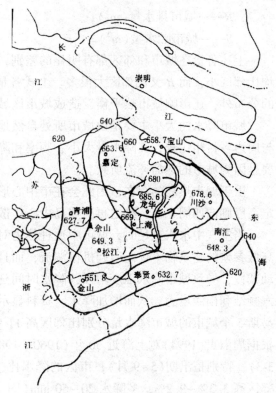

图3-3　上海汛期(5~9月)降水量分布图
(1960—1989)

(引自:周淑贞,束炯,1994)
(转引自:Landsberg,1972)
虚线表示等温线,表示风向,Z为垂直方向坐标轴

④准静止风型区 准静止风型区分布在两个地区：一个是以四川为中心区，包括陇南、陕南、鄂西、湘西、贵北等地；另一个是云南西双版纳地区。这些地区年平均风速为0.9m/s，小于1.5m/s的风频全年平均在30%~60%以上。在规划布局上，必须将向大气排放有害物质的工业企业布局在居住区的卫生防护距离之外，这就需要计算出工厂排出的污染物质的地面最大浓度及其落点距离，给出安全边界。在比较稳定的大气和比较平坦的地形条件下，污染物质最大着地浓度出现在烟囱烟体上升有效高度的10~20倍之间，因此居民区应在烟囱有效高度20倍之外的地区。我国静风区应尽量少建污染大气的工业企业，卫星城镇也以设在远郊为宜。

3) 城市降水

城市区域地表水分平衡式为:

$$M + I + F = E + R + S \tag{3-5}$$

式中　M——降水量(mm);
　　　I——城市供水量(m^3);
　　　F——燃烧产水量(m^3);
　　　E——蒸发散失水量(m^3);

R——城市排水量(m^3);

S——城市贮水量(m^3)。

上述各量在城市和郊区都有明显的差别,其中城市的 M、I、F 值均比郊区大,E 和 S 均比郊区小,而 R 又比郊区大很多。上式各量在城市和郊区的差异,除了影响城市的湿度的分布外,还影响城市热平衡,造成城市区域与郊区气象因子的许多不同。

城市降水的大小主要是由城市所处自然地理位置(大的气候带)所决定的。但是,城市与周边乡村相比较,其降水量大小、频率和降水的形式存在差异。这种局部降水的差异主要是因为城市的热岛环流所致。

由于城市热岛的存在,因此会在市中心形成一个低压中心,并出现上升气流,到达一定高度则向四周下沉,继之再向热岛中心扩散,如此反复,形成一个缓慢的热岛环流。

当空气中水汽充足时,城市中这种热力对流易于形成对流云和对流性降水,加上城市高低参差的建筑物不仅能引起机械湍流,而且对移动滞缓的降水系统起阻碍作用,使其移动减慢,导致城市降水强度增强,降水时间延长。此外,城市空气中凝结核多,可促进水汽凝结和雨滴增大,从而增加降水。资料显示,莫斯科、慕尼黑、芝加哥、厄巴拉和圣路易斯 5 个城市的城市降水量分别比郊区高 11%、8%、7%、9% 和 5%(董雅文,1993)。根据周淑贞(1994)对上海近 30 年(1960—1989)降水记录统计,城市的降水多于郊县(图3-3),特别是汛期(5~9月),市区的降水比郊区高 3.3%~9.2%,多降水 20~60 mm(图3-3)。城市对降水的影响特别明显地表现在日降水量为 50~100 mm 的暴雨日数和雷暴数上。从图 3-4 中可以看到,上海在 1959—1985 年这 27 年中城区的暴雨日数在 40 天以上,明显高于附近郊区(周淑贞等,1994)。城市化进程对城市降水也有较大影响。研究表明,一个地区城市化前后降水的变化是显著的。美国爱德华兹维尔 1941—1970 年是实现城市化的时期,与未经城市化的 1910—1940 年比,降水量增加了 4.25%。意大利都灵在 1952—1969 年期间人口由 70 万增加到 120 万,汽车数由 7 万辆增加到 39 万辆,城市发展速度很快,夏季降雨和频率有明显的增加,但每次降水量都不大。意大利那不勒斯在 1886—1945 年间降水量没有明显的增加,但 1946—1975 年间,随着城市化的迅速发展,降水量比以前的时期增加了 17% 左右(杨小波等,2000)。

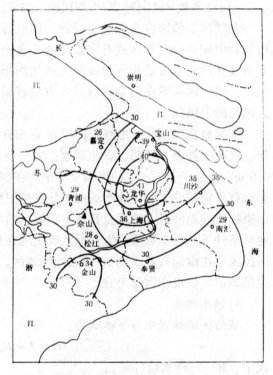

图 3-4 上海日降水量为 50~100 mm 的暴雨日数分布图
(1959—1985 年累计值)

3.2.1.3 城市市区微气候类型及特点

由于城市空气中凝结核多、风速小，又有一定的人为水汽，因此城市的云、雾多于郊区。但是，市区内大部分为不透水的路面和建筑物，加之植被覆盖少、气温高，因此相对湿度远比郊区低。综合多数学者观测和研究的结果，市区和郊区的主要气候要素上的差别见表 3-5。

表 3-5　市区与郊区气候特征比较

要素	指标	与郊区比较	要素	指标	与郊区比较
太阳辐射	地面总辐射	少 15%~20%	降水	年平均降水量	多 5%~15%
	冬季	少 30%			
	夏季	少 5%			
日照时数		少 5%~15%		降雪量	多 10%~15%
温度	年平均	高 0.5~1.5℃	雷暴		多 10%~15%
	静风晴天时	高 2~7℃			
相对湿度	冬季	小 2%	风速	平均风速	小 10%~30%
	夏季	小 10%		无风日时	多 5%~20%
雾	冬季	多 30%~100%	空气中污染	凝结核	多 10 倍
	夏季	多 10%~30%		微量气体	多 5~50 倍
云量		多 5%~10%			

注：引自 Landsberg，1981。

上面我们分别就城市小气候的一般特点及城市气候中主要因子：温度、水分和风的情况进行了简单分析和概括。但是由于城市建筑林立，太阳辐射的下垫面差异很大，土地利用形式多样，因此在城市市区不同的区域就会产生特殊的微气候类型。美国城市森林科学家 C. A. Fedem(1971) 经过长期观察研究，认为在较大城市中，一般至少可以区分出 3 种不同的微气候类型。

(1) 具有强烈的蒸发、蒸腾作用表面的微气候类型

能够产生这种微气候类型的典型区域如公园、具有行道树的公路和河流与湖泊的邻近区域，其总的特点是一般夏天温度较低，湿度偏高；在冬季温度较低，风速相对较大。这种微气候类型更接近于城郊四周乡村的气候。对林木来讲，这种微气候既没有明显的有利影响，也不会产生太大的不利作用。

(2) 被相对较高大的建筑物包围的街道和院落所具有的微气候类型

这种微气候类型的特点是夏天气温低，风速小；冬季因四周高大建筑物的热辐射作用气温更高一些。许多植物种都可以生长在这种气候环境中，极端气温和风速相对都比较温和。

(3) 宽阔无林的街道、广场和停车场所具有的微气候类型

这种微气候的特点是空间裸露，干燥度很大。与其他两种微气候类型相比较，湿度更低，温度更高一些。由于太阳辐射作用强，因而温度极易发展到极端值。风速平均要比郊

外农村略低一些。因此，多汁或肉质植物不适宜栽植在这种微气候条件下，因而这种微气候类型下树种选择将会受到某些限制，适宜选择一些比较耐旱的植物。

需要特别指出的是，上述三种城市生境中常见的微气候类型仅仅是对大多城市而言具有代表性，实际上在城市环境中，由于建筑物的掩蔽，甚至街道走向的不同，其微气候特征也会产生很大变化。例如，东西走向街道，所接受的太阳辐射与南北走向的街道所接受的太阳辐射是不同的，从而使温度和湿度产生不同程度的差异。对于一个具体的栽植区段，应根据环境特征具体分析，才能真正掌握城市的微气候特点。

3.2.2 城市的土壤环境

城市里的土壤是在地带性土壤的背景下，在城市化过程中受人类活动影响而形成的一种特殊土壤。除了那些已被人工彻底破坏和地表被各种建筑材料覆盖的土壤已完全丧失了土壤的传统价值外，即使仍然暴露的土壤，由于受人类活动的影响，其理化性质以及其中的生物等各种特性都发生了显著的变化。

3.2.2.1 城市土壤环境概况

城市土壤形态多样，有的被剥去了表土，心土外露。许多土壤的自然剖面被翻动，有的仅仅是土壤物质的堆积。由于人类活动的践踏或重物挤压，一般城市土壤紧实度较大，土壤无结构或呈块状、片状结构，透水性不良。天然降水只有一小部分渗入地下，土壤湿度小，容易被侵蚀。

在酸雨的影响下，城市土壤的 pH 值较低，有的地方则由于尘埃、垃圾和废水的污染导致了高营养化和碱化，生产和生活过程中产生的废弃物也常混入土壤中，致使城市土壤中含有较多的侵入体以及重金属等物质。此外，城市土壤中还含有较多的微生物，它们不仅能吸收 CO_2，而且还能分解乙烯、SO_2 等。

由于城市人口密度和建筑物密度一般多为由市中心向外呈同心圆状降低，在不同强度的人为影响下，城市土壤亦是同心圆状分布。市中心的土壤大多为生产、生活活动过程中各种废弃物和原土壤相混合以后的填充土类型。由于其间夹杂有大量的混凝土、砖石瓦片、石灰等，因此土壤中钙含量增多，土壤 pH 值增加，重金属含量也较多。但是在城市的不同功能区域中，由于土地利用类型不同，土壤空间分布也存在着差异，一般在居民区、行政机关、学校等绿地上，因无直接污染，土壤中污染物含量较少，土壤养分、水分状况较好，土壤微生物活动旺盛。道路两侧的土壤中常栽种行道树，两旁是封闭的路面，土壤湿度较小，但由于车流量大、汽车尾气排放、轮胎磨损等，进入土壤的污染物种类增多，重金属含量普遍增加，其中 Pb、Zn 尤为显著，越靠近公路含量越高，并且集中在土壤表层。工厂周围土壤属性比较复杂，其特征是污染严重，污染物成分、浓度及 pH 值、土壤微生物等视工厂类型而有所不同。

近郊城乡结合部的土壤一般多作为防护林、苗圃、果园、蔬菜基地，由于接近城市，受城市生产和生活影响比较显著。除了承受工业向大气排放的污染物外，有时还把垃圾作为肥料直接施入田中，或用污水灌溉，这样可改善土壤肥力，但却增加了污染的可能。同时，近邻地区的土壤经过人们长期精耕细作，腐殖质层深厚，较为肥沃，但化肥、农药、除草剂使用普遍，土壤中农药残留量也较高。随着城市范围的不断扩展以及乡镇工业的发展,这类土壤也不断受到污染和蚕食,保护这部分土壤的生产力是不容忽视的问题。

3.2.2.2 城市土壤类型及特点

(1) 城市土壤的类型

综上所述,大致可把城市(包括市区、近郊、远郊)土壤分为如下几种类型:

①填充土 城市绿地多属于这种土壤。它们是房屋、道路等建好后余下的空地,或是新建房、改建的公园绿地。原来的土壤被翻动,土中混入建筑的渣料和垃圾,也混进僵土、生土等。

②农田土 包括城市部分绿地土壤、苗圃、花圃的土壤。这些地方的土壤还保持着农田土的特点,但由于苗圃地带土起苗,再加上枝条、树干、树根全部出圃,有机物质不能归还给土壤,因此土壤肥力逐年下降。

③自然土壤 自然土壤如郊区的自然保护区、国家森林公园和风景旅游区等,这类土壤受人为干扰少,在自然植被的影响下,土壤剖面有较明显的发育层次。

(2) 城市土壤特点

与自然土壤相比,城市土壤(主要是填充土)的理化性质都发生了较大变化,其特点如下:

①土壤无层次 人为活动产生各种废弃物,长期多次无序侵入土体和地下翻动土壤,破坏了原土壤代表肥力的表土层或腐殖层,形成无层次、无规律的土体构造。

②土体中外来侵入体多而且分布深 侵入体是指土体内过多的建筑垃圾、各种渣砾等,成分复杂。城市土壤中掺入大量侵入体以及地下建筑物管道等,占据了地下空间,改变了土壤固体、液体、气体三相组成,以及土壤孔隙分布状况等,导致了土壤水、气、热、养分状况的变化,影响了土壤的肥力水平。

③土壤结构差 城市土壤有机质含量低,有机胶体少,土体在机械和人为外力作用下,挤压土粒,破坏了具有良好水、气状况的团粒结构,形成了理化性状较差的片状或块状结构。

④城市土壤紧实度较大 因行人践踏、不合理灌溉等原因,城市土壤表层容重大,土壤被压缩紧实,在土壤固体、液体、气体三相中,固相或液相相对偏高,气相偏低,土壤透气和渗透能力差,树木根系分布浅,土壤温度变化增大。从测定公园绿地得知,由于游人践踏等原因,绿地原有植被破坏殆尽,赤裸的土温变化剧烈,夏天地表土温可达 35 ℃,对树木须根生长不利。

⑤土壤养分匮乏 城市森林植物枯枝落叶大部分被运走或烧掉,在土壤基本没有养分补给的情况下,又有大量侵入体占据一定的土体,致使植株生长所需要营养面积不足,减少了土壤中水、气、养分的绝对含量。植物在这种土壤上生长,每株树木要在固定地点上生存几十年乃至上百年,每年都要从有限的营养空间吸取养分,势必使城市土壤越来越贫瘠,肥力越来越下降。

⑥土壤污染 城市人为活动所产生的工业污水、生活废水、大气污染物质等进入土体内,超过土壤自净能力,造成城市土壤各种类型和不同程度的污染。

3.2.2.3 影响城市土壤性质的主要因素

城市土壤绝大部分是填充土,它处在复杂的城市环境中,受人类、气候、地形、生物等各方面的影响，土壤性质差异很大，主要影响因素有：

(1) 高密度的人口

近30年来，随着城市化进程的不断加快，城市人口剧增，随之而来的是密集的建筑和道路网，频繁的建筑活动影响了城区绿地土壤，对土体扰动过多，并夹杂有大量的建筑垃圾。

(2) 特殊的城市气候

城市热岛效应，无论冬夏都比四周乡村温暖；城市建筑物多，地面粗糙度大，所以风速也比郊区小。城区由于植被覆盖面积小，水汽蒸发少，气温高，相对湿度也比郊区高。但城市热岛环流使上升气流增强，大气中的微粒可作为水汽凝结核，城市雨量比郊区多。另外，由于城区环境特点与建筑方向不同，形成的小气候差异很大，如胡同狭道风速大，高楼之间南北方向的街道中午阳光暴晒，而东西向背阴。不同气候条件影响着城市土壤的水、热状况。

(3) 多类型的植物群落

城市绿化植物中有乔木、灌木、花卉、草坪等。不同植物的根系深度不同，植物根系能影响土壤微生物的组成和数量。还有植物残体的有机质成分不同，它的分解方式和分解产物也不同。一般来说，凡是含木质素和树脂高的有机残体，如针叶树的枯枝叶矿化程度低，易形成腐殖质。相反，凡是含糖及蛋白质较高的有机残体，如豆科花卉、草坪就容易分解，不易形成腐殖质。

(4) 地形的影响

处于海边或水边的城市，常由于过度抽地下水等原因而导致地面下沉，地下水位抬高。如上海市，很多区段地下水常在1 m左右，使土壤剖面下层处于浸渍状态，土壤常年处于嫌气环境，养分很难被分解。在气候干旱的海滨城市，如天津，土壤含盐量较高，也不利于植物生长。

(5) 土壤易受到污染的危害

城市既是人口集中的地区，又是工业相对发达的地区。因工业生产所产生的"三废"污染，对工矿区周围甚至整个城市土壤都会产生强烈的污染。

3.2.2.4 城市土壤肥力因子状况及对城市森林植物的影响

土壤肥力的高低是评价土壤肥沃与否的根本标准，是土壤的生命力和本质所在。城市土壤肥力就是不断供给协调城市植物生长发育所需要的条件（水、肥、气、热）的能力。土壤肥力因受各种土壤影响和肥力因子之间的制约和相互作用，形成土壤不同的肥力。理想的土壤肥力应是土壤固体、液体、气体三相之比为50%：25%：25%，水气热适宜，养分含量较高。这种类型的土壤在城市里已经很难发现。城市环境中大多数土壤是理化性质差、肥力水平低的土壤，因而对植物生存、生长发育产生不利影响。由于每种植物习性各异，因而对土壤肥力因子的适应能力有所差异。

(1) 土壤水分

植物体内含水量为60%~80%，是植物体重要组成部分。它的主要功能是用于光合作用和叶面蒸腾作用，维持植物体的生命过程。植物所需要的水分主要来源于土壤，而土壤水来自大气降水和人工补水，并且存贮于土壤孔隙中。

表 3-6 土壤质地与土壤含水量的关系

土壤质地名称	含水量(%)			
	萎蔫系数	田间持水量	毛管持水量	全持水量
砂壤土	4~6	20~30	28~38	30~40
轻壤土	4~9	22~28	26~38	28~40
中壤土	6~10	22~28	26~32	30~38
重壤土	6~13	22~28	25~35	28~38
黏壤土	12~17	25~35	32~39	35~40

注：引自北京林业大学主编《土壤学》，1981。

土壤水是自然界水分循环的一个重要分支。大气降水或灌溉水进入地面，一部分可能通过地表径流汇入江河、湖泊，另一部分则入渗成为土壤水。正如前文讲过，入渗进入土壤的水分经再分布，从而形成土壤含水剖面。土壤水可能进一步下渗，补充地下水。另外在有植被的地块，根层周围土壤水经植物根系吸收并由叶面蒸腾以及地面水分蒸发等途径又返回到大气中。因此，土壤水在自然循环中有着许多水流收支过程，尽管田间的各种水流过程错综纷杂，但仍遵循质量守恒定律。

土壤水分平衡是指对于一定面积和厚度的土体，在一段时间内，其土壤含水量的变化应等于其来水项与去水项之差，正值表示土壤储水增加，负值表示减少。

$$\Delta W = P + I + U - ET - R - In - D \tag{3-6}$$

式中 ΔW——计算时段末与时段初土体储水量之差(mm)；

P——计算降水量和灌溉量；

I——计算时段内灌水量(mm)；

U——计算时段内上行水总量(mm)；

ET——土面蒸发量与植物蒸腾量之和，称为蒸散量(mm)；

R——计算时段内地面径流损失量(mm)；

In——计算时段内植物冠层截留量(mm)；

D——计算时段内下渗水量(mm)。

降水量和灌溉量可用雨量筒和水表定量，为简便起见，二者可以合并，以 P 代表之。截留是降水或喷灌时被植冠所截流而未达到土表的那部分水量，苗期自然很少，但生长中后期有时可占降水量的 2%~5%，这部分水分未参与土面蒸发而直接从植冠上蒸发掉，因此又常合并到 ET。可是截流量较难统计，且数量不大，许多情况下予以忽略。地表径流与截流有着同样的情况。不过对于平坦地块来说，不出现暴雨或降雨强度不太大时，也可以忽略，$R=0$ 和 $In=0$，于是土壤水分平衡式可简化为：

$$\Delta W = P + U - ET - D \tag{3-7}$$

土壤水平衡在实践中很有用，根据土壤水分平衡式，用已知项可以求得某一未知项（如蒸散发等），这就是所谓的土壤水量平衡法。在研究土体水分状况周年变化，确定农田灌溉水量和时间以及研究土壤—植物—大气连续体(SPAC)中的水分行为时常用到。

适宜植物生长的土壤含水量应是土壤田间持水量的 60%~80%。土壤含水量多少与土壤渣砾含量、土壤紧实状况、地面铺装和距地表水远近、地下水位高低等有关。研究表明，土壤渣砾多时，土壤毛管孔隙增加，土壤保水性差。据测定土壤渣砾含量在40%时，土壤供水不足，植物因缺水萎蔫，早期落叶；土壤紧实，土壤毛管孔隙度增加，保水性强，渗水性差，土壤水分过多而引起植物烂根；在地形低洼处，地下水位高和近地表处生长的植物，因土壤水分过多，导致不耐水湿的植物生长不良而枯死。土壤有效水范围与土壤质地有很大关系(表3-6)。

(2) 土壤空气

土壤空气主要存在于未被水占据的土壤孔隙中。就其含量而言一定容积的土体内，如孔隙度不变，则含水量增多，空气含量必然减少；反之亦然。所以，土壤空气的含量是随含水量的变化而变化的。对土壤空气的组成而言，它受到土壤通气性的影响。对于通气良好的土壤，其空气组成接近于大气；若通气不良，则土壤空气组成与大气有明显的差异。表3-7是大气与土壤的组成情况。

表3-7　土壤空气与大气组成的数量差异(容积%)

气体	O_2(%)	CO_2(%)	N_2(%)	其他气体(%)
近地表的大气	20.94	0.03	78.05	0.98
土壤空气	18.00~20.03	0.15~0.65	78.80~80.24	0.98

从上表可以看出，土壤空气从组成上主要有如下几个特点：

①土壤空气中的CO_2含量高于大气中的CO_2含量；

②土壤空气中的O_2含量低于大气中的O_2含量；

③土壤空气中的水汽含量一般高于大气中的水汽含量；

④土壤空气中含有较多的还原性气体。

土壤是一个开放的耗散体系，时时刻刻与外界进行着物质与能量的交换。土壤空气运动的方式有两种：一是对流，即受外界条件的影响所引起的整体流动；二是扩散，由气体的浓度差(或分压差)引起的分子扩散运动。

土壤空气中氧气来自大气。空气进入土壤孔隙中，主要存在于大孔隙(非毛管孔隙)中，供植物根系呼吸，产生能量用以吸收养分和水分，促进根系生长和发育。调查资料表明，土壤通气孔隙度降到不足15%时，会影响根的生长，如果土壤通气孔隙减少到10%以下时，根系难以生存。城市土壤含氧量少，多发生在紧实的土壤、含水量大的土壤和地面有铺装土壤。这些地方的土体氧气含量上下分布不均，根系生长具有明显的趋气性。如土体内局部渣砾多的地方、马路崖的缝隙里和铺装与土界面的缝隙中，需透气良好的油松、白皮松等树种难以生存，而适应性强的树种，如刺槐、栾树、白蜡等树种表现出来很强的生存能力(宋永昌等，2000)。

(3) 土壤温度

土壤温度主要来自太阳热辐射，其他来源还包括生物热、地球内热，但以太阳辐射为主。因此，土温的高低主要因气候月变化和年变化而波动。在城市环境里，由于地上下垫面和建筑物朝向的不同，引起土温发生变化。北方城市，楼北土壤比楼南土壤全年土温偏低，冬季结冻期长，树木在春秋季节里长势和物候期上要与其他地点的树木存在明显差异。春季气温逐渐转暖，地上树体营养器官开始活动，而地下根系仍处于冻层中，引起地上树木枝叶失水出现抽条；秋季里由于气温和土温降低，引起树木提前落叶。此外，道路地面铺装在阳光直射下，夏季里地表土温可达 50 ℃ 以上，致使表层根系受日灼而失去活力。

(4) 土壤养分

植物需要 16 种以上的必需营养元素，大部分由土壤供给。城市土壤一般较贫瘠。据调查，北京城区土壤的碱解氮在 30 mg/kg，速效磷不足 15 mg/kg，与城郊土壤相比，氮、磷含量减少了 1/3~1/2，属于缺素土壤，植物经常缺乏养分。

(5) 土壤扎根条件

土壤为植物生长提供扎根条件和植物体的机械支撑作用。土壤疏松有利于植物根系生长，而紧实土壤阻抗大，影响根系生长。当土壤硬度（压强）达 14 kg/cm² 以上时，银杏、毛白杨等树种没有根系分布。还有地下构筑物等障碍因素对植物根系起阻隔作用，迫使根系生长改变方向。土壤污染物质伤害植物根系，如北方城市冬季下雪，为保证城市道路畅通，保护行人安全，在主干道上喷洒 10%~20% 浓度的盐水化雪，在扫雪时，将带有盐的雪堆积在树池内，等雪化时，盐水渗入土壤，使行道树和绿篱根系受害致死。植物体依靠自身庞大根系在土壤里支撑直立向上生长，但在城市环境里，植物根系在土壤中生长受诸多不利因素的影响，根量分布少且长势弱，降低了树木的稳固性，遇有大风便容易发生倒折。

3.2.2.5 城市土壤分类及肥力评价

(1) 渣砾土壤分类

渣砾是指在土壤中粒径为 1 mm 以上的颗粒。

①按渣砾种类分类 城市渣砾有几十种，按其性质相近的归为一类，共分为五大类，混入土壤后就成为各种类型的渣土。即：砖渣土（含黏砖、矿渣砖、瓦块）；砾石土（含石块、砂砾、水泥混凝土块、沥青混凝土块）；煤灰渣土（含煤球灰、蜂窝煤灰、粉煤灰等）；焦渣土（含煤焦渣、矿渣等）；石灰渣土（含粉石灰、石灰块、石灰墙皮等）。

当土壤中含有二种以上渣砾时，其中某一种渣砾含量占 70% 以上，就称为该类渣土。如果两种渣砾含量都多且数量相近，就称为该两种渣砾复合渣土。

②按渣砾含量分类 渣砾在土壤中具有支撑作用，可改变土壤孔隙状态，增加土壤通气性，减少土壤保水肥性，其含量愈多这种作用越明显，相应对植物生长也会产生不同的影响。因此，根据渣砾含量及植物生长状况可划分不同的梯度类型（表 3-8）。

表 3-8 不同土壤渣砾含量的分类

类型分级	土壤渣砾含量（%）	土壤状况
无渣土	0	在土壤不紧实的情况下，水、气、养分条件好，有利于植物生长
少渣土	≤10	在土壤不紧实的情况下，水、气、养分条件好，有利于植物生长
较多渣土	10~20	土壤水、气条件较好，适宜树木生长
多渣土	20~30	土壤通气性好，保水肥性较差，适宜好气树种生长，而喜水肥树种生长受到一定的影响
过多渣土	30~40	土壤大孔隙多，通气性好，保水肥性差，只能栽植好气树种和适宜性强的树种，但长势弱
渣质土	>40	土壤水分、养分匮乏，不适宜栽植植物

(2) 土壤密实程度分类

土壤按密实程度划分为如下类型：松散土壤；疏松土壤；稍紧实土壤；较紧实土壤；紧实土壤；极紧实土壤。

土壤的密实程度是用土壤容重大小和土壤孔隙状况来衡量的。根据实验测定的土壤容重和土壤总孔隙度及土壤非毛管孔隙度的比例关系来确定土壤的紧实度。通过三者之间回归分析计算，证明土壤容重增加，则土壤总孔隙度和土壤非毛管孔隙度相应减少，呈负相关。

(3) 土壤肥力分级评价

在城市环境里，渣砾和外力因素长期不断地作用于土壤，形成不同的土壤肥力。因此将上述两种土壤肥力分类标准综合起来作为土壤肥力分级评价依据。具体排列方法是先优后劣依次分级（表3-9）。

表3-9 土壤肥力分级评价表

土壤肥力等级	分类依据	评价
Ⅰ级土壤	渣砾含量在10%以下 疏松或稍紧实土壤	土壤水、气、养分最适宜植物栽培
Ⅱ级土壤	渣砾含量在10%~20% 疏松或稍紧实土壤	土壤水、气、养分有利于植物栽培
Ⅲ级土壤	渣砾含量在10%以下 较紧实土壤	土壤通气性差，保水性好，适宜植物栽植，但好气性植物长势受一定影响
Ⅳ级土壤	渣砾含量在20%~30% 疏松土壤	土壤通气性好。保水性差，适宜好气树种栽植，不适宜喜水植物栽植
Ⅴ级土壤	渣砾含量在10%以下 紧实土壤	土壤通气性差，保水性差，只适宜适应性强植物栽植
Ⅵ级土壤	渣砾含量在30%~40% 疏松土壤	土壤通气好，土壤水分，养分不足，好气性植物能够生长，但生长受一定影响
Ⅶ级土壤	渣砾含量在40%以上 属于渣质土	土壤水肥条件差，不适宜植物栽植
Ⅷ级土壤	渣砾含量在10%以下 极紧实土壤	土壤通气性太差，土壤阻抗大，不适宜植物栽植

3.2.2.6 城市土壤污染

土壤是整个生物圈的基础，是城市生产和生活的载体，与人们的生活关系极大。土壤污染没有像水污染和大气污染那样受到人们的重视，因为它的污染没有像水和大气那样直观。一旦土壤受到污染，污染物就会通过各种途径直接或间接持续地危害人们的生活和健康，对它的治理也比大气污染和水污染治理更为困难。

根据污染物进入土壤的方式，城市土壤污染可分为：

(1) 水污染型污染

主要是由污水灌溉所造成的污染。在日本已受污染的耕地中，80%是由水污染所造成的。我国西安、北京、天津、保定、上海、广州等城市也发现污水灌区的土壤都存在不同程度的重金属污染。

(2) 大气污染型污染

城市工业生产、交通运输以及其他活动所排放的废气，以飘尘、降尘等形式降落，造成土壤污染。2020 年，京津冀及周边地区、汾渭平原、长三角平均降尘量分别是 7.5 t/km²、6 t/km² 和 4.4 t/km²。

(3) 固体废弃物污染型污染

主要是垃圾、废渣等固体废弃物所造成的土壤污染。目前我国城市垃圾年产量达 1.5×10^8 t 以上，一半以上的垃圾进入城郊土壤，多数均未进行无害化处理，而是随意还田，导致大量的瓦砾、灰渣、碎片、金属盐类、病菌、虫卵等进入土壤，使土壤的理化性质受到影响或改变。据京津唐地区土壤调查表明，施用垃圾有 10~20 年历史的地块，土壤中瓦砾含量可达 25%~50%，使表土层上形成了一层垃圾层，土壤的物理性状明显变差，失水率增大，保肥率下降(表 3-10)。

表 3-10　垃圾对土壤物理性状的影响

项　目	对　照		施 30×10^4 kg/hm² 垃圾	
	0~20 cm	20~40 cm	0~20 cm	20~40 cm
瓦砾(%)	15.5	16.8	37.5	31.8
粉粒量(%)	11.8	15.8	7.8	12.2
粉砂量(%)	71.9	67.6	53.8	56.2
失水率(%)	16.9	13.6	18.1	16.4
折合每公顷每天失水量(kg)			5085	12285
阳离子代换量(mL/100 g)	17.4	21.7	15.1	16.8
保氮率下降(%)			13.1	22.2

上海市嘉定区地处城市中心，因长期使用城市生活垃圾作肥料，导致土壤汞含量明显高于上海市的其他郊县。松江、金山、青浦三区过去为上海市的商品粮基地，曾大量使用含汞农药，表土层也积累了较多的汞。崇明区远离城市中心，大面积分布的是旱作土壤和盐土，表土中含汞量相对较低，浦东新区、奉贤区情况类似(王云等，1992)。

3.2.2.7　城市土壤的改良与利用

1) 城市土壤的改良

针对城市土壤的特性，目前生产上应用较多的改良城市土壤的措施有：

(1) 换土

植树时如果种植穴渣砾含量过多，栽种前可将影响施工作业的大碴石拣出，并掺入砂土，多施厩肥、堆肥等有机肥，可改良土壤物理性质。若土层中含渣砾太多，应全部更换成适合植物生长的自然土或农田土。

(2) 保持土壤疏松，增加土壤透气性

①设置围栏等防护措施　城市绿地为避免人踩车轧，可在绿地外围设置铁栏杆、篱笆或绿篱，实践证明效果较好。如上海外滩，处于闹市中心，行人很多，由于绿地周围设置了栏杆和绿篱加以保护，土壤容重为 1.3 g/cm² 左右，比较理想，说明封闭式的绿地土壤

表 3-11　上海市开放程度不同的绿地土壤容重

公园名称	表土容重(g/cm^3)		
	开放式	半开放式	封闭式
中山公园	1.50	1.38	1.24
虹口公园	1.60	1.30	1.19
静安公园	1.50	1.48	1.36

注：引自《绿化、育苗、花卉工培训手册》，1996。

不受人流影响（表 3-11）。

②改善树坛环境　街道两侧人行道的植树带，可用种草或其他地被植物来代替沥青、洋灰等铺装，有利于土壤透气和降水下渗。也可采用透气铺装。可用上面宽、下面窄的倒梯形水泥砖（如上面 40 cm×40 cm，下面 38 cm×38 cm 或上面 40 cm×20 cm，下面 38 cm×18 cm），铺装后砖与砖之间不用水泥浆勾缝，下面形成三角形孔道，有利于透气（图 3-5）。

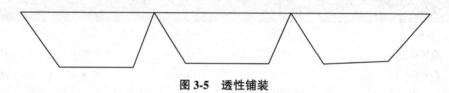

图 3-5　透性铺装

在水泥砖下面直接铺垫 10 cm 厚的灰土，用来稳固砖块，其配比为锯末、灰膏、砂子（1∶1∶0.5）。除此之外，还可用打孔水泥砖、铁篦子等透气铺装设置在古树、名木的周围。

在北美和欧洲发达国家，早已把一种"环保型覆盖物"用于城市环境建设，特别是在改善树坛环境中应用更为广泛。环保型覆盖物是指用于土壤表面保护和改善地面覆盖状况的一类物质的总称，是一种美观而具多项环保功能的绿化辅助材料，主要利用废弃的树皮、树叶、松针、木片、草叶、种实壳（如核桃壳、花生壳等）等植物材料和砂砾、卵石、碎石、聚乙烯薄膜、布条等非植物性材料制成，将其覆盖在花坛露地、花盆土表、乔灌木树干周围，既能防止杂草生长，又能防止土壤板结和水分蒸发，还能减轻地表扬尘，防止沙尘危害，增加地面色彩景观与空间趣味性、丰富人性空间。无论是城区绿化、高速公路两侧，还是花坛或小小的室外花盆，凡是植被覆盖不了的土壤，都可以用环保型覆盖物进行覆盖，能够真正做到"黄土不露天"，避免尘土飞扬。作为一种利用废物的环保产品，环保型覆盖物使用方便、价廉实用，在美国、加拿大、澳大利亚等国家已成为商品，深受广大市民和绿化工作者的欢迎。例如，在澳大利亚城市，常见树木周围铺垫一层坚果核壳，不仅能承受人踩的压力，还可保墒。在我国，环保型覆盖物的应用才刚刚起步，在我国一些沿海开放城市，多使用锯末和木材刨花来作为覆盖物，而其他也只有少数城市的个别地段使用了我国自己生产的环保型覆盖物（图 3-6）。

图 3-6　环保型覆盖物的应用（北京市植物园）

③植树应规范定植坑规格　树坑大小应依树龄、树高而定。一般 3 m 以下乔木，定植坑直径应为 60~80 cm，深 60 cm。但我国不少城市树木的定植坑过小，直径仅 30 cm 左右，树坑以外就是不透气的路面，树木根系只能生长在很狭小的空间里。另外，栽植不要过深，过深对一些要求通气良好的树种生长是不利的。

④采取特殊的通气措施　城市公园绿地重点保护的古树名木可采取埋置树木枝条的方法来解决土壤通气问题。具体做法是：

开穴：在树冠投影外边缘处开穴，每株树开 4~8 个穴，穴长 120 cm 左右，穴深 80 cm 左右，开穴时，注意清除有害杂质，如遇黏重土壤应更换成砂质土壤；

剪根：对树木的细根应当修剪，剪口平滑，以促发新的须根。

备条：利用修剪下来的紫穗槐、国槐等豆科树木枝条（直径 1~5 cm），做成 35~40 cm 的枝段，捆成 20 cm 的枝条捆，备用。

种植：穴内先垫 10 cm 的粗砂，将成捆的树条横铺一层，上面撒入少量熟土，再施入有机氮、磷肥。如麻酱渣 10~20 kg，均匀撒施穴内，上覆 10 kg 熟土，再放第二层枝条。在穴内距树远的一头竖放一捆枝条，可增进地下与地表的通气效果，最后平整地表，做堰儿。

(3) 植物残落物归还土壤，熟化土层

土壤与环境的物质、能量交换是土壤肥力发展的根本因素。将植物残落物重新归还给土壤，通过微生物分解作用，可形成土壤养分，改善土壤物理性状。据报道，北京日坛园附近有些油松生长的枝叶繁茂，苍翠茁壮，原因是公园管理人员在树下挖穴，埋入了大量树枝，它不仅使土壤养分增多，还使土壤变得疏松，提高了土壤保水保肥及通气性。

但是，为了防止林木病虫害再次蔓延，最好先将枯枝落叶等残落物制成高温堆肥，用堆肥产生的高温杀死病菌、虫卵，堆肥无害化后再施入土中。

(4) 改进排水设施

对地下水位高的城市绿地，应加强排水管理，如挖排水沟或筑台堆土，建成起伏地形来抬高树木根系的分布层。如上海长风公园植物，因地下水位高而生长不良，后挖湖而堆积出铁臂山，山丘的树木生长却十分茁壮。在土壤过干，黏重而易积水的土层，可挖暗井或盲沟，暗井直径 1~2 m，深度 2 m 或挖到与地下的透水层相连接，暗井内充填砾石和粗砂。盲沟靠近树干的一头，以接到松土层又不伤害主根为准，另一头与暗井或附近的透水层接通，沟心为卵石、砖头，四周为粗砂、砾石条。

2) 城市土壤的利用

如何科学地利用城市土壤为城市绿化服务是非常重要的问题。要做好这项工作，首先要对城市土壤肥力进行普查，在此基础之上，参考城市土壤分类方法划分城市土壤类型，然后根据土壤类型选择适宜的植物种类进行栽植。例如，在紧实土壤或窄分车带上(带宽<2.0 m)，要选适应性强的树种栽植；绿地渣砾含量在30%左右的土壤要栽植好气性树种而不要栽植喜水肥的树种；在湖边等地下水位较高(水位<1.0 m)的绿地上要选择喜湿树种栽植；在盐碱绿地上(含盐量>0.3%，或pH值>8，要选择耐盐碱树种栽植；在楼北侧绿地上要选择耐阴且萌动较晚的树种栽植。绿化用地在种植前，要进行园林绿化设计，在运用植物造景进行植物配置时，要力求做到适地适树。在绿化工程施工时，发现土壤条件不适宜设计上安排的树种，施工人员可建议改换其他树种栽植。

3.2.3 城市的噪声环境

随着城市人口的迅猛增长和工业的急剧发展，城市噪声越来越强。所谓噪声，一般认为是不需要的、使人厌烦并对人们生活和生产有妨碍的声音，即是一种音量过强或者人们不愿听到的声音。它包括：①过强的声音，如机器运转、喷气式飞机发动机的隆隆声、嘶叫声等；②妨碍声，声音虽不太高，但妨碍人们的交谈、思考和休息等；③不愉快声，如摩擦声、碰撞声、尖叫声等。

一种声音是否是噪声不单独取决于声音的物理性质，也和人类的生活状态有关。不同年龄、不同健康状况、不同处境对噪声的理解都是不同的。城市噪声妨碍人们的休息与健康，是当今城市中生活的人群面对的一大环境问题。

3.2.3.1 噪声声学特征

(1) 噪声的公害特性

噪声属于感觉公害，它没有污染物，在空中传播时并未给周围环境留下什么毒害性的物质，它对环境的影响不积累、不持久、传播的距离有限，一旦声源停止发声，噪声也就消失。

(2) 噪声的声学特性

噪声具有声音的一切声学特性并服从所有的声学规律。噪声对环境的影响和它的频率、声压和声强有关。噪声强度用分贝(dB)作单位，噪声越强，影响越大。

声音是物体振动以波的形式在弹性介质(气体、固体、液体)中进行传播的一种物理现象。这种波就是通常所说的声波。声波的频率等于造成该声波的物体振动的频率，其单位为赫兹(Hz)。一个物体每秒钟的振动次数，就是该物体的振动频率的赫数，即由此物体引起的声波的频率赫数。例如，某物体每秒钟振动100次，则该物体的振动频率为100 Hz，对应的声波的频率也是100 Hz。声波频率的高低，反映声调的高低。频率高，声调尖锐；频率低，声调低沉。人耳能听到的声波的频率范围是20~20000 Hz。20 Hz以下的称为次声，20000 Hz以上的称为超声。人耳有一个特性：从10000 Hz起，随着频率的减少，听觉会逐渐迟钝。换句话说，人耳对低频率噪声容易忍受些，而对高频噪声则更感烦躁。

声波在空气中传播时，空气分子在其平衡位置的前后也沿着波的前进方向前后运动，使空气的密度也随之时疏时密。在密处，与大气压相比，其压力稍许上升；相反，在疏

处,其压力则稍许下降。在声音传播的过程中,空气压力相对于大气压力的变化,称为声压,其单位为帕[斯卡(Pa)]:

$$1Pa = 1N/m^2$$

声强就是声音的强度。1秒钟内通过与声音前进方向垂直的、1 m² 面积上的能量称为声强(用 J 表示),其单位是 W/m²。声强 J 与声压(用 p 表示)的平方呈正比,其关系式如下:

$$J = p^2/\rho c \tag{3-8}$$

式中 ρ——介质的密度(kg/m³);

c——声音的传播速度(m/s)。

由于平常遇到的噪声声压大小差别极大,例如,飞机发动机噪声的声压为 20 Pa,而刚能听到的蚊子飞过的噪声声压约为 0.00002Pa。两者声强之比为:

$$\frac{J_{飞机}}{J_{蚊子}} = \frac{P^2_{飞机}/\rho c}{P^2_{蚊子}/\rho c} = \frac{20^2}{(2 \times 10^{-5})^2} = 10^{12} : 1$$

即前者的声强是后者的 1 万亿倍,声压之比也达 100 万倍。声强或声压的变化范围如此之大,在应用上极不方便。如果采用声强之比(亦即声压之比)的对数就十分方便:

$$L = \lg \frac{J}{J_0} = \lg \frac{p^2}{p_0^2} = 2\lg \frac{p}{p_0} \tag{3-9}$$

式中 p——被测声压;

p_0——基准声压,其值为 2×10^{-5} N/m²;

L_p——声压级(B)。

用贝作声压级的单位还是太大,常用它的十分之一即分贝(dB)作单位。此时声压级应用下述公式进行计算:

$$L_p = 20\lg \frac{p}{p_0} (dB) \tag{3-10}$$

所以声压级就是被测声压与基准声压之比的对数乘以 20 的分贝数。声压和声压级可以互相换算。声压和声压级的换算值见附注表 3-12。

表 3-12 声压与声压级的换算值

声压级(dB)	0	10	20	30	40	50	60
声压(Pa)	2×10^{-5}	$2 \times 10^{-4.5}$	2×10^{-4}	$2 \times 10^{-3.5}$	2×10^{-3}	$2 \times 10^{-2.5}$	2×10^{-2}
声压级(dB)	70	80	90	100	110	120	
声压(Pa)	$2 \times 10^{-1.5}$	2×10^{-1}	$2 \times 10^{-0.5}$	2	$2 \times 10^{0.5}$	20	

0 dB 的声音为刚刚能被人们听到的声音,称为听阈。分贝数越大,噪声越强,120 dB 是痛阈,使人听来感到难受,并会导致耳聋。

表 3-13 说明了人耳感知音强的范围和各种噪声的强度。

表 3-13 常见各种噪声及强度

来源	分贝(dB)
人能承受的最大音量(感觉到痛苦的极限值)	130
喷气式飞机起飞(200 英尺*远,约 60 m)	120
大型长车、噪声很大的摩托车或者风钻(50 英尺远,15.24 m)	80
吸尘器(10 英尺远,3.1 m)	75
居民区平均值	50
夜间居民区	40
轻轻的低噪声	30
人耳能够听到的最小音量	0

注：*1 英尺=30.48 cm。

考虑噪声的强弱必须同时考虑声压级和频率对人的作用,这种共同作用的强弱称为噪声级。噪声级可用噪声计测量,它能把声音转变为电压,经过处理后用电表示出分贝数。噪声计中设有 A、B、C 三种特性网络,其中 A 网络可将声音的低频大部滤掉,能较好地模拟人耳的听觉特性。由 A 网络测出的噪声级称为 A 声级,其单位为 dB(A)。A 声级越高,人们越觉吵闹,因此现在大都采用 A 声级来衡量噪声的强弱。图 3-7 列出的一些声源的噪声级 dB(A)值及其对人的影响,可供参考。

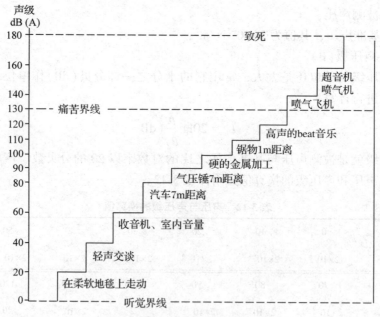

图 3-7 不同噪声级对人的影响
(引自 Adam,1988)

3.2.3.2 噪声来源

就城市环境噪声而言,其来源大致可分为交通噪声、工厂噪声和生活噪声。

(1)交通噪声

城市环境噪声的 70% 来自交通噪声。交通噪声主要来自交通运输工具的行驶、振动和喇叭声,如载重汽车、公共汽车、拖拉机、火车、飞机等交通运输工具的行进,这些都是活动的噪声源,其影响面极广。喇叭声在我国城市噪声中最为严重,电喇叭大约为90~110 dB,汽车喇叭大约为105~110 dB(距行驶车辆5 m处),我国城市交通噪声普遍高于国外。随着航空事业的发展,航空噪声也十分严重,一般大型喷气客机起飞时,距跑道两侧1 km内语音通话受干扰,4 km内不能睡眠和休息,超音速飞机在15000 m的高空飞行,其压力声波达30~50 km范围的地面,可使很多人受到影响。

(2)工厂噪声

工厂噪声来自生产过程和市政施工中机械振动、摩擦、撞击以及气流扰动等而产生的声音。一般电子工业和轻工业的此类噪声在90 dB以下,纺织厂约为90~106 dB,机械工业噪声为80~120 dB,凿岩机、大型球磨机达120 dB,风铲、风镐、大型鼓风机在130 dB以上。工厂噪声是造成职业性耳聋,甚至是年轻人脱发秃顶的主要原因,它不仅给生产工人带来危害,而且厂区附近居民也深受其害,特别是市区内的一些街道工厂,与居民住宅区只有一墙之隔,其噪声扰民严重。

(3)生活噪声

指街道和建筑物内部各种生活设施、人群活动等产生的声音。如敲打物体、儿童哭闹、收音机和电视机的大声播放、卡拉OK声、户外喧哗声等,均属此类。生活噪声一般在80 dB以下,对人没有直接的生理危害,但都会干扰人们谈话、工作、学习和休息,使人心烦意乱。

3.2.3.3 噪声的等级与标准

噪声在0~120 dB(A)的范围内分为三级:

Ⅰ级 30~59 dB(A):可以忍受,但已有不舒适感,达到40 dB(A)时开始困扰睡眠。

Ⅱ级 60~89 dB(A):对植物神经系统的干扰增加,听话困难,85 dB(A)是保护听力的一般要求。

Ⅲ级 90~120 dB(A):显著损害神经系统,造成不可逆的听觉器官损伤。

关于噪声标准是国际上争论的一大问题,因为它不仅与技术有关,而且涉及巨额的投资问题,所以,虽然"国际标准化组织"(ISO)推荐了国际标准值,但不少国家还是公布了自己的标准,随着人们对噪声危害认识的日益加深和科学技术的不断进步,人们已经开始从只注意噪声对听力的影响,发展到噪声对心血管系统、神经内分泌系统的影响,从而制定出更加科学的噪声标准,这是当前国际上研究噪声标准的趋势。目前的噪声标准主要分为三类:

(1)听力保护标准

按照"国际标准化组织"的定义,500 Hz、1000 Hz和2000 Hz三个频率的平均听力损失超过25 dB(A)时,称为噪声性耳聋。目前大多数国家将听力保护标准定为90 dB(A),它能够保护80%的人;有些国家定为85 dB(A),它能够使90%的人得到保护;只有在80 dB(A)的条件下,才能保护100%的人不致耳聋。

(2)机动车辆噪声标准

由于城市噪声的70%来源于交通噪声,如果车辆噪声得到控制,则城市噪声就能大大降低,我国制订的相应的试行标准见表3-14。

(3) 环境噪声标准

噪声环境复杂多样,所以环境噪声标准的制订最为复杂,通常是从噪声引起烦恼的角度来考虑环境噪声的标准。噪声对休息睡眠与交谈思考的干扰是日常生活中最易引起烦恼的因素,因此环境噪声标准的制定,主要是以对睡眠和交谈思考的干扰程度为依据。就睡眠而言,一个 40 dB 的连续噪声,会使 10% 的人的睡眠受到影响,在 70 dB 时受到影响的人达 50%。30~35 dB 的噪声对睡眠基本上没有影响。因此,我国也把安静住宅区夜间的噪声标准订为 35 dB(A)。表 3-14 中列出不同区域白天与夜间的环境噪声标准。

表 3-14 我国城市区域环境噪声标准

适用区域	昼间	夜间
特殊住宅区	45	35
居民、文教区	50	40
一类混合区	55	45
三类混合区、商业中心区	60	50
工业集中区	65	55
交通干线道路两侧	70	55

单位:等效声级 $L_{eq}[dB(A)]$。

3.2.3.4 噪声的危害

40 dB 是正常的环境声音,一般被认为是噪声的卫生标准,在此以上便是有害的噪声。噪声的危害主要表现为以下几方面:

(1) 干扰睡眠

睡眠是人消除疲劳、恢复体力和维持健康的一个重要条件。但是噪声会影响人的睡眠质量和数量,老年人和病人对噪声干扰更敏感。当人的睡眠受到干扰而辗转不能入睡时,就会出现呼吸频率增高、脉搏跳动加剧、神经兴奋等现象,第二天会觉得疲倦、易累,从而影响工作效率。久而久之,就会引起失眠、耳鸣多梦、疲劳无力、记忆力衰退等现象,这些在医学上称为神经衰弱症候群。在高噪声环境下,这种病的发病率可达 50%~60% 以上。

(2) 损伤听力

噪声可以使人造成暂时性的或持久性的听力损伤,后者即耳聋。一般说来,85 dB 以下的噪声不至于危害听觉,而超过 85 dB 则可能发生危险。表 3-15 列出在不同噪声级下长期工作时,耳聋发病率的统计资料,由此可见,90 dB 以上的噪声,耳聋发病率明显增加。

(3) 对人体生理的影响

一些实验表明,噪声会引起人体紧张的反应,刺激肾上腺素的分泌,因而引起心率改变和血压升高,21 世纪生活中的噪声是心脏病恶化和发病率增加的一个重要原因。噪声会使人的唾液、胃液分泌减少,胃酸降低,从而易患胃溃疡和十二指肠溃疡。一些研究指出,某些吵闹的工业企业里,溃疡病的发病率比在安静环境中高 5 倍。

表 3-15 工作 40 年后噪声性耳聋发病率(%)

噪声级值 dB(A)	国际统计	美国统计
80	0	0
85	10	8
90	21	18
95	29	28
100	41	40

噪声对人的内分泌机能会产生影响,极强的噪声[如 175 dB(A)],还会致人死亡。在高噪声环境下,会使一些女性的性机能紊乱,月经失调,孕妇流产。近年还有人指出,噪声是诱发癌症的病因之一。有些生理学家和肿瘤学家指出,人的细胞是产生热量的器官,

当人受到噪声神经刺激时，血液中的肾上腺素显著增加，促使细胞产生的热能增加，而癌细胞则由于热能增高而有明显的增殖倾向。

（4）对儿童和胎儿的影响

在噪声环境下，儿童的智力发育缓慢。有人做过调查，吵闹环境下儿童智力发育比安静环境中低20%。噪声对胎儿也会产生有害影响。研究表明，噪声使母体产生紧张反应，会引起子宫血管收缩，以致影响供给胎儿发育所必需的养料和氧气。有人对机场附近居民的研究发现，噪声与胎儿畸形有关。此外，噪声还影响胎儿和婴儿的体重，吵闹区婴儿体重轻的比例较高。

（5）对动物的影响

强噪声会使鸟类羽毛脱落，不能生蛋，甚至内出血，以至死亡。如20世纪60年代初期，美国F-104喷气机作超声速飞行试验，地点是俄克拉荷马市上空，每天飞越8次，共飞行6个月，结果，在飞机轰隆声的作用下，一个农场的10000只鸡中有6000只被噪声杀死。

（6）对建筑物的损害

20世纪50年代曾有报道，一架以每小时1100 km的速度（亚音速）飞行的飞机，作60 m的低空飞行时，噪声使地面一幢楼房遭到破坏。在美国统计的3000起由喷气式飞机使建筑物受损害的事件中，抹灰开裂的占43%，损坏的占32%，墙开裂的占15%，瓦损坏的占6%。

3.2.4 城市的建筑和其他基础设施环境

城市是人口高度密集的地方，人们为了生活、生产及社会经济活动的需要，建造了大量的房屋和道路等城市基础设施，这不但构成了城市的骨架，而且从多方面影响着城市森林环境和城市森林的功能发挥。

3.2.4.1 城市的建筑

城市生活居住用地占城市总用地的比例一般为30%~50%，人们每天有一半以上的时间生活在住宅环境中，它是人们休养生息的主要场所。人类早期的住房主要用于避风遮雨、防兽驱虫。随着生产发展和技术进步，房屋建筑也在不断地进步和发展。建筑用材从草木、砖石到钢筋水泥，直至现代的各种合金和有机材料，建筑形式则从草棚简屋到瓦屋楼房，直至超高层的摩天大楼。现在房屋的功能已不只是栖身之所，而且还承担着工作、学习、娱乐、休闲等多种功能。因此房屋，特别是住房应该满足人类的基本要求：

①足够的居住面积　一般认为人均住房面积应达到10~20 m² 才能满足现代生活的基本需要。合理的空间分隔。家庭生活是多种多样的，家庭成员间由于性别、年龄等不同都会有各自的需求，住房空间的合理分隔就是要兼顾不同功能以及家庭成员之间的交往和独处的需要。

②充分的水电供应　现代人生活离不开水、电和煤气。对水的要求不仅要有足够的数量，而且要有符合饮用标准的质量。由于家用电器的普及，电已不仅是可以照明，而且关系到室内环境的调控以及各种设备的启用，没有足够的电将无法享受现代生活。

③良好的周围环境　住宅周围要有良好的自然环境，包括清洁的空气与水体以及足够

的园林绿地等,以供儿童游戏和居民散步游憩。同时还要具有良好的社会环境,为居民提供和谐安全的氛围以及人际交往的有利条件。

④便利的交通出行　住宅的交通出行要保证居民上下班、上街购物以及儿童上学的安全便利,在仍以公共车辆为主要出行工具的今天,居住区附近在不超过400 m的地方就应有公交车站,使乘车者能在5~6 min内到达。

上述居住条件主要是从人们的生活舒适和方便着想,要满足这样的条件一般需要投入大量的附加能量,包括大量的供水、供电以及各种辅助能量和物质。从生态学角度考虑,这样的住宅对环境的压力仍是很大的,理想的住宅除能满足上述要求外,它还应该是符合以下要求的建筑,贯彻了"3R"原则(即 reduce,减量化;reuse,再利用;recycle,再循环),就可以称为"生态型"建筑,"3R"应该成为城市建筑,特别是住宅建筑追求的目标。

目前城市住宅建筑种类很多,有高层楼房、多层楼房、独院式住宅以及平房等。随着城市人口的增长和城市的发展,城市住宅的结构、层数、密度等都发生了变化,普遍存在着不管城市的具体条件,楼越盖越高,追求高层、超高层的现象。固然,高层住宅可以便利人们的工作、购物,缩短居民工作、生活的空间距离,将同样的人口容纳在较小的土地上,可以节约较多的土地,这对解决城市住房紧缺、用地紧张、交通拥挤等问题有一定的作用,在地价昂贵、人际交往频繁、金融贸易繁忙的特大城市也许是必不可少的,但是它对人们的日常生活以及生理、心理健康的影响也是不容忽视的。

高层建筑比较封闭,自然通风条件差,室内污染物浓度增高,有些污染物和病菌可在建筑物内以及通风管道中集中、繁殖。另外,高层建筑经常采用的人工照明差,容易引起眼睛疲劳及视力下降。

此外,身居高层的人,往往发生视觉恐怖、感觉恐怖和噪声恐怖,久住高层住宅的人易得心脏病。成群的高层建筑,还会使人感到单调、冷漠、缺少传统建筑的特色,在美学上也很枯燥,难以体现一个地区的建筑特色。现在有些人认为建筑高层化就是城市现代化,有的城市人口并不很密集,土地并不紧张,也耗费大量资金搞高层化来体现现代化,可谓走入了误区。

3.2.4.2　城市的道路交通

城市道路是连接城市各种用地以及与外界联系的纽带,是城市的"血管",在城市的生产、生活和城市发展中起着重要的作用。

一个城市的道路用地比例可以反映出一个城市的现代化程度。表3-16是国内外一些城市的道路用地的比例。

表3-16　国外部分城市的道路用地比例及人均道路面积

城市	道路用地（%）	人均道路面积（m²）	城市	道路用地（%）	人均道路面积（m²）	城市	道路用地（%）	人均道路面积（m²）
洛杉矶	50	—	巴黎	25	5.90	柏林	11	—
纽约	35	28.00	伦敦	23	27.02	大阪	—	13.35
华盛顿	45	—	东京	12.3	7.55			

注:引自宋永昌等,2000。

根据道路密集程度的变化,可以了解城市发展的速度。通常城市道路密度可分为五级：1级为<100 000 m^2/km^2, 2级为(100 000~500 000) m^2/km^2, 3级为(500 000~1 000 000) m^2/km^2, 4级为(1 000 000~2 000 000) m^2/km^2, 5级为>2 000 000 m^2/km^2。级别越大,城市道路密集程度越高,交通运输状况就越好。例如,东京在1950年市区道路密度为2级,郊区为1级,但到了1970年市区各区的道路密度都发展到4级和5级,郊区发展到2级和3级(宋永昌等,2000)。而根据资料显示,截至2018年年底,36个中国主要城市中,路网总体密度为5.89 km/km^2。道路密度处于较高水平的城市有深圳、厦门、成都、上海、广州,路网总体密度达到7.0 km/km^2,占全部研究的13.9%,其中深圳、厦门、成都三市达到了国家提出的8 km/km^2的目标要求。路网总体密度低于4.5 km/km^2的城市有四个,占全部研究城市的11.1%,分别为乌鲁木齐、拉萨、兰州、呼和浩特。路网密度介于5.5~7.0 km/km^2之间的城市有16个,占全部研究城市的4.4%。在北京、上海、广州、深圳4个一线城市中,路网密度水平依次分别为深圳>上海>广州>北京。

城市生态系统中的各个组成部分通过城市道路连成一个整体。随着城市化的发展,城市中物质流通量日益增加,城市客运、货运交通日益频繁,人口密度的不断增加,给城市交通带来了巨大的压力。据资料统计,2019年上海、天津和北京市辖区人口密度分别为3804人/km^2、1298人/km^2和1292人/km^2(中国城市统计年鉴,2019),而市辖区道路密度仅分别为7150 m^2/1000 m^2、6040 m^2/1000 m^2和5640 m^2/1000 m^2(中国主要城市道路密度监测报告,2019),交通流量很大,负荷沉重不堪,造成交通拥挤、阻塞,影响了城市功能的正常发挥。

城市道路交通的发展应当与人口的发展同步,然而我国的多数城市,道路交通发展与人口发展不相适应。20世纪80年代以来,城市中物质、人员流动量已成倍增长,道路交通却仍维持在较低水平(表3-17~表3-19)。

表3-17 截至2017年年末中国城市公共交通情况

地 区	年末公共交通运营数(辆)			标准运营车数（标台）	运营线路总长度(km)	出租汽车数（辆）
	公共汽、电车（辆）	轨道交通（辆）	合计（辆）			
全国	554820	28617	583437	723632	795935	1102823
北京	25624	5342	30966	49831	19898	68484
天津	12686	842	13528	16636	19058	31940
河北	24508	198	24706	28354	37390	53871
山西	9252		9252	11096	14291	30492
内蒙古	8013		8013	9485	11898	39062
辽宁	22723	952	23675	29967	27077	82067
吉林	11215	608	11823	12995	14589	56356
黑龙江	17633	108	17741	20075	20721	63569
上海	17461	4753	22214	33718	24827	46397
江苏	41558	2579	44137	56028	69678	53465

（续）

地区	年末公共交通运营数(辆) 公共汽、电车(辆)	年末公共交通运营数(辆) 轨道交通(辆)	年末公共交通运营数(辆) 合计(辆)	标准运营车数(标台)	运营线路总长度(km)	出租汽车数(辆)
浙江	34281	1092	35373	41373	75654	38435
安徽	16171	306	16477	20991	15718	39490
福建	17224	348	17572	20244	24651	21466
江西	9614	294	9908	14406	19695	14361
山东	50642	265	50907	57818	95696	61678
河南	25778	438	26216	30705	21856	46863
湖北	20453	1356	21809	27496	22871	36748
湖南	20706	345	21051	25739	19320	25768
广东	63698	4837	68535	83800	100961	66777
广西	10219	120	10339	12125	15484	17532
海南	3717		3717	4047	6097	6979
重庆	12768	1176	13944	17261	16428	21871
四川	27086	1416	28502	35795	31216	32611
贵州	7018		7018	8081	10277	21249
云南	10642	492	11134	12879	21459	19061
西藏	640		640	775	1538	2218
陕西	12559	750	13309	16796	11612	25468
甘肃	5850		5850	6807	7392	23737
青海	2339		2339	2747	3177	8637
宁夏	3823		3823	4575	6154	12765
新疆	8919		8919	10993	9254	33406

表 3-18　截至 2017 年年末中国城市公共交通运营情况

地区	客运总量(万人次) 总计	客运总量(万人次) 公共汽、电车	客运总量(万人次) 轨道交通	每万人拥有公交车辆(标台)	轮渡 运营船数(艘)	轮渡 客运总量
全国	8470688	6627688	1843000	14.7	255	8190
北京	713396	335595	377801	26.6		
天津	173279	138124	35155	19.6		
河北	181829	177792	4037	15.3		
山西	127183	127183		9.7		
内蒙古	108390	108390		10.6		
辽宁	432824	383993	48831	13.2		
吉林	177218	167632	9586	11.1		
黑龙江	255084	247405	7679	14.1	36	254
上海	573841	220072	353769	13.9	44	1006

（续）

地区	客运总量(万人次)			每万人拥有公交车辆(标台)	轮 渡	
	总计	公共汽、电车	轨道交通		运营船数（艘）	客运总量
江 苏	582024	449242	132782	17.4	15	611
浙 江	392857	347638	45219	16.9	5	222
安 徽	176245	171973	4272	13.6		
福 建	211379	206505	4874	15.9	32	2977
江 西	118395	107424	10971	12.5		
山 东	396777	390128	6649	16.4	4	50
河 南	259421	234191	25230	12.3		
湖 北	413335	320652	92683	12.4	45	934
湖 南	261597	238250	23347	14.4	3	29
广 东	1098428	648287	450141	15.3	66	2004
广 西	118925	109281	9644	10.7		
海 南	30635	30635		13.5		
重 庆	322446	248136	74310	11.5	5	102
四 川	413213	360209	53004	14.5		
贵 州	141536	141536		11.0		
云 南	153795	141312	12483	13.6		
西 藏	9120	9120		10.4		
陕 西	281740	221206	60534	15.6		
甘 肃	124946	124946		10.5		
青 海	36710	36710		14.4		
宁 夏	40744	40744		15.3		
新 疆	143378	143378		14.6		

中国主要城市道路网密度见表3-19。由表3-19可知，到2019年，由于城市外围新城不断开发建设，大量的道路基础设施建成投入使用，使得外围行政区的道路网密度得到提高。相对而言，以上海静安区、重庆渝中区、杭州上城区等为代表的城市中心老城区，则由于城市道路网络已经定型，新建道路设施增量较少，仅有少量城市道路改建更新，道路网密度指标基本维持稳定。

表3-19 城市行政区道路网密度汇总表

排名	城市	总密度	行政区路网密度标准	主要行政区路网密度					
1	深圳	9.50	1.41	福田区	罗湖区	南山区			
				11.67	10.44	8.27			
2	厦门	8.49	0.87	思明区	同安区	湖里区	翔安区	集美区	海沧区
				9.51	8.93	8.75	8.55	8.43	6.69
3	成都	8.07	0.57	锦江区	成华区	武侯区	青羊区	金牛区	
				9.22	8.88	8.50	8.34	7.54	

(续)

排名	城市	总密度	行政区路网密度标准	主要行政区路网密度								
4	上海	7.15	2.53	黄浦区 14.31	虹口区 10.52	长宁区 9.54	静安区 8.41	徐汇区 7.10	普陀区 6.99	闵行区 6.97	浦东新区 6.42	杨浦区 5.42	宝山区 4.34
5	广州	7.06	1.37	越秀区 10.13	荔湾区 8.22	海珠区 7.40	白云区 6.97	天河区 6.96	黄浦区 5.70				
6	福州	6.99	0.84	台江区 8.21	仓山区 7.61	鼓楼区 7.57	晋安区 7.95	马尾区 6.83	长乐区 5.53				
7	杭州	6.98	2.51	上城区 11.07	下城区 8.25	江干区 7.33	滨江区 7.19	西湖区 7.04	余杭区 6.43	拱墅区 6.35	萧山区 5.76		
8	南宁	6.86	1.18	良庆区 8.97	青秀区 7.63	邕宁区 7.58	江南区 6.22	西乡塘区 5.84	兴宁区 5.60				
9	昆明	6.78	0.18	西山区 7.07	呈贡区 6.83	官渡区 6.75	五华区 6.72	盘龙区 6.45					
10	合肥	6.77	0.39	包河区 7.25	瑶海区 6.59	蜀山区 6.53	庐阳区 6.50						
11	宁波	6.72	1.10	海曙区 8.05	鄞州区 7.65	江北区 7.55	北仑区 5.50	镇海区 5.48					
12	重庆	6.61	1.13	渝中区 9.58	江北区 7.71	南岸区 6.34	渝北区 6.62	九龙坡区 6.53	沙坪坝区 6.24	北碚区 6.15	巴南区 5.29	大渡口区 5.30	
13	长沙	6.39	0.57	开福区 7.50	芙蓉区 6.80	望城区 6.71	雨花区 6.38	岳麓区 5.50	天心区 5.59				
14	郑州	6.36	0.80	二七区 7.51	金水区 6.84	管城回族区 6.32	惠济区 6.13	中原区 5.19					
15	南昌	6.12	1.64	东湖区 9.46	西湖区 8.29	新建区 7.51	青山湖区 5.41	青云谱区 5.38	红谷滩区 5.25				
16	贵阳	6.07	1.23	云岩区 8.39	乌当区 7.38	南明区 6.86	观山湖区 6.46	花溪区 5.13					
17	天津	6.04	1.66	和平区 4.83	河北区 11.07	红桥区 7.31	河东区 7.10	河西区 7.04	南开区 6.54	西青区 6.08	东丽区 5.71	津南区 5.36	北辰区 4.90
18	大连	6.03	1.36	西南区 8.61	中山区 8.89	沙河口区 7.59	金州区 5.51	甘井子区 5.49	旅顺口区 5.28				

（续）

排名	城市	总密度	行政区路网密度标准	主要行政区路网密度							
19	武汉	5.77	1.42	江汉区	汉阳区	武昌区	江岸区	硚口区	蔡甸区	江夏区	洪山区	青山区
				8.49	7.10	6.77	6.36	5.99	5.72	4.71	4.59	3.51
20	北京	5.64	1.29	西城区	东城区	海淀区	朝阳区	丰台区	石景山区			
				8.04	7.61	5.65	5.45	5.42	4.12			
21	西安	5.58	0.90	碑林区	灞桥区	莲湖区	新城区	雁塔区	未央区	长安区		
				7.62	6.21	6.15	6.01	5.34	5.03	4.56		
22	南京	5.55	1.30	雨花台区	建邺区	秦淮区	鼓楼区	浦口区	六合区	玄武区	江宁区	栖霞区
				7.96	7.90	7.50	7.61	5.41	5.21	5.01	4.98	4.3
23	海口	5.49	0.63	龙华区	琼山区	秀英区	美兰区					
				6.57	5.86	5.24	4.92					
24	长春	5.40	0.41	宽城区	二道区	朝阳区	南关区	绿园区				
				6.12	5.64	5.64	5.54	4.95				
25	太原	5.38	0.63	迎泽区	杏花岭区	小店区	晋源区	万柏林区	尖草坪区			
				9.42	6.97	5.63	5.46	5.17	4.45			
26	青岛	5.35	1.78	市南区	市北区	城阳区	崂山区	李沧区	黄岛区			
				9.42	6.37	5.41	5.28	5.14	3.80			
27	石家庄	5.25	0.43	桥西区	新华区	裕华区	长安区					
				5.68	5.66	5.67	4.66					
28	西宁	5.11	0.47	城西区	城中区	城东区	城北区					
				6.11	5.39	5.34	4.80					
29	哈尔滨	4.94	0.87	道里区	南岗区	松北区	香坊区	道外区	呼兰区	阿城区	平房区	
				6.14	5.77	4.23	4.71	4.34	3.38	3.79	3.59	
30	沈阳	4.80	1.15	和平区	沈河区	浑南区	大东区	铁西区	皇姑区	苏家屯区	于洪区	沈北新区
				7.51	6.34	5.31	5.22	5.08	4.29	4.28	4.01	3.79
31	济南	4.76	0.63	槐荫区	历下区	天桥区	市中区	长清区	历城区			
				5.74	5.26	4.95	4.99	4.04	4.01			
32	银川	4.76	0.68	兴庆区	金凤区	西夏区						
				5.45	5.03	3.27						
33	呼和浩特	4.42	0.68	新城区	赛罕区	回民区	玉泉区					
				4.95	5.93	4.45	3.26					
34	兰州	4.13	0.79	城关区	安宁区	七里河区	西固区					
				4.32	4.29	4.15	3.20					
35	拉萨	3.95	0.58	堆龙德庆区	城关区							
				4.94	3.68							

(续)

排名	城市	总密度	行政区路网密度标准	主要行政区路网密度				
				新市区	沙依巴克区	头屯河区	水磨沟区	天山区	米东区
36	乌鲁木齐	3.41	0.60	4.40	4.01	3.37	3.20	2.97	2.65

3.3 城市森林的生物环境

城市生态系统是以人为中心的人工生态系统，前面讨论了城市森林环境的非生物因子，本节将着重讨论城市森林环境中的生物因子。城市森林环境的生物因子主要就是城市中的人群、植物、动物和微生物。

3.3.1 城市环境中的人群

城市是人类社会经济和社会文化发展到一定阶段后的必然产物，城市化是现代化社会发展的主要趋势之一。从生态环境的角度出发，城市生态系统是城市居民与其生存环境相互依赖、相互联系、相互作用而形成的一个整体，而且是人类在对自然生态系统加工、改造后形成的人工生态系统。从城市森林环境研究角度出发，城市中的人群与城市森林环境之间的关系一般表现为：①在城市环境中，人是环境影响因素的主体，而不是各种植物、动物或微生物，城市人口的发展代替或限制了其他生物的发展；②城市人口既是城市环境中的生产者，又是城市生态系统中的顶极消费者；③人既是城市环境的调节者，又是城市环境影响的主要承受者，即城市居民在改造城市环境的同时，又要受到城市环境的影响。

3.3.1.1 城市人群的基本特征

城市人群的基本特征是由城市人口的规模、构成等人口的自然属性所决定的。城市人口规模是指一定城市地域内的人口总数量及其分布密度，城市人口构成则是指城市人口的组成结构，反映城市人群在城市环境中的地位和作用。

1) 城市人口的规模

城市人口规模表现为数量和分布密度两个方面，可以反映该城市生态环境的人口负荷程度。

(1) 城市人口数量

城市人口数量是指城市区域内人口的总个体数(包括固定人口总数和流动人口总数)。

城市人口数量是不断变化的，而引起数量不稳定状态的因素又是多方面，但从个体数量的变动过程来看，则主要是由人口的出生率、死亡率、流入率、迁(流)出率4项参数决定。所以，在某特定时间内人口数量变化可用下式表达：

$$N_{t+1} = N_t + B - D + I - E \tag{3-11}$$

式中　N_t——时间 t 时的人口数量；

N_{t+1}——时间 $t+1$ 时的人口数量；

B——时间 t 至时间 $t+1$ 时间段内人口出生数量；

D——时间 t 至时间 $t+1$ 时段内口死亡数量；

I——时间 t 至时间 $t+1$ 时段内人口迁(流)入数量；

E——时间 t 至时间 $t+1$ 时段内人口迁(流)出数量。

如果不考虑迁(流)入和迁(流)出的人口个体数量变化，城市人口数量亦可简化为：

$$N_{t+1} = N_t + B - D \tag{3-12}$$

这样单位时间内，出生数和死亡数之差等于人口的增长数。出生数大于死亡数时，城市人口表现为正增长；出生数少于死亡数时，表现为负增长；出生数等于死亡数时，人口数量相对稳定。

一般认为，从有利于城市经济效益、社会效益和生态效益的统一角度出发，城市人口规模在 50 万左右较为合理，100 万人左右的城市就差一些，超过 100 万就会有一系列的生态问题难以解决。

(2) 城市人口密度

城市人口密度是指城市地域中单位面积上的人数，常用人/km² 或人/hm² 来表示。

适当的人口密度可以增强人类改造自然的能力，促使生活丰富多彩，节省时间和空间，从而提高社会效益。恩格斯在谈到伦敦当年 250 万人口的城市规模时就指出这种集聚"使 250 万人的力量增加了 100 倍"。这个理论可以用一个假设半径为 10 km 的圆来说明，当这个圆周内的人口密度为 1 人/km²，圆周内的总人数为 314 人，而当圆周内的人口密度上升到 25 000 人/km²，圆周内的人口总数就几乎增至 800 万。这个数字的意义在于它能够反映人际交往的最大数值。当密度为 1 时，这个数值为 314 人，而当密度为 25 000 时，这个数值就增至 2 500 000 人。城市对于人的心理、行为、态度的影响，可以从这些数值的变化中考察出来。城市对人口的负荷力是有限的，城市人口密度过高将导致诸如交通拥挤、环境恶化、住房紧张、犯罪率上升等一系列的问题，使得生活质量下降，人群紧张感增强、各种城市病加剧。因此，过高的人口密度将会成为城市生态系统发展的限制因子。相反，过低的人口密度也不利于城市生态系统的发展，如乡村人口因为居住分散，分布稀疏而难以享受高质量的公共服务等。

但究竟什么是适宜的城市人口密度却一直是争论较大的一个问题。近年来，有些学者认为市区人口密度在 10 000 人/km² 是比较适宜的。我国城乡建设部门曾提出城市人口密度指标：百万以上的特大城市不超过 12 000 人/km²，省会、工业城市和地区中心城市不超过 10 000 人/km²，港口城市不超过 6000 人/km²，县镇不超过 9000 人/km²，但目前我国大部分城市人口密度高出了这个指标(图 3-8)。

2) 城市人口构成

城市人口构成包括结构和组成两方面，它不仅能反映城市生态系统功能状况，也可表明它的发展潜力。

(1) 城市人口结构

城市人口结构首先可以划分为自然结构和社会结构两大类。其中自然结构主要包括年龄、性别结构和人口增长速度等，它们反映城市人口数量变化的可能性和趋势；社会结构主要包括人口的知识结构、职业结构、民族结构和所有制成分等，它们反映城市人口在社会经济系统中的特征和作用。

图 3-8　中国主要城市 2015 年底人口密度状况

① 年龄结构　人口的年龄结构是指城市人口各年龄组人数占总人口的比例。一般表示方法是将现有人口按 5 岁一组进行统计，并将各组人口绘成年龄结构图，由此可确定该城市人口结构类型。一般可分为六组：托儿组(0~3 岁)，幼儿组(4~6 岁)，小学组(7~11 或 12 岁)，中学组(12~16 岁或 13~18 岁)，成年组(男：17 岁或 19~60 岁；女：17 岁或 19~55 岁)，老年组(男：61 岁以上；女：55 岁以上)。国际公认的标准，若 65 岁以上人口占总人口的比重达到 7%或者 60 岁以上的人口达到 10%，就属于老年型人口结构。

② 性别结构　性别结构是指男女性别比，一般情况下应为 1∶1。

③ 职业结构　职业结构是指不同职业劳动力所占的比例。根据一个城市的职业结构情况，可以判断整个城市的主要职能。例如，日本将工业职工占职工总数 60%以上的城市划为工业城市，运输业职工占总数 15%以上的为运输业城市等。城市的职业结构中，第三产业从业人员的比例往往被认为是一个城市经济是否发达，城市是否具有活力的标志之一。上海 2016 年第三产业人数仅占总人口的 63.82%，与发达国家相比还是具有一定差距(表 3-21，表 3-22)。

表 3-21　国外城市就业人数构成(1985)

城市	第一产业		第二产业		第三产业		总数
	人数(万)	所占比例(%)	人数(万)	所占比例(%)	人数(万)	所占比例(%)	
东京	0.90	0.4	186.96	28.7	462.85	71.1	650.71
大阪	0.09	0.1	69.66	28.1	177.55	71.8	247.30
洛杉矶	1.01	0.3	45.26	14.4	266.81	85.2	313.08
纽约	—	—	52.57	15.3	290.67	84.7	343.08
巴黎	0.12	0.1	49.48	25.3	145.30	74.6	194.90
伦敦	0.20	0.1	78.20	22.7	265.20	77.2	343.60
罗马	0.18	0.2	16.80	21.1	62.67	78.7	79.65
华沙	0.36	0.5	29.20	39.3	44.66	60.2	74.22
汉城	0.20	0.1	118.42	5.0	119.21	50.1	237.83

(续)

城市	第一产业		第二产业		第三产业		总数
	人数（万）	所占比例（%）	人数（万）	所占比例（%）	人数（万）	所占比例（%）	
新德里	1.70	0.2	48.31	32.8	97.09	66.0	147.10
新加坡	0.88	0.8	42.39	36.1	74.21	63.1	117.48
开罗	0.21	0.7	17.35	48.6	10.24	36.8	27.80
墨西哥城	4.51	2.6	49.40	29.1	115.95	68.3	169.86
墨尔本	1.55	1.2	40.00	30.9	87.95	67.9	129.50

注：引自王祥荣《生态与环境——城市可持续发展与生态环境调控新论》，2000。

表 3-22 中国各地区按三次产业分就业人员数（2016年底）

地区	就业人员（万人）	分产业就业人员（万人）			构成（合计=100）		
		第一产业	第二产业	第三产业	第一产业	第二产业	第三产业
全国	82997.2	26942.8	24035.57	32018.83	32.46	28.96	38.58
北京	1220.1	49.6	193	977.5	4.07	15.82	80.12
天津	902.42	65.1	306.41	530.91	7.21	33.95	58.83
河北	4223.95	1380.33	1439.74	1403.88	32.68	34.09	33.24
山西	1908.21	670.45	481.12	756.64	35.14	25.21	39.65
内蒙古	1474	590.5	233.7	649.8	40.06	15.85	44.08
辽宁	2301.15	705.41	572.63	1023.11	30.65	24.88	44.46
吉林	1501.7	508	325.7	668	33.83	21.69	44.48
黑龙江	2077.3	760.7	369.4	947.2	36.62	17.78	45.60
上海	1365.24	45.45	448.5	871.29	3.33	32.85	63.82
江苏	4756.22	841.85	2045.17	1869.2	17.70	43.00	39.30
浙江	3760	466.24	1782.24	1511.52	12.40	47.40	40.20
安徽	4361.6	1383.5	1245.5	1732.6	31.72	28.56	39.72
福建	2797.03	615.52	1006.12	1175.39	22.01	35.97	42.02
江西	2637.6	773.4	853.7	1010.5	29.32	32.37	38.31
山东	6649.7	1935.1	2354	2360.6	29.10	35.40	35.50
河南	6726.39	2582.92	2055.94	2087.53	38.40	30.57	31.03
湖北	3633	1338	837	1458	36.83	23.04	40.13
湖南	3920.41	1587.32	912.16	1420.93	40.49	23.27	36.24
广东	6279.22	1365.43	2543.07	2370.72	21.75	40.50	37.76
广西	2841	1423	500	918	50.09	17.60	32.31
海南	558.14	229.46	68.47	260.21	41.11	12.27	46.62
重庆	1717.52	496.01	476.66	744.85	28.88	27.75	43.37
四川	4860	1827.1	1302.5	1730.1	37.60	26.80	35.60

(续)

地 区	就业人员 （万人）	分产业就业人员(万人)			构成（合计=100）		
		第一产业	第二产业	第三产业	第一产业	第二产业	第三产业
贵 州	1983.72	1136.87	340.41	506.44	57.31	17.16	25.53
云 南	2998.89	1587.91	397.27	1013.71	52.95	13.25	33.80
西 藏	254.36	95.96	41.77	116.63	37.73	16.42	45.85
陕 西	1783	791	338.1	653.9	44.36	18.96	36.67
甘 肃	1548.74	866.67	246.56	435.51	55.96	15.92	28.12
青 海	324.28	115.16	74.14	134.98	35.51	22.86	41.62
宁 夏	369.2	159.4	63.2	146.6	43.17	17.12	39.71
新 疆	1263.11	549.14	181.39	532.58	43.48	14.36	42.16

注：引自全国各省统计年鉴（2009—2016）。

④ 智力结构　智力结构是指具有一定专业知识或技术水平的劳动力占全体劳动力的比例，一个城市的智力结构反映着城市科技文化水平。2000年，美国从事第一产业（农林、水产）的人口为3%；第二产业（制造、建筑、交通）的人口为10%，第三产业（金融、商业、服务业）和第四产业（专门职业、公务）的人口达到87%。而日本在1980年时，第一产业职工占15.8%；第二产业职工占40.3%，第三产业和第四产业职工占43.9%。三、四产业人口的增加表明智力在劳动力中的比重将越来越大。比较表3-21可知，我国的人口智力结构与西方发达国家相比，仍有一定差距。

(2) 城市人口组成

城市人口组成亦称人口分类，一般有以下4类。

①基本人口　指在工业、农业、交通运输业以及其他不属地方行政、财政、文教单位中工作的人口。

②服务人口　指为当地服务的企业、行政机关、文教卫生、商业服务机构中的人口。

③被抚养人口　指未成年的，丧失劳动能力的以及没有参加劳动的人口，包括老弱病残、儿童、学生以及无业人口。

④流动人口　指在本市无固定户口的人口。一般又分为常住流动人口和临时流动人口。

3.3.1.2 城市人口容量

1) 城市人口容量概念

城市人口容量是指一个城市所能承载的最大人口数量。由于各个学科研究的出发点不同，因此人口容量的概念有许多种。从城市森林环境以及森林与人类的关系出发，以环境人口容量较为符合城市森林所理解的城市人口容量的具体内涵。环境人口容量是指一个特定的城市生态系统中资源可供养的人口，即资源承载力。这一概念主要强调人口容量的自然基础。土地承载力可以认为是环境人口容量的一个特例，它与资源承载力的区别就在于它抽取了资源中的土地资源作为研究重点。土地承载力的核心含义是指在自然、经济、社会因素制约下，一定地区产出的食物能养活的人口数量。

2) 城市人口容量基本特征

人口容量与动物种群的环境容量在许多方面存在着相似之处。譬如，人口容量同样具有区域性，由于各种自然因素的影响而呈现波动，人口快速增长会导致人口容量下降等。然而，人类与一般的动物是有本质的区别，人除了具有自然属性外，还具有社会属性，在人与自然的关系方面，人类不只是简单地在适应自然，而且还可以能动地利用自然和改造自然。与动物种群的环境容量相比较，人口容量具有如下几个方面的特征。

(1) 人口容量是超越自然生态系统的高容量

如果人类只是作为自然生态系统中的消费者之一，按其在营养金字塔结构中所处的地位，人口的环境容量是十分有限的。即使在初级生长力较高的温带森林生态系统中，所能支持的人口密度也仅有 1 人/km^2 左右，而目前世界上平均的人口密度已经大大超过了这个数字，早已形成了超越于自然生态系统的具有高人口容量的人工生态系统。通常把人口密度分为四级：第一级为人口密集区>100 人/km^2；第二级为人口中等区 25~100 人/km^2；第三级为人口稀少区 1~25 人/km^2；第四级为人口极稀区<1 人/km^2。世界上的陆地面积为 14 800×$10^4 km^2$，以目前世界 75 亿人口计，平均人口密度达 50 人/km^2，为二级的人口中等区。但世界各国人口密度分布是很不均匀的，根据 2018 年统计数据显示，世界上人口密度最大的国家是摩纳哥(18 589 人/km^2)，人口密度最小的国家是蒙古 1.9 人/km^2。而中国内地以 144 人/km^2 位居全球第 63，另外，澳门特区以 21 262 人/km^2、香港特区 4479 人/km^2、台湾特区 651 人/km^2(表 3-23)。

表 3-23　2018 年世界人口密度排名

排名	国家	人口数量（万人）	国土面积（×$10^4 km^2$）	人口密度（人/km^2）	排名	国家	人口数量（万）	国土面积（×$10^4 km^2$）	人口密度（人/km^2）
1	摩纳哥	3.2796	0.000 195	18 589	63	中国	135 000	959.808	144
25	日本	12 762	37.78	335	64	印度尼西亚	23 800	190.44	138
20	印度	125 900	298	404	67	泰国	6000	51.31	133
24	菲律宾	9220	29.97	351	70	法国	6062.8	55.16	123
30	越南	8700	32.96	283	81	土耳其	807.45	78.36	102
33	英国	6200	24.36	271	93	埃及	8000	102.0	96
38	德国	8288	35.74	232	92	埃塞俄比亚	7305	113.01	96
35	巴基斯坦	14 500	79.6	262	120	墨西哥	11 953.0	197.25	63
47	意大利	6002	30.13	201	131	伊朗	7535	163.6	49
44	尼日利亚	19 400	92	208	149	美国	30 441.5	962.91	33

数据来源：个人图书馆(2018)；这是世界人口超过 5000 万的 20 个国家的人口密度排名，各国的人口数量根据 2018 年联合国的统计数据(部分国家取 2016、2017 年的统计数据)。

(2) 人口容量的基础是农业生态系统

人工生态系统的超级高人口容量特性是由其建立在农业生态系统的高产出所导致的。自然生态系统的总初级生长量有一大半被绿色植物自身呼吸所消耗。而农作物的净产出率可高达 50% 左右，现代农业生产方式下的产量则更高，一般可达 2000~20 000 kg。

(3) 高人口容量需要高投入来维持

虽然农业生态系统具有非常高的产出来支持人类的高人口容量，但是这种高产出是通过高投入来达到的。

(4) 人口容量受众多因素制约

以人为中心的城市生态系统是一个自然—经济—社会复合系统，制约人口容量的因素非常多。首先，食物资源是制约人口容量的主要方面。除了各种自然因素制约着食物生产量之外，客观还存在着许多复杂的社会经济因素，如农业投入水平、科技进步的速度、农业生产结构等。其次，诸如能源与淡水资源这些比较紧缺但又是必需的资源制约人口容量的因素，在一些地区由于能源和水资源时空分布不平衡性和有限性，已成为制约这些国家或地区发展的重大障碍。第三，在一定的生产力水平下，分配制度也会对人口容量产生很大的影响和制约。

(5) 人口容量是一定生活(消费)水平下的容量

人类与动物的根本区别之一，就是人类生活(消费)水平随着生产力的发展而不断提高。现代人类生活的要求不只局限于吃饱、穿暖等生理需求方面了，还包括各种文化娱乐、休闲旅游等精神享受方面。人类的这种不断扩大和提高的生活需求反映在人口容量上，就意味着人口容量并不是某一环境所能维持的生物学意义上的最高人口数量，而是指在一定生活(消费)水平下，人类生态系统所能维持的最高人口数量。

(6) 人口容量参数的不确定性

人口容量参数的不确定性主要是由于资源系统支持能力的不确定性、人类消费水平的不确定性、科技发展水平的不确定性所决定的。上述不确定性是由于人类本身发展的阶段性和认识客观事物的局限性所决定的。

3) 城市人口容量的水桶理论与人口压力系数

(1) 人口容量的水桶理论

人口容量的水桶理论认为，如果我们把某一特定的人类生态系统(全球、一个国家或地区)比作一个形状既定的水桶，则该系统的人口容量就是装在这个水桶中的液体的重量，它取决于三个系数：一是水桶的底面积 S，二是水桶的壁高 H，三是液体的比重 ρ，其人口容量 W 即为：

$$W = S \cdot H \cdot \rho \tag{3-13}$$

所谓底面积，是指自然资源和自然条件。区域的自然资源和自然条件是人口容量的重要决定因素之一。所谓壁高是指经济发展水平，它是人口容量动态特征的主要依据。所谓比重是指人口消费水平的倒数，在自然资源与经济发展水平一定的前提下，人均消费水平的提高将导致人口容量的缩小(丁金宏，1991)。

(2) 人口压力系数

人口压力系数是为反映一个特定城市生态系统的人口压力状况的量化指标，其公式如下：

$$C = \frac{P}{W} \tag{3-14}$$

式中　C——人口压力系数；

P——现实人口数;

W——人口容量。

由上式可知,$C<1$ 表示现实人口数小于人口容量;$C=1$ 表示现实人口数等于人口容量;$C>1$ 表示现实人口数大于人口容量,即人口已经超载。

人口压力系数在人口分布方面,具有以下几个方面的特点:

①用人口压力系数表示生态系统的人口压力状况,既科学又有定量化的概念,这从根本上改变了传统的以人口密度的高低来判断人口压力大小的缺陷。因人口密度的高低并不能正确地反映出人口压力的大小。

②人口压力系数可为人口迁移和人口再分布提供科学依据。因为人口迁移的方向取决于人口压力系数的大小,迁移的方向总是从人口压力系数大的地区移向人口压力系数小的地区。

③可以从形成机制上揭示人口分布现状的本质。

④可以为人口的控制和人地关系的协调提供科学依据。如果某地区的人口压力系数大于1,则表明该地区的人口已经超载。因此,该地区的发展应该采取以下策略:第一,应该严格控制人口的增长;第二,应该创造条件,发展经济,扩大人口容量;第三,如果有条件,应该组织人口外迁。

3.3.1.3 城市环境对人类的影响

人类与环境的关系是在长期历史发展过程中形成的。人与城市环境的关系或者说城市环境对人类的影响,主要体现在以下三个方面。

(1) 城市环境对人的生活质量的影响

城市居民生活质量的高低,是由城市居民的经济收入、消费水平和居住区环境质量等要素所决定的。城市化结果可以显著地提高人们的生活质量,但也同时会产生一系列制约人们生活质量的城市问题,如城市拥挤、住房短缺、基础设施滞后、生态环境条件恶化等。

①城市拥挤 许多现代化城市给人的第一印象就是拥挤。在我国人口超过百万的特大城市中,居民的生活居住区人均用地指标仅为 22.6 m^2/人,低于我国现行定额近期 24~35 m^2/人,远期 40~58 m^2/人,只有发达国家的 1/4~1/3。像上海、北京、天津等大城市居住区的平均密度高达 900~1000 人/km^2。

②住房紧缺 单位面积人口密度过大,对居民产生的影响主要是限制了居民在室外活动的空间。而人均住房面积偏低直接导致单位房间人数偏高,从而产生住房紧缺,并导致一系列社会问题。

(2) 城市环境对人体健康的影响

近年来,人们不断发现很多过去病因不明、神秘莫测的疾病与人们所生活的环境条件有着很大的关系。城市环境中对人体健康影响最明显的是环境污染。人为环境污染包括工业"三废"污染、生活垃圾、农药残毒、放射性物质污染、噪声污染、光污染、病毒和寄生虫疾病等。在人口密集的城市,有毒有害物质易通过大气、水体、食物等媒介在人群中传播。

(3) 城市环境对人的心理影响

①城市拥挤对人的心理影响　根据香港精神病专家格林的研究，1988年，由于过分拥挤、噪声严重、就业竞争激烈，香港精神分裂症病例剧增，有1700人自杀身亡。美国心理学家舒尔茨(2007)也认为拥挤破坏了城市居民的正常秩序和正常生活，严重时可导致变态心理与行为。

②城市环境污染对人的心理影响　20世纪工业文明和城市化趋势的发展，导致城市居民大多数生活在已经被自己破坏和污染了的环境中。环境中各种因素既可以直接地，也可以间接地影响着人类，并且在已破坏的环境中，这种影响大都会对人类心理产生各种各样的消极影响。

环境污染中噪声、空气污染、水污染都会对人类产生生理和心理影响。噪声主要影响人的听觉和视觉，据调查，在100 dB的噪声环境中工作10年和30年的工人，分别有5.62%和3.43%出现听觉丧失。另外，噪声还可以使儿童的记忆力明显下降，尤其是短时间记忆力下降，并且噪声还影响人们之间语言交流，导致人与人之间的心理障碍。空气污染种类很多，但有些可以感觉到的先会对人产生心理伤害，如长时间在恶臭环境工作的人会逐渐变得烦燥不安，无精打采，工作效率降低，当环境中硫化氢浓度达到$1.12\ g/m^3$时，虽然人们还闻不到"臭鸡蛋"的气味，然而人的大脑已接受到了强烈刺激，出现意识模糊、变得躁动不安等。当人群接触了工厂排放出的含二硫化碳有害物的污水后，会引起性格变态，原来很文静的人，会突然变为一个暴躁的人，而一个很开朗的人也许会变的沉默寡言，同时可能伴有"坏萝卜"味觉，出现幻觉、视力减退、记忆力下降，个别人会出现意识模糊，思路不清，性欲减弱等。

3.3.2　城市植物

植物是城市生态系统中唯一的初级生产者，也是城市森林的主体和构建者。虽然城市森林生态系统中绿色植物多数为人工植被类型，是城市森林建设的主体(在以后章节中将作详细介绍)，但与人工植被相伴生的天然植物的种类，植物的特征，植物对城市环境的适应性等对城市人工植物群落仍然具有很大的影响，尤其是在干旱、半干旱地区的城市环境中，由于水分条件限制，在建设城市森林环境的过程中，最大限度地发挥天然植物群落的抗旱节水，节约投资并且可以长期稳定地生长繁育等优势，是这些区域城市森林建设与发展的重要方向。

3.3.2.1　城市植物区系

植物区系(flora)是指一定地区范围内全部植物的分类单位，包括所有的科、属和种的数量。对一个城市植物区系的研究，就是对这个城市化地区所有的植物种类进行科、属、种的鉴定，并对它们地理成分和历史成分进行分析。城市植物区系多样性首先取决于该城市的地理位置；其次还与城市的面积以及城市化程度，特别是与环境污染有关。表3-24是欧洲一些城市中蕨类植物和有关植物种类与城市面积大小、城市化规模之间关系的统计，从该表上可以明显反映出城市化对植物分布的影响。

表 3-24　一些城市的野生植物(蕨类及有花植物)与其面积的关系

城市	人口 (×10⁴)	调查面积 (km²)	蕨类及有花 植物种数	资料来源
杜伊斯堡及其郊区	—	1280	1481	Dull&Kutzelnigg,1980
汉堡	170	747	1387	Mang,1981
柏林	193	480	1396	Sukopp et al.,1981
维也纳	160	415	1348	Forstner&Hubl,1971
华沙	129	445	609	Krawiecowa&Rostanski,1976
汉诺威	—	225	914	Haeupler,1976
布瑞兹韦克	0.269	192	800	Brandes,1977
不来梅哈芬	0.143	80	518	Kunick,1979
符茨堡	0.127	88	454	Hetzel&Ullamann,1981
萨尔劳伊斯		43	560	Maas,1981
哈措根奥拉赫	—	4.9	531	Meister,1980
埃尔兰根(老城)	0.10	0.5	268	Nezadal,1974(补充)

引自:Sukopp&Werner,1982;Adam,1988。

(1)城市植物区系特点

①乡土植物种类减少,人布植物增多　人布植物是指随人类活动而散布的植物,诸如农作物和杂草等,也包括人类有意或无意引入,后来逸出野生化了的植物。人布植物又称为归化植物(区内原无分布,而从另一地区移入的种,且在本区内正常繁育后代,并大量繁衍成野生状态的),一般认为城市化程度越高,人布植物在植物区系总种数所占比例也越大。因此,有学者把人布植物百分率(归化率)作为评判城市化程度的指标。Falinski(1971)提出了一个以波兰为例的划分标准(表 3-25)。

表 3-25　波兰城乡人布植物区系组成

环境	乡土植物(%)	人布植物(%)
森林中的居民	70~80	20~30
乡村	70	30
小镇	60~65	30~40
中等城镇	50~60	40~50
城市	30~50	50~70

引自:Falinski,1971。

我国以上海为例,上海共有种子植物 1719 种(徐炳声,1959),除去 216 种(包括变种和变型)为温室栽培外,露天生长的为 1503 种(包括变种和变型),其中观赏树木 468 种(包括 134 个变种和变型),行道树 14 种,花卉 327 种(包括 3 个变种和变型),蔬菜 8 种(包括 8 个变种和变型),农作物 16 种(包括 1 个变种)。仅统计观赏树木、行道树木、花卉及蔬菜四类,上海市的人布植物已占总区系的 60.7%,如果再加上由于人类活动而散布的杂草,人布植物的百分率还要高。

②城市总体上的植物种类多于农村　城市种类多的原因主要是由于城市景观多样性高,存在着不同结构的居民点、不同用途的开阔空间、不同特征的微气候类型,以及许多面积小但环境不同的各类生境,可为从湿生到旱生、从阴生到阳生、从嫌氮到喜氮、从喜酸到喜碱等不同生态习性的植物提供生长地点,从而为多种植物的定居和生长发育提供了可能。

③城市植物区系的生态指示值与非城市环境中的植物区系生态指示值存在明显差异。

据 Kanick(1982)及 Witing 和 Darwen(1982)的统计分析，城市中植物的光照、温度、氮肥、土壤反应和大陆度的指示值均较高，湿度指示值较小，即城市植物对光照、温度、氮肥、土壤 pH 值要求较高，对水分要求较低，更为耐旱。

（2）植物对城市环境的适应能力类型

植物对城市环境的适应能力是不同的，Witing 等(1985)在研究 13 个中欧城市植物分布的基础上，曾按植物对城市环境的适应能力把植物划分为以下五类：

①极嫌城市植物(highly urbanless plant) 在城市里完全看不见或只有极少例外可在市区见到的植物，它们多是一些在贫营养水体、未受污染环境中生长的植物。在中欧常见的有：银须草(*Aira caryophyllea* L.)、欧山黧豆(*Lathyrus palustris* L.)、山萝花(*Melampyrum roseum* Maxim.)等。此类植物在上海常见的如：短毛金线草[*Antenoron filiforme* var. *neofiliforme* (Nakai) A. J. Li]、三白草[*Saururus chinensis* (Lour.) Baill.]、丝穗金粟兰[*Chloranthus fortunei* (A. Gray) Solms-Laub]以及六月雪(*Serissa japonica* Thunb.)、百蕊草(*Thesium chinense* Turcz.)、紫金牛(*Ardisia japonica* Blume)等。

②中度嫌城市植物(moderately urbanless plant) 主要生长在城市空旷地区或特殊生境（如大公园、大别墅内）的植物。在中欧常见的有：丛林银莲花(*Anemone nemorosa* L.)、斑点疆南星(*Arum maculatum* Linn.)、欧洲水珠草(*Circaea lutetiana* L.)、发草[*Deschampsia cespitosa* (Linn.) P. Beauvois]等。在上海常见的如：天葵[*Semiaquilegia adoxoides* (DC.) Makino]、绶草[*Spiranthes sinensis* (Pers.) Ames]、地榆(*Sanguisorba officinalis* L.)等。

③中性城市植物(urban-natural plant) 在城市内和城市外都能分布的植物。在中欧常见的有：小牛蒡(*Arctium minus* Schkuhr)、鼓子花(*Calystegia silvatica* subsp. *orientalis* Brummitt)、野胡萝卜(*Daucus carota* L.)、牛膝菊(*Galinsoga parviflora* Cav.)、黑麦草(*Lolium perenne* L.)、车前(*Plantago asiatica* L.)、早熟禾(*Poa annua* L.)、萹蓄(*Polygonum aviculare* L.)、春蓼(*Polygonum persicaria* L.)、繁缕[*Stellaria media* (L.) Villars]等。其中一些种类如鼓子花、野胡萝卜、车前、早熟禾、萹蓄、繁缕在上海地区也属同样类型，在上海的此类植物还有朴树(*Celtis sinensis* Pers.)、构树[*Broussonetia papyrifera* (Linn.)]、蛇含委陵菜(*Potentilla kleiniana* Wight et Arn.)、蛇莓[*Duchesnea indica* (Andr.) Focke]等。

④适生城市植物(moderatly urbanphile plant) 广泛分布在城市建成区内的植物，但在郊区也可以看到。在中欧常见的有：白苋(*Amaranthus albus* L.)、北美苋(*Amaranthus blitoides* S.)、艾(*Artemisia argyi* Lévl. et Van.)、香藜(*Dysphania botrys* Linn.)、狗牙根[*Cynodon dactylon* (Linn.) Pers.]、大麻叶泽兰(*Eupatorium cannabinum* Linn.)、月见草(*Oenothera biennis* L.)、加拿大一枝黄花(*Solidago canadensis* L.)等。此类植物在上海常见的有：一枝黄花(*Solidago decurrens* Lour.)、金银花(*Lonicera japonica* Thunb.)、白英(*Solanum lyratum* Thunb.)、臭独行菜(*Lepidium didymum* L.)、牛筋草[*Eleusine indica* (L.) Gaertn.]等。

⑤极适生城市植物(highly urbanphile plant) 几乎限于城市建成区内生长的植物，在郊区只是偶尔见到极少数个体。其中，又可分为泛城市分布的(holourban)，即在城市内各类地区或多或少同样分布的种，在中欧常见的有：臭椿(*Ailanthus altissima* Mill.)、大叶醉鱼草(*Buddleja davidii* Fr.)、鼠大麦(*Hordeum murinum* L.)等。此类植物在上海常见的有：

加拿大白杨（*Populus* × *canadensis* Moench）、海桐（*Pittosporum tobira* Thunb.）、黄杨（*Buxus sinica* Cheng）、齿果毛茛（*Ranunculus muricata*）等。工业区分布的（industriophile），即大多分布在工业区的种，在中欧常见的有：节毛飞廉（*Carduus acanthoides* L.）、加拿大早熟禾（*Poa compressa* L.）、毛莲菜（*Picris hieracioides* L.）、肥皂草（*Saponaria officinalis* L.）等。此类植物在上海常见的有：加拿大飞蓬、一年蓬[*Erigeron annuus* (L.) Pers.]等。交通运输线上分布的，即局限于铁路、港口等交通设施地区分布的种。此类植物在中欧为：反枝苋（*Amaranthus retroflexus* L.）、豚草（*Ambrosia artemisiifolia* L.）、团扇荠（*Berteroa incana* (L.) DC.）、旱雀麦（*Bromus tectorum* L.）、蓝蓟（*Echium vulgare* L.）、喜马拉雅凤仙花（*Impatiens glandulifera* Royle）、宽叶独行菜（*Lepidium latifolium* Linn.）、中型委陵菜（*Potentilla intermedia* W. D. J. Koch）、黄木犀草（*Reseda lutea* Linn.）、淡黄木犀草（*Reseda luteola* L.）。此类植物在上海常见的有：豚草（*Ambrosia artemisiifolia* L.）、雀麦（*Bromus japonicus* Houtt.）、钻叶紫菀（*Aster subulatus* Michx.）、香丝草（*Erigeron bonariensis* L.）、翅果菊（*Lactuca indica* L.）、野蔷薇（*Rosa multiflora* Thunb.）等。

3.3.2.2 城市植被

植被（vegetation）是地面上生长着的植物总称，它使地球表面披上一袭绿色的覆盖。植物在地面上的生长不是孤立的、杂乱无章的，在一般情况下，总是成群生长，出现在有联系的种类组合中，特称之为植物群落（plant community）。因此，植被又是由许多植物群落所组成的。城市地表集居着众多的人口以及为了生产和生活需要建造的大量人工建筑物，这一切必然改变了植被的原来面貌，并形成具有特色的城市植被（urban vegetation）。城市植被包括城市内一切自然生长和人工栽培的各种植被类型。

(1) 城市植被特点

①城市植被的覆盖率低　我国许多城市植被覆盖率小于30%。而植被对建设良好的城市生态环境又是必不可少的。因此，城市建设部门制定城市绿化覆盖率指标是，到2000年不应少于30%，到2010年不应少于35%。这里需要注意的一点就是建设部门的绿化覆盖率的概念并不完全与植被科学中的概念相同。

根据《中国城市建设统计年鉴》和《城乡建设统计公报》数据显示，我国城市绿地面积从2006年的132.12×10^4 hm² 增长至2015年的266.96×10^4 hm²，增长了102.06%；城市建成区绿化覆盖率从2006年的35.11%提高到2015年的40.12%，增长了5个百分点。我国公共园林绿化投资金额从2006年的429亿元增加到2015年的1594.65亿元，年均复合增长率达15.71%。我国城市园林绿地面积不断上升，公共园林绿化投资额不断增加，为市政园林工程企业提供了广阔的市场空间（图3-9~图3-11）。

②城市植被的群落类型特异并多呈孤岛状分布　城市植被的总特征是自然群落比例少，人工、半人工群落的比例增加。同时出现一些城市特有的群落类型。如耐践踏的植物群落，一年生宅旁杂草群落、多年生宅旁杂草群落、草坪群落以及墙面屋顶群落等。

(2) 城市植被类型

根据人为活动对植被影响的强度，把城市植被分为人工栽培群落、残存自然群落和城市杂草群落3个类型。

①人工栽培群落（artificial planted communities）　包括市区道路两旁、街心花坛及住宅

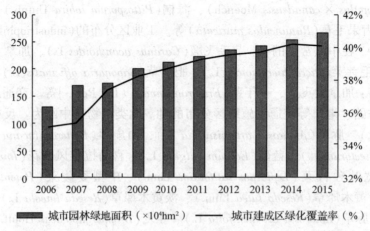

图 3-9 截至 2015 年我国城市园林绿地面积、建成区绿化覆盖率

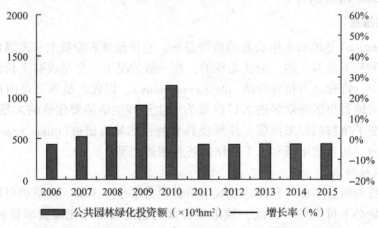

图 3-10 截至 2015 年我国城公共园林绿化投资额、增长率

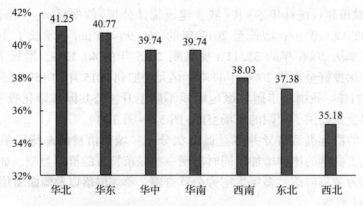

图 3-11 我国城市建成区绿化覆盖率区域分布（截至 2015 年）

区内人工种植的绿化群落，以及郊区的农田和人工防护林等，它们是被人为地引入城市区域的群落类型。

②残存自然群落（natural communities） 指人为活动影响之前就已经存在，并且在城市化过程中未被消除的原生或次生的自然群落，如寺庙周围及房前屋后的风水林等，这些群落现今大都呈小面积孤岛状分布。

上述的两个类型，都是只有在一定强度的人工管理和人为保护的条件下，才得以在城市区域中存在的植物群落。

③城市杂草群落（urban weed communities） 是城市化后，不受人的意识支配而出现的植物群落。在城市杂草群落中除了归化植物外，还有当地的乡土种。这些乡土种具有适应当地城市特殊生境、抵抗各种人为干扰的生存对策，称为真正的城市杂草种。

（3）城市化对城市植被演替的影响

城市化进程对城市植被演替的影响，主要是从城市中残存的自然植被的演替过程而反映出来的。

沼田真等（1971）曾对1950年到1971年间的日本东京自然教育园内天然植物群落的变化过程作过研究。该园面积为20 hm^2，原是东京自然植被保存较好的地段，其中有该地区常见的各种植物群落，米槠[*Castanopsis carlesii*（Hemsl.）Hayata.]、赤松（*Pinus densiflora* Sieb. et Zucc.）、榉树—糙叶树[*Zelkova serrata*（Thunb.）Makino-*Aphananthe aspera*（Thunb.）Planch.]林、灯台树（*Cornus controversa* Hemsl.）林及三蕊柳（*Salix nipponica* Franch. & Savatier）等，此外还有草地、池塘、湿地等。经21年间的观察发现树木生存率发生了变化，树木演替过程中日本赤松、日本栗（*Castanea crenata* Sieb. et Zucc.）、黑松（*Pinus thunbergii* Parlatore）等树木首先受到严重的伤害并枯死，日本米槠虽然枯死较少，但长势衰退，日本冷杉（*Abies firma* Sieb. et Zucc.）和柳杉（*Cryptomeria japonica* var. *sinensis* Miq.）等早在1950年以前就已受害。这主要由于城市内各种树木对大气污染敏感性不同，受害程度各异所致。例如，赤松在硫的质量分数为0.02时就有50%植株枯损，黑松在0.04～0.05时，有50%植株受害。有些阔叶树种敏感性较差，因此1950年前后，自然教育园内的赤松—黑松林向着山桐子（*Idesia polycarpa* Maxim.）林演替，黑松—赤松向着黑松—灰叶稠李[*Prunus grayana*（Maxim.）Schneid.]林演替。

由于环境条件的恶化，日本米槠生长衰退，日本米槠林群落内树种组成也发生变化，正常的日本米槠林是由日本米槠、青木（*Aucuba japonica* Thunb.）、紫金牛[*Ardisia japonica*（Thunb.）Blume]、女贞（*Ligustrum lucidum* Ait.）、八角金盘[*Fatsia japonica*（Thunb.）Decne. et Planch.]、阔叶山麦冬[*Liriope muscari*（Decne.）L. H. Bailey]、常春藤[*Hedera nepalensis* var. *sinensis*（Tobl.）Rehd.]、冬青（*Ilex chinensis* Sims）、柃木（*Eurya japonica* Thunb.）等30余种的常绿植物所组成。由于环境变化，立木层树冠变小和高层树木的衰退，其中生长了很多紫珠（*Callicarpa japonica* Lévl）、荚蒾（*Viburnum dilatatum* Thunb.）等林缘植物，以及日本辛夷[*Magnolia kobus*（DC）Spach]、糙叶树、灯台树等次生林成分。黑松—赤松林群落以及灯台树林群落种类组成的变化见表3-26和表3-27。

城市自然植物群落中种类组成的变化，一些树种长势下降、提前落叶，以及一些树种（如灯台树、珊瑚木）异常增多，都与城市空气污染、鸟类减少、害虫增加、气候变化等综合影响有关，这些现象可以看作整个城市生态系统对生态环境恶化的一种反应。

表 3-26 东京自然教育园内的黑松、赤松林的演变

	种 类	1952 年 6 月		1964 年 11 月		1971 年 11 月	
		株数	BA*（cm²）	株数	BA*（cm²）	株数	BA*（cm²）
乔木层	黑松（*Pinus thunbergii* Parl.）	13	548.0	9	7084.0	8	6585.7
	赤松（*Pinus densiflora* Sieb. et Zucc.）	5	2715.3	1	878.0	1	987.8
	灰叶稠李[*Padus grayana*（Maxim.）Schneid.]	1	907.5	7	1000.0	8	1741.3
	柳杉（*Cryptomeria japonica* var. *sinensis* Miquel）	1	176.6	1	199.0	—	—
	云山青冈[*Cyclobalanopsis sessilifolia*（Blume）Schottky]	1	153.9	—	—	—	—
	灯台树（*Cornus controversa* Hemsley）	—	—	7	502.0	5	522.8
	野梧桐[*Mallotus japonicus*（Thunb.）Muell. Arg.]	—	—	2	267.0		
	日本辛夷[*Yulania kobus*（DC.）Spach]			1	70.0	1	127.6
	黄檗（*Phellodendron amurense* Rupr.）			1	70.0		
	糙叶树[*Aphananthe aspera*（Thunb.）Planch.]			1	23.0		
	柃木（*Eurya japonica* Thunb.）					5	253.0
	米槠[*Castanopsis carlesii*（Hemsl.）Hayata]					4	129.1
	舟山新木姜子[*Neolitsea sericea*（Bl.）Koidz.]					1	90.7
	赤栎[*Quercus acuta* Thunb.]	—	—	—	—	1	35.8
	小 计	21	11 501.3	30	10 073.0	34	10 252.6
灌木层	长果锥[*Castanopsis sieboldii*（Yanagita）Yonek.]			82	205.3	48	405.0
	柃木（*Eurya japonica* Thunb.）			54	189.7	42	381.8
	青木（*Aucuba japonica* Thunb.）			73	162.1	88	337.4
	鸡爪槭（*Acer palmatum* Thunb.）			88	118.9	38	91.0
	紫珠（*Callicarpa bodinieri* Levl.）			18	66.8	9	41.1
	舟山新木姜子[*Neolitsea sericea*（Bl.）Koidz.]			19	39.2	9	31.0
	枹栎（*Quercus serrata* Murray）			6	37.3	4	17.2
	红淡比（*Cleyera japonica* Thunb.）			9	35.6	8	81.4
	荚蒾（*Viburnum dilatatum* Thunb.）	1		11	29.9	—	—
	灯台树（*Cornus controversa* Hemsl.）	1		1	15.6	1	0.1
	朴树（*Celtis sinensis* Pers.）			2	15.1	1	9.6
	赤栎（*Quercus acuta* Thunb.）			1	12.6	1	2.5
	灰叶稠李[*Padus grayana*（Maxim.）Schneid.]	6		1	9.6	2	32.8
	齿叶冬青（*Ilex crenata* Thunb.）			10	6.8	2	3.7
	八角金盘[*Fatsia japonica*（Thunb.）Decne. et Planch.]			2	6.0	5	22.3
	日本女贞（*Ligustrum japonicum* Thunb.）			8	5.5	3	1.1
	鸡桑（*Morus australis* Poir.）			2	3.9	—	—
	野桐（*Mallotus tenuifolius* Pax）	1		2	3.9		
	交让木（*Daphniphyllum macropodium* Miq.）			1	1.8		
	青稠（*Quercus myrsinaefolia* Bl.）			3	0.9	3	3.1
	盐肤木（*Rhus chinensis* Mill.）			1	0.8	—	—
	日本厚朴[*Houpoea obovata*（Thunb.）N. H. Xia & C. Y. Wu]					1	9.6

(续)

种类		1952年6月		1964年11月		1971年11月	
		株数	BA*(cm²)	株数	BA*(cm²)	株数	BA*(cm²)
灌木层	南五味子(*Kadsura longipedunculata* Finet et Gagnep.)					2	0.2
	木防己[*Cocculus orbiculatus* (L.) DC.]					2	0.1
	小 计	9		394	967.5	269	1471.0

注：引自Numata, 1972。
*样地面积300 m²；林木层高>15 m；林木亚层高6~15 m；灌木层高1.5~6 m；BA 基面积。

表3-27　东京自然教育园内的灯台树林的演变

种类		1952年6月		1964年11月		1971年11月	
		株数	BA*(cm²)	株数	BA*(cm²)	株数	BA*(cm²)
乔木层	灯台树(*Cornus controversa* Hemsl.)	15	9870.9	14	13384.1	11	9 359.0
	糙叶树[*Aphananthe aspera*(Thunb.) Planch.]	1	572.3	1	877.8	1	826.6
	灰叶稠李[*Padus grayana* (Maxim.) Schneid.]			1	50.2	2	137.8
	山桐子(*Idesia polycarpa* Maxim.)					2	968.4
	日本辛夷[*Yulania kobus*(DC.) Spach]					2	54.0
	菱叶常春藤[*Hedera rhombea*(Miq.) Bean]					2	32.7
	朴树(*Celtis sinensis* Pers.)					1	14.2
	南五味子(*Kadsura longipedunculata* Finet et Gagnep.)					1	1.0
	小 计	16	10 443.2	16	14 312.1	22	11 393.7
灌木层	青木(*Aucuba japonica* Thunb.)			33	184.6	115	518.1
	鸡桑(*Morus australis* Poir.)			5	71.8	5	53.0
	茶[*Camellia sinensis*(L.) O. Ktze.]			30	52.7	38	57.8
	无梗接骨木[*Sambucus sieboldiana* G. Y. Luo & P. H. Huang]			3	46.8	2	4.3
	舟山新木姜子[*Neolitsea sericea*(Bl.) Koidz.]			5	46.5	10	68.2
	山茶(*Camellia japonica* L.)			2	46.2	8	93.7
	朴树(*Celtis sinensis* Pers.)			12	45.9	9	75.3
	西南卫矛(*Euonymus hamiltonianus* Wall.)			17	44.2	7	63.4
	日本辛夷[*Yulania kobus*(DC.) Spach]			3	28.5	5	19.0
	榉树[*Zelkova serrata*(Thunb.) Makino]			8	24.3	—	—
	苦树[*Picrasma quassioides*(D. Don) Benn.]			1	23.7	1	17.3
	樗叶胡桃(*Juglans ailantifolia* Carr.)			3	19.7		
	日本栗(*Castanea crenata* Sieb. et Zucc.)			1	19.6	—	—
	紫珠(*Callicarpa bodinieri* Levl.)			5	15.6	4	6.5
	灯台树(*Cornus controversa* Hemsl.)			2	13.8	4	15.9
	日本女贞(*Ligustrum japonicum* Thunb.)			4	13.7	2	13.8
	糙叶树[*Aphananthe aspera*(Thunb.) Planch.]			4	12.4	11	40.7
	荚蒾(*Viburnum dilatatum* Thunb.)			1	9.2	1	1.0

(续)

种　类	1952年6月		1964年11月		1971年11月	
	株数	BA*（cm²）	株数	BA*（cm²）	株数	BA*（cm²）
灌木层 卫矛[*Euonymus alatus*（Thunb.）Sieb.]			1	6.7	1	8.3
灰叶稠李[*Padus grayana*（Maxim.）Schneid.]				4.9	1	11.9
胡椒木[*Zanthoxylum piperitum*（L.）DC.]					1	3.1
南五味子[*Kadsura longipedunculata* Finet et Gagnep.]					28	7.1
楤木[*Aralia elata*（Miq.）Seem.]					1	3.9
三叶木通[*Akebia trifoliata*（Thunb.）Koidz.]					2	0.7
小　计			134	783.0	254	1 079.9

注：引自Numata, 1972。

*样地面积400 m²；林木层高>10 m；林木亚层高5~10 m；灌木层高1.5~5 m；BA 基面积。

城市中呈小面积孤岛状分布的残存自然植被，其维持机理和演替过程也有与地带性自然植被不同的特点。达良俊等（1992）以日本千叶市面积为3.2 hm²，孤立分布的赤松林进行了8年的定点研究，发现在日本赤松林演替的各个阶段中，除了人工种植的树种以外，植物种能否侵入及侵入林内的顺序，主要取决于周围种源母树的存在与否以及种子散布能力的大小。在演替的中后期阶段，群落主要是由鸟类散布的种类所组成，特别是在顶极群落的种类组成中，大量出现鸟类散布型人布植物，而缺乏那些重力散布以及其他动物散布的种类，与地带性自然植被顶极群落的种类组成有较大差别。因此，种子的散布能力和种源母树的存在，直接影响到孤岛状分布的群落内种群动态的变化，并左右着演替的进程。特别是那些具有种子产量高、散布能力强、初期生长速度快等典型先锋种特征的榆科树种，如糙叶树、朴树（*Celtis sinensis* Pers.）等，因其能够较容易地侵入林内，并迅速生长至林冠层，同时又由于它们的个体寿命较长，可在顶极群落内与其他顶极树种共同构成林冠，处于长期支配群落的地位，此类植物被称为顶极性先锋种。具有顶极性先锋种的群落，是城市孤岛状自然植被的另一个特征。

3.3.3　城市动物

城市动物是城市生态系统中的消费者。城市化过程使自然环境发生深刻的变化，不可避免地会引起当地野生动物种类和数量发生变化。开阔空间的丢失，以及作为食物来源与隐蔽条件的植被受到破坏，都是导致城市野生动物种类减少的主要原因。人类活动的强烈干扰、污染和交通噪声是野生动物消失的另一个重要因素，其中对环境变化特别敏感的鸟类，受到的影响尤为明显。但是某些能忍受环境变化，并能与人伴生的有害动物，则变得更加适应城市生态环境，如家栖鼠、蜚蠊等。

城市动物区系是指在城市范围内全部动物种类的组成，包括脊椎动物与无脊椎动物。按动物类群分有兽类、鸟类、两栖类、爬行类、鱼类及昆虫等；按动物栖息的环境则可分为室内动物及室外动物，后者再分为陆生动物、水生动物和土壤动物等。因此，对一个城市进行动物区系调查是一项综合性工作。这里仅对城市中与人类生活环境关系密切的几类动物作一叙述，其中包括小型兽类、鸟类、有害昆虫(蝇类、蚊类、蜚蠊)及家养动物。城市常见动物类型及特征如下。

(1) 城市小型兽类区系与群落

城市常见的小型兽类主要为家栖鼠，其他还有：鼠鼬(*Mnsteal*)、狸(*Byctereutis*)、狐(*Vulpus*)等。

城市家栖鼠，包括褐家鼠、小家鼠和曼胸鼠等，它们主要栖息在各类建筑物及仓库等场所，它们是以人类为伴的最主要的动物类群。

随着城市的发展，其他小型兽类如狐、狸、鼠鼬、野兔及农田鼠类的数量在城区迅速减少，其分布和种群丰富度亦呈现出随城市发展逐步降低或消失的现象。

(2) 城市鸟类区系与群落

城市鸟类种类组成变化十分明显。如上海市区有鸟类 335 种，其中留鸟 39 种，夏候鸟 36 种，冬候鸟 94 种，旅鸟 166 种(宋永昌等，1998)，但现在由于城市污染和绿化面积的缩小，鸟类数量在减少。又如，武汉地区原有鸟类 282 种及亚种，到 20 世纪 70 年代常见种类仅存 126 种，其中繁殖鸟 62 种，冬候鸟 49 种，旅鸟 15 种(宋永昌等，1998))。我国其他城市也有类似情况。一般的，随着其他候鸟类的减少，对人工建筑物有着极其依赖关系的麻雀则成为目前的优势种。

(3) 城市有害昆虫区系与群落

城市有害昆虫主要类型有：蜚蠊(蟑螂)、蝇类、蚊类等。城市有害昆虫的群落组成，既受城市自然地理位置的影响，在同一城市，动物群落中的各物种的空间分布也有差别。如沈阳市区居民户、饮食店及宾馆均以日本昌蠊为主；上海地区居民户以黑胸大蠊为主，而饮食店和宾馆则以德国小蠊为优势种。

(4) 城市土壤动物

城市化使城市下垫面发生深刻变化，大量建筑物的耸立及地面的硬化，土壤结构及理化性质均发生改变，致使土壤动物区系及微生物区系等随之发生变化，现以分布极为普遍的土壤动物蚯蚓为例加以说明。蚯蚓按其生活样式可以分为：①造巢型，其潜伏层主要在土壤的 A~B 层，那里有通向地表的坑道，末端有地表开口。②非造巢型，其中 A 型的潜伏层主要在 A 层，虫体多与地面平行；A_0 和 $A_0 \sim A_1$ 层，当 A_0 发展不好或部分缺乏时，蚯蚓则将 A_1 的表层堆高而潜伏其下(大野，1973)，受城市影响最大的是 A_0 型。城市化除去林下地被层植物，扫去落叶，地面被人踏实等都影响蚯蚓的生存。在林荫道树附近、街心花园等处，A 型蚯蚓尚能生存。但 A_0 型蚯蚓则完全不能生存。A_0 型蚯蚓也是受大气污染影响最严重的蚯蚓(中野尊正等，1978)。

(5) 城市户养动物

城市户养动物(domestic animals)包括人类观赏"伴侣"以及科学实验的动物，有各种观赏鸟、猫、狗、水生动物和供实验用的鼠、猴等。从其分布地域看，以城市动物园为集中分布区，如北京动物园观光用动物 490 多种、5000 多只动物。其他户养动物最多的是鸟类，以鸽甚多，其次狗、猫也为主要的户养动物。

3.3.4 城市微生物

微生物在城市生态系统中占有极其重要的地位，它们既是许多疾病的病原，又是能量流动和物质循环不可缺少的环节。城市各种固体废弃物的排出量日益增多，已造成了城市环境的严重污染，危及人体健康。而通过微生物处理，许多废弃物可以作为宝贵资源加以利用。下面仅就城市各种环境中微生物群落特点作一简述。

3.3.4.1 城市空气中的微生物群落类型及特征

空气中的微生物群落主要包括细菌、霉菌、放线菌等，其中绝大多数都不是致病微生物，有一些对人类身体健康和环境中物质的转化是非常有益的，但亦有大量的致病或者使工农业原料和产品腐蚀霉烂的微生物类群，一般根据其分布的场所可以简单地分为室外和室内两类空气中的微生物群落类型。

(1) 室外空气中的微生物

室外空气中的微生物是由水体、土壤及生物生长活动，并由气流、尘埃、土粒等搬运而进入大气的，其数量与人和动物的密度、植物生长状况、土地利用和地面铺设情况以及气温、湿度、气流、日照等因素有关。同时，不同季节其数量和种类亦有变化。一般来说，室外空气微生物的数量较少，代谢活动低，大部分为非致病性的腐生微生物（如芽孢杆菌属、八叠球菌属等）。

(2) 室内空气中的微生物

室内空气中微生物主要来源于人、动物和植物。室内空气中主要含有非致病性的微生物和致病性微生物，如致病性细菌、病毒、立克次氏体放线菌、真菌等。总的特点是室内空气中致病性微生物的种类和数量较多。这些致病性微生物通过尘埃、飞沫及结核作为介质，经过呼吸进入人体，引起疾病。

3.3.4.2 城市水中的微生物群落类型及特征

水中微生物来源于大气、土壤和植物，其种类多，有细菌、病毒、真菌等类群以及原生动物等。

水是传染疾病的重要途径，其中致病性的微生物主要有志贺氏菌属、大肠埃希氏菌、沙门氏菌、霍乱弧菌、结核杆菌等。由于经污水而传染疾病的数量呈上升状态，因而国际卫生组织已对饮用水制定出了比较统一的规定（表3-28）。

表 3-28 水中微生物学标准

水的种类	细菌学标准	病毒标准（假定）	备注
饮用水	总大肠菌群数<1 个/100 mL	<IPFU/378 L OPFU/101	Melnick J. L. 建议 WHO 及欧洲标准
娱乐用水	总大肠菌群数<1000 个/100 mL 粪大肠杆菌数<200 个/100 mL	<IPFU/3.8 L	Melnick J. L. 建议 联邦水污染控制署
游泳池水	总大肠菌群数 0 个/100 mL 细菌总数<100 个/100 mL	无	游离氯为最好的水质指标
回用水	细菌总数 100 个/100 mL 总大肠菌群数 0 个/100 mL 粪大肠杆菌 0 个/100	0 个/10 L 0 个/(100~1000) L	Grabow 为南非建议 WHO(1980)

数据来源：引自 Bitton, 1980；转引自郁庆福等, 1984。

3.3.4.3 城市土壤中的微生物群落类型及特征

土壤是微生物生长发育的良好环境,据测定每千克土中,细菌就有几百万至几千万个,放线菌约有几十万至几千万个,真菌有几千至几十万个,从 1g 土壤中分离后的微生物,常有几十甚至几百种以上。土壤中的微生物绝大多数对人类是有益的。它们有的能分解动植物的尸体及排泄物为简单的化合物,供植物吸收;有的能将大气中的氮固定,使土壤肥沃,有利城市植被生长;有的能产生各种抗菌素。但也有一部分土壤微生物是人类及动植物的病原体。

城市土壤中病原微生物的主要来源有三方面:①使用未经彻底无害化处理的人畜粪便施肥;②使用未经处理的生活污水、医院污水和含有病原体的工业废水灌溉或利用其污泥施肥;③病畜尸体处理不当。一般来说,动物尸体及其排泄物中,以及带有致病微生物的污水中进入土壤的那些致病菌,由于营养要求严格,一般不适合在土壤中生存。只有能形成芽孢的致病菌进入土壤才能长期存在,几年甚至几十年。如炭疽杆菌在土壤中可生存 15~60 年,其他如破伤风杆菌、产气荚膜杆菌等都能长期存在于土壤中,一般无芽孢的致病菌进入土壤后最多只能生存几小时或数日。

土壤微生物的分布随着土壤结构、有机物和无机物的成分、含水量以及土壤理化特性的不同而有很大差异,而且随着土壤深度的增加,各类微生物急剧减少。

复习思考题

1. 简述城市森林环境的基本概念、组成及其特点。
2. 城市森林的非生物环境主要包括哪些内容?
3. 城市"热岛效应"是如何产生的?城市森林在解决"热岛效应"问题上可以发挥哪些作用?
4. 简述城市市区主要微气候类型及其特点。
5. 简述城市土壤的主要类型及其特点,根据这些特点如何进行改良?
6. 城市森林的生物环境主要包括哪些内容?
7. 试述城市人口容量特征及城市环境对人类的影响。
8. 试述城市植被的类型、特点及其在城市森林建设中的应用。

推荐阅读书目

1. Bradley G A, 1995. Urban forest landscapes. University of Washington Press.
2. Hibberd B G, 1989. Urban Forestry Practice. Her Majstys Stationery Office.
3. Grey G W, 1996. The Urban Forest. Printed in the United of America.
4. 哈申格日乐,李吉跃,姜金璞,2007. 城市生态环境与绿化建设. 中国环境科学出版社.
5. 冷平生,1995. 城市植物生态学. 中国建筑工业出版社.
6. 冷平生,吴庆书,2000. 城市生态学. 科学出版社.
7. 李吉跃,常金宝,2001. 新世纪的城市林业:回顾与展望. 世界林业研究,14(3): 1-8.
8. 李吉跃,刘德良,2007. 中外城市林业对比研究. 中国环境科学出版社.
9. 李吉跃,2010. 城市林业. 高等教育出版社.
10. 梁星权,2001. 城市林业. 中国林业出版社.
11. 杨士弘,2005. 城市生态环境学(第2版). 科学出版社.

第4章 城市林业的功能与效益

城市林业是传统林业的升华与提高,其功能与效益的发挥直接影响到城市生态环境及社会经济的发展,涉及与城市生态环境相关的城市生态系统的各个方面。城市林业所涉及的城市生态子系统主要包括以乔灌木为主体的城市森林生态系统、城市草坪与地被物生态系统、城市湿地生态系统,以及城市野生动物及其生物多样性等。

4.1 城市森林的功能与效益

作为城市林业的主体,城市森林广泛参与城市生态系统中物质、能量高效利用和社会、自然协调发展,在城市生态系统发展的动态自我调节中,特别是在调节城市气候、改善城市环境、杀菌防病、降低噪声、疏导交通、促进经济发展等方面发挥着重要的作用。

4.1.1 调节城市气候,改善城市环境

随着现代城市化的发展,城市环境污染日益严重。对于一般工业城市来说,每年降尘量可达 500 t/km² 以上,粉尘中含有多种有机和无机物质,对人的呼吸带来很大的危害。5 μm 以下的酸性粉尘进入鼻腔后吸附于上呼吸道,会使人发生气管炎、砂肺、尘肺及肺炎等疾病。粉尘里还含有大量病原菌,对人体健康危害很大。还有城市里的工厂、路上跑的机动车等放出大量有毒气体污染空气。这些有毒气体如一氧化碳、二氧化硫、氟化氢、氯气等对人体危害极大。例如,机动车排放的尾气常使人们感到恶心和难受,而且由它为源头所形成的光化学烟雾使人呼吸困难、视力下降、头痛、胸痛,甚至引起麻痹症和肺气肿等疾病。对老人来说,敏感性更强,危害性更大。在1954年12月洛杉矶发生的一次烟雾事件中,当地65岁以上的老人死亡达400多人。由此可见环境污染对人体危害是极大的。

而城市中的花草树木等绿色植物却是活动的"吸尘器"和天然的"消毒员",它们在改善城市小气候、防止大气污染、杀菌防病、净化空气、降低噪声等方面发挥着重要的作用。

4.1.1.1 调节城市小气候

影响气候的因素主要包括太阳辐射、空气温度、大气湿度和空气流动(风)等。人类与其他生物一样,都具有一个适宜于人类本身活动的气候条件和要求。在室内,可以依靠建筑物的结构或者附加各种器械设备(如空调机、加湿器、风扇等)来调节室内温度、光线、湿度和风,使其达到令我们感到舒适的小气候环境。那么可否利用相似的原理控制室外的小气候环境呢?答案是肯定的。在城市内,利用种植树木和其他绿色植物,并根据它们对太阳辐射、空气运动等的作用机理,适当配置各种植物,就能够产生类似于室内那种令人舒适

的小气候。城市森林在改善气候条件方面的功能,归纳起来,主要有如下几个方面。

(1) 调节温度

城市中的大气温度高低和变化,主要与太阳辐射强度的变化有关。当太阳辐射进入到地球大气层时,一部分由于云层反射而散失,另一部分由于大气中颗粒物质散射和漫射也消失了,还有一部分被气态物质所吸收(包括二氧化碳、水汽、臭氧等);余下的部分射入到地球表面,能够到达地表面的太阳辐射,仅占太阳辐射总量的50%。

在白天,太阳辐射被城市表面吸收。这些城市表面包括建筑物的屋顶、混凝土、钢铁、玻璃、柏油路面及其他物体等,所有这些物体都不是热的绝缘体,因此它们都会吸收热量,但由于它们的导热性好,所以比植被和土壤更容易丢失热量。因此,这些物体表面比空气温度更高,特别是在建筑物林立、各种公用设施密集、人口聚集的市区内,气温明显高于郊区。由此而产生了所谓的城市"热岛效应",当市内气温明显高于人体的最适温度(16~20 ℃)时,人们就会产生不舒服的感觉。

城市森林中乔木、灌木和草本植物通过对太阳辐射的反射、吸收和散射等,能够明显的调节空气温度,同时也会使得环境中的湿度明显提高。树木和其他植物通过叶子拦截、反射、吸收和传导太阳辐射,来改善城市环境的空气温度,其效果主要取决于植物叶子的密度、形态和枝条的分枝角度。城市比周围的地区气温平均高出0.5~1.5 ℃,在冬天这种情况颇为舒适,但在夏天则相反,而落叶植物则是最理想的调节气温的材料。在夏季炎热的白天,它们能够截留太阳辐射而显著地降低大气温度;冬天叶的脱落导致增加太阳辐射,反而令人感到温暖。据测定,在同一个区域内,有林与无林的地面温度相差1.3~10 ℃,平均达1.6 ℃。当城市森林面积达30%时,市区气温可降低8%;当面积达40%时,气温可降低10%;当城市森林面积达50%时,可降低气温达13%;李嘉乐等(1998)对北京绿化的夏季降温效益研究表明,城市绿化程度对气温有明显的影响,城市中各地段的绿化程度对本地段和附近的气温都有影响。而白天气温最高时,一个地段的降温效应与半径500 m以内的绿化程度关系密切,而夜晚降温则与更大范围内的绿化状况存在联系。降温与绿化覆盖率的关系是:

$$Y = 37.23 - 0.097X \tag{4-1}$$

即在白天气温最高时(14:00),绿化覆盖率(X)每增加一个百分点可降温(Y)0.1 ℃。

北京市绿化覆盖率不足10%的地方,其热岛强度最高为4~5 ℃。如果绿化覆盖率达到50%,可降低温度4.94 ℃,城市热岛效应可基本得到治理。由于树木的光合作用吸收CO_2放出O_2,使大气中的O_2增加,CO_2减少,从更大的范围内控制"温室效应"的发展,这是城市森林对全球的贡献。

在夜晚,热量辐射基本上是通过城市表面与大气之间的红外线辐射交换而进行的。晴朗的夜晚,城市表面冷却得更快一些;多云的夜晚,冷却得慢一些。另外,以红外线方式散失热量的速度快慢与吸收太阳辐射的物质材料类型有关。比重大、致密的物质冷却得慢一些。夜间,树冠缓慢地散发热量,因此,树下的气温要比旷地的气温高,在市区范围内这种温差经常可以达到5~8 ℃左右。城市森林对温度的调节作用如图4-1[①]至图4-4所示。

---

① 本章中的图4-1至图4-10和图4-12至图4-21都转引自高清《都市森林学》,1984。

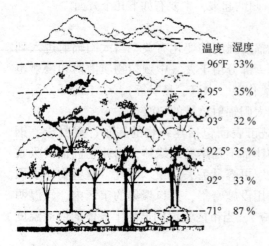

图 4-1 城市森林对温度和湿度的调节作用

图 4-2 在夜间,森林里的热量不易散失

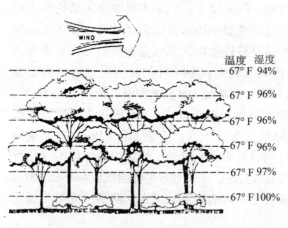

图 4-3 森林里气温较外界为低,但风会使森林里外的温度一致

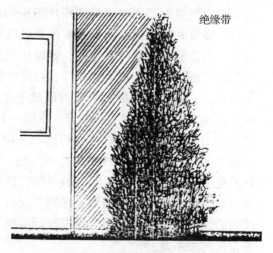

图 4-4 把针叶树种在房舍附近可以减少冬天热的流失

(2) 增加湿度

城市森林在调节气温的同时,也可增加城市空气的相对湿度。在城市森林作用范围内,由于风速和乱流交换的减弱,使得植物蒸腾和土壤蒸发的水分再次进入低层大气中逗留的时间要相对延长。因此,近地面的绝对湿度和相对湿度常常高于无林地。同时,由于森林植物具有蒸腾作用,每天要蒸腾大量的水分,所以林冠下面的空气湿度要明显增加。因此,城市森林内的大气相对湿度和绝对湿度在各种条件下均高于林外。一个树种选择合理,结构配置适当的城市森林,空气相对湿度可增加 54%。研究表明,农田林网内活动面上的相对湿度大于旷野,其变化值在 1%~7%,江汉平原湖区农田林网内相对湿度比空旷地提高了 3%~5%。据在甘肃河西走廊的研究,林木初叶期,农田林网内空气相对湿度可提高 3%~14%,全叶期提高 9%~24%,生长季一般可使林网内空气湿度提高 7% 左右,田间蒸发量减少 5%~28%。对北京城市绿地、庭院绿化、道路绿化等对小气候影响的观测

表明：在冬季，北京城市森林内的空气湿度比林外增加8~24%（魏广智，1997年）。

城市森林中有好多花草树木，它的叶表面积要比其所占地面积大得多，由于植物的生理机能，植物主要通过叶面蒸腾大量的水分，从而增加空气湿度。一般夏季森林里的空气湿度比城市高38%，公园中的空气湿度要比城市高27%。春天树木开始生长，从土壤中吸收大量水分，然后蒸腾散发到空气中去，绿地的湿度比没树的地方增加，相对湿度20%~30%，可以缓和春旱，有利于生产及生活。夏季树木根系庞大，如同抽水机一样，不断从土壤中吸取水分，然后通过枝叶蒸腾到空气中去。据测定 1 hm^2 阔叶林，在夏季能蒸腾2500 t 水，相当于同面积水库蒸发量，比同面积的土地蒸发量高20倍（杨赉丽，2007）。城市森林提高空气湿度同样还可影响到周围地区，一些试验证明，大片树林外，树木高度的10倍处，空气湿度仍可提高1.1%。

城市森林对降水的影响也是十分明显的。一般情况下，城市地区及其下风侧的年降水总量比农村地区高5%~15%，其中雷暴雨增加10%~15%（王祥荣，2000）。这主要是由于城市"热岛效应"的温差形成的热湍流，以及由城市建筑物特别是高层建筑物所导致的地面粗糙度增大而产生的机械湍流，都有利于大气对流的产生和增强，从而为成云致雨提供动力条件，对流增强同样也导致雷暴雨天气增多。

（3）防风作用

空气的运动形成了风。风也是影响人体感觉舒适与否的一个重要因素。在城市中风对人体究竟产生正面影响还是负面影响，很大程度上取决于城市植被的存在与否。白天风能够加快蒸发和冷却的速度，其作用程度是随着周围环境地形和风速的变化而变化的。城市森林可以影响城市的气体流动，由于城市森林的存在，造成城郊之间地温及温度递减，森林区域的存在促进城区燥热气团与郊野爽湿气团的对流，形成呈良性生态调节效应的"城市风"。

城市树木和灌木通过阻碍、引导、转向和过滤作用来控制风速和风向，影响和控制的程度随树体的大小、形态、叶子的密度及保持时间的长短、栽种地点、林分结构、树种组成的不同而变化。树木可以由其本身或与其他障碍物的联合，改变周围气体的流动，用于改变风速的树木可以种植于角落和建筑物的入口处，但是栽植的位置要谨慎处理，因为树木也是人们希望通过空间气流的防碍物（图4-5）。

树木可以降低风速，并且在林带的迎风面和背面都产生一个无风区和风速减弱区（图4-6），其范围通常是在林带前树高的2~5倍和林带背面树高的30~40倍区域内，最大

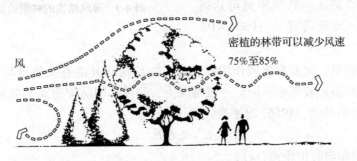

图4-5 林木的防风作用

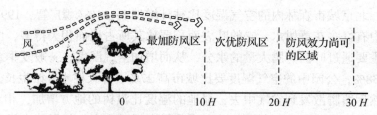

图 4-6 在防风林附近适当区域内,森林具有防风的效果

限度降低风速的范围是林带背风面树高的 10~20 倍远的地方,最高可降低风速 75%~80%。风能干扰蒸发冷却的进程,因而间接地影响了气温变化。风碰到森林障碍后,速度会降低,其降低的程度取决于防风林的高度、宽度、通透性及防风林的树种。

防风林结构对降低风速的影响:一般的防风林按其外部形态和结构特征划分为以下 3 种类型。

①紧密结构 这种结构的防风林在落叶前上、下层均较紧密。外观上不透光,气流基本不能通过,而从树冠上越过,背风面形成明显静风区。由乔灌木组成,透风系数<0.1。这种结构的防风林,虽在背风面能够形成一个风速削弱强烈的区域,但风速的恢复也快。其防风范围为树高的 15 倍,可降低风速值为 48%(图 4-7)。

②疏透结构 落叶前防风林带有一定透光孔隙且分布不均匀,气流可通过一部分。这类结构的防风林多由行数较少的乔木组成,灌木数量不是很多,透风系数为 0.3~0.5,防风距离为树高的 35~37 倍,在此范围可降低风速 60%~75%(图 4-8)。

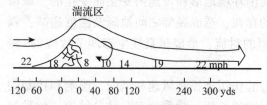

图 4-7 紧密结构林带的防风作用

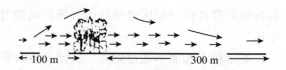

图 4-8 疏透结构林带的防风作用

③通风结构 落叶前林带树冠部分多为紧密或疏透结构,树干部分有相当大的透光孔。气流遇到防风林后一部分从下部通过,另一部分从林冠上面越过。一般由一种乔木组成,无灌木,防风距离可达树高的 24~28 倍,风速可降低 31%~41%(图 4-9)。

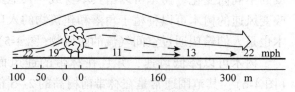

图 4-9 通风结构的林带的防风作用

防风林带的高度、宽度对防风作用的影响:在结构和其他有关特征均相同的情况下,林带高度不同,其防护效果也不同。一般情况下,防风林的防护距离与防风林带的高度呈正比。毕特尼斯(恰特金,1956)的经验公式:

$$L = 2.5H^2 \tag{4-2}$$

式中 L——林带相对防护距离(m);

H——林带高(m)。

而防风距离与防风林的宽度无关。一般4~6行最好。当林带宽度由4~6行构成且为乔灌混交,则其防风距离为树高的1~20倍,风速降低百分率达40%~41%。

不同树种对防风效率的影响:树种选择对于防风林的效率影响也较大,叶子密度较大的针叶树,对防止冬春季节的西北风作用很大,所以一般针叶树防风林带应配置在城市的北面和西面。落叶树种最好栽植在城区的东面和南面,以防止夏季的干热风。同时,到了冬季树叶枯落后,增加了太阳辐射量,因而可以起到提高气温,降低温差剧变作用。

(4)控制雪的沉积

树木还能被运用于控制雪的堆积。由于在防风林的背风面风速降低,雪粒将沉积下来。在防风林中混植一些低矮的灌木,可以更大程度地提高对雪粒沉积的控制作用。雪粒沉积的形态变化是随着防风林的高度和结构的变化而变化的。密度较大的防风林,雪粒沉降带较为狭窄且深厚。Ten Sen 在1954年曾给出了雪粒沉积形态与防风林带的高度和密度系数之间的关系:

$$L = (35 + 5h)/k \tag{4-3}$$

式中 L——降雪长度(m);

h——防风林高度(m);

k——防风林密度系数。

根据 Ten Sen 公式,防风林后的雪粒沉积长度与防风林的高度呈正比,与防风林的密度系数呈反比。

一般说来防雪栅栏要比防风林需要更多的投资。所以用防风林来防止风雪危害更适合一些(图4-10)。同时,组成防风林的一些树种还具有非常好的观赏价值,因此被广泛应用于防止停车场和街道上雪的自由降落。另外,如果设计合理配置得当,防风林也可以运用于控制雪粒的降落在人们所期待的地段,如滑雪场、雪橇场以及希望靠融雪增加土壤水分的区域。

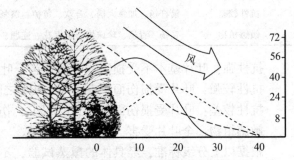

图4-10 不同结构防风林积雪模式示意
——紧密结构;– –疏透结构;……通风结构

4.1.1.2 防治城市环境污染

1)监测有害气体,减轻空气污染

城市环境污染主要是指大气、噪声、可吸入颗粒物和水体污染等,其中大气污染主要是化学性燃料排放到大气中的二氧化碳、氯、烃、甲烷、一氧化碳、氧化氮等40多种气态物质。在这些气态污染物中,CO_2 的排放量最多。由于 CO_2 的增加,气候明显变暖,出现了"温室效应"。现今世界每年排入大气环境的有毒气体大约 6.7×10^8 t,其中 CO 2200×10^4 t,SO_2 1.46×10^4 t,H_2S 8800×10^4 t,CO_2 5300×10^4 t,其他硫化物 700×10^4 t。

(1)监测有害气体

在城市中营造林木和其他植物,除了可以减轻或消除各种污染之外,各种植物对于有害气体的反应不同。有一些植物对某种或某些种有害气体非常敏感,因此,可以借助这些植物来监测城市内有害气体的种类、数量和污染程度等。目前科研和生产中,利用植物来监测有害气体的方法主要有以下 3 种。

①根据植物的受害反应来监测有害气体 根据植物对有害气体的反应可以首先把植物区分成两大类:一类是敏感植物;另一类是不敏感植物。当然,这种植物对有害气体的敏感与否是因有害气体的种类和植物种的不同而发生变化的。例如:紫花苜蓿在二氧化硫浓度达 3.57 mg/m³ 的大气中,1 h 则受害,而人类则只有二氧化硫的浓度达到 57.2 mg/m³ 时,才会受到伤害。山杏对氟较敏感,向日葵对氨较敏感。根据孟紫强等(1997)在我国太原城区所进行的绿化植物对氯气(Cl_2)伤害的反应以及抗性研究,植物在高浓度(15.4 mg/h 或 22.5 mg/h)和低浓度(0.8 mg/m³)氯气熏蒸条件下,叶片出现的伤害症状,按强弱顺序进行分级(表 4-1):

表 4-1 植物对低浓度氯气的反应分级[0.8 mg/(m³·h)]

级别	植物种类
抗性强	云杉、瑞香、侧柏、毛白杨、油松、火炬松、大叶黄杨、一品红、梓、旱柳、夹竹桃、九里香、接骨木、垂柳、槐树
抗性较强	臭椿、法国梧桐、榆、丁香、卫矛、木槿、金银木、胡枝子、玫瑰、月季
抗性中等	钻天杨、山桃、菊花、羊胡子、早熟禾、黑麦草、翦股颖、五舌草、黄花菜
抗性较差	箭杆杨、加拿大杨、合欢、黄栌、黄刺梅、雪柳
敏感植物	辽杨、青杨、珍珠梅、金银花、连翘、石榴、葡萄、菊花

抗性强:叶片基本不受损害或轻微受害,叶片受损面积在 0~5%;
抗性较强:叶片受损伤面积在 20%~50% 之间;
抗性较差:叶片受损伤面积在 50% 以上,伤害反应出现迟缓;
敏感植物:全叶片受害,反应出现最早。

根据以上分级标准,经具体的熏蒸试验,不同植物对低浓度氯气(Cl_2)的反应分级见表 4-1。可以根据植物对氯气反应的敏感程度,有选择地把植物栽植在有氯气污染的地段,根据植物受害的程度来监测氯气的数量和浓度。

②根据植物体内污染物质的含量监测有害气体 据中国科学院林业土壤研究所(现中国科学院应用生态研究所)对加拿大杨、刺槐体内铅含量测定结果,他们认为在大气污染的市区,树叶中的铅主要来自大气,并且树木叶片的铅含量多少与大气中铅的浓度大小呈正比(表 4-2)。

表 4-2 树木叶片的铅含量与大气铅浓度关系

大气中铅浓度(mg/m³)	0.0112	0.001 03	0.000 65	0.000 60	0.0037
树木叶片铅含量(mg/L)	196.76	12.2	4.3	3.1	2.53

注:引自常金宝等,2006。

植物体内污染物质的含量除了与污染物质在大气中的浓度呈正比外,还与污染源的距离有关系。一般来说,距离污染越远,则植物叶片内污染物质含量越低。另外,在市区范围内,植物体内的污染物质含量与该区域的特定性质有关,一般是工业区>商业区>居民

表 4-3　北京市房山区不同树种叶片含 S 量(%)

功能区	侧柏	槐树	旱柳	绿柳
工业区	—	0.42	1.35	1.17
商业区	0.16	0.33	0.69	0.90
居民区	0.15	0.24	—	0.87

注：引自李吉跃等，1999，2000。

区，李吉跃等(1999，2000)对北京市房山区大气污染状况及抗污染树种选择的研究充分证明了这一点(表 4-3)。

③利用污染指数来监测有害气体　根据受到污染的植物体内某种有害物质含量与没有受到污染而正常生长发育的同一植物体内某种元素含量的比值(即污染指数)，可以确定其污染程度的大小。例如，可根据不同城市中白蜡叶含硫量的大小，确定这些城市中 SO_2 的污染程度。

$$P = C_i/C_0 \tag{4-4}$$

式中　P——受污染与正常白蜡叶片的比值(污染指数)；

C_i——不同城市白蜡叶片中硫元素含量；

C_0——正常非污染的白蜡叶片中硫元素含量。

根据 P 的大小，作为 SO_2 污染指数，可把不同城市 SO_2 污染分成如下几级：

$P = 1 \sim 1.5$　　　轻度 SO_2 污染

$P = 1.5 \sim 2.2$　　中度 SO_2 污染

$P = 2.2 \sim 3.0$　　重度 SO_2 污染

$P \leqslant 1$　　　　　无 SO_2 污染

(2) 消除或减轻气态型空气污染

城市森林的生态效益十分明显，其中作用明显的是林木或其他植物可以减轻或消除空气污染。植物减轻气态型污染的机理归纳起来主要有如下几点：

①黏附作用　植物叶片有绒毛，通常由于蒸腾作用、大气湿度提高以后而变得湿润，因而可以黏附一些污染物质。另外，有些植物的叶片还能分泌一些黏液，也可起到黏附污染物质的作用。

②吸收和累积作用　一些植物可以吸收一些特殊的气态污染物质，如氟化氢(HF)、二氧化硫(SO_2)、二氧化氮(NO_2)，但吸收最多的是气态污染物质一氧化碳(CO)。据美国 G. Gxey(1988)观测诸如糖槭、黄桦可以吸收 SO_2，但同时也使这些树木受到了伤害。据估测在美国每年所产生的气态型污染物质中 CO 几乎占了一半。李吉跃等(1999，2000)研究表明，树木吸收、积累 SO_2 的能力表现为落叶乔木>灌木>常绿针叶树，其中绿柳、旱柳和银杏净化 SO_2 的能力强，刺槐、槐树、构树、栾树、柿树、紫穗槐等也是净化 SO_2 的优良树种，而黄栌、油松、雪松、月季、紫荆等净化 SO_2 的能力较弱。

③代谢转化作用　植物吸收污染物质转化成无害的物质。典型的例子就是吸收 CO_2 而放出 O_2，合成干物质。一般的大气中 CO_2 的含量 0.003% 为正常，当大气中含 0.05%~0.07% 的 CO_2，说明大气受到 CO_2 污染。据测定，1 hm^2 阔叶林每天可吸收 1 t 的 CO_2，放

出 0.73 t 的 O_2。因此，只要房前屋后有 10 m^2 绿地，就可以将一个成年人 24 h 呼出的 CO_2 全部吸收利用。每公顷柳杉林每年可吸收 20 kg SO_2，核桃林可吸收 34 kg，加拿大杨可吸收 46 kg，松树林每天可以从 1 m^3 空气中吸收 20 mg 的 SO_2。

(3) 降低和消除大气中固态型物质污染

大气固态型物质污染主要包括了各种固体型微粒、沙尘、烟尘和各种微小的有害生物（主要是有害细菌等）。相对来说，它们一般要比气态型污染物质（如 CO_2、CO 等）体积大、重量重。由于空气流动，使这些尘埃物质悬浮在大气中。城市森林除了可以对气态型的污染进行吸附、转化等作用外，对固态型悬浮物质同样具有吸附降解、吸收烟尘、滞留杀灭等功能。

①城市森林植物能吸收烟尘、滞留粉尘 有资料显示，全世界排放的尘粒每年为 $5926×10^4$ t，煤灰粉尘 $100×10^4$ t。这些有害甚至有毒的尘粒绝大多数来源于城市，特别是工业城市。据统计，工业城市每年地面降落的粉尘达 500 t/km^2，甚至达 1000 t/km^2，燃烧 1 t 煤可产生烟尘 11 kg。

城市绿色植物可降低风速，对空气中的粉尘、飘尘有滞留作用，其主要机理在于：a. 绿色植物能够降低风速，使其动能下降，从而使空气携带的尘埃因重力而降落到地表；b. 树木叶面积很大，树叶表面凸凹不平，有的还有绒毛或分泌有黏性的蜜汁和油脂，因而很容易吸附滞留住粉尘。1 hm^2 林木的叶面积相对于占地面积的 75 倍，具有强大的吸附、滞留粉尘的能力，经过雨水冲洗之后，洁净的树叶又能恢复吸尘功能。研究表明，城市绿化覆盖率每增加 1 个百分点，可在 1 km^2 内降低空气粉尘 23 kg，降低飘尘 22 kg，合计 45 kg。据测定，没有林木的地方空气中尘埃含量达 800 g/m^3，而有林木的地方空气中所含尘埃量仅为 50~60 g/m^3。在城市中有林木比无林木的大气所含烟尘量少 56.7%。

不同树种对烟尘的降解作用不同，一般榆叶为白杨的 5 倍，针叶树是杨树的 30 倍。树木的叶面积总量愈大，枝条结构复杂，树冠庞大则降尘作用愈明显。1 hm^2 的 12 年生旱柳每年可滞尘 8 t，20 年生榆树每年可滞尘 10 t/hm^2。

②城市森林植物能杀菌防病 空气中细菌含量是评价城市环境质量优劣的重要指标之一。在人口大量集中、活动频繁的城市空气中通常有近百种细菌。据统计，在闹市区 1 m^3 空气中含有病菌 500 万个。据法国专家测定，百货大楼空气中有细菌 400 万个/m^3，而公园中只有 1000 个/m^3，百货大楼是公园的 4000 倍。在一般情况下，每立方米空气中城市里比绿化区的含菌量多 7 倍。也有人曾测定在北京王府井大街空气中的含菌数超过了 30 万个/m^3，其中许多细菌可导致多种疾病，而绿化的林荫道上则只有近万个/m^3，可见行道树的杀菌作用是很大的。绿色植物可以减少空气中的含菌量，许多树木花草在生长过程中逐年分泌出各种植物杀菌素，如天竺葵油、丁香酚、柠檬油、肉桂油等，都具有杀灭病菌和原生动物的作用。譬如，1 hm^2 阔叶林一昼夜能产生植物杀菌素 2 kg，针叶林产生 5 kg 以上，其中圆柏林可达 30 kg，柠檬桉、法国梧桐、柏木、雪松、云杉、云杉、橡树、稠李、白桦、槭树等都有一定的杀菌作用。1 hm^2 圆柏林，在 24 h 内能够释放出杀菌素 30 kg。悬铃木的叶子揉碎后 3 min 内能杀死原生动物；松树能挥发出一种萜烯的物质，对于结核病人有良好的作用，每公顷的松林每天能分泌 30 kg 杀菌素；桦树、柞树、栎树、稠李、椴树、松树、冷杉所产生的杀菌素能杀死白喉、结核、霍乱和痢疾的病原菌。据张

表 4-4　北京市居民区绿地空气中含菌量

地点	样本号	绿化覆盖率（%）	人流量（人次/5分）	含菌数（个/m²）
双榆树小区	5	20	370	9359
	3	35	13	2723
	6	35	15	2323
	7	35	50	3063
	2	40	12	1532
	4	50	200	2723
	1	70	15	2212
安贞里小区	10	10	7	3574
	9	35	9	3233
	8	50	20	2733
	12	58	10	2733
	11	6	100	4595

注：引自张新献等（1999）。

新献等（1999）在北京的调查，在居民区，不同绿化覆盖率和不同人流量的情况下，空气的细菌数量明显不同（表 4-4）。

根据表 4-4，以含菌数为因变量，绿地覆盖率和人流数为自变量 X_1 和 X_2，进行二元线性回归，结果如下：

$$Y = 0.1636X_1 + 0.0048X_2 + 21.1543 \tag{4-5}$$

式中　Y——含菌量（个/m³）；

　　　X_1——绿化覆盖率；

　　　X_2——人流量。

相关系数：　　$R = 0.8771$

偏相关系数：　$R_1 = -0.4334$；$R_2 = 0.8506$

表明空气中的含菌量与绿化覆盖率呈负相关，与人流量呈正相关。说明在一定条件下，绿化覆盖率越高，则空气中的含菌量越低，而人流量越大则含菌量越大。

同时，在环境条件下一致，管理方法相同的条件下，各种绿地类型空气的含菌数量永远低于非绿地空气的含菌数量，通常是草坪<灌草型<乔灌草型<非绿地（图 4-11）。

2）减轻噪声污染

城市环境，人群聚集，车辆繁多，工厂遍布，发出各种噪声，使人感到烦躁、厌倦，长期伴随噪声生活的人，常常引发听力衰退、神经衰弱、高血压、心血管疾病、肠

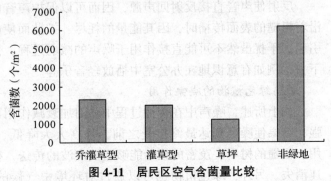

图 4-11　居民区空气含菌量比较

胃系统功能障碍等各种疾病和心理变态反应。据调查发现，4个神经疾病患者中有3个人，5个头痛患者有4个人是噪声的受害者。噪声已成为城市中特殊的社会公害，而城市绿色植物具有减少噪声的作用。

(1) 噪声传播机理和减噪途径

室外影响噪声传播的因素主要有三个：①声源本身的自然属性(即它的频率、组成、位置、声源是点状还是线性等)；②声波传播途径中地形和植被的特性；③环境中气候状况(即风速和风向，以及温度等条件)。

正常情况下，室外的声音在传播过程中其强度(SPU或dB)会逐渐减弱。这种音强减弱的作用具有二元性，即当这种减弱作用是与传播距离相关时，称为正常衰减；而当声音的减弱作用是因传播途径中有其他因素干扰或者声源和声音接受者之间有障碍而导致的，则称这种减弱作用为附加衰减。

在噪声的传播过程中，声音的正常衰减作用的大小是和声源本身的自然属性有关。如果声源是点状的，则噪声向外传播的距离每增加1倍，其噪声强度就会降低6 dB。因此，假如一辆卡车在路边产生了一个80 dB的噪声(距离卡车0.3 m测定)，那么噪声强度在离声源6.3 m处减弱为74 dB，在12.5 m处则降低到68 dB，19 m处减弱为62 dB……但是，假如噪声是由线状声源产生的，这种正常衰减作用的距离每增加1倍，则噪声强度仅降低3 dB，只有点状声源衰减作用的一半。

气候因子对噪声传播的影响主要是通过对声音附加衰减作用的影响而产生作用的。在气候因子中，影响较大的是风和大气温度。在上风向测得声音强度的降低值比在下风向同样距离内声音强度降低值要高25~30 dB。一般从点状声源向下风方向传播的声音，其传播方向朝向地面，而声音逆风传播时，声波运动方向向上偏转。在夜晚紧贴地面的大气温度最低，声波向地面方向传播，而在白天紧贴地面的大气层温度最高，声波将向天空方向传播。

在噪声传播过程中附加衰减作用主要是由于在传播途径中有其他因素或障碍物对声音产生了吸收、偏转、反射、分散而降低了声音强度。另外，干扰也有助于降低噪声危害。

当一个物体接受并捕获声波后，会使声波转换成其他能态——事实上最终变为热能而被吸收。如果某种物质具有非常好的渗透性，则接近95%的能量可被吸收。声音发生偏转是由于某种因素的介入，使噪声从一种接受体中反弹，传播方向偏转后，使声波进入另外一种传播区域内。

反射使声音直接反射回声源，因而可以保护声音的受体。声音的分散作用是因为声音沿着粗糙的表面传播时，因其能量的耗尽、扩散而使声音强度降低。它亦可由风的紊流所引起。干扰虽然不可能直接作用于噪声的减弱过程，但它可以把令人无法忍受的噪声压抑下去，例如有意识地在办公室中播放轻音乐等。

(2) 绿色植物的减噪作用

如上所述，噪声中在传播过程中，附加衰减作用可以因为传播途径中有障碍物得以加强，结果使噪声到达最终接受之前，强度大大降低。绿色植物对声波具有吸收和散射作用。粗糙的树干、茂密的枝叶能够阻挡声波的传送，树叶的摆动能使通过的声波减弱并迅速消失。另外，绿色植物也可以通过对环境中气候的影响而间接地降低或减弱噪声，例如，绿色植物可以减小温差，降低风速等。

声波可以被乔灌木的叶片、枝条所吸收。植物的这些部分既轻又柔，如果树木的叶片是肉质的且具有叶柄，这就会使林木具有最大程度的柔韧性和震颤性。声音还可能由于粗大枝条或茎干的反射和散射被削弱。据估算，如果声音传播时的频率为 1000 Hz，林木减弱音强的平均值为每 30 m 降低 7 dB。据美国科学家测定，宽阔高大且浓密的树丛可以减轻噪声 5~10 dB，通常，12 m 宽的乔灌木树冠覆盖的道路 3 板 4 绿带或 1 板 3 绿带，乔灌木草混合结构带 30 m 宽可分别降低噪声 3~5 dB。如果是由乔灌木相结合构成的稳定结构，则这种降噪的作用就更大。一般林木降噪作用的大小是与林木的高度和林分的面积呈正比，而与植物种类关系不大。但常绿植物全年均具有较强的降噪能力。据北京市测定，在街道两侧，夏季时林带能减少噪声 3.25 dB 以上，在冬季时能减少噪声 1.3 dB。

利用植物降低噪声传播时，需要注意的一个问题就是声源和声音接受体之间林带的相对位置。大多数研究表明，能够把声源屏蔽起来的屏障要比一个能把保护区域（声音受体）屏蔽起来的屏障所起的降噪作用效果更好。在居民区周围种植宽度为 6.3 m，由一排紧密结构的灌木和一条高大乔木组成的林带，可以有效地降低汽车噪声。

美国科学家提出，利用绿色植物降低噪声时，需要注意下列一些问题：

①在郊区用于降低汽车高速行驶而引起噪声的林带的最佳配置方式是：林木宽度应为 20~30 m，树种应乔灌木相结合。在交通最繁忙的干线附近林带宽度最小也应保持在 16~20 m，林带中乔木的高度至少要达 14 m；

②在城区，汽车速度一般为中等速度，林带的乔灌木应配在噪声产生区域周围（屏障声源），而接近交通干线时，灌木的高度应保持在 2~2.5 m，其后种植高为 4.5~10 m 的乔木林带；

③为了达到最佳的降噪效应，乔木和灌木应配在噪声产生区域周围（屏障声源），而不应栽植在受保护的区域；

④尽可能地利用高度较大，具稠密叶片，且叶片分布相对均匀的乔木（或者乔灌相结合）。在禁止种植高大乔木的地段，使用矮一些的灌木与高度相对较高的草本相结合，或者与其他较松软一些的地被物相结合，尽量减少硬化或裸地面积；

⑤乔灌木配置时，应尽量采用紧密结构，以使其形成一个结构紧密的屏障；

⑥在一年四季当中均需要噪声屏蔽的区域内，应选用常绿树种；

⑦林带的长度应为噪声源到接受体间距离的两倍，当作为与道路平行的噪声屏蔽时，在保护区域的道路两旁，应使林带的长度与所保护区域长度相等。

4.1.2 工程效益

最近几十年来，森林植物在解决环境工程问题方面的作用逐渐显现出来。城市森林不仅仅被用于美化环境，而且还被用来控制土壤侵蚀、处理工业与生活废水、控制交通运输、减少强光和反射光带来的危害等。

4.1.2.1 侵蚀控制和流域保护

城市是人类活动最集中、影响强度也最大的地区，由于频繁而强烈的各种建筑活动，对城市环境产生了巨大而又持久的冲击作用。因此，利用植物来控制土壤侵蚀、是城市森林所具有重要的功能之一。

土壤侵蚀是由于风或水分的运动而引起的表层土壤运移丢失过程，通常这种侵蚀作用是由于不正确的土壤保护措施所导致的。土壤侵蚀要受到暴露于风和水的具体部位、土壤的物理特性和地形等因素的影响。

(1) 风蚀

通常说来，在城市中风的侵蚀没有像水的侵蚀危害那样严重。风蚀一般发生在城市裸露的建筑工地和远郊或近郊没有林带保护的农田中。风蚀强度受到风速、持续期和风向的影响，同时也受到诸如水分、土壤物理结构和覆被物的影响。风蚀的过程通常是随着风吹过干燥的土壤，小的土壤颗粒发生移动，其中粒径小的土粒将发生跳跃移动；同时大的颗粒将沿着地表面移动，并发生磨蚀作用；更小的土粒则由于风的作用而形成粉尘或沙尘暴。林木之所以能够起到降低风蚀的作用，主要还是通过降低风速，减少气流的动能以至于使其不能吹动土粒。据陈世雄（2004）的测定，植物降低近地层风速作用的大小，与植物的覆盖度有关（表4-5）。

表 4-5 不同植被覆盖度对近地层（20 cm）风速的影响

项 目	植被覆盖度（%）			
	40~50	30~40	10~20	流沙
近地风速（m/s）	3.1	3.3	3.8	6.0
风速降低值（%）	48.3	45.0	36.7	0.0

注：数据来自陈世雄，2004。

(2) 水蚀

城市的土壤侵蚀多表现为土壤的水蚀作用。土壤水蚀是指土壤在水的作用下而流失的过程。影响水蚀的因素有多种（图4-12）。水对土壤的侵蚀作用概括起来主要有3种形态：

①雨滴击溅　城市地区土壤经常由于建筑活动而完全呈裸露状态。降雨时，雨滴对土壤形成击溅的作用，使土壤结构破坏，表层土壤被水冲击。而林木可以大大降低雨滴对土壤的直接击溅作用（图4-13）。

②地表径流　地表积水发展到一定程度，土壤长期浸水，使土块、土壤和团粒遭到机械破坏，溶解可溶性物质，水分进一步积聚就会发生水的流动（从高处流向低地），这时水流中加入了很多的土壤颗粒，形成悬液中的土壤颗粒产生了类似于磨擦剂的作用，结果使更多的土壤受到侵蚀。

③下渗侵蚀　在自然界中，由土体组成的斜坡，它的稳定是由内磨擦阻力、粒子间的凝聚力和土体生长植物根系的固持作用而维持的。当水分下渗进入土体内时，水分含量增加到一定程度时，土体即呈可塑状态。水分含量再增加，即呈稀糊状或者流体。这时在重力作用下，斜坡的土壤必然会从上向下随水分形成整体性的流动，形成了泥流。

裸露的城市土壤在上述3种不同的水分侵蚀类型作用下，最终形成了径流侵蚀。根据地表面被侵蚀的状况，径流侵蚀可以分成4种类型：片状侵蚀；溪流侵蚀；沟状侵蚀；滑动侵蚀。片状侵蚀是指裸露在地表土壤整体移动，当片状侵蚀持续不断时，土壤表面松软的地区，将会以小沟状或槽状侵蚀方式移动，形成溪流侵蚀。在溪流中的径流最终导致形

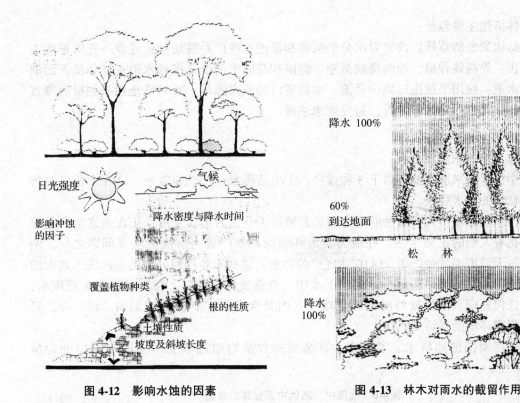

图 4-12　影响水蚀的因素　　　　　图 4-13　林木对雨水的截留作用

成大的侵蚀沟。滑动侵蚀是水分渗透饱和的土团由坡顶向下的移动。

土壤遭受水的侵蚀以后，最直接的后果就是导致土壤退化。具体表现为表层土壤随水分流失；土壤水分不能保持在土体内；表层细粒性物质和土壤养分大量流失。根据土壤学专家的估计，在不扰动的条件下，每300年可形成25 mm厚的表土层。在通气、淋洗和耕作加强时，则每30年可形成25 mm土层。但如果发生土壤侵蚀，会在很短时间内使这一层经长期成土作用形成的表层土壤，损失殆尽。

城市森林的建设，在很大程度上可以防治土壤水蚀。森林能够控制水蚀的机制主要表现在：

第一，城市森林植被可以改变降水的性质，林木的枝叶能大大减少雨水对土壤的直接冲击力。第二，城市森林可以改变地表径流。城市森林中的灌木和草本植物，可以很大程度地防止地表径流的形成（当降水量不大时）；同时结合一定的水土保持工程措施，可以人为地控制地表径流的流动，避免土壤侵蚀沟的形成。第三，城市森林植物可以改良土壤，增加土壤的透水性和持水能力。由于植物生长，可以促使土体形成一定的结构，增加土壤的凝聚力，改善土壤的孔隙状况，增加其透水性和持水能力。第四，城市森林能够增加土体固持能力。林木根系发达，通过其缠绕可以固持土壤，抵抗水分对土壤的冲击力。

当原来属于农业或森林区域的地区建成城市之后，会使该地区的水文状况发生剧烈变化。城市规划所能够做的重要事情，就是最大限度地减少城市化所带来的水文方面的负效应，部分地保留原有的区域状况。这就意味着在原来的河流或湖泊周围，必须保留或营造绿化带，而要保持原来的自然状态，还必须因地制宜地采取措施改善城市区域水分的状况，其具体措施主要包括：

建设结构紧密的草坪以改善对水分的吸收和渗透；种植乔灌树种；建设一些保护性工程包括梯田、等高线种植、地面覆盖措施、庭院和花园中铺设草皮和水道；在径流表面铺设砾石排水道；使用平顶房以减少径流，增加室内的凉爽感觉；暂时性地用某些材料覆盖必要地方，如裸露的建筑工地等，避免雨水冲刷。

4.1.2.2 城市污水处理

1) 城市污水的来源及危害

城市中污水的来源主要有以下3种途径：①生活污水；②工业废水；③在上游已被污染后流经城市的地表径流。

城市污水随着城市人口数量的迅速增长及城市工业化的迅猛发展，正在愈来愈严重地影响和干扰着人们的正常生活，并成为城市环境保护部门着力解决的主要问题之一。例如，美国每天城市中就会产生 25×10^8 加仑*的污水。这些未经任何处理的污水进入地面的溪流中，或者渗到土壤中甚至下渗到地下水中，会造成许多危害。特别是许多工业废水，如果未经任何处理直接排放到溪流或土壤中，因其含有许多有毒物质如铬、铜、砷、铅等，会使周围环境受到污染。

在冶炼厂周围的地坑水、淤泥中，重金属的含量均超过未受污染的水域中的含量（表4-6）。

表4-6 池溏中、淤泥中重金属的含量   mg/kg

类别	铜		砷		铅	
	污染	对照	污染	对照	污染	对照
水	0.05	未检出	0.01	未检出	0.01	未检出
淤泥	258.85	23.03	20.62	5.71	28.70	5.40

在太湖平原，特别是苏州、常州、无锡三城市，虽身处水乡，但仍感水资源缺乏。按太湖平原水资源的数量计算，人均可拥有 $4480\ m^3$，远远高于全国人均水量 $2300\ m^3$ 的水平。但由于污染严重，可利用水资源不断减小，出现了平原水网地区无清洁水的局面，不得不远距离引水，以解决城市生产、生活用水供水不足的矛盾。

城市中的工业废弃物、化学农药和各种污水污染地表和地下水、水井和河水等饮水资源。水的污染已经给人类的健康造成严重危害。2019年6月18日，世界卫生组织发布的《2000—2017年饮用水、环境卫生和个人卫生进展：特别关注不平等状况》发现，虽然在实现普遍获得基本饮用水、环境卫生和个人卫生方面取得了很大进展，但所提供的服务质量仍存在巨大差距。2000年以来，有18亿人获得了基本饮用水服务，但这些服务的可获得性、可用性和质量不平等。据估计，约7.85亿人仍然缺乏安全饮用水的基本服务，包括有1.44亿人仍在饮用未经处理的地表水。报告显示，全球仍有三分之一的人无法获得安全饮用水。自2000年以来，已有21亿人获得基本卫生服务，但在世界许多地方，所产生的废物并没有得到安全管理。2017年有30亿人缺乏可用肥皂和水洗手的基本设施。每年

---

* 1加仑=3.7854 L。

有 29.7 万名 5 岁以下儿童死于与饮水、环境卫生和个人卫生欠佳相关的腹泻病。卫生条件差和水污染也与霍乱、痢疾、甲肝和伤寒等疾病的传播有关。

2) 城市污水的处理措施

目前，城市污水的处理方法主要有两种：一种是工厂化的三级废水处理系统；第二种是使用绿地污水处理系统（活过滤系统）。前一种方法多用于工业废水的处理，后一种方法则对城市生活污水处理效果较好。

(1) 工厂化三级废水处理系统

工业废水的工厂化三级处理程序是：

首先工业生产中产生的污水经过一级处理，去掉污水中所含的体积较大的杂质和粗砂粒。然后在沉积罐中，沙粒、淤泥和悬液的有机物质被沉淀下来，经过这样处理的工业废水，COD（化学耗氧量）含量仍然高达 30% 左右。

工业废水的二级处理原理主要是利用自然生长的微生物（细菌）分解污水中有机物质，经过处理，污水中 50% 的 COD 和 50% 悬浮固体物质被除去。但二级处理后污水中仍含 58% 的氮素和 30% 的磷素。这些含氮、磷的污水如果排放在湖水河流中，会使各种水体产生富养化过程，导致各种浮游水生动植物大量生长，严重消耗水体中的氧气。

工业废水的三级处理是把经二级处理后的污水通过混拌石灰和大量导入空气以去掉污水中的磷和氮。虽然效果较好，但三级处理的工艺成本却非常昂贵。在三级处理过程中，每处理 1000 加仑的污水需要 30 美元。而二级处理每 1000 加仑，则仅需要 12 美元。

(2) 城市绿地污水处理系统

城市绿地污水处理系统（活过滤系统）是一种完全利用生物系统——即利用土壤和植被作为活的过滤器，来更新污水，进行污水处理的措施。它处理污水的原理是利用生活在土壤表层中的微生物的分解作用、各种化学沉淀作用、离子交换、生物转换与吸收，以及通过植物根系的生物吸收作用而加以去污，其实质就是一个对污水更新净化的过程。绿色植物是这个土壤、土壤微生物和各种物理化学作用系统中的一个非常重要的因子，它可以使绿地污水处理系统的容量增大。

绿地污水处理系统的使用得当与否取决于污水中污染物的化学成分。一般生活污水适用于利用这种方法去污，而工业污水一般需要首先经过前处理，去掉那些可能影响生物系统中的有毒物质后，才能使用此方法。但像食品加工厂等排出的废水，则非常适宜于此方法进行污水处理。

经过绿地污水处理后的水分一方面可以进入到城市的地下水层中，补充了城市的水资源及供应能力，另一方面也可以直接用于灌溉、工业用水等各种用途中。

绿地污水处理系统最好建在与用水区域相毗邻的地方，并且地形应开阔平坦，土壤具有非常好的过滤和渗透能力，土壤的孔隙率应较大，并具有良好的化学吸收、生物吸收、分解能力。一般森林土壤比较适宜于此系统，据美国宾夕法尼亚大学研究，1 个 10 万人的城镇，每天处理废水为 1000 万加仑，则仅需要建造面积为 522 hm^2 的这种"活过滤系统"。

在绿地污水处理系统中，由于绿色植物的根系对氮磷的吸收作用非常大，因此绿地污水处理系统本身就属于城市森林的一个有机组成部分。特别需要引起注意的是，到目前为止，降低污水中氮素含量的有效方法，仍然是靠植物对其大量的吸收和利用。

4.1.2.3 城市建筑的应用

在城市建筑设计中,各种材料如木材、钢材、砖石等都以建筑物的不同结构成分而被选用到建筑物中。林木和其他绿色植物可以被有机地运用到城市建筑设计中。在进行城市建筑设计时,经常会碰到这样一些问题:例如,在某些特定区域中,使用者需要把居室与外界隔离;某些不太雅致的景观需要遮挡;某个区域太大以致使人感觉不舒服而需要分割;有些景观需要被展现得更加有趣生动等。在许多场合中,林木如同标准的建筑材料一样,能够起到同样的建筑学方面的功用。

每一种植物都有其本身固有的形态特征、颜色、结构和大小,并且植物的形态特征是随着植物的生长发育和季节的变化而变化的。利用林木作为建筑结构中的某一要素是否成功,取决于设计者对林木生物学特征以及对总体空间环境的认识和了解。

林木可以作为建筑学方面的要素而单独或群体地被应用,能够起到如下几方面的作用:

(1)空间界定作用

指使用植物封闭原为裸露的空间。它能够使空间更加完整和统一,包容在大的空间中,人为地分隔出一个或多个小空间,可把人的注意力诱导到一个小空间(图4-14)。

(2)画框作用

一种把人的注意力引导到区域当中最重要部分的一项技术。它能够把注意力集中到期望注意的景观上,或者把人的视线从一个过去空荡或能够使人不快的景观上引导开来(图4-15)。

图4-14 植物的空间界定作用

(3)连接作用

是把一个或多个小空间连接起来,形成一个实际大但感觉上却很小的一项技术(图4-16)。

(4)放大作用

是一种利用天空作为统一的对比空间,改变一个相对较大的空间的外观尺寸,通过大小悬殊的对比作用,使得较大空间看起来似乎变小了(图4-17)。

(5)缩小作用

是在一个过大的空间中种植植物而使空间变小的一种方法(图4-18)。

(6)"屏风"作用

这是一种最常见的林木在建筑学方面的作用。这不仅涉及屏蔽一些景观,而且与掩蔽住宅有关。构成屏风植物种类的选择必须小心、审慎。因为有些景观仅是一年中某一阶段才需要掩蔽的。"屏风"可以遮挡一些不雅致的景观,并且用视觉感觉好一些的景观取而代之(图4-19)。同时,"屏风"也可以起到保护私密的作用(图4-20)。

图 4-15　树木的画框作用

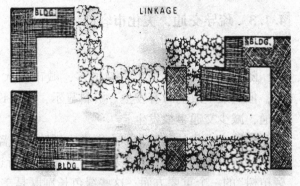

图 4-16　树木的连接作用

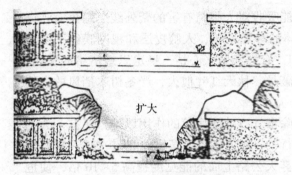

图 4-17　树木的放大作用

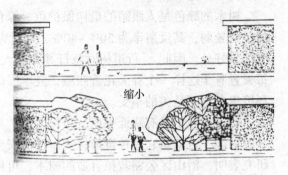

图 4-18　树木的缩小作用

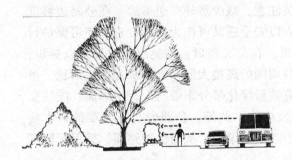

图 4-19　树木的"屏风"作用

图 4-20　树木可以用来保护隐私

(7) 渐次展现景观的作用

是指植物被用来引导游览者在不知不觉中，渐次观看景色，在一个时间中，只能看到景色的一个部分。如果景观不是完全展示出来，而是一部分一部分逐渐地被欣赏，可以起到烘托、渲染主题部分的效果（图 4-21）。

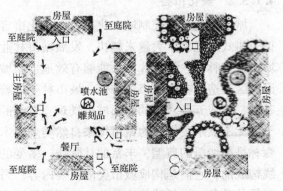

图 4-21　林木渐次展现景观的作用

4.1.3 疏导交通，美化市容

4.1.3.1 疏导交通

随着工业发展，城市人口增多，城市扩大，各种车辆增加，尽管采取了各种有效措施，但交通事故仍时有发生。资料显示，如果设计合理，树种选择得当，行道树可以疏导交通，减少交通事故发生。

林荫道也称林荫路，即在街道、道路或公路的中轴或两旁栽一行或几行具有防护、观赏或经济价值的树木，这些树木通常被称为行道树，林业上称作护路树或护路林，是"四旁植树"的一个重要方面，这些绿色长廊既是美化路容的"美容师"，又是天然的"吸尘器""消毒员""消声器"。

树木的绿色是人眼睛的最佳保护色。绿色能吸收对人眼睛有害的紫外线。绿色对光谱的反射较弱，其反射率为30%~40%，这对人体的神经系统、人脑皮层和视网膜组织的刺激恰到好处。因此，行道树对急行其中的人们，有缓和紧张心情、稳定思想情绪的作用。每天置身于这样一个春天花香四溢，夏季绿荫蔽月，秋天红叶似火，严冬树木挡风的良好环境里，岂不是美的享受。

行道树除了具有降低噪声、净化大气、消除毒气、杀死病菌的作用以外，还有一大特异的功能，这就是它能神奇地保护车辆的安全行驶，被人们誉为车辆的"保护神"。据科学研究表明，沿山区公路栽植合适的树木，可使雾天公路上面的能见度提高5~10倍，使危险情况减少2/3。公路旁栽花木和铺植草坪，使路旁与周围环境连成一体，陡坡、变道、交叉道等的反馈信号会更加明显，可引起驾驶员注意，减少意外交通事故。在公路边坡度大的危险路段种植深根性的高大乔木，既能给人以安全感又可作为防翻设施，还可保护行人避开行进中的车辆，控制车祸带来的不良后果。在交叉路口，用突出的树种予以标识，可以提高司机的警觉性。在城镇，绿化了公路与周围的高楼大厦、红墙绿瓦形成对比，可提高驾驶员的注意力；现代高速公路宽阔，配置数行绿化带分车带与人行道隔离，能使交通秩序井然，减少交通阻塞，降低交通事故的发生率。此外，公路旁有了繁茂的树木枝叶，可截留强大的降水，减轻路面被雨水冲刷所造成的塌方，从而保护路面，确保车辆安全畅通，减轻养路工人修路的负担，节省养路费。

4.1.3.2 美化市容

城市林业可以控制城市化规模，美化市容。由于城市边缘地区经济的快速增长，城市摊大饼式的规模扩大越来越快，发展城市林业特别在城乡结合部大力发展城市林业，营建城市防护林带、隔离片林，能够有效地控制城市化规模，防止城区无序地快速扩大，推动旧城区改造。在美化市容方面，城市林业起着举足轻重的作用。以树木花草植被的绿色为基础，形成五颜六色的多彩城市景观，春天的花、夏天的绿、秋天的色和果，冬天的枝和干，无不展示美姿，为城市增添自然美。树木花卉有丰富的线条，艺术讲究曲线美，城市森林是曲线美的典型，丰富的林际线，多变的树冠外形，形成各异的片林轮廓，都是由曲线构成的，它们是构成城市美的主要内容。另外，多姿多彩的绿色植被打破了水泥建筑物坚硬的外角，烘托建筑物的美，从而展示城市的美。

4.1.4 城市森林的康养功能

4.1.4.1 森林康养的概念

森林康养是指以丰富多彩的森林景观、优质富氧的森林环境、健康美味的森林食品、深厚浓郁的森林养生文化等主要资源，配备相应的养生休闲及医疗服务设施，开展以修身养性健康、生命延缓衰老为目的的森林游憩、度假、疗养、保健、养老、养生等服务活动（孙抱朴，2015）。"森林康养"往往与"森林浴""森林疗养（疗法）""森林医学""森林养生"等术语相伴而生。森林浴（forest bath）的概念于1982年在日本出现，意指：在森林中散步游憩，即是全身沐浴在森林植物群散发的某种可抑制、杀灭某些病菌、毒素的化学物质和其他有益于人体的芳香气味之中，以强健身心与培养活力。森林疗养/疗法（forest therapy）是森林浴的进一步发展，利用特定森林环境和林产品，在森林中开展森林休憩、森林散步等活动，实现增进身心健康，预防和治疗疾病目标的替代治疗方法。虽然森林疗养与森林康养意思相近，但仍与森林康养存在不同之处（表4-7）。森林医学（forest medicine）是研究森林环境对人类健康影响的科学。这是从医学的角度研究森林对人体所具有的治疗、康复、保健和疗养功能的一门边缘学科。森林养生（forest wellness）是指游客选取适合养生的森林区域，通过参加养生项目达到内在心理轻松和外在身体健康的良好状态的一种旅游方式。其重点在于"养"字上，包括保养、涵养和滋养，常与"森林养生旅游"或"森林养生保健旅游"等术语一起出现。

表4-7 森林康养与森林疗养的对比分析

对比点	森林疗养（疗法）	森林康养
概念提出	日本在原有森林内涵的基础上提炼出"森林疗法"的概念	森林康养的说法是中国人发明的，符合我国现状，与"健康中国"的口号不谋而合
性质	以森林医疗为主	以休闲娱乐养生为主
主要目的	针对疾病的预防，压力的缓解，病体的康复	森林"五养"、休闲、游憩、休养、休假等，维持和修复健康
对象人群	亚健康人群、老年人和病体康复群体	所有群体，老少皆宜
设施设备	以步道和人的休息场所为主要形式，同时辅助其他定向的疗养方式，如温泉、瑜伽、餐饮等	包罗万象，所有的产品和设施设备
根本性区别	以森林医学为出发点和落脚点，必须以医学为基准，以实验数据为依据	不需要医学的佐证和数据

森林康养是个新生事物，符合中国人的语言表达习惯。在日本和德国称为森林疗法，韩国称为森林休养，我国台湾地区又称森林调养。

4.1.4.2 森林康养的发展

国外对森林康养的研究较早，每个国家的发展阶段、研究内容和侧重点都不一样。总体上，国外的森林康养产业发展已比较成熟，具有一定的规模，我国发展森林康养产业应积极借鉴各国宝贵的经验。在德国，19世纪40年代，德国创立了世界上第一个森林浴基地，形成了最初的森林康养概念，其"气候疗法""地形疗法""自然健康疗法"都非常著名。

20世纪80年代，森林康养成为德国一项国策，强制性要求公务员进行森林医疗，其研究的重点主要是如何通过森林环境、树木提取的物质(芳香精油)进行康复医疗。目前，德国拥有350余处森林康养基地，是国际上唯一一个将森林康养纳入公民福利体系和医疗保险体系的国家，公共医疗费用下降了30%。1982年，日本首次引入德国的"森林疗法"，苏联提出了"芬多精科学"。1983年，日本发起了"入森林、浴精气、锻炼身心"的森林浴活动，开放92处森林游乐区；2007年，日本森林医学研究会成立，建立了世界首个森林养生基地认证体系；2008年，成立"森林疗法协会"，日本森林疗法产业达到了相对成熟期；截至2012年底，日本已建立森林疗法基地57处，每年将近8亿人次进行森林浴。

经过长期的实践探索，国外已经成功运行了各种类型的森林康养产品项目。以实现森林康养功效的不同形式为划分标准，可将森林康养产品分为5大类型：疗养型、运动型、游乐型、文化型和食宿型(表4-8)。

表4-8 森林康养产品项目分类

产品类型	具体森林康养产品	解释说明
疗养型	养生SPA；森林疗养院	依托良好的森林环境，配套医疗设施及康养技术人员，开展的以保健、疗养、康复和养生为主的康养活动
运动型	森林漫步、慢跑；徒步登山；森林瑜伽、太极、保健操等	通过在优质的森林环境中，结合地形地貌情况，开展一些舒缓型的运动项目，来增强身体的活力和促进身心健康的康养活动
游乐型	森林观光、森林浴等；垂钓；森林露营、探险、寻宝等娱乐活动	游憩观赏森林风景，进行系列森林特色娱乐活动，多为参与性、娱乐性和体验性的产品，让游客置身于大自然中，感受森林的魅力
文化型	摄影；森林科普博物馆；手工类艺术创作	依托森林生态环境，以文化体验为特色，开展文化型、艺术型、知识型、创作型的项目及活动，以满足游客增长知识、修身养性的需求
食宿型	森林特色住宿；森林食品、药膳调养等	利用森林中的食品、药品资源，结合康养人群的实际需要，通过饮食疗养，睡眠养生等方法维持身体健康

注：引自朱舒欣等，2020b。

在我国，森林康养目前还处于探索、尝试、起步阶段。自20世纪80年代以来，建立了各种等级的森林公园，其中明确设置了森林浴场所，如北京"红螺松林浴园"、浙江天目山"森林康复医院"、广东肇庆鼎湖山"品氧谷"等。2012年，北京率先引入森林康养的概念。目前我国有四川、湖南、贵州、广西、云南等省份正在试验中，走在前列的是四川省，已经进入小范围试验阶段，空山国家森林公园被评为四川省首届"森林康养最佳目的地"。湖南省林业厅2012年在宁乡县成立首个省属国有林场——湖南省青羊湖国有林场。2012年起，湖南省建立起全国首个由林业部门、企业集团和知名医院长期合作的森林康养基地——湖南林业森林康养中心。但是，目前我国开发的森林康养旅游产品极少，具体的开发模式也比较单一，无论在科学研究还是具体的规划实施方面，与发达国家相比还存在较大差距。我国现有的森林康养基地，多数是附属于国有林场、森林公园、自然保护区或风景区内，也有一些是独立设置的，但两者都存在着规划设计粗放、区位选择不当、游乐设施过多、解说和科普教育体系缺乏、尤其缺乏相应的康养产品等问题。

近年来，随着"绿水青山就是金山银山"理念的提出，绿色发展已成为时代的主旋律。党中央、国务院对森林康养产业发展高度重视，连续3年的中央一号文件都对发展森林康养等康养产业提出了明确要求。2013年，国务院印发《关于促进健康服务业发展的若干意见》文件。2019年3月，国家林业和草原局、民政部、国家卫生健康委员会、国家中医药管理局联合发布《关于促进森林康养产业发展的意见》（林改发〔2019〕20号），提出到2020年，建成国家森林康养基地300处。到2035年，建成覆盖全国的森林康养服务体系，建设国家森林康养基地1200处。近几年，有近一半的省政府发布了文件或规划，建设了几百个森林康养基地。在这些利好政策的推动下，森林康养产业迎来了巨大的发展机遇，森林康养的理念逐渐深入人心，市民参与森林康养活动的意愿日益强烈。有研究表明，91.91%的广州市民游客赞同森林环境能对人体起康体保健作用，86.75%的游客愿意参与森林康养旅游（舒欣等，2020a）。分析表明，公众对森林康养产品的喜好程度依次为：运动型>游乐型>食宿型>文化型>疗养型。按具体产品来看，大众最为喜好森林漫步、慢跑（占67.44%），仅有12.44%的游客选择了森林疗养院；男性更偏好垂钓和徒步登山，女性更倾向手工类艺术创作、森林瑜伽、太极保健操和养生SPA；35岁以下的年轻游客更偏好游乐型和文化型康养产品，35岁及以上的游客对疗养型康养产品感兴趣。月收入低于7000元的游客更倾向于选择文化型康养产品，月收入高于7000元的游客更多地选择食宿型和疗养型康养产品；学历较高的游客更多关注疗养型康养产品，学历相对较低的游客更多关注文化型和食宿型康养产品；在职人员更喜好游乐型康养产品，离退休或无业人员更喜欢疗养型康养项目，而学生更偏好文化型康养产品（朱舒欣等，2020b）。因此，为吸引更多游客参与森林康养旅游，应进一步增强森林康养产品项目的吸引力、保护和提升森林环境质量、培养森林康养专业人员及建立合理的价格策略体系等。

4.1.4.3 森林康养功能

森林康养功能是指人类通过在植被环境丰富良好的森林里进行健康养生活动，这样的环境具有改善人体健康的功能。正如前文所述，城市森林具有吸收二氧化碳、释放氧气、涵养水源、净化空气、减少水土流失、滞尘等良好的生态服务功能。此外，城市森林还有舒适的森林小气候、洁净的空气、丰富的氧环境、较高的空气负氧离子浓度、对身体有益的挥发性物质（植物精气），可以缓解心情、增加NK细胞活跃、减压、调养身体等作用，是人们进行疗养、休闲的良好活动场所。城市森林的康养功能主要表现在对人体的康养作用。国内外专家学者针对森林康养对人体健康的影响进行了大量的实证研究，主要围绕4个研究方向：人体免疫功能（治未病）、治疗慢性治病（治已病）、生理放松和心理缓解（表4-9）。其中，研究人体免疫功能方向的学者主要有李卿等（2006，2007，2008a，2008b），他们发现森林康养林有利于提高人体免疫力，预防癌症。森林康养林也可治疗多种慢性疾病，例如：高血压、糖尿病、慢性心力衰竭、慢性阻塞性肺病、心肺疾病、慢性广泛性疼痛以及心血管疾病等。同时，森林康养林对人体有明显的生理放松和心理缓解功效，能放松心情，改善睡眠质量；也可缓解心理压力，改善负面情绪，治疗抑郁症等。

表 4-9 森林康养对人体的康养保健作用

研究方向	作用功效	研究结论	研究学者及参考文献
人体免疫功能	提高免疫力，预防癌症	森林康养林中散发的植物精气以及丰富的负氧离子提高了自然杀伤细胞活性，增加抗癌免疫机能，从而提高人体免疫力，达到癌症预防效果	李卿等（2006；2007；2008a；2008b）
治疗慢性疾病	降低血压，治疗高血压	森林康养林对高血压有治疗作用，可诱导肾素-血管紧张素系统的抑制和炎症反应，从而激发其对心血管疾病的预防作用	Mao 等（2012）、Song 等（2017）Ideno 等（2017）
	降低血糖，治疗糖尿病	在森林康养林中行走除了增加热量消耗和提高胰岛素敏感性外，还会对降低血糖水平产生其他有益作用，可有效降低糖尿病患者的血糖浓度	Ohtsuka 等（1998）
	治疗慢性心力衰竭	在森林康养林中运动可以减少老年慢性心力衰竭患者脑钠素、炎性细胞因子，并降低氧化应激水平，对慢性心力衰竭患者有良好的疗效	Mao 等（2017；2018）
	治疗慢性阻塞性肺病	在森林康养林中，发现穿孔蛋白和颗粒酶 B 表达显著下降，促炎细胞因子和应激激素水平下降。对老年慢性阻塞性肺病患者的健康产生有益影响	Jia 等（2016）
	预防心肺疾病	在康养林环境中行走可以降低动脉硬化，增强肺脏功能	Lee 等（2014）
	缓解慢性广泛性疼痛	参与森林康养后，心率变异性的某些指标显著提高，疼痛和抑郁症状显著减轻，与健康有关的生活质量也有显著改善	Chun 等（2017）
	心血管和代谢参数	在康养林环境中散步，对血液中的脂联素和脱氢异雄酮硫酸盐水平产生有益影响，经常性步行锻炼可以对 N 端脑钠肽前体水平产生有益影响	李卿等（2016）
生理放松	放松心情，缓解压力	康养林环境显著增加了受试者的副交感神经活动，显著抑制了受试者的交感神经活动。在参观康养林后，人们的唾液皮质醇水平和脉搏率明显下降，同时他们的困惑、疲劳、愤怒、敌意和紧张情绪都显著降低，而积极情绪状态得到改善	Chen 等（2018）、Bielinis 等（2018）、Ochiai 等（2015a；2015b）、Yu 等（2017）、Lee 等（2011）、Antonelli 等（2019）
	改善睡眠质量，提高活力	与康养前对比，森林康养期间睡眠时间和日常体力活动均明显增加	李博和聂欣等（2014）
心理缓解	缓解抑郁焦虑，改善情绪	森林康养有利于治疗抑郁和焦虑症状，降低成人抑郁症水平	Chun 等（2017）、Lee 等（2017）、Song 等（2015）
	治疗重度抑郁症	重症抑郁患者通过森林康养增强了记忆力和改善了情绪，但两者的调控机制无相关性	Berman 等（2012）
	促进儿童心理健康	森林康养对小学生身心健康产生有益影响。森林康养干预后自尊水平明显提高，抑郁症状明显减轻	Bang 等（2018）
	缓解青年焦虑感	森林康养可以提高学习兴趣，能有效缓解体重较大的年轻人的焦虑。不同树种的康养林产生不同的功效，为了缓解就业压力，建议学生去白桦林，建议女生去栎木林	Guan 等（2014）

4.1.4.4 城市森林康养功能的主要影响因子

（1）空气负离子

空气负离子即带负电的氧分子，几乎对所有生物都有良好的生理效应，对人尤为重要。因为它具有调节神经系统、促进血液循环、降低血压、治疗失眠症和镇静、止咳、止痛等多种疗效。1902年，阿沙马斯等首次肯定了空气负离子的生物学意义。空气负离子能够杀菌降尘、清洁空气，对人体的健康也十分有益。约瑟夫·B·戴维基在《空气离子对于人类与动物影响的科学相关情报》中指出，空气负离子对于风湿、高烧、气喘、痛风、神经炎、神经痛、癌症的增大、支气管炎、结核、心脏及动脉硬化等病人具有改善作用。空气负离子能增强人体的抵抗力，抑制葡萄球菌、沙门氏菌等细菌的生长速度，并能杀死大肠杆菌。因此，空气负离子又称"空气维生素""长寿素"，对高血压、气喘、流感、失眠、关节炎、烧伤等治疗有利，对预防佝偻病、坏血病的发展有利，还能促进新陈代谢，提高免疫力（甘丽英等，2005）。负离子能调节大脑皮质功能、振奋精神、消除疲劳、提高工作效率、降低血压、改善睡眠、使气管黏膜上皮纤毛运动加强、腺体分泌增加、平滑肌张力增高、有改善肺的呼吸换气功能和镇咳平喘的功效。

（2）植物精气

植物精气是1930年苏联列宁格勒（今圣彼得堡）大学的杜金教授通过反复观察植物的新陈代谢过程而发现的。植物的花、叶、木材、根、芽等组织的油腺细胞不断地分泌出一种浓香的挥发性有机物，能杀死细菌和真菌，防止林木中的病虫危害和杂草生长，这种气体就称为植物精气，又称芬多精（phytoncidere）、植物杀菌素（吴章文，2003）。多数研究认为植物精气不仅可以驱虫、抗菌、抑制其他植物生长、成为植物的自卫手段，还使森林中的空气非常清新，让人心旷神怡，可杀死人体内病菌，起到消炎、利尿、加快呼吸器官纤毛运动的作用，还具有杀菌、减压、调节、疗养、治病等多种保健功能。森林植物中所含的杀菌素一般是以萜烯类气态物质为主，这种物质进入人体肺部以后，可杀死百日咳、白喉、痢疾、结核等病菌，起到消炎、利尿、加快呼吸器官纤毛运动的作用。如法国梧桐、泡桐、黄连木、木槿、栓皮栎、珍珠梅、杉树、桉树、松树等散发出的萜烯类气态物质最多。种植这些树种是净化大气，控制结核病发展蔓延，增进人体健康的有效措施。

（3）森林小气候

森林是陆地生态系统的主体，是人类和多种生物赖以生存的基础。由于森林是一种特殊的下垫面，它的物理性质与土壤、水面不同，使得森林地区形成一种特殊的森林小气候。植物枝叶过滤阳光，阻挡了部分紫外线，森林环境的光照强度适合人们在其中散步、休闲娱乐。森林环境的温度、相对湿度、平均风速、声环境等都明显优于城市环境，鸟鸣、溪流等自然声音还给人以听觉的享受，相关研究认为这些生态因子对人体健康产生了积极影响（薛静等，2004）。

①太阳辐射　森林对于太阳辐射有2个作用面：一个是林冠，这主要是叶面对太阳辐射的吸收、反射和透射状况，通常林冠能吸收80%以上的太阳辐射；另一个是林内地表，这主要是植株大小和数目对太阳辐射的影响，通常到达林内地表的太阳辐射只有5%左右。

②林内日照　林内日照是由直接太阳辐射和天空散射辐射组成。林内日照强度亦影响林地植被，而地形的起伏亦影响林内光照强度的分布。光照强度在林内有垂直分布的特

点，越近地面强度越低。

③温度　林冠吸收的太阳辐射，大部分用来进行光合作用和蒸腾作用，因而本身温度上升并不高，林内地表因白天有林冠阻挡太阳辐射，夜晚又因林冠阻挡地面长波辐射，所以升温、降温都不强烈，日变化和年变化都较小。据东北小兴安岭红松林内观测，夏季林内气温日较差可比林外小4℃，年较差小3.5℃。

④湿度　森林里的湿度比林外大，是因为森林能减少径流，增加土壤水分，使蒸发可能增多。同时由于林冠的覆盖，林内空气铅直湍流交换微弱，加上森林的蒸腾作用，致使林内湿度增加。据观测林中湿度要比田野大5%左右。

⑤风速　森林能降低风速。林内风速很小，而且森林对周围地区的风速也有明显的减弱作用。当风吹到林区时，在迎风面距森林100 m处，风速开始发生变化，进入林内后风速很快减小，在森林背风面的相当距离，风速仍然小于无林开阔地区。

(4) 空气含氧量

森林空气中含氧气量高。1 hm^2 阔叶林1天能吸收1000 kg二氧化碳，释放730 kg氧气。一个成年人每天需要呼吸用氧气0.75 kg，排放二氧化碳0.9 kg，一个城市居民只要有10 m^2 的绿地就可满足氧气的需要(李梓辉，2002)。空气中的氧含量平均为20.9%，变动在0.5%左右实验证明，空气中的氧含量降至16%时，机体能完全适应，感觉正常；当氧含量降至14.5%时，机体通过加深呼吸、加快心跳进行代偿；氧含量降至11.3%时，机体就不能完全代偿；氧含量降至7%时，机体各种生理功能将发生严重障碍。全球绿色植物光合作用可吸收 CO_2 2000×10^8 t，其中7%被森林吸收，被吸收的 CO_2 和 H_2O 合成有机物，同时放出 O_2 据测定，树木的叶子，每制造1 g葡萄糖，就要吸收2500 L空气中所含的 CO_2，放出750 kg O_2。1 hm^2 阔叶林因进行光合作用，约消耗 CO_2 1000 kg/d，产生0.73 kg，可满足900~1000人1 d的需氧量。

(5) 空气质量

森林区多位于城郊或山区，一般海拔较高，远离污染源，且林木本身对粉尘、污染物等具有吸附作用(蔡雨新等，2006)。林区空气中富含的负离子和植物精气具有杀菌、抑菌功效，因而保持良好的空气质量。目前国内对林区空气质量的研究除了空气常规污染物(包括化学污染物和颗粒物)的测定，也有大量研究集中在空气微生物浓度(含菌量)的测定上，因为空气微生物与环境污染密切相关，其状况可以反映空气污染程度。对于空气化学污染物，研究者普遍应用环境科学研究领域测定大气空气质量的测定方法和污染程度评价标准。

(6) 声环境优势

凡是干扰人们休息、学习和工作的声音，统称为噪声。环境中远近不同、方向不同、自身或周围反射的所有噪声组合，统称为环境噪声。环境噪声的高低直接影响到人们生活环境质量。噪声超过人的生活和生产活动所能容许的程度即形成噪声污染。早在1963年，有研究就表明森林具有降低噪声的功能。森林多位于城郊或山区，远离噪声源，令人身心放松，有效缓解压力和焦躁感，利于身体健康，构成声学保健资源，具体表现在低噪声和优美的听觉环境。综合目前的研究成果来看，噪声的测定和评价多参照声学及环境学领域的相关方法和标准。据研究，森林植物通过吸收、反射和散射可降低1/4的噪声，其中

40 m 宽的林带可减低噪声 10~15 dB；30 m 宽的林带可减低 6~8 dB；大面积的林木可减低噪声 26~30 dB(但新球，1994)。森林的这种"天然消音器"作用，使常年生活在城市噪声环境中的居民得到疗养，从身体和心理上都可得到休息和调整。中南林学院森林旅游研究中心 2000 年前后在湖南、广东、广西等地的诸多森林公园或自然保护区进行测定(吴章文，2005)。发现森林区环境十分宁静，各处噪声全都低于国家标限，声学环境优异，营造的静谧和谐的氛围利于人体放松和恢复。但优美的天然声学环境对人体健康的影响多作用于心理层面，目前尚无明确的测定方法及评价标准，仅有一些文字上的描述，例如，有的研究者提及林中鸟语花香，溪流潺潺，雨打芭蕉，荷清蝉鸣，优美宜人。烦躁不安、心悸胸闷者可于萧瑟竹林静坐养神，松涛之声也是一剂养生保健良药(祁云枝等，2003)。

(7) 视觉环境康养因子

狭义而言，景观视觉环境是指普通人裸眼所能感知到的景观环境(汤晓敏等，2007)。当人们进入林区，就会感知到森林植被与周围山地、水体等自然要素共同构建的景观视觉环境。其中以森林植物颜色为基调的五颜六色、春花、夏叶、秋果、冬枝，加上不同物种和层次的天然搭配，树冠和轮廓、树干和枝条的曲线等尤为引人入胜，天然和谐的色彩和造型令人身心放松，心情舒畅，利于康体保健。色彩对人的身体健康、思维方式、行为情绪有着重要影响，不同的颜色和组合带来不同的心理感受。相对于生理方面，色彩对于人心理健康的影响更为重要。

森林中大面积分布的色彩是绿色，研究表明，绿色给人的精神感觉最为舒适，有缓和紧张，使人安静的效果，对人体健康有积极的影响。绿色植物对光的反射弱，并能吸收强光中的紫外线，具有保护视网膜的作用，理论上称"绿视率"，且绿色光的波长适中，人的视觉对绿色光反应最平静，眼睛最适应绿色光的刺激。据测定，当绿色在人的视野中占 25% 时，可使人的明视持久期比空旷地平均增长 85%，皮肤温度降低 1~2 ℃，脉搏每分钟减少 4~8 次(郭凯军，2003)。

森林中局部出现的其他色彩点缀于绿海之中，并因其鲜明且天然的和谐统一搭配而具有一定的康体功效。例如，林中的白色是冷色与暖色之间的过渡色，色彩明亮，给人以纯洁、干净、明快、简洁的感觉；红色视觉刺激强，能兴奋神经系统，增加肾上腺素，增强血液循环，但如果红色面极过大，也易引起刺激性强而使人倦怠；黄色是明亮和娇美的颜色，有很强的光明感，刺激人的神经和消化系统，加强逻辑思维能力，令人感到明快和纯洁；橙色兼有红与黄的优点，明度柔和，使人感到温暖又明快；紫色具有优美高雅、雍容华贵的气度，能够维持人体内钾的平衡，使人安静。除了这些常见的颜色，某些植物特有的色彩组合、四季变换的林相以及周围山地、岩石、水体的天然色彩也让人感到身心放松，心情舒畅(李志强，2006)。

(8) 绿色森林食品

森林食品，概括的讲是指那些生长在森林中可供人类直接或间接食用的植物、动物以及它们的制成品。森林食品原料多生长于空气清新、光照充足的林地环境中，无公害、纯天然、无污染，不仅营养价值普遍高于或远远高于日常蔬菜，还具有良好的医疗和保健效果(李泽湘，2007)。刘正祥等(2006)在综述国内外研究基础上，将森林食品分为森林蔬菜、森林粮食、森林油料、森林饮料、森林饲料、森林药物、森林蜜源、森林香料共 9

大类。

4.1.5 促进经济发展与社会进步

4.1.5.1 经济效益

城市林业不仅有巨大的生态效益，而且经济效益也十分显著。以行道树为例，40年生毛白杨每株可产木材约 1.5 m³，按单行种植、株距 10 m 计算，1 km 行道树可产木材 150 m³，价值几万元。据测算我国天津市每年乔木增值 159 万元，灌木增值 286 万元。据计算一座具有城市林业特色的城市，可以为城市居民提供 50% 的薪材，80% 的干鲜果品。目前许多国家的城市已经改变直接烧用薪材的习俗，而将采下的树枝叶送进工厂气化，供给居民烧用。一个完好的城市防护林体系可以使郊区粮食增产 10%~15%，降低能源消耗 10%~50%，降低取暖费 10%~20%。

城市花卉业的经济效益也相当可观，近年来世界花卉的产值以前所未有的速度增加。据报道美国加州的鲜花大餐身价极高，鲜花食用种类越来越多，食用方式千变万化，备受青睐。随着世界花卉业发展迅速，世界各国花卉业的生产规模、产值及贸易额都有了较大幅度的增长，花卉产品已成为世界贸易的大宗商品，成为国民经济的重要组成部分。20世纪50年代初，世界花卉的贸易额不足 30 亿美元，1985 年发展到 150 亿美元，1990 年为 305 亿美元，1991 年上升到 1000 亿美元。此后，以每年 10% 的速度快速递增。世界贸易中心、联合国贸易和发展会议、世界贸易组织的数据表明：仅世界鲜花产业的贸易额，1998 年就已超过了 1800 亿美元，到 2000 年世界花卉贸易额达到 2000 亿美元。从美国农产品营销协会收集的数据和消费者信心指数证实，尽管在新冠疫情早期阶段受到严重打击，但花卉销售在 2000 年仍出现强劲反弹。与 2019 年同一时期相比，美国花卉零售额增长 6.6%。荷兰花卉拍卖市场发布了 2019 年度报告显示：2019 年荷兰花荷拍卖市场的花卉交易量为 123 亿支，同比 2018 年增长了 1.5%，总交易额为 48 亿欧元，同比增长 3.1%。荷兰全国从事花卉工作的人口 7.7 万人，其中 2.5 万人从事花卉生产，约有 2.2 万人口从事花卉零售。根据国家统计局数据，2015—2019 年，我国亿元以上花卉专业市场交易规模逐年增长，2019 年为 750.84 亿元，同比增长 16.9%；亿元以上花卉零售交易市场成交额达到 34.60 亿元，同比下降 5.5%。

城市森林游憩已成为城市居民重要的休闲娱乐活动之一，城市森林旅游也成为城市林业的创收大户。目前，旅游业已成为世界最大的就业部门，而森林旅游近年来已成为旅游业的热点，特别是城市森林已逐渐成为城市居民旅游的理想胜地。1994年，美国的森林旅游人数达 3 亿人次，日本有 8 亿人次涌向森林公园，巴黎市郊的森林公园每年接待游客 900 万人次。2019 年我国森林旅游游客量突破 18 亿人次，同比增长 12.5%，占国内旅游人数的 30% 左右，创造社会综合产值达 1.75 万亿元，同比增长 16.7%。2020 年下半年，森林旅游疫后复苏强劲，全年游客量达到 2019 年游客量的 84.2%。

良好的绿化环境会使房屋的价格增加，促进房地产业的发展。一所坐落在城市森林中的住宅，估价比一般住宅高两倍。有树木的房屋价值增加 5%~15%，在公园或公共绿地附近的住宅价值高 15%~20%。房屋的地租随距公园的距离而异，当距公园 12 m 时地租率为 33%，762 m 时为 4.2%。美国一位银行房地产评估员认为，有树木的房地产价格会较高,但这种买卖行为受两个因素的影响,即高收入和冒险精神。他举例说有一栋房屋附近有一棵 300 年生的榆树,当时房屋售价为 24000 美元,后来台风吹损了这棵树而房屋未毁,失去这棵树后房屋售价下降为 15000 美元。美国林务局的佩恩把两所相类似的房屋照片出示给房地产捐客,这两所建筑物一所附近有树木,另一所没树木,经捐客估价后,发现树木使房屋售价增加 5%~10%。在另一项研究中,佩恩利用照片重叠技术,把若干建筑物的照片加上树木背景,然后请房地产商人估价,结果发现树木会增加房屋售价。

4.1.5.2 社会效益

城市林业的社会效益也是十分显著的。城市绿地就是座丰富的知识宝库,譬如,一个公园、一条林带或一处公共绿地,包含有许多生物种类,它们具有不同的形态特征、生态习性、审美价值及艺术效果,以及养护管理等方面的知识,都可以学习、研究和探索。在文学艺术方面,城市绿化除了为文学家、艺术家提供安静、舒适、优美的创作环境外,还为他们的创作灵感提供了很好的素材和对象。另外,城市绿化还为人们提供了良好的社交场所和机会。绿化优美的城市环境,吸引国内外宾客参观、浏览,从而开阔眼界、增进友谊。同时,优美的环境使户外活动者,自觉地衣着洁净合体、款式新颖、俏丽夺目的服装,以展示社会文明及生活水准。

另外,大力发展城市林业可以增加城市就业。城市林业不同于传统林业,其原则是高效、和谐,既要有高的物质生产能力,提供丰富的林副产品,又要有高的精神生产能力,给人以美的享受。因此,从苗木培育、种植养护到林副产品的综合利用,以及森林旅游等,都需要大量的劳动力。由于城市人口中大量增加的人员主要来自农村的剩余劳动力,他们对城市林业的生产比商业、工业和服务业相对熟悉,他们的工作技能也比城市居民的相对较高,因此,发展城市林业可以增加这部分人的就业机会。

4.2 城市草坪与地被物的功能与效益

4.2.1 城市草坪的生态功能与效益

4.2.1.1 草坪的概念

草坪是指经过修剪管理的人工或天然草地,经过修剪,它们的外貌变得极为平坦,随着地形的起伏而有所起伏,在生长季节里一直保持绿色,是城市绿化的重要组成部分。草坪主要由禾本科植物组成,它们以禾本科草或其他质地纤细的植被为覆盖,是以大量的根或匍匐茎充满土壤表层的地被,是由草坪草的地上部分以及根系和表土层构成的整体。自然意义上的草坪是指能在山川野岭道路两旁到处生长的低矮草地。草坪植物是地被植物中的一大类型,属于地面覆盖植物范畴,但由于草坪很早以前就为人类广泛应用,在长期实践中,已经形成一个独立的体系,而且它的生产与养护管理也与其他地被植物不同。草坪草是指能形成草皮或草坪,并能耐受定期修剪和人、物通行践踏的一些草本植物种或品种,大多数为有扩散生长特性的根茎型或匍匐型禾本科植物,也包括部分符合草坪性状的其他科属植物(如马蹄金、白三叶等)。

4.2.1.2 城市草坪的功能与效益

(1) 调节城市气候，改善生活环境

长势良好的的草坪植物，吸水量仅次于原始森林，是小麦田的6倍，是天然干草地的4倍。大面积的草坪能促进降水量增加，调节整个地区气候。草坪绿地可减少阳光直射，吸收消耗热量，夏季可吸热降温。据测定，夏季草坪地区气温比裸露泥地气温低3~3.5℃，比建筑物区低10℃左右，比沥青、水泥地面低8~16℃。而冬季草坪植物的根茎絮结成草皮，有保湿作用，比裸露地面气温高6~6.5℃。城市沥青水泥地面在刮风时尘土飞扬，传播细菌；而草坪植物可降低风速，沉滞尘土风沙。据测定，冬季可降低风速5%~8%，夏秋季可降低风速15%~20%，如果有林、灌、草(坪)结合而组成的绿色屏障，则可降低风速70%~80%，比非绿地的静风时间大大延长。

(2) 净化城市空气，监测环境污染

大片草坪像一座庞大的天然"吸尘器"，连续不断地接收、吸附、过滤着空气中的粉尘。通常在3~4级风下，裸地空气中的粉尘浓度约为有草坪地粉尘浓度的13倍。草坪足球场近地面的尘埃含量，仅为场外黄土场地的1/6~1/3。

城市人口集中，空气中二氧化碳含量很高。据研究，如果二氧化碳含量达到0.05%时，人会感到呼吸不适；当到0.3%~0.6%时，会出现头疼、呕吐、血压升高等生理反应。空气中还散布着各种病原菌，成为多种疾病的传染源。某些草坪植物能分泌一定量的杀菌素。据测定，城市百货大楼空气含菌量是森林、草地地区含菌量的10万倍，是公园草坪绿地的4000倍，可见草坪绿地在净化空气、杀菌方面的显著功效。草类的茎叶能将大气中的氨、硫化氢、二氧化硫等物质合成为蛋白质，能把有毒的硝酸盐氧化成有用的盐类。

工厂"三废"中的灰尘、粉尘、烟尘等固态物质中含有能致癌的成分，如铅、镉、镍、汞、砷等，经呼吸道进入人体而致癌。这些物质沉降在路面、街道，经雨水淋洗进入池、河、湖、塘等，给水体造成污染。草坪植物叶面积很大，且有很强的附着力，能滞留各种尘土物质，这些物质进入植物体而被吸收。有人测定结缕草的干物质中有毒物为2.7 mg/kg，其中锌的含量为13.2 mg/kg，硒的含量为0.03 mg/kg，这大大超过了正常含量。有些不能吸收的元素则留在土壤中，从而减轻或避免了城市空气及水体污染。

有些植物对有害气体特别敏感，例如，氯气使有些植物的叶子失绿黄化，氟化氢使植物叶子出现枯萎坏死，臭氧使叶子出现黄褐色斑点等，因此，可以根据植物叶子的这些变化来判断大气污染程度，起到一定的警示作用。有些草坪植物和地被植物可以对环境污染起到指示和报警作用。譬如，獐茅能指示土壤中的盐碱含量，紫花苜蓿、灰菜等对二氧化硫敏感，唐菖蒲对氟化氢敏感，大麦草、紫羊茅能指示空气被铅、锌、铜、镉、镍污染的程度，鸭趾草能指示放射性物质污染，受到污染后叶子会由绿变蓝再变成粉红色，警示人们立即脱离险地。据国外报道，利用草坪草早熟禾来检测光化学烟雾污染程度也有成功的先例。

(3) 绿化美化城市，改善生活质量

城市环境治理必须进行科学的综合规划，采用工程技术措施、生物工程技术措施相结合的综合治理方能取得良好效果。就城市绿化而言，其总体目标是"黄土不见天"，因此，要因地制宜地采用林、灌、草相结合。修剪整齐的草坪使环境变的优美，改善人的精神状态，这无疑是一种美的享受。同时，用草坪绿化城市不但效果极佳，而且成本低，建植速度快。例如，北京长城饭店用早熟禾、黑麦草混播植生带铺设 5000 m^2 草坪，仅 15 天成坪，北京三元里立交桥铺设 $4×10^4$ m^2 草坪，不足 1 个月即成绿茵一片。

地面覆盖植物，能给人一种幽静的感觉，开阔人的胸怀，奔放人的情感，陶冶人的情操，使人们更好地投身于工作、学习和生活。平坦舒适的绿色草坪，能给人们提供一个优美的娱乐和休憩的良好场所。凉爽、松软的草坪能吸引人们的游戏兴趣。当你赤脚走在草坪上，会感觉到十分舒畅和惬意。这些都是草坪植物作用于人体的"信号"的结果。这些信号通过分布在人体肌肤上的许多特殊"天线"可以感受得到，尤其是耳朵、脚掌、鼻黏膜、眼膜等器官感受最深。这些"天线"与控制全身活动的大脑和脊髓中枢，与各器官组织及分泌激素的内分泌腺，与防御外来细菌、病毒、维护体内细胞组织正常活动的免疫系统都有密切关系。

培养质地优良的草坪运动场地，对促进体育的发展起着十分重要的作用。世界各地都十分重视铺设草坪运动场，因为许多重要的高尔夫球、足球、曲棍球、板球和马球的比赛场地，都需要种植当地生长最优良的草坪植物，以提高比赛成绩，减少运动员受伤的机会。

4.2.1.3 草坪植物的选择

（1）草坪植物的特点

构成草坪植被的植物称为草坪植物或简称草坪草。随着人们物质和文化生活水平的提高，人们对草坪绿地的欣赏水平和需求档次越来越高，多追求立体美、多层次、多功能和兼用型，将绿化和美化结合起来。因此，作为优良的草坪草，必须具备如下特点：

①外观形态　茎叶密集，色泽一致、美丽，叶色翠绿，绿期长；

②草姿美　草姿整齐美观，枝叶细密，有弹性，有韧性，形成的草坪似地毯；

③有旺盛的生命力　繁殖能力强，生长蔓延速度快，成坪快，寿命长；

④良好的适应性　抗逆性好，耐旱性、耐热性、耐寒性、耐湿性、抗病虫、再生力及侵占能力强，能耐修剪、耐践踏、耐磨能力强。

（2）常见的草坪植物种类

常见的草坪植物有两大类：一类是冷季型成坪禾草；另一类是暖季型草坪禾草。

①冷季型成坪禾草　主要分布在温带及寒温带，生长最适温度为 15~24 ℃，喜冷凉、湿润的气候，主要受季节性炎热的强度和持续时间及干旱环境的制约，适宜我国黄河以北地区生长。这类草种的优点是生长速度快，草坪形成快，可以播种，容易建立大面积草坪，春季返青早，有些地区可以四季常青。缺点是夏季高温多湿的地区容易发生病害，在南方越夏比较困难。这类草种主要有草地早熟禾、葡匐翦股颖、羊茅、多年生黑麦草、小糠草、薹草等。

②暖季型草坪禾草　主要分布在热带和亚热带地区，生长最适温度为 26~32℃，主要受低温的强度和持续时间的限制，分布于我国长江以南的广大地区。这类草种均具有相当强的长势和竞争力，一旦群落形成，其他草就很难侵入，因此多为单种。这类草种主要有结缕草、野牛草、狗牙根、地毯草、天堂草、钝叶草、假俭草、两耳草、竹节草等。

4.2.2 城市地被物的生态功能与效益

4.2.2.1 地被物的概念

城市地被物是指那些覆盖于城市绿地地表或近地面层的有生命力或无生命力的物质。地被植物在植物学上是指森林或草植物群落中最接近地面的植物。而城市绿化中应用的地被植物，是指一些植株低矮、枝叶密集、具有较强扩展能力的、能迅速覆盖地面的而且抗污染能力强、易于粗放管理、种植后不需要经常更换的成片栽植的植物。这些植物不仅是草本和蕨类植物，也包括小灌木和藤本。城市地被植物既可用于大面积裸露平地或坡地的覆盖，也可用于林下空地的填充。城市地被植物与草坪是一门新兴的科学，近几十年来由于城市环境问题变得日益严重，特别是在北方城市，春季风沙天气来临期距离植物展叶期还有一个时间差，因此，如何在城市绿化中加强林下地表覆盖工作，对改善林地土壤结构，提高城市森林质量，减少城市就地扬尘，实现"以人为本""高效益、低成本"的建设目标，是非常迫切的，也是实现"黄土不见天"的有力措施之一。

4.2.2.2 地被物的类型与特点

城市地被物从类型上看，首先可以分为两大类型：一类是以草坪植物、低矮的花灌木和自然生长的野生植被为代表的有生命的植物类型，又可称之为园林地被植物；另一类就是以鹅卵石、碎石、树皮等为代表的无生命的类型。在后一类中，还可以根据覆盖物的化学性质，再细分为有机材料覆盖物和无机材料覆盖物两类。

园林地被植物主要是各种花灌木、草坪植物和野生的适应城市的入布植物，当然，不同的城市，由于其所处的地理环境范围不同，其乡土的植物类型差异也很大。在北方城市，花灌木的主要种类包括月季、玫瑰、黄刺玫、丁香、珍珠梅和榆叶梅等，草坪植物有早熟禾、黑麦草等，藤本植物有啤酒花、五叶地锦等，在城市广场和街头绿地除上述植物种类之外，还包括小叶女贞、紫叶小檗、朝鲜黄杨等，这些植物可以修剪成各种造型。夏季结合各种草本花卉营造万紫千红和花团锦簇的花境和花坛。

无机覆盖物以石子、砂砾为主，其特点是维护费用低，且不易腐烂，但会使土壤通透性变差，影响树木生长。有机覆盖物来源相当广泛，植物体的任何部分都可以用做覆盖物的生产，树皮是有机覆盖物的最初来源，具有极好的抗腐烂特征。近年来多种可循环利用的其他木质材料也迅速发展起来，这些材料不仅有丰富的纤维素含量，而且比树皮分解速率更快。在国外，特别是美国、澳大利亚等覆盖物发展迅速的国家，许多研究单位和企业广泛利用树皮、树枝、碎木、松针、树叶、树根等树木材料进行覆盖物生产，并开发了一整套生产不同类型地表覆盖物的设备。有机覆盖物上还常常被涂上各种色彩，从而可以更好的装扮城市环境，美化居民生活。有机覆盖物还具有显著改善土壤的功能和促进树木生长的特性，以及良好的防尘、装饰效果，已在国外城市绿化建设中得到越来越广泛的应用，这些覆盖物被广泛使用在树木栽培、行道树维护，以及城市、村镇、居民区和公园美化等方面，起到了很好的效果。

4.2.2.3 地被植物的选择与应用

地被植物具有与草坪相同或相似的生态及美化功能，直接影响到城市居民的生产、工作、学习与生活。但长期以来，人们特别强调乔木在城市绿化中的作用，许多城市强调"市树、市花"特色，以一两种乔木作为城市的骨干树种，由于地域和气候限制，北方城市可以利用的高大乔木种类较少，乡土地被植物开发利用不充分，形成以绿色乔木为主的局面，而且为强调冬季绿化效果，常绿乔木的比重较大。因此，开花灌木在通常被压缩到很小的比例。地被植物配置较少，不仅景观显得单调乏味，而且不利于病虫害防治和抗污、减污、防火。

受大面积种植草坪趋势的影响，市区内乔灌木的种植明显减少，乔灌木甚至被砍伐。大面积铺设草皮，虽然达到了短期的景观效果，但草坪存在建植费用高，养护管理复杂，老化退化严重，更新年限太短等问题。因此，扩大地被植物在城市绿化中的使用比例是一条有效的途径。

(1) 地被植物选择的途径

主要还是要加强乡土树种的应用，以位于我国正北方的呼和浩特市和包头市为例，呼和浩特市共有野生种子植物、栽培植物89科370属770余种，其中较多的科有：蔷薇科、菊科、禾本科、毛茛科、唇形科、藜科、百合科、莎草科等。包头市共有植物139科655属1449种，其中野生植物95科381属682种。而包头的乡土植物利用率仅占绿化树种的41%，引进树种占59%。全国各地针对本地特点都对乡土树种及可利用的植物进行了不同程度的开发利用。就呼和浩特市和包头市而言，所利用的地被植物还主要限于传统的花灌木、草本花卉和少量引进的少数品种上。在市区各广场上大量引进种植的草本花卉仅限于少数的种类。可以选择乡土地被植物如百里香、山丹、山葡萄、蒙古绣线菊等对当地自然环境具有很强的适应能力，不会因为气候及土壤条件而制约的野生地被植物生长，也不会像外来草种需要刻意地为其营造适合的环境，因此乡土地被植物具有广阔的应用前景。

地被植物主要具有观叶、观花及绿化、美化的功能，因此应具备如下特点：

①植株低矮，按株高一般区分为30 cm以下、50 cm左右、70 cm左右几种，一般不超过1 m；②绿叶期较长，能长时间覆盖地面，并具有一定的防护作用；③繁殖容易，生长迅速；④适应性和抗逆性强，耐干旱、耐瘠薄、耐盐碱、耐践踏、抗污染、抗病虫害，利于粗放管理；⑤具有观赏价值(观叶、观花等)和经济价值(如药用、食用、香料、油料、饲料等)。

(2) 常见的地被植物

地被植物的组合不单是一般的种植，而是一种人工群落综合设计的再现，是大自然的缩影。而大自然是一个多层次的、绚丽的、百花争艳的多彩世界，各种各样的地被植物则是这个多彩斑斓世界的主角之一。常见的地被植物有如下几大类：

①一、二年生草花地被植物　它们是鲜花类群中最富有的家族，其中有不少是植株低矮、株丛密集自然、花团似锦的种类，如紫茉莉、二月兰、太阳花、孔雀草、雏菊、香雪球等。它们都具有粗放自然的风格，是地被植物组合中不可缺少的部分，特别是在阳光充足的地方，一、二年生草花作地被，更显示它们的优势和活力。

②宿根观花地被植物　它们花色丰富，品种繁多，种源广泛，作为地被应用不仅景观美丽，而且繁殖能力强，养护管理粗放，可以做到近期覆盖黄土。例如，玉簪类、萱草类、鸢尾类、石蒜类以及马蔺等已经广泛应用于树坛、路边、假山园及池畔等处，尤其是

耐阴的观花地被(如白及、铃兰等)更受欢迎。花期长，节日盛开的种类都值得推广，如"五·一"节开花的红花酢浆草、铃兰、铁扁担、山罂粟等，国庆节期间开花的葱兰、小菊、荷兰菊、矮种美人蕉等。

③宿根观叶地被植物　它们大多数植株低矮，叶丛茂密贴近地表面，而且多数是耐阴植物，这是作为地被最理想的基本条件之一。在全国各大城市已广泛应用并取得良好效果的宿根观叶地被植物有麦冬类、连钱草、石菖蒲、万年青、吉祥草等。目前，人们逐步把注意力投向叶形更美、极为耐阴的虎耳草、蕨类等植物，以及经济价值较高的薄荷、藿香等阔叶型观叶植物。

④水生耐湿地被植物　在水池、溪流以及水体边沿等地带，需要选用适生的、耐湿性较强的覆盖植物，用来美化环境和点缀景观，并兼能防止和控制杂草危害水体。常见的水生耐湿地被植物有燕子花、水菖蒲、泽泻等。

⑤岩石园、假山地被植物　在建造岩石园及堆砌假山时，需要增添一些矮性地被植物点缀山石，这些地被植物被人们称为岩石地被植物，常见的有蓝雪花、骨碎补、岩茴香等。

⑥矮生灌木地被植物　植株低矮的灌木，枝条开展，茎叶茂盛，匍匐性强，覆盖效果好，是组成植物群落下层不可缺少的地被类型。它们的优点是生长期长，不用年年更新；管理比草本植物粗放，移植、调整方便，并且通过重修剪可进行矮化定向培育；一般均具有木本植物骨架，因此形成的群落比较稳定。常见的矮生灌木地被植物有偃柏、石岩杜鹃、八仙花、棣棠花、八角金盘、金丝桃、火棘、南天竹、小檗、日本绣线菊、阔叶十大功劳、栀子花等。

⑦矮生竹类地被植物　竹子是常绿性植物，终年不枯，枝叶潇洒，景观独特。特别是低矮丛生竹类，适应性更强，凡是在排水良好、含腐殖质较丰富的肥沃微酸性土壤，均可栽种矮竹。在我国北方有些地区虽然气候略寒冷，但将矮竹植于背风向阳之处，仍能取得良好的效果。常见的矮生竹类地被植物有凤尾竹、箬竹、翠竹、鹅毛竹、菲白竹、菲黄竹等。

⑧藤本地被植物　大部分藤本植物可以通过吸盘或卷须爬上墙或缠绕攀附于树干、花架等。凡是能攀缘的藤本植物一般都可以在地面横向生长覆盖地面。而且藤本植物枝蔓很长，覆盖面积要超过一般矮生灌木好几倍，这是藤本植物的最大优势。藤本地被植物有木本和草本两大类。草本藤蔓枝条纤细柔软，可以组成细腻漂亮的地被层，如草莓、细叶茑萝、多变小冠花等。木本藤蔓枝条粗壮，但绝大部分都具有匍匐性，可以组成厚厚的地被层，如常春藤、五叶地锦、络石、金银花、山葡萄、百里香、蔓长春花等。

⑨耐盐碱地被植物　在沿海的滩涂及内地的一些低洼地带，土壤含盐碱量很高，一般植物难以生存。因此，在这些地区绿化，必须选用耐盐碱的植物。我国耐盐碱地被植物资源丰富，但目前，其推广应用还处在萌芽阶段。常见的耐盐碱地被植物有罗布麻、柽柳、单叶蔓荆、白刺、二色补血草、针线包、滨旋花、紫花苜蓿、马蔺、田菁、紫穗槐、草麻黄、木地肤、沙打旺、枸杞等。

(3)干旱半干旱城市可开发利用的地被植物

在干旱半干旱地区的城市，如果要形成绚丽丰富的植物景观，地被植物应用大量的球根、宿根花卉是关键。因此，在干旱半干旱的西北城市中，林下应选择耐阴植物玉簪、铃兰、银柴胡等；在林缘可选择鸢尾、黄花、玉带草、宿根亚麻、芍药和金鸡菊等。空旷地带可选择蜀葵、矮景天、八宝、沙地柏、马兰和地肤等；水域可选择醉鱼草、千屈菜和马蔺等。行道树具有消噪、美化、吸收汽车尾气等功能，使城市的主要风景线，在道路绿化中选择北方城市适宜生长的地被植物，其中侧柏修剪的造型可以保证北方地区四季常绿景色。攀缘植物在绿廊、凉亭、护栏等景观中具有软化环境的效果，如啤酒花、五叶地锦、金银花、山葡萄、蔓长春、扶芳藤、北五味子、穿龙薯蓣、黄花铁线莲等。我国西北城市呼和浩特市和包头市主要可开发利用的地被植物见表4-10。

表 4-10 呼和浩特市和包头市可以开发利用的地被植物

草 本		灌 木	
中文名	学名	中文名	学名
芍药	*Paeonia lactiflora* Pall.	红瑞木	*Comus alba* Linn.
诸葛菜	*Orgchophragmus violaceus*（L.）O. E. Schulz	枸杞	*Lycium chinense* Miller
玉簪	*Host plantaginea*（Lam.）Aschers.	香荚蒾	*Viburnum farreri* W. T. Stearn
铃兰	*Convallaria majalis* L.	蒙古绣线菊	*Spiraea mongolica* Maxim
酢浆草	*Oxalis corniculata* L.	金银花	*Lonicera japonica* Thunb.
银柴胡	*Stellaria dichotomta* var. *Lanceolata* Bge.	山葡萄	*Vitis amurensis* Rupr
美人蕉	*Canna indica* L.	扶芳藤	*Euonymus fortunei*（Trucz.）Hand.-Mazz
石竹	*Dianthus chinensis* L.	北五味子	*Schisandra chinensis*（Turez）Baill
鸢尾	*Iris tectorum* Maxim.	沙地柏	*Juniperus sabina* L.
百里香	*Thynus mongolicus* Ronn	小叶黄杨	*Buxus sinica* var. *Parvifolia* M. Cheng
马蔺	*Iris lactea* Pall.	紫叶矮樱	*Prunusx ×cistena* N. E. Hansen ex Koehne
宿根亚麻	*Linum perenne* L.		
蜀葵	*Althaea rosea* Linn.		
八宝	*Hylotelephium erythrostictum*（Miq.）H. Ohba		
薄荷	*Mentha canadensis* Linn.		
山丹	*Lilium pumilum* DC.		

4.2.2.4 有机地表覆盖物的作用与应用

(1) 有机地表覆盖物的作用与功能

①有机地表覆盖物对土壤理化性状的影响　有机覆盖物是理想的土壤保护层，具有土温调节的功能。覆盖物既可以遮挡烈日，避免土壤温度持续升温，又能在天气寒冷时保存土壤热量，减少极端土温对树木根系的伤害。覆盖物还具有极好的保持土壤湿度的能力。

覆盖物能够积蓄雨水，并能阻止水分沿着土壤毛细管输送到地面而被蒸发，从而起到了节水、保水的作用。覆盖物可以改善土壤结构和化学组成。腐烂的有机覆盖物可以增加土壤有机物质含量，并在逐渐分解的过程中不断还原土壤有效养分，刺激土壤微生物的活性。覆盖物还可以减轻土壤自然侵蚀程度，阻止土壤板结。

②有机地表覆盖物对树木生长的促进作用　有机地表覆盖物通过对土壤理化性质的改善，可以显著的增加土壤有效养分的含量，增加土壤的保肥、保水性能，提高土壤透水性和水分渗透能力，从而对树木的健康生长起到很好的促进作用。

③有机地表覆盖物的城市景观美化功能　覆盖物在城市环境美化中发挥重要作用。自从1990年前后彩色有机覆盖物首次在美国俄亥俄州出现以来，其产量逐年增加，使用范围也不断扩大。目前，彩色覆盖物已经成为美国城市林业建设中的一种基本材料。多种类型和不同色彩的覆盖物不仅为城市地表上了一层引人注目的彩色外装，而且还可以丰富绿地质感，与园林植物的自然颜色相互辉映，对装扮城市环境、愉悦市民身心健康具有积极作用。

④有机地表覆盖物的抑尘功能　土壤扬尘是影响城市生态环境的一个重要方面。特别是在早春多风季节，地被植物相对较少，地表裸露严重，加之落叶树种尚未展叶，树木挡风能力差，极易造成沙尘天气。目前在我国北方干旱地区，在不能保证市内有效绿化的情况下，主要还是采取地面硬化或铺装的方法来减少城市裸露地面，力争做到"黄土不露天"。有机覆盖物不仅可以有效地降低地表风速，阻挡尘土，而且能够缓解降雨冲刷等对地表土壤的侵蚀作用，防止土壤随水冲走，这对抑制二次扬尘具有十分重要的作用。另外，由于有机地表覆盖物表面粗糙，材料本身也具有一定的滞尘功能，所以发挥着重要的"城市吸尘器"作用。

⑤有机地表覆盖物的经济效益和环保价值　在我国，有机地表覆盖物的生产与应用不仅有助于减少城市绿地的水分消耗，节约劳动力资源，从而降低城市公园、行道树及其他类型绿地的维护成本，而且可以带动循环经济的发展，促进覆盖物生产这一新兴生态环保产业的兴起。这对于拉动经济增长，扩大居民收入都有积极的作用。

(2) 有机地表覆盖物开发利用前景

随着我国城市化进程的加快，城市森林建设已经作为城市有生命的基础设施受到普遍的重视。利用树木材料进行覆盖物生产和应用于城市森林经营，具有充分的原料供给和广阔的开拓空间，蕴藏着巨大的商机和美好的发展前景。

首先，我国需要有机覆盖物的城市森林数量多，地域分布广。当前我国城市森林建设速度快，规模大，但人工林居多，林下质量不高，这正好为有机覆盖物的发展提供了巨大的发展空间。

其次，有机覆盖物生产原料有保障，并有利于提供新的就业岗位。覆盖物的生产可以就近、就地收集材料，取材方便。随着我国城市绿化建设力度的不断加强和建设规模的不断扩大，产生的树木生长剩余物的数量也在不断增加。在城区，正常的季节变换会产生许多枯枝落叶，树木修剪也会造成大量的枝叶残留；在城郊，林地间伐剩余物和残次林改造过程中产生的剩余物占有较大比例，这为有机覆盖物生产提供了充足的原料保障。同时，这一新型生态产业的发展还可以创造更多的就业岗位，有利于带动循环经济的发展。

再次，应用有机覆盖物能够显著改善林地环境，提高城市森林的整体生态功能。合理开发并有效利用这些森林剩余物，不仅可以提高能源材料的利用效率，降低城市森林水资源消耗，减少资源浪费，而且可以美化环境，改善土壤状况，促进树木健康生长。

最后，有机覆盖物的应用有利于彻底改变城市森林本身的大气扬尘污染问题。地面扬尘是构成北方干旱半干旱地区大气污染的主要物质之一，也是影响我国城市空气质量的一个重要因素。我国城市中行道树树盘、路边、宅旁、桥下等众多区域几乎随处可见大小不一的裸露地块，虽然每一块裸地的面积不大，但加在一起就是一个惊人的数字。2012年我国颁布了新修订的《环境空气质量标准》，将细颗粒物 $PM_{2.5}$ 纳入监测范围，从2016年起在全国范围内进行常规监测并向公众报告（杨新兴等，2012）。北京市环境状况公报显示：2016年北京市大气 $PM_{2.5}$ 浓度为73 $\mu g/m^3$，超过国家标准1.09倍；PM_{10} 浓度为92 $\mu g/m^3$，超过国家标准0.31倍（王科朴等，2020）。根据2018年《中国生态环境状况公报》，全国338个城市中，64.2%的城市环境空气质量超标，以颗粒物为首要污染物的天数占总超标天数的55.7%，颗粒物是影响全国城市空气质量的主要污染物之一（陈芳等，2020）。可以看出，而颗粒物的存在无不与城市地面扬尘有关，可以说，地面就地扬尘已成为城市生态环境恶化的重要"杀手"，其原因在很大程度上是由于城市中存在较多的具有"加尘器"作用的裸露地表。覆盖物可以有效的解决春季植物萌发以前地表缺少覆盖而出现扬尘的问题，这对于我国的北方城市的绿化建设尤为重要，许多城市已经到了非解决这一问题不可的时候，只有这样才能在视觉和嗅觉上真正实现人居环境的改善。

4.3　城市湿地的功能与效益

4.3.1　湿地的概念与现状

湿地，顾名思义就是以水为基本要素的区域。水是地球生命的源泉，有了水才有了世间万物，才有了我们人类。"湿地"一词最早出现在1956年美国联邦政府开展湿地清查时。1972年2月，由苏联、加拿大、澳大利亚等36个国家在伊朗小镇拉姆萨尔签署了《关于特别作为水禽栖息地的国际重要湿地公约》（即《湿地公约》），在《湿地公约》中把湿地定义为"湿地是指天然或人工地、永久性或暂时性地沼泽地，泥炭地和水域，蓄有静止或流动、淡水或咸水水体，包括低潮时水深浅于6 m的海水区"。按照这个定义，湿地包括沼泽、泥炭地、湿草甸、湖泊、河流、滞蓄洪区、河口三角洲、滩涂、水库、池塘、水稻田以及低潮时水深浅于6 m的海域地带等。广义的湿地是指各种浅度水域和高位地下水环境，其特点是长期或临时被水侵淹，土壤呈水质性，生长的植物和动物适应水饱和生存条件。目前，全球湿地面积约有 $570×10^4$ km^2，约占地球陆地面积的6%，其中湖泊占2%，泥塘占30%，泥沼占26%，沼泽占20%，泛洪平原约占15%（胡德平，2007）。湿地是地球生命支持系统的重要组成单元之一，是人类和社会经济赖以发展的自然资源。它所提供的粮食、鱼类、木材、纤维、燃料、水、药材等产品，以及净化水源、改善水质、减少洪水和暴风雨破坏，提供重要的鱼类和野生动物栖息地和维持整个地球生命支持系统的稳定服务功能，是人类社会发展的基本保证，也使其成为人类最适宜和最重要的生存环境。由于湿地拥有巨大的生态功能和效益，已成为全球重要的自然生态系统之一，国际上通常把它与森林和海洋并称为全球三大生态系统。

我国是世界上湿地资源丰富的国家之一,湿地资源占世界总量的10%,居世界第四位,亚洲第一位。我国1992年加入《湿地公约》。在《湿地公约》划分的40类湿地在我国均有分布,是全球湿地类型最丰富的国家。根据我国湿地资源的现状以及《湿地公约》对湿地的分类系统,我国湿地共分为5大类,即4大类自然湿地和1大类人工湿地。4大类湿地包括海滨湿地、河流湿地、湖泊湿地和沼泽湿地。人工湿地包括水稻田、水产池塘、水塘、灌溉地,以及农用洪泛湿地、蓄水区、运河、排水渠、地下输水系统等。我国单块面积大于100 hm²的湿地总面积为3848×10⁴ hm²(人工湿地只包括库塘湿地)。其中,自然湿地3620×10⁴ hm²,占国土面积的3.77%;人工库塘湿地228×10⁴ hm²。自然湿地中,沼泽湿地1370.03×10⁴ hm²,滨海湿地594.17×10⁴ hm²,河流湿地820.70×10⁴ hm²,湖泊湿地835.15×10⁴ hm²(胡德平,2007)。

可是,近代全球湿地遭受严重破坏,湿地的退化和减少比其他生态系统快的多。第二次世界大战之后,随着世界经济的飞速发展,大片湿地被开发,许多具有国际重要意义的湿地急剧丧失。据统计,全世界约有湿地5.14×10⁸ hm²,其中,加拿大湿地面积居世界首位,约有1.27×10⁸ hm²,占全世界湿地面积的24.7%;美国排名第二,为1.11×10⁸ hm²,占全世界湿地面积的21.6%。目前,全世界有超过9310×10⁴ hm²的湿地被垦为农田或其他用途。自1990年以来,地球上的湿地已消失尽半。在爱尔兰,93%的湿地已被开垦,美国每年损失12.5×10⁴ hm²的湿地。近50年来,我国仅沿海地区累计丧失海滨滩涂湿地面积219×10⁴ hm²,相当于原有的海滨湿地的一半。围海造地工程使沿海湿地面积以每年2×10⁴ hm²的速率减少。三江平原是我国最大的沼泽分布区,原有湿地逾500×10⁴ hm²。自20世纪50年代开始大规模开垦以来,已有300×10⁴ hm²变为农田,而且开发仍在加剧,如果这些开发活动不能被有效制止,所剩的200×10⁴ hm²湿地,用不了一二十年就会消失殆尽。辽河三角洲原有湿地面积约36.6×10⁴ hm²,现在近半数已被开垦为稻田和盐田,自然和半自然的景观只剩下不到2×10⁴ hm²。位于西北地区的罗布泊和居延海,历史上曾经是烟波浩渺,水草丰茂,现在已成为一片盐湖荒漠(胡德平,2007)。随着工业化和城市化进程的加速,人口剧增,大量污水涌入湿地,远远超过湿地自身的净化能力,大量植被和水生植物死亡,使许多以湿地为栖息地的生物物种数量急剧减少,湿地的功能大大降低。这些湿地面积的丧失和功能的降低,导致由湿地提供给人类的多种效益受到显著影响,引发了严重的环境问题,特别是在人口大量聚集的城镇极其周缘区域,由于土地面积有限,环境退化问题更加严重。例如,地下水位下降,天然植被盖度降低,动物、微生物的种群数量减少,鸟类数量下降,虽然这只是湿地功能破坏的部分结果,却已经危及到人类的自身生存和持续发展。

4.3.2 城市湿地

随着全球快速城市化,预计到2030年时世界60%的人口将集中于城市之中。如果把人类当作自然界的一部分,那么城市将成为生态系统的全球网络。目前,人类并没有重视人工生态系统的高效利用,因而加速了城市湿地资源的低效率利用,并导致了大量的资源浪费。城市绿地、森林、湿地、农田等城市生态系统具有不同的生态服务功能,如净化空气、调节气候、减少噪声、防洪排水、休闲娱乐等,其中城市湿地具有其他城市自然生态系统不可替代的生态服务功能。此外,湿地对沿海城市地区的生态环境建设和经济发展也是至关重要的,湿地系统的生产率等于甚至超过任何自然或农业系统。

4.3.2.1 城市湿地与自然湿地的差别

随着城市基础设施的扩建,为数不多的城市湿地(urban wetland)的生态学属性发生了很大变化,形成了与自然湿地(natural wetland)截然不同的湿地系统,具体体现在以下几方面:

(1) 自然特征

受到城市化的影响,城市湿地形成了分布不均匀、面积较小、孤岛式的湿地斑块。斑块之间的连接度下降,从而增加了湿地内部生境破碎化的程度。就气候特征而言,城市湿地具有与城市区域不同的气候特征,而且因城市功能区不同而不同。

自然湿地则不同,不但形成多样的湿地斑块,斑块之间的连接度较高,破碎化程度较低,而且湿地生境气候特征反映区域地理气候特征,湿地水文状况是区域气候学、地质学和地形学所表现的综合特征。

(2) 功能特征

自然湿地是以生态服务功能为主,而且可测定并评价其不同的生态功能;而城市湿地除了生态服务功能以外,还强调其为市民提供的休闲、娱乐和生态教育功能,这些功能是城市湿地不可取代的,同时这种城市湿地的社会服务功能也很难预测。

(3) 治理方式

自然湿地的环境特征因与其周围区域一致,同时自然湿地的干扰是以自然干扰为主,湿地演替的主要限制因子是自然湿地生境所需的营养物质。进行自然湿地治理及恢复时需从流域尺度上进行,同时自然湿地的治理工作主要是由专业人员来进行。

而城市湿地干扰以人为干扰为主。因城市湿地营养物质丰富,其主要治理方式是以政府决策部门的指令为主,城市湿地的维护和治理主要靠城市居民的参与来进行。

4.3.2.2 城市湿地系统的生态和社会服务功能

湿地是极其重要而又特殊的生态系统,是地球生物圈中一个关键环节,在全球环境与全球气候变化中起着非常重要的作用。它不仅具有涵养水源、蓄洪防旱、调节河川径流、补充地下水、净化水体、促淤造陆、降解污染、调节气候、控制水土流失、维持生物多样性和保护海岸等巨大的生态功能,还能为人类提供多种资源,如粮食、肉类、鱼类、药材、能源以及多种工业原料。同时,湿地所具有的特殊生态和文化价值还为人类文明的发展做出了重要贡献。当今世界,代表着现代文明的大都市基本上都坐落在湿地周围,多数繁荣的经济区都分布在河流两岸。这些都充分揭示了人类社会发展与湿地的不解之缘。湿地因为具有巨大的水文和元素循环功能,是人类和万物生命的水源,是江河湖泊的水库。因此,人们把湿地形象地比喻为"地球之肾""天然之水库"。湿地因为具有庞大的食物网,养育了多种多样的生物,特别是南来北往的候鸟和濒危野生生物得以栖息和生存,所以湿地也被视为"生命之源""物种基因库""水禽的恬静乐园"(胡德平,2007)。

城市湿地作为重要的城市生态基础设施之一,也具有众多的生态及社会服务功能,具体表现如下：

(1) 城市湿地是城市发展的必要条件

城市湿地不仅为城市居民提供必要的水资源，同时还为城市提供防御、运输、预防自然灾害、补充地下水源等服务功能。随着现代城市的发展，城市湿地已成为现代城市发展的重要制约因子和决定因素。

(2) 城市湿地是城市污染物"净化器"

随着城市工业的发展，城市环境污染加剧，使城市许多水体趋向富营养化，并在部分湿地中出现了水华(water blooms)。构成水华的主要藻类为蓝藻。在其过度繁殖时，不仅会造成水味腥臭，透明度下降，消耗水体溶解氧，影响水体美观和水生生物生长，而且蓝藻中的微囊藻属、颤藻属、鱼腥藻属、念珠藻属等许多藻类能释放微囊藻毒素，危害人体。以芦苇—水葱组合的湿地系统和茭白—石菖组蒲组合的湿地系统对藻毒素具有一定的去除作用。

(3) 城市湿地可调节城市小气候，改善城市环境

城市热岛效应可增高城市气温，有关资料显示，北京城区的气温比郊区高 0.7 ℃。同时美国城市与周围地区比较以后发现：市区空气年平均气温高于郊区，太阳辐射减少 20%，风速减少了 10%~30%。城市风发生蒸发是耗热过程。观测结果表明，湿地蒸发是水面蒸发的 2~3 倍，蒸发量越多，导致湿地区域气温越低。强烈蒸发导致近地层空气湿度增加，降低周围地区的气温，减少城市热岛效应。

(4) 城市湿地可为动植物提供丰富多样的栖息地

湿地由于生态环境独特，决定了其生物多样性的特点。湿地是很多濒危水禽的栖息地，我国幅员辽阔，自然条件复杂，湿地物种极为丰富多样。资料显示，我国湿地内分布有高等植物 225 科 815 属 2276 种，其中有国家一级保护野生植物 6 种，国家二级保护野生植物 11 种，分布湿地野生动物 25 目 68 科 724 种(胡德平，2007)。同时，我国湿地还是许多珍稀濒危鸟类唯一越冬地或迁徙的必经之路。因此，我国湿地在全球生物多样性保护中占有十分重要地地位。一般来说，人工湿地鸟类种类、鸟类总数、物种多样性都高于周围地区。

(5) 城市湿地为城市居民提供休闲娱乐场所和教育场所

湿地丰富的水体空间，水面多样的浮水和挺水植物，以及鸟类和鱼类，都充满大自然的灵韵，使人心静神宁。这体现了人类欣赏自然、享受自然的本能和对自然的情感依赖。这种情感通过诗歌、绘画等文学艺术的方式表达出来后，便形成了具有地方特色的精神文化。湿地丰富的景观要素、物种多样性，为环保宣传和对公众进行相关教育提供了场所。

4.3.2.3 城市化对城市湿地系统的影响

城市环境与非城市环境在自然环境和生物学特征方面明显不同。城市化改变了城市湿地的水文特征，并直接影响了湿地结构和功能。例如，公路、排水渠等城市基础设施的建设直接影响河流的水文特性，从而改变湿地生境的结构和功能，使周围其他湿地和陆地生境产生连锁反应。城市化改变了湿地生境生物学和化学特征，引起群落的物种组合、扩散能力、相互作用等发生变化。微环境的特有和稀有类型、特殊的森林群落在区域中受到限制。湿地斑块大小、形状和水文状况对动物行为和植物的繁殖生态学起着重要的作用，城

市区域和非城市化区域的植物区系和动物区系也会有所不同。

在城市化过程中湿地格局发生了变化,究其原因,既有自然力,也有人文动力,实质上是这二种力的综合作用,即:人—地系统动力学作用的结果。自然力是永恒的,并贯穿整个过程;人文动力,即人对湿地的改造利用,是随着人类文明的发展由弱到强,并越来越广泛、深刻地改变着湿地的面貌,以致在某个时期成为系统的主导力量。特别是当自然力和人文动力两种因素合二为一时,湿地将会受到破坏,以至于整体毁灭。通过研究发现,历史时期对干旱区湿地的消长,渐变的干暖气候的自然环境起到一定的作用。但是,最主要的原因还是快速和突变的人类活动所致。

(1) 城市开发导致湿地面积减少,增加了内部生境的破碎化

城市化是湿地面积减少的主要原因之一。随着人口增长,松嫩平原农业开发不断向低河漫滩湿地逼近,城市和工业用水进一步减少了湿地的水源供应,湿地丧失和退化的速度十分惊人,漫滩上的湖泊数量和水面面积不断减少。据遥感分析,该区湿地面积比中华人民共和国成立初期减少了70%以上,湿地面积仅存 $65.2 \times 10^4 m^2$,局部地段湿地率减少为10%以下。美国农业部的研究表明,城市化过程都涉及侵占和破坏湿地,并且美国全国已经丧失了58%的湿地。旧金山地区自19世纪中叶开始开发以来,由于人口迅速增长,人类为生存而进行的围海造田、城市建设、农业开发等措施使湿地面积由原来的 $2 \times 10^4 hm^2$ 减少到20世纪90年代的2000多 hm^2。通过分析发现1992年至2001年北京海淀地区丧失了近90%的湿地,而且其内部生境破碎化指数从1992年的0.812升到了2001年的0.951,这说明随着北京城市的发展,不仅城市湿地面积迅速减少,而且湿地的生境也受到了严重威胁。

(2) 水污染和富营养化日益加剧,降低了湿地生物的多样性

随着城市发展,大量工业废水、生活污水和化肥、农药等有害物质被排入河流等城市湿地中,给湿地生物多样性造成了严重破坏。湿地资源的掠夺式开采和过度猎捕,以及工业废水的污染和物种引进的干扰,不仅严重抑制了湿地资源潜力和生态功能的发挥,也造成了生物多样性的丧失及湿地生境的恶化。工业废水的排放和农药的流失,直接导致水生生物大量死亡和重金属等有害物质在水生生物体中的富集;生活污水的排放和化肥的流失,则导致水体富营养化,使浮游生物的种类单一,甚至出现一些藻类爆发性生长,从而使整个生境恶化。同时沿海地区由于工业废水和城市污水直接排海,导致了赤潮的屡屡发生,使鱼虾贝类大量死亡,在严重污染地段,如一些紧邻排污口的潮间带,甚至会导致物种绝迹。

陈水华等(2000)在杭州进行的城市化对城市湿地水鸟群落的影响的研究结果显示,食物的多样性和人类干扰是决定湿地鸟类多样性的最重要因子。同时,水鸟的密度和多样性均随着城市化程度的提高而下降,而且水鸟中不存在真正适应城市化的物种,虽然有少数种类在中等城市化程度时数量相对较高,但随着城市化程度的进一步提高,其数量逐渐下降。

(3) 盲目引进外来种,导致土著种的灭绝

在城市湿地的治理过程中,外来物种的盲目引进(包括非正常因素的人为引入),在很多地方已对当地湿地原有生物带来不利影响。我国大部分外来物种的入侵主要是由人为因

素引起的,并已成为威胁区域生物多样性与生态环境的重要因素之一。外来入侵种引起的生态代价是造成本地物种多样性不可弥补的消失以及物种的绝灭,其经济代价是农林渔牧业产量与质量的惨重损失与高额的防治费用。一些早期引进的外来种已对一些湿地生物多样性带来威胁,例如,大约于20世纪30年代作为饲料、观赏植物和防治重金属污染的植物引种的水葫芦(*Eichhornia crassipes*),现已成恶性杂草。昆明滇池水面上布满水葫芦,使得滇池内的很多水生生物处于灭绝边缘。20世纪60年代以前,滇池主要的水生植物有16种,到了20世纪80年代,大部分水生植物相继消亡,鱼类也从68种下降到30种

(4) 不合理的土地利用方式降低了湿地的生态服务功能

城市湿地是城市重要的生态基础设施;是城市可持续发展所依赖的重要自然系统;是城市及其居民能持续地获取自然服务的基础。城市可持续发展依赖于具有前瞻性的市政基础设施建设,如果这些基础设施不完善或前瞻性不足,在随后的城市发展过程中必然会付出沉重的代价。为了提高城市环境质量,最近一些地区在城市建设中采取了填埋、掩盖、河道人工化等河流治理措施。这些不合理的城市人工美化措施会降低城市湿地系统的生态服务功能和社会利用价值。例如,在一些城市,自然植被河岸变成水泥河道以后,其物种多样性急剧减少,其水泥地面增加了热岛效应,几乎丧失了改善区域环境等生态服务功能。

在我国现代城市发展过程中,人为干扰城市湿地最典型的实例就是北京圆明园湖底防渗工程,该工程在2004年9月一开工就立刻引起了全社会的广泛关注。圆明园湖底防渗工程是在圆明园湖底铺设防渗膜进行防渗处理,其目的是为了保住有限的水资源,保护圆明园的生态环境。该工程的主要做法是放干湖水,然后将有着塑料防滑膜和白色土工防渗膜两层构成的防渗膜平铺在湖底,尔后盖上泥土,并用水泥对石头砌的驳岸勾缝,放眼望去,过去坑洼不平的湖底如农田般平整。但是,该工程一经实施就受到各方质疑,专家指出,湖底防渗工程将给圆明园带来三大灾难:首先将影响到北京北部地区的生态系统。圆明园所在的海淀区在历史上是海子、沼泽遍布的地区。现在,城市的发展已经使许多天然湿地消失了,而圆明园湖面无疑是所剩的湿地中面积最大的之一,如果湖底防渗完成,过去300多年所形成的植物、动物、水生物共存的生态链条将遭到破坏,这对北京北部的生态都可能造成不可逆转的影响。其次是会破坏圆明园稳固的原生态。圆明园河湖是整个园林生态系统的命脉,土壤生物、昆虫、两栖动物、鱼、虫等浮游动物和荷花、芦苇、藻类,以及岸边的花草树木等数百种生物都赖其生存,而经过湖底防渗,人为地阻隔了它们之间的天然联系。最后一点是,湖底防渗工程将破坏圆明园的古典园林风格。因此,这种防渗工程将会使圆明园的原有生态系统彻底改变,这对圆明园来说无异于又一次沉重打击。2005年3月该工程被国家环保总局叫停,要求充分征询社会各界的意见,依法补办环境影响评价审批手续,并在7月责成圆明园管理处对湖底防渗工程进行全面整改。由此可以看出,随着城市化的不断发展,城市不合理的土地利用方式经常发生,在不断吞噬城市湿地数量的同时,也在不断丧失城市湿地的生态服务功能。

4.3.2.4 城市湿地保护的相关措施

一个未受异常自然和人类因素扰动的湿地,因其物种的多样性、结构的复杂性、功能综合性和抵抗外力的稳定性,而处于较好的健康状态。当外力扰动超过湿地的修复能力

时，湿地环境的健康就会恶化，功能发生退化，进而对区域环境产生影响。城市湿地保护及恢复需要相应部门的前瞻性的规划理念及科学的规划措施，为此理应重视以下几方面的相关措施：

（1）进行合理的城市土地利用规划，保障城市湿地系统的生态安全

水是城市发展的命脉。在城市建设中，应对现有的各类生态系统进行全面的功能及风险分析，以维护城市湿地系统的生态安全，防止内部生境破碎而引起其功能退化。

（2）建立持续的城市湿地监管机制

在城市湿地的治理过程中有必要建立城市湿地的监控机制和功能评价体系，对城市湿地进行持续的测定和调控，维护城市湿地的生态功能。

（3）控制城市湿地污染，恢复湿地自然生境，保护湿地物种的多样性

防止城市湿地系统污染，改善城市湿地环境，这不仅能够改善城市气候状况，提高湿地娱乐休闲的功能，也为动植物提供了丰富的生境栖息地。

（4）制定相关法律条文，加强依法治水力度

城市水系保护在某种程度上需要政府部门的强制性措施，此时有必要建立城市水环境保护的相关法律条文，达到依法治水的目的。

（5）提高全民素质，增强湿地保护意识

城市湿地系统是城市重要的生态基础设施，保护城市湿地需要全社会的参与，这也是市民理应承担的职责及义务。

4.4 城市生物多样性及其保护

4.4.1 生物多样性的概念

1914年9月，世界上最后一只旅鸽在美国辛辛那提动物园孤单地死去。从此，旅鸽这一物种在地球上灭绝了。这只旅鸽的死亡引起了人们对物种灭绝这个问题的高度关注，从而使生物多样性(biodiversity)问题受到国际社会和学者的重视。1987年，联合国环境规划署(UNEP)正式应用了"生物多样性"的概念。1992年，包括中国在内的一些国家签署了《生物多样性公约》。1995年，联合国环境规划署发表的关于全球生物多样性巨著《全球生物多样性评估》给出了一个比较简单的定义：生物多样性是生物和它们组成的系统的总体多样性和变异性。通俗地讲，生物多样性就是地球上所有生物体和由它所组成的生态综合体。它包括植物、动物、微生物的所有物种(物种多样性)，以及它们所拥有的基因(遗传多样性)和由这些生物所在地环境构成的生态系统及其生态过程(生态系统多样性)。这个广义的概念反映了基因、物种和生态系统的相互关系。其中，物种的多样性是生物多样性的关键，它既体现了生物之间及环境之间的复杂关系，又体现了生物资源的丰富性。我们目前已经知道大约有200万种生物，这些形形色色的生物物种构成了生物物种的多样性。遗传(基因)多样性是指生物体内决定性状的遗传因子及其组合的多样性。物种多样性是生物多样性在物种上的表现形式，可分为区域物种多样性和群落物种(生态)多样性。生态系统多样性是指生物圈内生境、生物群落和生态过程的多样性。可以说，生物多样性是40亿年来生物进化的最终结果，是一种不可缺少的原始资源和自然遗产，也是世界上最宝贵

的自然财富。

4.4.2 城市生物多样性特点

城市生态环境是特定地域内的人口、资源、环境，通过各种相生相克的关系建立起来的人类聚居地和社会—经济—自然复合体。城市也是人口密集，工商、交通、文教事业发达，人类活动频繁的地方，其所在环境已经发生了重大改变，原有的自然生态系统基本不复存在，区域内的生物多样性也发生了很大变化。但是，由于城市的特殊地位和作用，城市区域的生物多样性有其自身的特点，是整个生物多样性保护中不可忽视的重要一环。综合来看，城市生物多样性有以下特点：

(1) 城市生物区系(微生物、植物、动物)简单，丰度下降，多度增加

在城市化发展过程中，由于人类对自然环境的强烈改造与破坏，使自然生境趋于恶化，甚至消失，由此造成城市区域内的生物种类减少(丰度下降)，而天敌的减少又使一些动物种群(老鼠、蚊蝇等)数量激增(多度增加)。由于人类活动影响，城市中哺乳动物种类很少；猛禽和食虫鸟类、两栖类也锐减；中大型兽类早已绝迹。常见的为啮齿目和翼手目的小型动物，如蝙蝠(Vespertilio superans)、黄鼬(Mustela sibirica)、褐家鼠(Rattus norvegicus)、小家鼠(Mus mnusculus)等。例如，北京市区以小家鼠分布最广，数量最多；褐家鼠分布相对集中，多栖居于潮湿阴沟或地下室等处。

(2) 城市野生草本植物多于木本植物

在城市区域内野生植物草本种类通常多于木本种类，这是由这两类生活型植物生存对策的差异所决定的。1976年，麦克阿瑟和威尔逊根据莱克的思想，按栖息地和生命参数的特点，把生物分成两类：r 对策者和 K 对策者(r 和 K 分别表示内禀增长率和环境负载量)。通俗地讲，r 对策是指以数量求生的策略，K 对策是以质量求生的策略。r 对策生物通常是个体小、寿命短、生殖力强但存活率低、亲代对后代缺乏保护，但具有较强的迁移和散布能力，其发展常常要靠机会。它们善于利用小的和暂时的生境，而这些小生境往往是不稳定的和不可预测的。野生草本植物属 r 对策生物，特点是繁殖力、扩散能力尤其是适应性强，而为 K 对策的木本植物恰好相反。K 对策生物通常是个体大、寿命长、繁殖力弱但存活率高，亲代对后代有很好的保护，但迁移和散布能力较弱。由于城市生存环境劣于自然生态系统，野生草本植物往往可填补木本植物因无法生存而退出的生存空间，在密度与丰度上大于木本植物。例如，在北京圆明园287种野生植物中，木本植物有44种，仅占15%，而草本植物243种，占85%；在北京樱桃沟风景区木本植物占23%，草本植物占77%。

(3) 城市野生动植物种类的丰度从城郊向城区中心逐渐减少

例如，位于北京市远郊区的金山有自然植物有511种，近郊区樱桃沟有433种，圆明园有287种，城区边缘的紫竹院有50多种，而中心高密度建筑区却不到10种。在野生动物方面，城市居民区中的兽类比城市公园要少，愈向城市中心区种类明显减少，如北京香山公园野生兽类达18种，颐和园和圆明园的野生兽类减少12种。而位于城区动物园的野生兽类更少，仅有4种。这种现象显然与人类对环境的干扰强度与频度递增、生境多样性递减、野生动植物生存环境趋于恶化有关。

(4) 城市生物区系中的抗污染种类多且占有一定优势

城市大气(如 SO_2、HF、粉尘、酸雨等)、土壤(如重金属)、水体污染使城市生境中的敏感种类减少或消失,抗污染种类存留而增多,进而改变了城市生物区系的组成与生物多样性,这是城市生物多样性有别于自然生态系统的重要特点之一。例如,城市的大气污染,尤其是 SO_2 等的污染,使不耐 SO_2 污染的地衣种类消失。如北京市建成区已基本无地衣存在。污染严重的工厂附近、抗污力强的构树等往往成为优势种。城市水体由于生活污水的不断排入形成富营养化,导致水生藻类的种类和多度发生改变。如杭州西湖靠近市区的东岸一侧,因水体污染,藻类群落由硅藻、绿藻占优势变为蓝藻占优势,优势种为水花束丝藻,其次有离环林氏藻和点形裂面藻等。

(5) 城市野生生物中杂草及伴人植物与小型动物占较大比例

由于城市生活区土壤中的有机质(尤其是氮素)含量较高,满足了喜硝生活型植物(如荨麻、苋菜、白屈菜、天仙子、覆盆子、接骨木等)的生态位需求,聚而居之。北京樱桃沟风景区杂草植物占全部野生种类的16%,其中包含一定数量的归化植物。例如,北京地区常见的大麻、反枝苋、牵牛、圆叶牵牛、曼陀罗、辣子草、藿香蓟等;杭州市已查明的归化植物有36种,多为陆生杂草。城市小型动物的比重也比较大,这是因为小型动物在城市中觅食方便,同时还能逃避大型捕食动物的猎取,城市区域已成为它们避敌与繁殖的理想场所。

(6) 城市生态系统比较脆弱

由于城市环境的异质性较低,生物多样性的发展空间小,决定其食物链构成简单,参与生物地球化学循环份额较小等,导致生态系统缓冲外力干扰与冲击的自维持能力减弱,系统比较脆弱。由于城市是一个自然和人工复合的复杂大系统,因而其脆弱性既可由自然原因引起,也可由人为原因引起。城市生态系统的脆弱性主要表现在:

①城市生态系统需要从外界输入物质与能量,同时,所排放的大量废弃物,也必须输到系统之外,所以城市生态系统需要一个人工物质输送系统来维持。如果这个系统中任何一个环节发生故障,将会影响城市的正常功能,因此,城市生态系统本身就是一个十分脆弱的系统。

②城市生态系统的自然调节机能在一定程度上遭受破坏。城市生态系统的高度集中性、高强度性以及人为的因素,产生了城市污染,城市物理环境也发生了迅速的变化。如城市热岛与逆温层的产生、地形变迁、土壤结构和性能的改变、地面下沉等,从而破坏了自然调节机能,加剧了城市生态系统的脆弱性。

③城市生态系统食物链简化,系统自我调节能力小。与自然生态系统相比,城市生态系统由于物种多样性的减少,能量流动和物质循环的方式、途径都发生了改变,使系统本身自我调节能力减小,而其稳定性主要取决于社会经济系统的调控能力和水平,以及人类的认识和道德责任。

④城市生态系统营养关系出现倒置,决定了其为不稳定系统。城市生态系统与自然生态系统的营养关系形成的金字塔截然不同,城市生态系统的营养关系是倒金字塔,因而远不如自然生态系统稳定。

4.4.3 城市生物多样性保护

在人类社会发展过程中,随着人类的出现及生物种群的扩大,人类与生物多样性的关系经历了一个此长彼消的过程,生物多样性不断减少,使人类生存与发展受到了前所未有的挑战,这种矛盾在城市尤为突出。在城市化过程中,城市郊区受城区不断扩展的影响,城市郊野的植被在退缩,物种在减少,土壤侵蚀日趋严重,城市生态系统及生物多样性受到严重威胁,因此,开展城市生物多样性保护已成为一项紧迫的任务。

4.4.3.1 城市绿化树种与古树名木的保护

保护和发展丰富多彩的城市绿化树种及古树名木是城市生物多样性保护的重要任务之一。随着城市化进程的不断加速及城市生态环境建设的发展,应用于城市绿化的植物种类越来越多。在我国,由于国土辽阔,城市分布跨越了从寒温带经暖温带、亚热带到热带的几个热量带,因而具备了多种多样的温度条件。同时,我国城市又主要集中于东部湿润和半湿润区,特大城市和大城市主要集中在东部沿海地区。31个特大城市中,只有2个(兰州和乌鲁木齐)位于大兴安岭—吕梁山—六盘山—青藏高原东缘连线以西,其余29个分布在此线以东。这种情况一方面使得我国城市具有较好的植物生长的水分条件,另一方面又为许多对温度有不同要求的植物分布提供了可能。在这些城市区域中,不仅能够生长多种多样的乡土树种,也能引种品种繁多的外来树种。因此,我国城市绿化树种十分丰富。据37个城市调查,应用于我国城市绿化的木本植物总数已达5000多种(但每个城市应用的绿化树种仅有150~800种,还远落后于世界发达国家的2000多种城市绿化树种的规模),自哈尔滨往南经呼和浩特、北京、郑州到长沙、广州,城市绿化树种的种类不断增加;在东西部城市之间,差不多位于同一纬度的西部四川成都市比东部滨海的浙江杭州市的绿化树种虽略有减少,但相差不大。

城市的古树名木是一个城市发展的历史见证,它们在反映一个城市的文明发展史、城市建设史及政治兴衰史等方面具有十分重要的作用。同时,古树名木也是风景旅游资源的重要组成部分,具有极高的科研、生态、观赏和科普价值。因此,保护城市的古树名木是保护城市生物多样性的重要方面。所谓古树是指树龄在百年以上的树木,所谓名木是指一些不够百年,但是珍贵、稀有的树木和具有历史价值、纪念意义的树木。因此,古树名木就是指树龄在百年以上或者品种稀有珍贵,又或者具有历史价值和重要纪念意义的树木。古树除了有百年以上历史外,还应具备一定的历史文化经济价值,是文物、文化的一部分。与古树相比,名木的外延要广得多,只要满足下列4个条件之一者就可称为名木。一是外国元首栽植或外国元首赠送的"友谊树"。如原美国总统尼克松赠送给周恩来总理的美国红杉;二是国家主要领导人为某件特殊事件而栽植并且有纪念意义的树;三是在著名风景区起衬托点缀作用,并与某个历史典故有联系的树木,如潭柘寺中"帝王树";四是国家明文规定稀有珍贵或濒危树种或该地区特有树种。古树分为国家一、二、三级,国家一级古树树龄500年以上;国家二级古树300~499年;国家三级古树100~299年。国家级名木不受年龄限制,不分级。

古树名木是一个城市悠久历史与文化的象征,是绿色文物、活的化石,是自然界和前人留给我们的无价珍宝。它们把自然景观和人文景观巧妙地融为一体,以顽强的生命传递着古老历史的信息,具有很重要的保护价值。世界上长寿树大多是松柏类、栎树类、杉树类、榕树类树木,以及槐树、银杏树等。名木或以姿态奇特观赏价值极高而闻名,如中国黄山的"迎客松";或以历史事件而闻名如泰山岱庙中汉柏,是汉武帝刘彻封禅时所植;或以传说异闻而闻名,如陕西黄陵轩辕庙内的"黄帝手植柏",树高近20 m,树干胸围10 m,是中国最大的柏树,据说是传说中中华民族始祖轩辕氏黄帝亲手所植。如地中海西西里岛埃特纳火山上的"百骑大栗树",相传它的庞大茂密的树荫曾为古代一位国王、王后及其随行的百骑人马遮风挡雨。北京潭柘寺内的银杏树(称"帝王树"),相传为辽代植,高逾30 m,直径4 m,北京法海寺、戒台寺的白皮松都有1000多年的历史,这些古树名木都具有很高的保护价值。

但是,长期以来,由于多种原因,古树名木遭受破坏现象严重,数量不断减少。古树名木是活着的古董,是有生命的国宝,一旦死亡就无法再现,因此应该重视古树名木的保护与管理。保护古树名木具有十分重要的意义:①古树名木是历史的见证。许多古树名木经历过朝代的更替,人民的悲欢,世事的沧桑,可借以撰写说明,普及历史知识;②古树名木往往伴有优美的传说和奇妙的故事,是历代文人咏诗作画的题材,为人类的文化艺术增添光彩;③古树名木也是名胜古迹的佳景,如北京戒台寺的"卧龙松",铁杆虬枝若苍龙腾飞,给人以美的享受;④古树是研究自然历史和气候的重要资料,它复杂的年轮结构,蕴含着古气候、古水文、古地理、古植被的变迁史;⑤古树对研究树木生理具有特殊意义。人们无法用跟踪的方法去研究长寿树木从生到死的生理过程,而不同年龄的古树可以同时存在,能把树木生长、发育在时间上的顺序展现为空间上的排列,有利于科学研究和发现;⑥古树是重要的物种及遗传基因资源,对于物种及遗传基因的生物多样性保护,以及现有城市绿化树种规划有很大的参考价值。

做好古树名木的保护工作,首先要对所在城市范围内的古树名木进行普查。掌握古树名木的数量、地理位置和分级,在此基础上,针对城市古树名木的不同状况,采取不同的保护与管理措施。例如,古树名木长时间在同一地点生长,由于长期的营养消耗会使土壤肥力下降。因此,应该在测定土壤营养元素含量、充分掌握土壤营养状况和古树名木养分需求的基础上进行施肥复壮。同时,还应修剪古树名木的枯死枝梢,定期检查古树名木的病虫害情况,采用综合防治措施,推广和采用安全、高效、低毒农药及防治新技术,严禁使用剧毒农药而造成新的污染。对于一级古树及生长在公园绿地或人流密度较大、易受毁坏的二、三级古树名木应设置保护围栏,围栏与树干距离不得少于2 m,特殊立地条件无法达到2 m的,以人摸不到树干为最低要求。围栏内土壤表面可因地制宜地应用各种地被物覆盖,以保持土壤湿润、透气。另外,还应严格控制古树名木的移栽。

4.4.3.2 城市野生动物及其保护

城市野生动物是城市环境中不可或缺的组成成分之一,但是在人类活动强烈影响下,城市中野生动物的栖息环境急剧恶化,能够生存下来的只是一些伴人种和居民区的栖居者,以及一些城郊农田荒地种类。城市动物的一般特点是种类少,但同种的个体数量大,物种丰富度也从郊区向市区逐渐减少。近几十年来,随着城市绿地的增加,也为野生动物提供了栖息环境,使有些种类有所增加。城市居民区的鸟类主要有麻雀、喜鹊、雨燕、金腰燕、家燕等。麻雀是城市中鸟类的优势种。城市公园和郊区鸟类增多,如上海市中心只能见到麻雀；冬季黄浦江上可见到少量海鸥；但在郊区的金山由于存在大面积绿地，有鸟类350种左右，占整个上海市鸟类的82.54%。常见鸟类有长耳鸮、灰喜鹊、家燕、白鹡鸰、白头鹎、鹊鸲、画眉、大杜鹃、黑枕黄鹂和珠颈斑鸠等。城市公园由于多样化的生境，招引来较多的鸟类，如地处北京近郊区的圆明园有鸟类159种，占北京地区鸟类的46.4%。优势种有大山雀、红尾伯劳、灰喜鹊、黑枕黄鹂、沼泽山雀、灰椋鸟、喜鹊、斑啄木鸟等。但近30年来，由于人口增加、交通发展、车辆增多、城区及公园鸟类急剧减少，导致20世纪50年代初北京市劳动人民文化宫可见到树上营巢的大白鹭等4种鸳类，如今已经绝迹；城内树上过去普遍分布的乌鸦、喜鹊、黄鹂等也日益减少。20世纪50年代普遍分布、80年代以来明显减少的鸟类还有斑鸠、猛禽类、戴胜、三宝鸟等。城市公园水域近年来常引来一些过境的涉禽和水栖鸟类。如北京市区的积水潭、玉渊潭曾多次发现大天鹅过境栖息，昆明市的翠湖公园每年都有大量的红嘴鸥前来越冬。但是总的来看，由于城市人为活动对于水域的破坏，水鸟及依赖水域生活的鸟类迅速减少。此外，随着城市化的发展，猛禽和食虫鸟类也锐减。

城市中哺乳动物种类很少。由于人类活动影响，中大型兽类早已绝迹。常见的为啮齿目和翼手目的小型动物，如蝙蝠、黄鼬、褐家鼠、小家鼠等。北京市区以小家鼠分布最广，数量最多。褐家鼠分布相对集中，多栖居于潮湿阴沟或地下室等处。城市中的昆虫以鳞翅目的蝶类、蛾类的种类和数量最多，它们多为人工林乔灌木的害虫。此外，鞘翅目、同翅目、半翅目的昆虫也常见。在居民区中各种蚊蝇和蚁类最多。近年来随着冬季供暖条件的改善和人们各种交往的增多，北京市居民区、医院、学校等处蜚蠊的数量明显增加。

与现在流行的"城市化会破坏野生动物生存环境"的观点相反，许多野生动物种不仅能够适应，而且能够积极开拓人造环境。城市化会导致某些野生动物数量的减少，但远远不能彻底消灭野生动物。某些特殊依赖于某种自然生境的动物种消失了，但是除了在极其个别的情况下（如植被完全消失了），一般其他的一些野生动物种却会出现在城市区域中，有些野生动物种类甚至会经常高密度地栖居于城市中。美国科学家（Cauley）等（1973）发现，浣熊在市区内的森林植被中的密度是每2英亩一只，而在自然分布区内是每17英亩一只。在亚利桑那城中，24个街区居住的鸟类数量，是城市周围乡村鸟类数量的26倍。城市环境对于某些动物来说是一种非常适宜的定居环境。松鼠、浣熊、赖鼠、臭鼬，各种爬虫类和两栖类动物，以及数以万计的鸟类，在许多城市中都是很普通的"居民"。它们不仅依靠城市森林植被，而且还要依赖于人类的活动和各种人造结构来栖居和活动。

事实证明，人类是能够与野生动物和平、和谐地共同生活在城市环境中，并且人们对野生动物认识正逐步增强。城市区域中野生动物的美学价值——包括春天鸟类动人的歌喉，母浣熊和它的小宝宝在一起的动人景色，也逐渐被人们所认同和喜爱。城市野生动物是随着植被的存在而存在的。因此，城市森林的种类、结构，影响了野生动物种群的组成和多样性。野生动物中特别善鸣叫的鸟儿——为城市增添了色彩、活力和美妙的音乐，为城市居民的生活增添了许许多多的乐趣。城市野生动物另一个非常重要的作用，就是为野生动物教育提供了方便和机会。特别是城市中的动物园为珍稀、濒危物种的迁地保护做出了重要贡献。城市动物园不仅是给城市居民提供参观游览、进行科普教育的场所，更重要的也是教育人们关爱大自然，关心其他生物，对濒危物种进行迁地保护的重要基地，为城市生物多样性保护做出了重要贡献。

复习思考题

1. 城市森林在调节城市气候方面有哪些作用？
2. 城市森林在改善城市环境方面有哪些作用？
3. 城市森林有哪些工程效益？
4. 城市绿色植物在城市建筑中有可以发挥哪些作用？
5. 简述城市生物多样性的概念及其特点。
6. 试述森林康养的概念、功能及其主要影响因子。
7. 简述城市湿地的概念及其功能。
8. 试述保护古树名木的意义及其措施。
9. 城市野生动物群落有哪些特点？

推荐阅读书目

1. Hibberd B G，1989. Urban Forestry Practice. Her Majstys Stationery Office.
2. Grey G W，1996. The Urban Forest. Printed in the United of America.
3. 高清，1984. 都市森林学. 国立编译馆.
4. 哈申格日乐，李吉跃，姜金璞，2007. 城市生态环境与绿化建设. 中国环境科学出版社.
5. 韩轶，李吉跃，2005. 城市森林综合评价体系与案例研究. 中国环境科学出版社.
6. 冷平生，1995. 城市植物生态学. 中国建筑工业出版社.
7. 李吉跃，刘德良，2007. 中外城市林业对比研究. 中国环境科学出版社.
8. 梁星权，2001. 城市林业. 中国林业出版社.
9. 李吉跃，2010. 城市林业. 高等教育出版社.
10. 陆健健，何文珊，童春富，等，2020. 湿地生态学. 高等教育出版社.
11. 彭镇华，2003. 中国城市森林. 中国林业出版社.
12. 孙吉雄，韩烈保，2021. 草坪学. 中国农业出版社.
13. 杨士弘，2005. 城市生态环境学(第2版). 科学出版社.
14. 叶兵，杨军，2020. 城市森林保健功能. 中国林业出版社.

第 5 章 城市森林综合评价指标体系

5.1 城市森林综合评价指标体系的理论基础

城市森林学目前已形成一定的理论体系，最初根据城市森林的概念，基本确定了城市森林的支撑学科和基本理论基础。每一门新兴学科的研究都是对其理论基础的进一步概括和融合，从而形成日趋成熟的新的理论体系。城市森林是一门多边缘的交叉学科，在其形成和发展过程中，吸收融合了森林学、生态学、风景园林学、美学、城市规划学、园艺学等其他学科的相关理论。因此，上述几门学科的理论，成为城市森林学的理论基础。这些学科的部分理论，相应也成为城市森林学的基本理论。

5.1.1 城市森林评价的范围

近年来，随着城市人口剧增，工业化进程加速发展，城市环境质量迅速下降，造成了大气、水、土壤、噪声等污染，而且使城市热岛效应不断加剧，严重损害了人类的身心健康。我国已经开始关注和探讨城市森林建设，有一定的理论研究和实践积累，同时对城市森林的概念、范畴、原则、标准和实施措施还有不同的理解，并且许多研究还囿于林业的范畴，如何真正与城市有机结合还有待于进一步探讨。

"城市森林"（urban forest）这一术语自 1962 年美国肯尼迪政府在户外娱乐资源调查报告中首次使用以来，已有近 60 年的历史，对其定义也各不相同。"城市森林学"从森林学的角度，对城市这一人类活动的中心进行研究探讨，为我们认识和解决当代城市问题，开辟了新的思路。国际上较为通行的"城市森林"概念是：在一定城市区域内，对居民生产、生活及生态环境产生影响的所有森林与树木，该地区包括服务于城市居民的水域和供游憩及娱乐的地区，也包括行政上划为城市范围的地区。因此，城市森林既包括城市内部的绿地空间，也包括城市外部的自然区域。基本的内涵主要表现在以下几个方面：

在经营对象方面，强调城市森林是指城市市区、郊区及远郊区以树木为主体的所有植被，城市林业是城郊一体化的林业。它突出了森林的主体地位，从而提出了有别于传统"城市绿地"（urban green space）概念的理解。城市绿地主要指建成区范围内绿地系统的布局，它隶属于城市规划的范畴，是继传统园林——造园学之后园林发展的又一个层次。城市绿地的经营远远早于城市森林概念出现之前。但是，随着我国当代城市的迅速发展，我们需要研究的不仅是一个城市内部的景观规划，而应走向宏观尺度，应该向城乡一体化区域性发展的绿色城市、生态城市迈进，这就需要我们把森林建设在城市中，把城市建设在森林中，构成城市森林的最理想环境布局。另外，"城市绿地"由于受传统园林过于追求美观思想的影响，唯美至上，唯美是从，其理论未能全面、客观地指导生态城市建设的实践。欧洲国家曾在 20 世纪 60 年代以前，大面积种植花草，但未能缓解城市环境日益恶化的趋势。之后，人们开始认识到森林在为城市居民提供优质环境方面不可替代的作用，从而提出了城市森林的新概念。这一概念有助于人们正确认识森林在城市可持续发展中的作用。

在经营目的方面，城市森林要求充分发挥森林的生态服务功能，以生态效益为主，景观效益、社会效益为辅，为人类提供舒适的生活环境。这种经营显然有别于注重木材生产功能的传统林业，而且与在美化城市的基础上创造一定生态效益的"城市绿地"有一定区别。

在学科范畴方面，均认为城市森林是一门以风景园林与林业的基本理念为支撑的新兴学科，它是建立在森林学、生态学、风景园林学、美学、城市规划学、园艺学等许多学科基础上的综合性学科，并在此基础上扩大、提高与升华，应当充分发挥多学科的互补优势，促进城市生态环境的健康、快速发展。

总体来说，城市森林是市区、郊区及远郊区所有影响城市人居环境的以木本植物为主（包括树木花草、作物等及其所在环境）的植被群体，它具有一定面积、密度、覆盖度与生态服务功能，是城市生态系统的重要组成部分。城市林业是对城市森林的栽培和管理，是城郊一体化的林业，它以城市森林的生态服务功能为经营目的，并使之具有一定的景观效益和社会效益。

城市森林的提出，充分利用现代林业科学的优势，取园林艺术之精华，使园林走出城市，林业进入城市，互相借鉴，互相融合，综合经营，创造出多功能、多效益的城市生态系统。

5.1.2 森林学指标——城市森林的起源

5.1.2.1 森林的概念

森林是陆地生态系统的主体，是构成城市森林的重要因素，也是城市生态系统的主体，城市森林概念本身就是由森林变化而来。森林是一种生态系统，以具有相当稠密的木本植被，而且面积比较宽广为特点（Ford Robinson，1971）。Dangler(1944)曾指出，只有当一群树木具有足够的密度而且覆盖着足够的地面，以致造成了与外界有明显区别的当地气候和当地生态条件时，这样的树木群体才是森林。成为森林后，那里的温度、水分、光照、风、湿度、植物种类和动物区系，以至上层土壤的性质，必然会发生显著的变化。另外，联合国粮食及农业组织（FAO）认为面积在 0.5 hm² 以上、树木高于 5 m、林冠覆盖率超过 10%，或树木在原生境能够达到这一阈值的土地才能定义为森林。森林分布、森林结构、树种的合理布局、密度配置、树种搭配、森林营造、森林抚育、森林经营管理等指标，都是城市森林评价指标的重点内容并对城市森林起着举足轻重的作用。森林学是城市森林的基础理论之一，研究城市森林必须首先研究森林学。

5.1.2.2 森林的概念和在城市森林中的作用

林学是一门研究如何认识森林、培育森林、经营森林、保护森林和合理利用森林的应用学科，所含的知识领域相当广阔。广义的林学以木材采运工艺和加工工艺为研究中心；狭义的林学以培育和经营管理森林为研究主体，包含诸如森林植物学、森林生态学、林木育种学、森林培育学、森林保护学、木材学、测树学、森林经理学等许多学科。同时，林学还要研究与其相关的其他学科，如气象学、气候学、土壤学、动物学、微生物学、生物多样性、林区道路、森林旅游、森林景观、森林文化、森林人文学等（沈国舫，1999）。这些研究为城市森林学的发展提供了坚实的理论基础，研究城市森林必须首先研究林学。

森林通过光合作用，把形成温室效应的二氧化碳吸收并储存起来，同时释放氧气。森林还能吸收二氧化硫、一氧化碳、氟化物、氯气等，能够净化空气；森林具有巨大的蒸腾作用，把从土壤中吸收来的水分，蒸散到空气中，达到夏天降温、冬天升温、白天降温、夜间升温的作用；有些森林植物能分泌杀菌素，为疗养创造了极好的环境；有些森林植物可以把空气中游离的氮固定在根部，如豆科植物利用根瘤菌固氮，用以肥田；森林具有巨大的截流作用，以森林植物的叶枝干，将雨水截流下来，渗入到土壤中。这样，一方面减少了水土流失，另一方面把雨水储存起来，再以清泉、溪流的方式供人类和大自然使用。这些功能指标正是评价城市森林的主要方面。

5.1.3 生态学指标——指导城市森林的研究理论体系

5.1.3.1 生态学的有关理论及其在城市森林培育中的作用

"生态"（ecology）一词是20世纪以来应用最广泛的科学名词之一，其意为"生物生长发育与其生存环境之间的相互关系"。马世骏（1980）提出：生态学是研究生命系统与环境系统之间相互作用规律及机理的科学。现今"生态"一词的含义远远超过了其原来的本意，它不仅是指一种"关系"，如生物与环境的关系，人与环境的关系等，即生命有机体与其生存环境相互作用所形成的结构和功能的关系，而且是指一种复杂关系的和谐，是自然界的和谐，是生物（包括人类）与其生存环境相互关系的和谐；"生态"是指一种环境，是生物生存的环境、自然环境、人类生存的环境；"生态"是指一种适应，是生物对环境的适应，人对环境的适应；"生态"是指一种综合，是多因素的综合作用的系统；"生态"是整体；"生态"是发展，是演变，是动态演化等。

生态学包括以下基本原理：①整体性原理；②物质循环再生原理；③物种多样性原理；④协调与平衡原理；⑤系统学和工程学原理；⑥主导因子原理；⑦因子的不可代替性和补偿性原理；⑧限制因子与耐性定律原理；⑨生态位原理；⑩生态平衡原理（张雪萍，2011）；人与自然统一性原理。"天人合一"是生态学的本质。城市森林指标的研究如果利用生态学的一些基本指标进行阐述，可以有效增强研究的系统性，研究思路的规律性，例如：①利用生态位指标，可以评价不同类型城市森林对不同年龄层次居民服务有效性；②利用整体功能最优指标可以评价城市森林结构的最佳组合与搭配；③利用环境承载力指标来评价单位面积城市用地承受人口数量，从而评价合理的城市森林覆盖率；④根据多样性指标来评价规划设计多样性的城市森林物种群落结构；⑤根据人与自然统一性指标，师法自然，得出城市森林植物配置的自然原则与多样性原则。

5.1.3.2 城市森林的生态学指标

1) 森林生态学指标

森林生态学是把森林看作一个生物群落，研究构成这个群落的各种树木与其他生物之间的相互关系，并研究这个生物群落和它们所在的外界环境之间相互关系的学科。其研究任务是：研究森林各个成分之间的相互关系，阐明森林结构与功能及其调节控制的原理，为扩大森林资源、提高森林生物产量、发挥森林多种有益效能、维护自然界的生态平衡提供科学依据(李景文，1994)。它是从人们生活、生产实际需要逐渐发展起来的。森林生态学传统的研究内容基本是按照树木个体生态学、林木种群生态学、森林群落学和森林生态系统学几个层次和水平进行的。

(1) 个体生态学指标

评价环境因子对林木的生态作用，着重评价光、温度、水分、大气、土壤、生物及火等因子在时间和空间上的变化对其的生态作用，同时评价林木对各因子的忍耐性、适应性及其分布。在城市森林中，由于人类频繁活动，极大的建筑(尤其高层建筑)密度，各种各样的工业生产废弃物，产生许多有利或不利的小环境条件，对光、热量、大气环境、降水或灌溉条件、土壤结构、组成或质地等，都产生许多有利或有害的影响。例如，在包头市，建筑物阴面的土壤冻层比建筑物南面深 30 cm 左右，建筑物阴面有许多区域常年没有自然光直射，在冬至晴朗天气中午时分，楼前气温比楼后气温高 5~7 ℃；在不同工厂周围，同样的植物生长健康状况表现出极大的差别；在城市优越的灌溉条件(喷灌、滴灌等)，在喷灌射程内，草坪生长旺盛而油松枝叶则呈焦黄的不良生长状态，所有这些，都应该纳入城市森林学的评价指标研究范畴之内。

(2) 种群生态学指标

评价林木种群在自然或人工栽培条件下种群密度、种群数量动态等自我调节规律、种群动态过程对个体生长发育的影响及环境因子影响等。

(3) 森林群落学指标

评价内容分两方面：一方面从静态的角度评价森林群落的组成、结构、数量、外貌特征；另一方面从动态的考虑着重评价森林的发生、形成和发展的规律。

(4) 森林生态系统学指标

把森林作为森林生物群落与环境条件相互作用的统一体来评价，评价一个森林生态系统的结构、功能和演变，评价系统内能量转换和物质循环过程，系统输入和输出的动态平衡等。评价城市森林建设必须遵循森林生态系统学原理，把评价森林个体、种群、群落融入到城市森林生态系统的评价之中，从全局出发，强调整体性、系统性、功能性和应用性，站在更高层次的生物圈水平上，评价城市周边地区乃至全国森林生态系统的生态、经营问题。

2) 城市生态环境学指标

城市生态环境学是生态科学、环境科学、地理科学等多学科交叉的边缘学科。其研究对象是在城市空间范围内，围绕着以人群为中心的各种物质实体和社会因素，研究城市居民与其生存环境之间的相互关系。其研究任务是，从整体上来协调人类社会经济活动与自然环境之间的关系，以城市生态系统平衡来支持和保障城市的持续发展，为建设一个规划布局合理，配套设施齐全、有利工作、方便生活，环境清洁、优美、安静，居住条件舒适的人类住区环境，从而实现城市可持续发展(杨士弘，2005)。

城市是地球表层物质、能量和信息高度集中的场所，是人类大量集中居住和活动的主要地域空间，是一个国家或地区的政治、经济和科技文化中心。在城市的特定空间里，人类活动与其周围环境相互作用形成的网络结构和功能关系，称为城市生态系统，它是人类在适应和改造自然环境基础上建立的人工生态系统，是一个自然、经济、社会复合的生态系统。城市生态系统中，除人以外的自然条件(自然环境)和人文条件(社会环境)的总合，就是城市生态环境。城市生态环境是城市居民从事社会、经济活动的基础，是城市形成和持续发展的必要条件，它与城市居民生产和生活息息相关。

城市生态环境系统具有以下特征：①人居主导地位；②人工物质系统极度发达；③城市生态环境系统具有不完全性，是一个不完全、不独立的开放系统；④城市生态环境系统具有整体性和综合性，系统内部城—郊的环境、生产、社会是一个整体；⑤城市生态环境系统具有开放性，原材料、燃料要从系统外人为输入，系统中产生的废品、废物要人为输出；⑥城市生态环境系统具有脆弱性和非稳定平衡性，不能自给自足，没有完整的食物链。城市只有少量绿色植物，动物很少，枯枝落叶被人为清除，土壤微生物不起作用，没有完整的营养元素循环。动植物生存空间有限，城市生物数量少、种类少。生物系统极不发达，环境被严重污染。大量有毒有害物质转移到生物系统，以森林为主的城市生物受到毒害，生境比较恶劣，热岛、干岛现象严重；⑦城市生态环境系统自我调节能力有限，有较强的人工调节机能；⑧能量流动具有单向性和低效性；⑨城市生态环境系统是人类自我驯化的系统，包括城市森林生态系统，在很大程度上也是由人工建造的生态系统。

城市的生态环境问题，如城市人口爆炸式增长、居住拥挤、居住环境恶劣、城市超负荷运转、水资源短缺、城市供水紧张、城市环境污染严重等，已经成为城市化的一个重要组成部分，它是现代社会所面临的一个巨大威胁。

3) 景观生态学指标

景观生态学是用生态学的概念、理论和方法去研究景观，景观是景观生态学的研究对象。景观是在一个相当大的区域内，由许多不同生态系统所组成的整体。景观生态学是在比生态系统更高层次上的概括，包括有景观的空间结构、不同生态系统间的关系和作用、系统间功能的协调以及它们的动态变化(邬建国，1998)。

评价景观与评价生态系统一样，要评价其结构、功能及动态等。但既然景观是一个整体，一定具有特有的属性，有比生态系统更高层次上的概括。

(1) 景观异质性指标

尽管在生物系统的各个层次上都存在异质性。但是人们在研究中往往忽略这一点，而异质性则是景观的重要属性，它指的是构成景观的不同的生态系统。

景观异质性的来源，除了本身的基质地球化学背景外主要来自自然的干扰、人类的活动、植被的内源演替以及所有这三个来源在特定景观里的发展历史，也表现在时间上的动态变化和演替。

(2) 景观格局指标

景观格局是指大小或形状不同的斑块(patch)在景观空间上的排列。它是景观异质性的具体表现，同时又是包括干扰在内的各种生态过程在不同尺度上综合作用的结果。评价景观格局的目的是在似乎无序的景观斑块镶嵌中发现其潜在的规律性，确定产生和控制空间格局的因子和机制，比较不同景观的空间格局及其效应。

（3）干扰指标

干扰在景观生态学中具有特殊的重要性。许多学者试图给干扰以严格定义，Turner（1997）将它定义为："破坏生态系统、群落或种群结构，并改变资源、基质的可利用性，或物理环境的任何在时间上相对不连续的事件。"

（4）尺度指标

景观生态学中另一重要指标是尺度。尺度包括空间和时间尺度。在景观生态学研究中，必须充分考虑这两种尺度的影响。景观的结构、功能和变化都受尺度所制约，空间格局和异质性的测量取决于测量的尺度。一个景观在某一尺度上可能是异质性的，但在另一尺度上又可能是十分同质的；一个动态的景观可能在一种空间尺度上显示为稳定的镶嵌，而在另一尺度上则为不稳定；在一种尺度上重要的过程和参数，在另一尺度上可能不是如此重要。因此，绝不可未经研究而把在一种尺度上得到的概括性结论推广到另一种尺度上去。离开尺度去讨论景观的异质性、格局、干扰，都是没有意义的。

景观生态学的一般指标包括景观结构与功能指标、生物多样性指标、物种流指标、养分再分配指标、能量流动指标、景观变化指标、景观稳定性指标。

4）生物多样性指标

生物多样性（biodiversity）是指生物及其环境形成的生态复合体以及与此相关的各种生态过程的综合，包括植物、动物、微生物和它们所拥有的基因以及它们与其生存环境形成的复杂的生态系统（薛建辉，2009）。生物多样性在组织上一般包括遗传多样性（genetic diversity）、物种多样性（species diversity）、生态系统多样性（ecosystem diversity）3个层次（薛建辉，2009）。

城市森林虽然以人工生态系统占主要优势，但其基质与背景仍然是自然界，主体也应该是生物群落。由于城市的盲目建设和传统园林导向的偏离，使得城市自然群落种类组成减少，野生动植物衰退，生物多样性减少，城市森林生态系统变得单调和极不稳定，从而使城市生态系统变得更加脆弱。现代化的城市环境理应是人工环境与自然环境的合理组合。为此，城市森林的一项重要任务，应是极大地丰富城市环境的生物多样性，使人工林与自然生物群落完美结合。城市森林是当代城市环境建设的发展趋势，它以保持生态平衡、服务城市环境为主导思想，主张因地制宜、遵循生物共生、循环、竞争等生态学原理，掌握各种生物的特性，充分利用空间资源，让各种各样的生物有机地组合成一个和谐、有序、稳定的群落。城市森林的主体是自然生物群落或模拟自然生物群落，根据生态学上"种类多样性导致群落稳定性"的原理，要使城市生态森林稳定、协调发展，维持城市的生态平衡，就必须充实城市森林的生物多样性。从这个意义上讲，生物多样性应该是衡量城市森林完善、稳定与否的一个重要指标。在国外的城市园林建设中，人们越来越注重以生态学为基础的自然生物群落的建立。美国的城市森林还积极参与了野生动植物的保护，体现"二多一少"的特色，即"树木花草多，野生鸟兽多，建筑少"。在我国，许多城市的城市森林建设也正在逐步走向生态化、自然化，如上海、长春、南京等。南京市在将森林生态系统引入城市，改善城市环境，丰富生物多样性方面取得了较好的成效。

城市森林的建设，提倡因地制宜，根据生态学原则，实行乔木、灌木和草本植物相互配置在一个群落中，充分利用空间资源，构成一个稳定的、长期共存的复层混交植物群落，以此提高环境多样性和城市森林的自然度，从而为昆虫、鸟类、小型兽类等野生动物的引入创造良好条件，使整个城市森林空间更加异质化，极大地丰富物种多样性。通过城市森林空间异质化的处理，充分发挥自然植物群落和野生动物的作用，通过植物、动物食物链的合理连接，形成自然、协调的城市森林生态系统，以利于抵抗不良因素的干扰，从而体现在城市景观中人与动物、植物的共生。在城市森林建设中，为了提高其空间异质性就必须增加城市森林面积，增加城市森林密度和结构配置，注意丰富植物物种组成，避免物种单一造成的环境单调。同时，要加强植物群落的垂直绿化，以丰富的层次增加城市森林的多样性，使野生动物在城市中有更多的自然栖息场所。此外，还必须注意城市森林结构的连续性和整体性，例如，创造自然起伏的地形和增加各种水体面积，为丰富城市森林植物、动物种类创造良好的生态条件。

我国是生物多样性大国，有高等植物3万余种（木本植物有8000多种，其中乔木树种2800多种），在城市绿地中所用的有几百种。各城市行道树树种较单调，城市内部植物的多样性较小。城市森林的建设应该反映出城市的地域特色，在规划设计上以地带性植被作为种植的理论模式，以乡土植物种为主。我国因水、热状况的分布差异，森林类型由南向北依次为热带雨林、季雨林、亚热带常绿阔叶林、暖温带落叶阔叶林、温带针阔叶混交林等；在温带地区自东向西则依次更替为森林、草原、荒漠。此外，还有平原、山地、高原之分。与植物群落的分布相应，动物群系也呈现出规律性的地域差异。这种不同生物气候带上的地带性植物群落和动物群的结构层次、区系组成，既是形成各地区城市森林自然群落的源泉，又是引种、驯化和培育城市森林植物、动物的天然基因库，应在保护的基础上加以利用。事实上，丰富自然生物多样性应该成为城市森林建设的一项重要任务。生物多样性不仅是衡量城市森林完善与否的一个重要指标，而且也是评价整个城市环境质量好坏的一个标准。

5.1.4 风景园林学指标——城市森林与实践相结合的方法论

5.1.4.1 风景园林学概念

风景园林，也称园林，在中国古籍里根据不同的性质也称作园、囿、苑、园亭、庭园、园池、山池、池馆、别业、山庄等（周维权，2008）。英美各国则称之为 landscape architecture、garden、park、landscape garden。它们的性质、规模虽不完全一样，但都具有一个共同的特征：即在一定的地段范围内，利用并改造天然山水地貌或者人为地开辟山水地貌、结合植物的栽植和建筑的布置，从而构成一个供人们观赏、游憩、居住的环境。创造这样一个环境的全过程（包括设计和施工在内）一般称之为"造园"，研究如何去创造这样一个环境的科学就是"造园学"或"园林学"。园林学是着重研究如何合理运用自然因素和社会因素（山、水、植物、建筑）来创造美的、生态平衡的人类生活环境的学科。对园林的研究，是从记叙园林景物开始的，后发展到或从艺术方面探讨造园理论和手法，或从工程技术方面总结叠山理水、园林建筑、花木配置的经验，把所有的造景要素都纳入自己的研究范畴，逐步形成传统园林学。资产阶级革命以后出现的新园林，先是开放王公贵族的宫苑，后来研究和建设为公众服务的各类公园、城市绿地系统的布局、游憩活动的安排以及通过绿化手段进行城市景观美化等内容。之后，随着城市问题乃至环境问题的加重以及城市的拥挤，城市居民对大范围的绿化及回归自然的要求逐渐明朗化，从而使园林的含义进一步扩展，进入第三层次——大地景观规划。如今，园林的分类越来越细，其内涵和外延却越来越大，远远超出了传统造园的界限，并继而出现了景观环境设计、绿地环境规划、绿地生态设计、地域环境学等新概念。20世纪20年代，西方出现了生态园林。在水体、植物、建筑、地形等方面模仿自然景观，进而演变成自给自足的生态系统，包括植物、动物、微生物和整个栖息地，以及一个自然演变的景观系统。生态园林是以生态学原理为基础构建的绿地系统。具有改善和美化环境、净化空气和水、防尘降噪、调节小气候等生态功能，为居民提供具有观赏价值的生活环境和景观场所，具有休闲观光的功能。

5.1.4.2 园林对城市森林的影响

园林是中国的传统，一门独有的艺术，并不完全等同于西方的 landscape architecture、garden、park、landscape garden。从某种角度上，园林首先应该是一门艺术，然后才是一门技术，一门科学。园林的核心是林，"林"指乔木、灌木、草本植物、藤本植物、竹和地被植物，更准确地说，是指所有的观赏植物，它们是城市森林的一部分，是森林植物。森林植物经过园艺匠师们的选择、引种、驯化和培育，取其观赏价值较高的品种，予以应用、更新、保存和发展，形成园林植物，并与其他造景要素配合，形成丰富多彩的园林景观或环境艺术。

科学技术发展到今天，随着城市化的高速发展和人居环境的恶化，城市居住者需要的城市森林植物，不一定要求较高的观赏价值，尤其在城市郊区，在环境恶劣的干旱区城市郊区甚至远郊区，更强调城市森林植物对环境的适应性。要求它们能够适应各种恶劣的环境条件（干旱、盐碱、贫瘠、寒冷、大风、弃渣陡坡等），能够吸收或适应各种对人体有害的污染物质，能够发挥更多更好的生态效益。因此，对城市森林植物的选择标准，在某种程度上应该不同于园林植物，这对城市森林的发展来说，将是一个任重而道远的任务。

当然，任何一门新学科的发展，对其基础支撑学科，都将是一个"扬弃"的过程。城市森林，既要运用园林学的理论、工程技术、艺术处理手法，又要体现21世纪人类发展的需要，才能创造出一流的作品。城市森林是园林学发展到一定程度时与时代结合的产物，在城市森林评价、规划过程中，应该遵循园林艺术、园林植物种植设计、园林绿地规划的基本理念。同时，以自然美为前提，融合艺术美。重视植物的景观、美感、寓意和韵律效果，尽量体现园林的艺术性。多采用开放的自然式园林设计，利用"师法自然"的种植手法，通过多样的种群、灵活的配置和丰富的色相、季相变化，使生态效益与景观效益、社会效益相结合，自然生物属性得到文化体现，产生富有自然气息的美学价值和文化底蕴。同时强调开放性与外向性，与城市景观特色、不同造型和结构的建筑物相协调融合，考虑教育、文化、环境、经济等诸多方面的要求，创造高标准的人性空间。

5.1.5 美学指标

5.1.5.1 美学基本原理

美学属于哲学范畴，是一门宏观学问。美学从它的创立至今，仅有200多年的历史，是一门年轻的学科。因此，美学界对美学的概念、范畴都存在分歧，尚无统一的定义。一般认为，美学是研究人对现实的审美活动特征和规律的科学。简而言之，美学是研究审美规律的科学。美学研究的对象包括：人对现实的审美关系产生和发展的规律；美的本质，美的形态（自然美、艺术美、社会美），美的范畴；文艺的美学特征，文艺的创作和欣赏规律（优美、崇高、悲剧性、喜剧性、滑稽性）；审美理想、审美趣味、审美观点及其判断准确；审美教育的特点和原则等。

5.1.5.2 城市森林的美学指导作用

1) 植物功能

在城市森林中的美学，首先是景观。景观的"景"是客观存在，是物质世界；景观的"观"是景在人们头脑中的反映，是精神世界。"景"是城市森林美学的基本单元，植物在森林美学中有以下几个方面作用：

(1) 形成景观

在大的尺度上有山峦叠翠、层林尽染、山花烂漫、疏林草地、湖泊荡漾的城市森林景观，由不同色彩的城市森林植物组成绚丽多彩的画面；在植物的季相演替方面，根据自然生长规律形成了"春季繁花盛开，夏季绿树成荫，秋季硕果累累，冬季苍松翠柏"的四季景象，由此产生了"桃三杏四梨五月"及"千树万树梨花开"的时间特定景观。

在小的尺度上城市森林植物形态各异，有圆锥形、柱形、塔形、伞形、球形、卵圆形、卵状圆锥形、垂枝形等，城市森林植物的叶色花色也多种多样，有紫、红、橙、黄、粉、深绿、淡绿等。随着植物的生长，植物的个体也相应变化，由稀疏的枝叶到茂密的树冠，对城市森林景观产生重要的影响。根据植物的季相变化，把不同花期的植物搭配种植，使得同一地点的某一时期产生某种特有景观，给人不同的感受。而植物与城市人居环境的配合，也因植物的季相变化而表现出不同的画面效果。因此，利用不同的植物材料，可以创造不同格调与意韵的城市森林景观。

(2) 构成空间

阔叶乔木，冠浓密覆，花繁叶茂或气宇轩昂；针叶乔木，曲虬苍劲，丰满圆润而四季常青，均可单独作为视线的焦点或与其他乔灌配合成观赏群落。大灌木，可以作为阻挡视线的屏障，从而分隔空间，控制空间的私密性，还可作为背景处理。小灌木，可不遮挡视线而分隔或限制空间，形成开敞空间，在构图上起到视线上的连接作用，比较大规模的使用小灌木，可以取得一种较佳的观赏效果。地被植物，分为草本与木本，落叶与常绿，开花与不开花，均可作为室外空间的"铺地"材料，设计中可暗示空间边缘或形成所设计的图案，因其有独特的色彩或质地，可与有对比色彩或对比质地的材料配置形成供观赏的景观。如沙地柏、紫叶小檗、半枝莲、美女樱均可栽植成各种图案。

(3) 引导游览

"观"是客观的"景"在游览者大脑中的主观反映，是城市森林设计者时时必须考虑的重要问题。在游览路线的布设方面,力争将把每一位游客,引导到各个美丽的景色观赏角度,并且是连续演进而又多变化的景,即"步移景异";另外,在最具观赏价值的角度创造观赏环境,让人停下来尽情饱览城市森林美景,意境同"停车坐爱枫林晚,霜叶红于二月花"。

2) 美学原则

城市森林植物群落的评价,需借鉴一些美学指标,充分体现植物本身的形体、线条、色彩等方面的美感,表达周围环境相宜、相协调,并表达一定意境或具有一定功能的空间指标。

(1) 统一原则

也称变化与统一或多样与统一的原则。城市森林植物群落设计时,树形、色彩、线条、质地及比例都要有一定的差异和变化,显示多样性,但又要使它们之间保持一定的相似性,引起统一感。这样既生动活泼,又和谐统一。变化太多,整体就会显得杂乱无章,甚至一些局部支离破碎,失去美感。过于繁杂的色彩会引起心烦意乱,无所适从。但平铺直叙,没有变化,又会显得单调呆板。因此,要掌握在统一中求变化,在变化中求统一的原则。

(2) 调和原则

即协调和对比的原则。城市森林植物群落设计时要注意相互联系与配合,体现调和的原则,使人具有柔和、平静、舒适和愉悦的感受。找出近似性和一致性。相反地,用差异和变化可产生对比的效果,具有强烈的刺激感,形成兴奋、热烈和奔放的感受。因此,在植物景观设计中常用对比的手法来突出主题或引人注目。

(3) 均衡原则

在城市森林多群落布局中,将体量、质地各异的植物种类按均衡的原则配置,景观就显得稳定。如色彩浓重、体量庞大、数量繁多、质地粗厚、枝叶茂密的植物种类,给人以厚重的感觉;相反,色彩素淡、体量小巧、数量稀少、质地细柔、枝叶疏朗的植物种类,则给人轻盈的感觉。应该根据周围环境,在城市森林植物群落配置时,有机采用规则式均衡和自然式均衡。

(4) 韵律和节奏原则

种植时有规律的变化,就会产生城市森林植物群落景观的韵律感与节奏感。

城市森林绿地与传统的城市绿地相比较,强调多层次的乔灌草空间结构,这种空间结构的评价应有相应的指标来进行衡量,这包括定性指标和定量指标。目前,我国衡量城市绿地效果的指标主要从总量上规定城市绿地应达到的标准,以保证相当规模的绿地面积。因此,人均绿地面积、城市绿化覆盖率、绿地率等指标常被人们用来评价整个城市的绿色景观建设的成就,而缺乏评价城市森林绿地空间结构分布合理性的指标。

目前,在城市森林建设过程中,遇到一系列需要解决的科学问题,其中之一就是如何判定所建设的城市森林在群落结构上是否合理,在生态服务功能上是否高效,是否具有良好的景观游憩功能,能否为城市居民提供优质服务,以及在生态效益、社会效益、景观效益几方面是否和谐统一。因此,城市森林综合评价指标体系的构建十分迫切和重要,指标体系的形成,将为当今我国现代城市的城市森林规划提供合理的量化依据,在现代城市森林规划设计、建设与管理中起到总体引导和控制作用。

从20世纪80年代末开始，国际上陆续有蒙特利尔行动、赫尔辛基行动、亚马孙行动、国际热带木材组织、挪威气候协定等针对森林可持续经营形成了一批标准和指标体系。在我国，从21世纪初，陆续有研究者提出了对城市森林评价的指标，他们从不同的角度对城市森林的评价丰富了城市森林评价的角度和指标。王木林、缪荣兴（1997）通过研究国内外的相关资料，根据城市森林的主要功能、所处位置、经营管理的一致性，与城市规划和习惯接轨，将城市森林划分为防护林、公用林地、风景林、生产用森林和绿地、企事业单位林地、居民区林地、道路林地和其他林地、绿地等子系统，这为城市森林的评价打下了良好的基础。杨学军等（2000）等在不同城市的城市森林的研究中提出了丰富度指数、多样性指数、树种单调度、树种均匀度、景观优势度、景观多样性、景观破碎度、景观分离度、城市园林绿化总量等评价指标。近年来，随着城市森林的建设和评价方法的增多，城市森林评价指标也出现了新的变化。在评价方法上，数字化技术和智能信息化手段的应用，为城市森林评价的客观性做了保障。武文婷（2009）应用数字化技术，阐述了城市森林景观数字化的相关概念、内容和意义，探讨了基于多重高新技术的城市森林景观数字化的关键技术体系框架，从而为城市森林景观数字化提供支持。杨超裕（2013）以Landsat 5 TM为信息源，遥感（RS）、地理信息系统（GIS）及统计分析等为手段，结合实地调查及文献资料，用相关分析和主成分分析方法分析森林健康状况的遥感光谱、植被指数特征。在评价指标上，从群落的多样性、群落的动态、群落树种的选择、森林覆盖率、城市绿量等指标，从不同的评价角度进行城市森林的评价。

从系统论的观点看，系统的结构决定系统的功能，要使城市森林绿地充分发挥其功能，保障物流、能流通畅，除了增加绿地的绝对数量外，还要通过合理的空间安排来实现城市森林景观性质的改变。为此，在城市森林绿地评价指标的构建过程中，应该加强利用生态学原理探讨城市绿色空间结构、功能的评价指标，探讨采用多样性指数、丰富度指数、均匀度指数、绿地廊道密度、绿地廊道连通性指数、最小距离指数等指数来判断城市森林绿地空间布局的合理性。从城市规划学、园林学、景观生态学、林学、美学、环境学等多学科、多角度研究，提出一套系统化、层次化、实效化、定性与定量化的评价指标体系。城市森林绿地空间结构的一些指标（自然度、丰富度、重要值、均匀度、多样性指数等）对城市绿地生态功能的城市绿地物种组成结构，及时、空动态格局具有一定的影响，科学合理的分析为城市森林绿地在满足游憩、观赏、环保等功能下，发挥最大价值提供理论依据。

在城市森林的景观评价方面，陆兆苏（1963）、但新球（1980）、俞孔坚（1985）、蒋有绪（1997）、陈鑫峰等（2001）、谢花林（2003）、上官甦（2006）、张肖宁（2009）、张哲（2011）、陈勇（2013）、金彪（2016）、陈凯等（2017）、廖启鹏（2019）等都提出了大量评价指标与方法。

5.2 构建评价指标体系的基本原则

由于城市所在地理位置不同，自然、经济、社会条件各异，城市功能和发展方向也千差万别。因此，城市森林应按不同的类型进行建设。

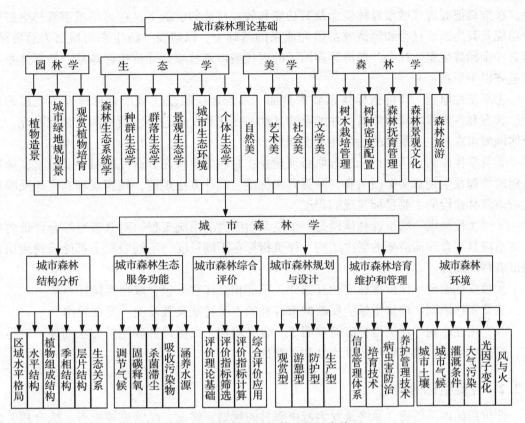

图 5-1 城市森林理论基础与研究体系

5.2.1 评价指标的条件

城市森林是一个结构复杂的综合系统,必须建立一套多目标综合评价的指标体系,并且这个评价指标体系在系统中应该具有评价和控制的双重功能。评价指标必须具备以下 3 个必要条件:

①可查性 任何指标都应该是相对稳定的,可以通过一定的途径、一定的方法进行调查,任何迅速变化、无法把握的指标都不能列入评价指标体系。

②可比性 每一个指标都应该是确定的,可以进行比较的。同一条指标可以在不同的范围内进行比较,例如,北京可以和全国比,国内可以与国外比。应该尽量利用现有的统计数字,化为有确切意义的无量纲的指标,以便于比较研究。

③定量性 评价指标体系中的每一条指标都应该是定量的,这是为了适应建立数学模型,进行数学处理的需要。

评价指标体系的内容应该是完备的,能够比较全面、真实地反映城市森林的全貌,能够由此衡量出城市森林发展的潜力,与城市森林有较高的相关性。同时,评价指标体系还应该尽可能的简单,以最少的指标准确反映城市森林的基本特征。

构建评价指标体系是城市森林综合评价的前提和关键。按照以上理论以森林生态学、景观生态学、园林学、城市规划、森林经理学、城市生态学、美学以及心理物理学为指导，在准确把握现代城市森林概念及其功能和效益特征的前提下，在总结城市森林生态服务功能及其生态、社会和经济效益研究成果的基础上，以建设一流生态型城市为总要求，建立一个涵盖生态、社会、经济等多因子的现代城市森林综合评价指标体系。指标体系必须遵守以下原则：

①系统性原则 评价指标体系要求全面、系统地反映现代城市森林建设各要素的特征、状态和各要素之间的关系，并能反映其动态变化和发展趋势。指标间应相互补充，充分体现城市森林生态系统的一体性和协调性。

②科学性原则 具体指标的选取必须建立在对相关学科充分研究的科学基础上，评价指标的物理及生物意义必须明确，测算方法标准，统计方法规范，较客观和真实地反映现代城市森林建设的主要目标实现的程度。

③层次性原则 城市森林建设是一个复杂而庞大的系统工程，对其进行综合评价的指标体系应具有合理而清晰的层次结构，评价指标在不同尺度、不同级别上都能反映或识别城市森林的属性。

④独立性原则 评价指标应相互独立，不能相互代替、包含或相互换算得来。

⑤真实性原则 评价指标应反映城市森林的本质特征及其发生、发展规律。

⑥实用性原则 评价指标应简单明了，含义确切，数据计算和测量方法简便，较易获取，可操作性强，具有较强的可比性和可测性。

5.2.2 评价指标的确定

评价指标体系的建立最终是要为城市森林的规划、建设、经营决策服务。综合相关研究成果及建设城市森林的现实需要，指标体系应从城市尺度、植物群落尺度、树种尺度三个层次出发，综合评价城市森林的水平分布格局、群落空间结构、生态服务功能、景观游憩功能、景观格局、城市及人均城市森林拥有量，从而判断城市森林的结构、布局是否合理，功能上是否能够满足城市居民需要。

依据上述原则，全面收集多学科相关指标，确立指标的框架，经筛选后，初步确定若干指标。评价指标筛选可采用 K.J 法、Delphi 法、会内会外法，阶段式综合算法（专家排除法、特征值法、集值迭代法和最小均方差法）。用专家咨询表的定量信息和定性信息进行统计分析，如果有三分之一以上的专家认为某项指标一般或不重要，该指标即将被淘汰。此外，对于权重很小的指标，并入相近指标中（李明阳，1997）。经过四轮专家咨询，直到70%以上的专家认同，才列入指标体系，形成评价指标。评价指标权重确定方法主要有 Delphi 法、AHP 法、AHP-Delphi 法、把握度—梯度法、最大熵—最大方差法和综合赋权法。首先请专家填写三种咨询表格。第一种咨询表请专家对每一待定指标按很重要、重要、一般、不重要四个等级填写；第二种表请专家直接综合该指标的权重；第三种表由专家按递阶层次结构对每一个上级指标，按其所辖的下级指标两两比较其重要程度，用五等九级法得出判断矩阵。指标筛选中尽量利用已积累的各评价单元的各选定指标的观测数据，得出单元评价数据矩阵 $X_{n \times m}$。同时对各评价单元给出模糊判断矩阵 R。会外请专家填咨询表，对指标框架和各级指标的构成进行表态，按"赞成、基本合理、需修改、不恰当"四项，同时对指标的重要性进行表态，按"很重要(4)、重要(3)、一般(2)、次要(1)和无法表态(0)"填写咨询表格。通过会内专家对指标的评判和专家咨询表统计分析,若专家赞成某项指标的人数大于60%时,该指标作为保留指标;对于补充指标,在会上提出,请专家表态,若60%以上的专家赞成填补的,作为保留指标,由此把整理提出的指标进行调整和归并,并构成第二轮评价指标体系。

对于第二轮评价指标,运用头脑风暴法和会内会外法对指标框架和各级指标进行归并、补充和重要性表态,经统计、分析、整理,凡评价指标有70%以上的专家赞成的,均作为保留指标,同时根据专家的定性和定量信息对指标的重要性和权重进行分析构成第三轮评价指标体系。以第三轮评价指标为基础,邀请十位专家对指标进行重要性表态和指标两两比较。对于通过上述方法确定删除的指标,采用会内会外法再次决定是否保留,由此形成第四轮评价指标体系。确定指标框架如图5-2所示。

一般情况下,整个城市森林的综合评价作为第一层。从城市森林植物群落的空间结构、城市森林的生态服务功能、城市森林景观游憩功能、城市森林的宏观布局四个方面所获得的指标作为第二层。第二层的四个方面根据各自的性质和特点,再分别划分为若干个方面作为第三层。城市森林植物群落的空间结构主要考察四个方面的指标,分别为:水平结构、垂直结构、树种组成结构、年龄季相结构;城市森林的生态服务功能主要包括:调节气候、净化大气及舒适度;城市森林景观游憩功能主要包括:风景个体要素、游憩功能、观赏角度变化、植物配置景观要素;城市森林的宏观布局则分为:城市景观格局、稳定性和传统园林绿地评价。第三层继续向下划分,则是可以定量化的指标,这些量化指标作为评价指标体系的第四层。

5.3 城市森林评价指标的意义及定量计算方法

5.3.1 城市森林植物群落空间结构评价指标体系

5.3.1.1 水平结构评价指标

(1)密度 D

$$D = \frac{N}{S} \tag{5-1}$$

式中 D——密度;
  N——单位面积内某种植物的个体数;
  S——单位面积。

(2)相对密度 RD

$$RD = \frac{\sum_{i=1}^{n} D_{il}}{\sum_{l=1}^{n} DD_l} \tag{5-2}$$

式中 RD——相对密度;
  D_{il}——某一树种的密度之和;
  DD_l——所有统计树种的密度之和。

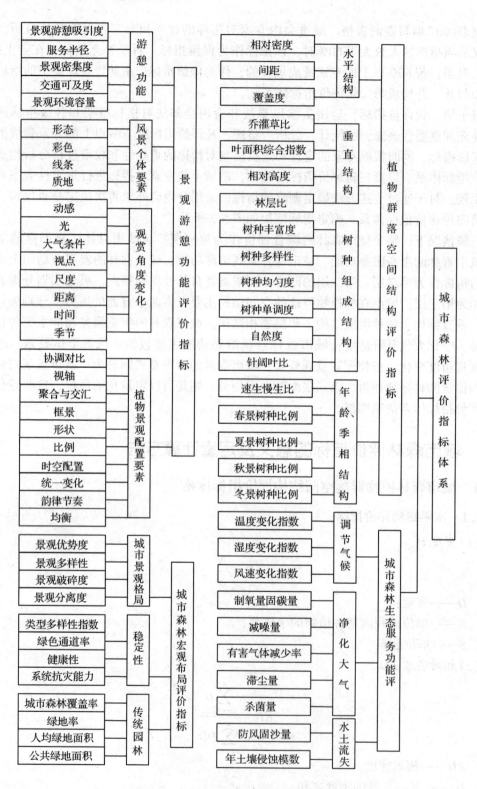

图 5-2 城市森林综合评价指标体系表

(3) 间距

聚集指数 R 是相邻最近单株距离的平均值与随机分布下期望的平均距离之比 (Moeur, 1993)。聚集指数 R 的计算公式为:

$$R = \frac{\frac{1}{n}\sum_{i=1}^{n} r_i}{\frac{1}{2}\sqrt{\frac{10000}{N}}} \tag{5-3}$$

式中　r_i——第 i 单株到其最近相邻单株的距离；

　　　N——每公顷株数；

　　　n——样地林木株数。

若 $R=1$，则林木为随机分布；$R>1$，则林木为均匀分布；若 $R<1$，则林木为聚集分布；R 趋向于 0，表明树木之间的距离越来越密集 (惠刚盈, 2001)。

(4) 覆盖度 C

$$C = \frac{S_l}{S} \tag{5-4}$$

式中　S_l——某一树种覆盖面积；

　　　S——样方面积。

(5) 相对覆盖度 RC (孙儒涌，1992)

$$RC = \frac{\sum_{l=1}^{n} C_{il}}{\sum_{l=1}^{n} CC_l} \tag{5-5}$$

式中　RC——相对覆盖度；

　　　$\sum C_{il}$——某一树种的覆盖度之和；

　　　$\sum_{l=1}^{n} CC_l$——所有统计树种的覆盖度之和。

5.3.1.2　垂直结构评价指标

(1) 乔灌草比例

样方内乔木株数、灌木株数、草坪面积与样方面积的比例。具体评价方法采用专家评分法，大体上可根据以下标准来进行等级划分：

Ⅰ级：分数在 0.80~1.00 分，乔灌草结合度好。乔灌草种类比例配置合理，立体复层结构明显。

Ⅱ级：分数在 0.60~0.80 分，乔灌草结合度较好，乔灌草种类比例配置较合理，有一定立体复层结构。

Ⅲ级：分数在 0.40~0.60 分，乔灌草结合度一般，乔灌草种类比例配置不完整，缺乏中木联系，即缺少灌木层。

Ⅳ级：分数在 0.20~0.40 分，乔灌草结合度较差，乔灌草种类比例配置不完整，缺乏群落上木，即乔木层。

Ⅴ级：分数在 0.00~0.20 分，乔灌草结合度极差，乔灌草种类比例配置极不完整，几乎没有上木与中木，只有单纯草坪地被结构。

（2）林层比 S_i

定义为参照树 i 的 n 株最近相邻木中，与参照树不属同层的林木所占的比例（惠刚盈，2001）。可以用下式表示：

$$S_i = \frac{1}{n}\sum_{j=1}^{n} s_{ij} \tag{5-6}$$

式中 n——相邻木的株数；

s_{ij}——取值定义为：

$$s_{ij} = \begin{cases} 1 & \text{如果参照树 } i \text{ 与相邻木 } j \text{ 不属同层} \\ 0 & \text{如果参照树 } i \text{ 与相邻木 } j \text{ 在同一层} \end{cases}$$

① $0 \leq S_i \leq 1$

② S_i 的取值有 $n+1$ 种，而且是离散的；当 $n=4$ 时，其 5 种可能的取值为：

$S_i = 1$，参照树周围 4 株最近相邻木均与参照树不属同一林层；

$S_i = 0.75$，参照树周围 4 株最近相邻木中有 3 株与参照树不属同一林层；

$S_i = 0.50$，参照树周围 4 株最近相邻木中有 2 株与参照树不属同一林层；

$S_i = 0.25$，参照树周围 4 株最近相邻木中有 1 株与参照树不属同一林层；

$S_i = 0$，参照树周围的 4 株最近相邻木与参照树均属同一林层。

③林层比的平均值 $\bar{S}$ 计算式为：

$$\bar{S} = \frac{1}{N}\sum_{i=1}^{N} S_i \tag{5-7}$$

式中 N——参照树的总株数；

S_i——第 i 株参照树的林层比。

④对于单层林，$\bar{S} = 0$，其不同的结构单元都有 $S_i = 0$。

（3）相对高度

指树冠高度与样方面积的比例。

（4）叶面积指数

指样方内植物叶片面积之和与样方面积之比值。

（5）叶面积综合指数

不同类型城市森林绿地的典型样地叶面积指数的平均值。该项指标可用来表征森林植物的叶量大小。可以用下式表示：

$$LAI = \frac{1}{n}\sum_{i=1}^{n} LAI_i \tag{5-8}$$

式中 LAI——叶面积综合指数；

LAI_i——第 i 种林地的叶面积指数。

单株植物叶面积的求算法采用 Nowak（1994）得出的城市树木叶面积回归模型：

$$Y = \exp(-4.3309 + 0.2942H + 0.7312D + 5.7217Sh - 0.0148S + 1159) \tag{5-9}$$

$$Y = \exp(0.6031 + 0.2375H + 0.6906D - 0.0123S) + 0.1824 \tag{5-10}$$

式中　Y——总的叶面积；
　　　H——树冠高度；
　　　D——树冠直径；
　　　Sh——树冠投影系数；

$$S = \pi D(H+D)/2$$

在树冠投影系数不确定情况下采用公式(2)。

(6) 重要值 IV

$$\text{重要值 } IV = \text{相对高度} + \text{相对频度} + \text{相对冠幅} \tag{5-11}$$

(7) 相对频度

频度是指一个种在所作的全部样方中出现的频率。相对频度指某种在全部样方中的频度与所有种频度和之比。

(8) 相对冠幅

指某株树的冠幅与样方内所有树木平均冠幅之比。

5.3.1.3　树种组成结构评价指标

(1) 树种丰富度 S_T

树种丰富度采用(Margalet)指数，用以反映园林绿化树种的丰富程度。

$$S_T = (R-1)/\log_2 N \tag{5-12}$$

式中　R——树种数；
　　　N——树种个体总数。

当个体数量一定时，树种数越多，树种丰富度越大；当树种数一定时，如果个体数量减少，一定个体数中的树种相对增加，树种丰富度越大；反之亦然，即 S_T 值越大，树种丰富度越大。

(2) 丰富度指数 D

$$D = \frac{S}{\ln A} \tag{5-13}$$

式中　S——同一类型群落物种丰富度的加权平均值；
　　　A——单位样方群落面积。

(3) 树种多样性 H

采用(Shannon-Wiener)指数，主要用以反映绿化树种类型丰富的程度，是树种丰富度和各树种均匀程度的综合反映。

$$H = -\sum_{i=1}^{R} P_i \log P_i \tag{5-14}$$

式中　$P_i = n_i/N$；
　　　n_i——第 i 个树种的个体数；
　　　R，N 字母含义同上。

H 值越大，树种多样性越高。

(4) 树种均匀度 E

采用 Pielou 指数，用以反映在绿化树种中各种个体数量比例的均匀程度，其定义是实际多样性与最大多样化之比。

$$E = \frac{D}{\log_2 S} \quad (5\text{-}15)$$

式中 S，D 字母含义同上。

E 值越大，树种均匀度越高。

(5) 树种单调度 M

采用 Simpson 指数，反映的是树种组成的单调程度，该指标不仅与树种均匀程度有关，亦与树种数有关，是从另一个角度评价树种组成结构的。

$$M = \sum_{i=1}^{s} \left(\frac{n_i}{N}\right)^2 \quad (5\text{-}16)$$

式中 S，n_i，N 字母含义同上（王永，1997）。

(6) 混交度 M_i

用来说明群落中树种空间隔离程度的指标。其定义为参照树 i 的 n 株最近相邻木中与参照树不属同种的个体所占的比例（惠刚盈，2001）。用公式表示为：

$$M_i = \frac{1}{n} \sum_{j=1}^{n} v_{ij} \quad (5\text{-}17)$$

式中 v_{ij} 的值定义为：$v_{ij} = \begin{cases} 1 & \text{参照树 } i \text{ 与第 } j \text{ 株相邻木为非同种} \\ 0 & \text{否则} \end{cases}$

M_i 是一个离散型随机变量，且 $0 \leq M_i \leq 1$。$M_i = 0$ 表示参照树 i 的 n 株最近相邻木与参照树均属同一树种；$M_i = 1$ 则表示参照树 i 的 n 株最近相邻木与参照树均属不同树种。混交度表明任意一株树的最近相邻木为其他种的概率（Fueldener，1995；惠刚盈等，2001a；克劳斯·冯佳多，1998）。该指标可以表达群落中树种的空间隔离程度。

当 $n = 4$ 时，M_i 有下述 5 种可能：

①$M_i = 1$，参照树与 4 株最近相邻木均不属同种；
②$M_i = 0.75$，参照树与 3 株最近相邻木不属同种；
③$M_i = 0.50$，参照树与 2 株最近相邻木不属同种；
④$M_i = 0.25$，参照树与 1 株最近相邻木不属同种；
⑤$M_i = 0$，4 株最近相邻木均与参照树属同种。

这 5 种可能对应与通常所讲的极强度混交、强度混交、中度混交、弱度混交和零度混交所对应。

混交度的平均值 $\bar{M}$ 为：

$$\bar{M} = \frac{1}{N} \sum_{i=1}^{n} M_i \quad (5\text{-}18)$$

式中 N——林分内所有林木株数；

M_i——第 i 株树的混交度。

(7) 大小比数 U_i

大于参照树的相邻木占所考察的全部最近相邻木的比例。它可以用于胸径、树高和树冠。用公式表示为：

$$U_i = \frac{1}{n}\sum_{j=1}^{n} k_{ij} \tag{5-19}$$

式中 $k_{ij} = \begin{cases} 1 & \text{若相邻木 } j \text{ 比参照树 } i \text{ 大} \\ 0 & \text{否则} \end{cases}$

大小比数量化了参照树与其相邻木的关系，其值(U_i)越低，说明比参照树大的相邻木越少(惠刚盈，1999)。在一个林分中，U_i 值的分布对描述林分空间结构特别重要。当考虑 4 株最近相邻木，即 $n=4$ 时，U_i 值的可能取值如图 5-3 所示。

大小比数的平均值 $\overline{U}$ 为：

$$\overline{U} = \frac{1}{l}\sum_{i=1}^{l} U_i \tag{5-20}$$

式中 l——参照树株数；
  U_i——第 i 株树木大小比数的值。

按树种计算大小比数的平均值，可以反映林分中树种的优势程度。$\overline{U}$ 的值越小，说明该树种(参照树)在某一比较指标(胸径、树高或树冠等)上越优先，依 $\overline{U}$ 值的大小升序排列即说明林分中的所有树种在某一比较指标上的优势程度。

大小比数以大于参照树的相邻木占所考察的全部相邻木的比例表示。大小比数是对直径分布和至今所沿用的描述相邻木关系的大小分化度的完善和补充，它能准确地判断出参照树是否比其相邻木大。

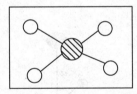
$U_i=0$（4株相邻木均比参照树小）

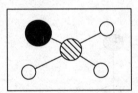
$U_i=0.25$（3株相邻木比参照树小）

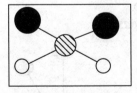
$U_i=0.5$（2株相邻木比参照树小）

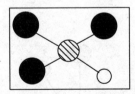
$U_i=0.75$（1株相邻木比参照树小）

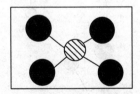
$U_i=1$（4株相邻木均比参照树大）

图中：⊘ 为参照木   ● 为大于参照树的相邻木   ○ 为小于或等于参照树的相邻木

图 5-3 $n=4$ 时大小比数的可能取值

(8) 角尺度 W_i

用来描述相邻木围绕参照树均匀性的指标(惠刚盈，1999)。对参照树 i 的 n 株最近相邻木而言，均匀分布时位置分布角为 $360°/n$。当 $n=3$，即对于 3 株最近相邻木，$120°$ 是绝对均匀分布相邻木间的夹角；而当 $n=4$ 时，则为 $360°/4=90°$，如图 5-4 所示。

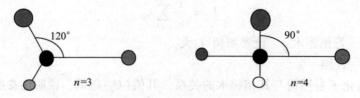

图 5-4 参照树及其最近相邻木的绝对均匀分布

从参照树出发,任意 2 株最近相邻木的夹角有 2 个,若令小角为 α,大角为 β,则 $\alpha+\beta=360°$,如图 5-5 所示。

在图 5-5 中参照树 i 的最近相邻木 1 和 2 构成的夹角用较小的角 α_{12} 表示,最近相邻木 1 和 3 构成的夹角用较小的角 α_{13} 表示,而相邻木 2 和 3 构成的夹角用较小角 α_{23} 表示。

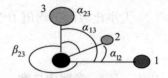

图 5-5 参照树与最近相邻三株树构成的夹角

α 角小于标准角 α_0 的个数占所考察的最近相邻木的比例。表达式为:

$$W_i = \frac{1}{n} \sum_{j=1}^{n} z_{ij} \tag{5-21}$$

式中 $z_{ij} = \begin{cases} 1 & \text{当第 } j \text{ 个 } \alpha \text{ 角小于标准角 } \alpha_0 \\ 0 & \text{否则} \end{cases}$

若对围绕参照树的 4 株最近相邻木的分布予以考虑,W_i 的取值有 5 种可能,如图 5-6 所示。

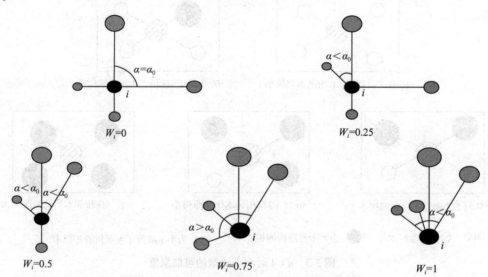

图 5-6 四株相邻木时角尺度的可能取值

$W_i = 0$,4 个 α 角均位于标准角 α_0 范围(很均匀);

$W_i = 0.25$,1 个 α 角小于标准角 α_0(均匀);

$W_i = 0.5$,2 个 α 角小于标准角 α_0(随机);

$W_i = 0.75$，3 个 α 角小于标准角 α_0（不均匀）；

$W_i = 1$，全部 4 个 α 角小于标准角 α_0（很不均匀）。

角尺度 W_i 的取值对分析个体周围的林木分布状况十分明确。角尺度值的分布，即每种取值的出现频率能反映出林分中林木个体的格局。

角尺度平均值 $\overline{W}$ 的计算公式为：

$$\overline{W} = \frac{1}{N}\sum_{i=1}^{N} W_i \tag{5-22}$$

式中　W_i——第 i 株参照树的角尺度；

　　　N——参照树的总株数。

(9) 自然度

采用（Grabherr，1989）城市森林天然性（自然度）评价分类系统，并对其分类系统根据城市森林的特点做适当改进，将九级分类系统变为七级。

表 5-1　植被天然性程度或生态干扰度相对值

相对值	生态干扰度	天然性程度	实　例
7	H_1（无干扰）	较近天然的	保护区森林
6	H_2（轻度干扰）	半天然的	山地、河滩地灌木林
5	H_3（中等干扰）	半天然的	水源林
4	H_4（强度干扰）	远天然的	以乡土树种为主的复合群落结构
3	H_5（很强干扰）	强度改变的	乡土树种与引进树种相结合的群落结构
2	H_6（近人工）	近人工的	结构单一人工林（乡土树种）
1	H_7（人工）	人工的	非乡土树种人工林

5.3.2　城市森林生态服务功能评价指标

5.3.2.1　调节气候评价指标

(1) 温度变化指数 T_c

$$T_c(\%) = (T_0 - T)/T \times 100 \tag{5-23}$$

式中　T_0——非城市森林绿地的平均气温；

　　　T——城市森林绿地的平均气温。

(2) 湿度变化指数 S_c

$$S_c(\%) = (S - S_0)/S_0 \times 100 \tag{5-24}$$

式中　S_0——非城市森林绿地的平均湿度；

　　　S——城市森林绿地的平均湿度。

(3) 风速变化指数 W_c

$$W_c(\%) = (W_0 - W)/W \times 100 \tag{5-25}$$

式中　W_0——非城市森林绿地的平均风速；

　　　W——城市森林绿地的平均风速。

上述指标的取值均为各林型典型样地观测值的平均值（张秋根，2001）。

5.3.2.2 净化大气评价指标

(1) 制氧量(O)

植物在进行生物生产过程中,吸收一定的 CO_2,同时释放一定量的 O_2,理论上可通过光合作用化学式 $6CO_2 + 6H_2O \xrightarrow{\text{光能和酶}} C_6H_{12}O_6 + 6O_2$,根据城市森林的年生长量平均值进行推算,单位为 $t/(hm^2 \cdot a)$(宋永昌,1999)。

(2) 固碳量(C)

计算方法与制氧量的相似,单位为 $t/(hm^2 \cdot a)$。

(3) 空气中有害气体减少率 Q_c

空气中有害气体减少率是指城市森林绿地中的有害气体(SO_2,NO_x,…)的含量比非城市森林绿地中有害气体含量减少的程度。

$$Q_c(\%) = (Q_0 - Q)/Q \times 100 \tag{5-26}$$

式中 Q_0——非城市森林绿地的有害气体含量;

Q——城市森林绿地的有害气体含量,指标的取值为各林型典型样地观测值的平均值(魏斌,1997)。

减噪量 Z_c,滞尘量 C_c,杀菌量 J_c 的计算与空气中有害气体减少率的计算相似。

(4) 年土壤侵蚀模数 S_i

表征水土流失、土壤侵蚀程度的指标。指单位面积内受侵蚀土壤的量,单位为 t/km^2(梁兴权,2001)。

5.3.3 景观游憩功能评价指标

(1) 景观游憩吸引度 Y

该指标为城市森林年接待游人量 Y_f 与城市年总接待游人量 Y_c 之比。

$$Y(\%) = Y_f/Y_c \times 100\% \tag{5-27}$$

式中 Y_f——城市森林年接待游人量;

Y_c——城市年总接待游人量。

表征城市森林景观发挥生态旅游的服务功能的大小。

(2) 景点密集度 L

景点密集度可用单位面积 S 内各种景点的数目 n 来表示。

$$L = n/S \tag{5-28}$$

(3) 景观环境容量 P

景观环境容量可用单位景观面积 S 可容纳的人数 m 来表示,亦可用景观生态承载力来表示。

$$P = m/S \tag{5-29}$$

式中 m——可容的人数;

S——单位景观面积。

(4)交通可及度 R

交通可及度可用路网密度来表示(张秋根,2001)。

$$R = 道路总长度(km) / 区域面积(hm^2)$$

(5)景观可达性

景点服务半径。

5.3.4 城市森林宏观布局评价指标

5.3.4.1 城市景观格局评价指标

在景观生态学中,空间格局通常是指缀块在镶嵌体中的分布规律。研究景观的空间格局,是景观生态学的基本任务之一。通过对城市绿化格局和异质性的分析,将有助于对城市绿化景观的内在规律性的认识。景观格局的分析,通常可以借助于下面的一些指标进行分析和描述。

(1)景观的优势度

优势度指标是计测缀块在景观中重要地位的一种指标。它的大小直接反映了各类缀块体在景观中的作用(高峻,2000)。可选用传统生态学中计算植被重要值的方法来决定某一缀块类型在景观中的优势度,并作相应的调整。在市区范围内,以 250 m×250 m 为样方单元进行全覆盖取样,然后用相对密度 R_d、相对频度 R_f 和景观比例 L_p 3 个参数计算各类缀块的优势度 D。其数学表达式为:

$$D(\%) = [(R_d + R_f)/2 + L_p/2] \times 100 \tag{5-30}$$

式中 $R_d(\%)$ = 缀块 I 的数目/缀块总数×100

$L_p(\%)$ = 缀块 I 的面积/样地总面积×100

$R_f(\%)$ = 缀块出现的样方数/样方总数×100

(2)景观的多样性

景观空间格局的多样性是指景观元素或生态系统在结构、功能以及时间变化方面的多样性(李贞,2000)。根据信息论原理,参考 Shannon-Wiener 指数,景观多样性的计算公式如下:

$$H = \sum P_i \times \log_2 P_i \tag{5-31}$$

式中 H——多样性指数;

P_i——缀块 i 所占缀块总面积的比例。

H 值的大小反映了缀块要素的多少和各类缀块要素所占比例的变化。当城市绿化景观由一种缀块要素构成时,景观是均质的,多样性指数为 0;由 2 个以上的缀块要素构成的绿化景观,当各类缀块所占比例相同时,其景观的多样性最高;各类缀块之间的比例差异加大,景观的多样性就下降。因此,多样性指数值越大,表明景观的信息含量越高,其类型不仅丰富,而且相互之间比例较为均匀。

(3)景观的破碎度

在较大尺度的研究中,景观的破碎化状况是其重要的属性特征。景观的破碎化与人类活动紧密相关,与景观格局、功能、过程等密切联系,同时与自然资源的保护互为依存。

一般来说,生物的生存都需要一定空间范围,然而随着城市化的加剧,绿色景观不断遭到蚕食和分割,破碎化日益严重,绿色缀块的面积不断缩小,同时适合城市生物生活的环境也在减少,这些对城市生物的保护是十分不利的。目前,通常使用的生境破碎化指数的计算方法较为繁琐,可用单位面积中各缀块的总个数来作为景观破碎度的判别指标:

$$C = \sum_{i=1}^{n} N_i / A \tag{5-32}$$

式中　C——绿化景观的破碎度;

$\sum_{i=1}^{n} N_i$——景观中所有缀块类型的总个数;

　　　A——绿化景观的总面积。

(4)景观的分离度

分离度是指区域景观中,不同缀块类型的个体分离程度。根据 Cherf M. Pearce 和陈利顶等(1996)所给出的景观分离度的计算公式略做修正,将每一缀块类型的分离度定义为:

$$F = A_i / A (S/N_i)^{1/2} \tag{5-33}$$

式中　F——缀块类型的分离度;

　　　A_i——缀块类型 i 的面积;

　　　A——绿化景观总面积;

　　　S——区域总面积;

　　　N_i——缀块类型 i 的块数。

F 值的大小与区域总面积呈正比,与缀块类型的块数呈反比。A_i/A 为某一缀块类型的权重值。最后对某一缀块类型的分离度用标准差进行标准化,得出标准化后即可得到分离度 F。

5.3.4.2 稳定性评价指标

(1)森林类型多样性指数:

$$H = -\sum_{i=1}^{n} (P_i) \log_2 P_i \tag{5-34}$$

式中　H——城市森林绿地类型的香农—威纳指数;

　　　N——城市森林绿地类型数;

　　　P_i——第 i 类城市森林绿地类型所占的面积百分比(张秋根,2001)。

(2)绿色通道率 R_g

$$R_g(\%) = 道路绿化长度(km) / 道路总长度(km) \times 100 \tag{5-35}$$

此处的道路主要是指铁路和各级公路。

(3)系统抗灾能力 K

该指标可用城市森林发生灾害的程度来表示(张秋根,2001)。

$$K(\%) = 灾害(虫害、火灾及其他灾害)发生面积(hm^2) / 城市森林面积(hm^2) \times 100 \tag{5-36}$$

5.3.4.3 传统园林绿地评价指标

1979年,在国家城建总局转发的《关于加强城市园林绿化工作的意见书》中首次出现了"绿化覆盖率"这一指标，此后指导我国城市绿地规划建设的 3 大指标即确定，它们是：城市人均公共绿地面积、城市绿化覆盖率和城市绿地率。

(1) 城市森林绿地覆盖率 F

由于森林在保护水土、调节气候、净化大气、防治噪声、维持自然界的生态平衡上具有重要作用，所以，在国际上常用森林覆盖率来衡量一个国家自然保护事业发展的状况。在单位土地面积内，城市森林树冠在地面上的垂直投影面积被称为城市森林覆盖率。

$$F(\%) = 城市森林绿地面积(hm^2) / 城市国土总面积(hm^2) \times 100 \qquad (5\text{-}37)$$

城市国土面积一般指该城市行政区域面积或城市内部下级行政区域面积，亦可指建成区面积，即城市园林绿地覆盖率。

(2) 城市绿地率

城市绿地率是指城市各类绿地总面积占城市面积的比率，其计算公式为：

$$城市绿地率(\%) = 城市六类绿地面积之和 \div 城市建成区面积 \times 100 \qquad (5\text{-}38)$$

(3) 人均绿地面积

城市人均绿地面积是指城市中每个居民平均占用绿地的面积，其计算公式为：

$$人均绿地面积(m^2) = 城市绿地面积 / 城市非农业人口 \qquad (5\text{-}39)$$

(4) 人均公共绿地面积

指城市中每个居民平均占用公共绿地的面积，其计算公式为：

$$人均公共绿地面积(m^2) = 城市公共绿地面积 / 城市非农业人口 \qquad (5\text{-}40)$$

5.4 评价指标权重的计算

因子权重的确定采用层次分析法，层次分析法(analytical hierarchy process)是美国运筹学家萨蒂(T. L. Saaty)于 20 世纪 70 年代初提出的一种多措施、多准则、多层次、多因素问题的决策方法。构建层次分析模型，定性与定量相结合，广泛应用于社会、经济、生态的各行各业，效果良好，深受欢迎。1982 年引入我国。

5.4.1 构造判断矩阵

假定 A 层次中元素 A_k 与下层次中的元素 B_1, B_2, $\cdots$, B_n 有关系，我们要分析 B 层次各元素间对 A_k 而言的相对重要性，可以构造如下形式的判断矩阵 B：

A_k	B_1	B_2	$\cdots$	B_n
B_1	B_{11}	B_{12}	$\cdots$	B_{1n}
B_2	B_{21}	B_{22}	$\cdots$	B_{2n}
$\cdots$	$\cdots$	$\cdots$	$\cdots$	$\cdots$
B_n	B_{n1}	B_{n2}	$\cdots$	B_{nn}

其中 b_{ij} 表示对 A_k 而言，B_i 对 B_j 来说相对重要性的判断值，以 1、3、5、7、9 以及它们的倒数来表示：1，表示 B_i 与 B_j 同样重要；3，表示 B_i 比 B_j 稍微重要；5，表示 B_i 比 B_j 明显重要；7，表示 B_i 比 B_j 很重要；9，表示 B_i 比 B_j 极端重要。这些数字的倒数表示不同程度的不重要性。也可采用 2、4、6、8 等数字表示折衷的意思。显然 $B_{ii}=1$，$B_{ij}=1/b_{ji}$。

例如，根据现状调查认为对 A 而言，B_2 比 B_1 稍为重要，所以记 $b_{21}=3$。同样，对 A 而言，B_3 比 B_1 稍为重要，记 $B_{31}=3$，从而有 $B_{12}=B_{13}=1/3$。另外，对 A 而言，B_2 比 B_3 更重要，故记 $B_{23}=7$，则 $B_{32}=1/7$。显然有 $B_{11}=B_{22}=B_{33}=1$。

5.4.2 单层次的权重向量计算

由判断矩阵推算本层次因素对上一层次某因素的重要性次序，也称为单层次排序。这种次序是以相对数值的大小(权重)来表示的。

B 层次中的 n 个元素，它们对于上一层次元素 A_k 而言的相对重要性可用权重向量 $W=(w_1, w_2, \cdots, w_n)^T$ 来表示。

式中 $w_i(i=1, 2, \cdots, n)$ 的大小反映了各因素重要性相对大小，且

$$\sum_{i=1}^{n} W_i = 1$$

W 的计算有多种方法，如最大特征根法。对 n 阶判断矩阵 B，计算满足

$$BW = \lambda_{max} w_i \tag{5-41}$$

的特征根和特征向量。

式中 λ_{max} ——矩阵 B 的最大特征根；

w ——对应 λ_{max} 的规范化特征向量。那么 W 的分量 w_i 便是我们要求的各因素重要性次序的相对数值——权重。

5.4.3 多层次的组合权重计算

组合权重计算就是针对整个上一层次而言的本层次各因素重要性的次序安排。

假设第 L 层次有 m 个元素，其元素的组合权重向量为：

$$U^l = (u_1^l, u_2^l, \cdots, u_m^l)^T \tag{5-42}$$

第 $L+1$ 层次有 n 个元素，每个元素对于第 L 层次的 m 个元素的相对权重向量为：

$$W_i = (w_1^l, w_2^l, \cdots, w_m^l)^T \quad (i=1, 2, \cdots, m) \tag{5-43}$$

那么第 $L+1$ 层次元素的组合权重向量为

$$U^{l+1} = (u_1^{l+1}, u_2^{l+1}, \cdots, u_m^{l+1})^T \tag{5-44}$$

式中 $u_j^{l+1} = \sum_{i=1}^{n} u_i^l \cdot w_i^l$，$j=1, 2, \cdots, n$。

这个计算过程从第二层开始，逐层向下计算，直到算出最下层元素的组合权重。

5.4.4 一致性检验

判断矩阵各元素数值的估计直接影响到各层因素的权重次序计算。衡量判断矩阵优劣的标准是看其是否具有一致性。所谓一致性是指如果在 n 阶矩阵 B 中的对所有 i、j、k 满足 $b_{ij}=b_{ik}/b_{jk}$，则称 B 为完全一致。但由于客观事物的复杂性及人们认识问题的片面性和多样性，要达到完全一致性是困难的。通常采用两个衡量指标：

(1) 一致性指标($C \cdot I$)

单层次排序： $$C \cdot I = (\lambda_{max} - n)/(n-1) \tag{5-45}$$

多层次排序：
$$C \cdot I = \sum_{i=1}^{m} \sum a_i (C \cdot I)_i \tag{5-46}$$

式中 $(C \cdot I)_i$ ——a_i 对应的单层次排序指标。一般要求 $C \cdot I \leq 0.10$。

(2) 随机一致性比值 $C \cdot R$

单层次排序：
$$C \cdot R = C \cdot I / R \cdot I \tag{5-47}$$

多层次排序：
$$C \cdot R = \sum_{i=1}^{m} a_i (C \cdot I)_i / \sum_{i=1}^{m} a_i (R \cdot I)_i \tag{5-48}$$

其中 $(R \cdot I)_i$ 是对应的单层次排序指标。$R \cdot I$ 是一个系数，对不同阶数矩阵的数值为：

N	1	2	3	4	5	6	7	8	9
$R \cdot I$	0	0	0.58	0.90	1.12	1.24	1.32	1.41	1.45

一般要求 $C \cdot R < 0.10$。对于一阶、二阶矩阵来说，我们总是认为判断矩阵是完全一致的，不必计算指标。

5.4.5 评价指标应用

将各指标的原始数据进行无量纲化处理，得出各级指标的平均值并将数据归一化。采用综合指数法或多指标综合评分法进行定量计算，依据综合指数或综合评分的大小进行评价。

四级评价指标数值 $V4_i$ 是城市森林综合评价的基础，其计算公式如下：
$$V4_i(\%) = 现状实测值 / 目标值 \times 100 \tag{5-49}$$

一级，二级，三级指标都是将下一级指标数值乘以各自的权重后进行加和。

表 5-2 评价指标体系各指标的权重及 4 级指标值

一级指标	二级指标	权重	三级指标	权重	四级指标	权重
城市森林综合评价指标	植物群落空间结构评价指标	0.2	水平结构	0.3	相对密度	0.3
					间距	0.3
					覆盖度	0.3
					角尺度	0.1
			垂直结构	0.3	乔灌草比例	0.3
					叶面积综合指数	0.3
					相对高度	0.3
					林层比	0.1
			树种组成结构	0.2	树种丰富度	0.2
					树种多样性	0.2
					树种多样性	0.1
					树种单调度	0.1
					自然度	0.2
					针阔叶比	0.2

（续）

一级指标	二级指标	权重	三级指标	权重	四级指标	权重
城市森林综合评价指标	城市森林生态服务功能评价指标		年龄季相结构	0.2	速生慢生比	0.2
					春景树种比例	0.2
					夏景树种比例	0.2
					秋景树种比例	0.2
					冬景树种比例	0.2
			调节气候	0.3	温度变化指数	0.3
					湿度变化指数	0.3
					风速变化指数	0.4
			净化大气	0.5	制氧量固碳量	0.2
					减噪量	0.2
					有害气体减少率	0.2
					滞尘量	0.2
					杀菌量	0.2
			水土流失	0.2	防风固沙量	0.5
					年土壤侵蚀模数	0.5
	景观游憩功能评价指标	0.2	游憩功能	0.5	景观游憩吸引度	0.2
					服务半径	0.2
					景点密集度	0.2
					交通可及度	0.2
					景观环境容量	0.2
			风景个体要素	0.2	形态	0.3
					色彩	0.3
					线条	0.3
					质地	0.1
			观赏角度变化	0.1	动感	0.1
					光	0.1
					大气条件	0.1
					视点	0.1
					尺度	0.2
					距离	0.1
					时间	0.1
					季节	0.2
			植物景观配置要素	0.2	协调对比	0.1
					视轴	0.1
					聚合与交汇	0.1
					框景	0.1

(续)

一级指标	二级指标	权重	三级指标	权重	四级指标	权重
城市森林综合评价指标	城市森林宏观布局评价指标	0.4	城市景观格局	0.2	形状	0.1
					比例	0.1
					时空配置	0.1
					统一变化	0.1
					韵律节奏	0.1
					均衡	0.1
					景观优势度	0.25
					景观多样性	0.25
					景观破碎度	0.25
					景观分离度	0.25
			稳定性	0.2	森林类型多样性	0.3
					绿色通道率	0.3
					健康性	0.2
					系统抗灾能力	0.2
			传统园林绿地	0.6	城市森林覆盖率	0.3
					绿地率	0.3
					人均绿地面积	0.2
					人均公共绿地	0.2

5.4.6 城市森林综合评价指标体系应用研究

在综合现有城市森林结构与效益研究成果的基础上，建立一个涵盖生态、植物群落结构、景观等多因子的现代城市森林综合评价指标体系，建立城市森林评价标准等级以及评价程序和方法，为城市森林评价提供科学合理的方法和手段。从而为我国城市森林规划提供科学的量化指标，在城市森林规划中起到总体控制作用，并通过城市森林综合评价实现规划的多方案选优，以适应对城市森林现状、规划和建设成果进行评价。

城市森林涉及的范围十分广泛，包括林业、农业、水利、建设、交通等部门。分布于市区、郊区、城镇、乡村，这些森林都对城市的发展发挥了重要作用。但作用的大小却各不相同，科学评价各个类型、各个地域森林的作用，对于确定城市森林的总体规划、合理布局、结构、发展模式、组织管理、利益分配、效益补偿等提供可靠的依据。

5.4.6.1 城市森林结构及其功能与效益研究

采用目前美国林务局通用的城市森林结构调查方法，对城市自然与城市两种环境条件下城市森林进行调查研究，利用遥感、地图资料和现有专业部门统计资料，分析各种土地利用类型上的森林覆盖和分布情况。在此基础上，应用统计上的分类随机抽样原理，确定样点的数目和分布情况，然后按样点对所需要的数据进行测量。从而确认城市森林在种类组成、群落结构与动态、层片结构、空间布局等结构特征以及类型分布等方面的特征，在分析城市森林生态服务功能与景观效益的基础上，建立与其多功能特征相适应的城市森林类型体系，为进行城市森林系统规划提供设计单元，为城市森林评价指标体系的发展提供实践依据，为城市森林发展提供理论依据。

5.4.6.2 城市森林构建模式

根据城市的特点（自然条件、植物种类、人文地理、历史文化背景、城市类型、经济实力、发展现状），尤其对城市森林建设起关键制约作用的温度与水分特点，提出不同类型城市森林及群落的构建模式，分析其存在问题、应用条件、适用范围、模式行为、发展方向、解决方案，提出城市森林的建设方案、建设步骤，发展道路（图5-7）。

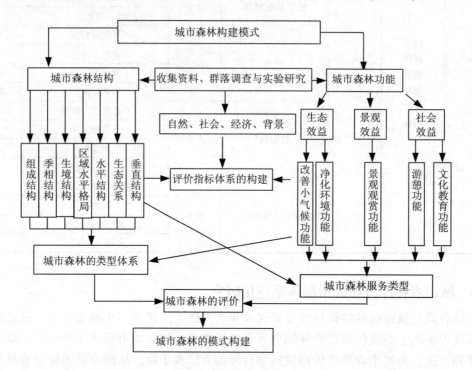

图 5-7 研究路线框架图

复习思考题

1. 简述城市森林评价的范畴。
2. 城市森林综合评价指标体系包括哪些内容？
3. 构建城市森林综合评价指标体系的基本原则。

推荐阅读书目

1. 常金宝，李吉跃，2005. 干旱半干旱地区城市森林抗旱建植技术及生态效益评价. 中国科学技术出版社.
2. 韩轶，李吉跃，2005. 城市森林综合评价体系与案例研究. 中国环境科学出版社.
3. 李吉跃，常金宝，2001. 新世纪的城市林业：回顾与展望. 世界林业研究，14(3)：1-8.
4. 梁星权，2001. 城市林业. 中国林业出版社.

第 6 章　城市森林的规划设计

城市森林建设的目标就是以保障城市生态安全、建设生态文明城市为目的，按照城在林中、路在绿中、人在景中的布局要求，建设以森林为主体的城区、近郊、远郊协调配置的绿色生态系统，形成城区公园及园林绿地、河流、道路宽带林网、近郊、远郊森林公园及自然保护区等结合的城市森林生态网络体系。使全国 70% 的城市的林木覆盖率在 2050 年达到 45% 以上，其中城市林木覆盖率为 40%，商业中心区林木覆盖率为 15%，居民区及商业区外围为 25%，城市郊区为 50%，使城市的人居环境有显著的改进，使城乡绿地实现一体化。

实现上述目标的前提和基础是建立在城区和郊区(包括远郊区)一体化的、统一和谐的城市森林规划设计。因此，城市森林的规划设计总体上是由市区森林的规划设计和郊区森林的规划设计两大部分组成。

6.1　市区森林的规划设计

6.1.1　市区森林可利用的土地类型

城市土地是在自然土地的基础之上，经过人类长期利用改造具有特殊的自然和社会经济属性。城市土地利用是通过利用土地的承载功能来发挥土地的社会经济条件。市区内土地类型的这种社会经济属性就更为强烈和集中。一般来说，按照市区内通用的土地类型划分标准，市区森林可利用的土地类型大致可划分为住宅区、工业区、商业区、行政中心业务区、商住混合区等。

6.1.2　市区森林类型的确定

6.1.2.1　全国园林绿地分类标准体系下的市区森林类型

市区森林实质上与园林绿地是相重合的，只是城市林业所关注的是以林木为主体的生物群落及其生长的环境。园林绿地除包括上述内容之外，同时也关注绿地中的园林建筑、园林小品、道路系统等。因此，市区中园林绿地的类型涵盖了市区城市森林类型，根据 2018 年 6 月 1 日新实施的《城市绿地分类标准》(CJJ/T 85—2017)，一般的可以包含如下几大类型(表 6-1)。

表 6-1　城市绿地分类标准和代码（CJJ/T 85—2017）

类别代码			类别名称	内　容	备　注
大类	中类	小类			
G1			公园绿地	向公众开放，以游憩为主要功能，兼具生态、景观、文教和应急避险等功能，有一定游憩和服务设施的绿地	
	G11		综合公园	内容丰富，适合开展各类户外活动，具有完善的游憩和配套管理服务设施的绿地	规模宜大于 10 hm²
	G12		社区公园	用地独立，具有基本的游憩和服务设施，主要为一定社区、范围内居民就近开展日常休闲活动服务的绿地	规模宜大于 1 hm²
	G13		专类公园	具有特定内容或形式，有相应的游憩和服务设施的绿地	
	G13	G131	动物园	在人工饲养条件下，移地保护野生动物，进行动物饲养、繁殖等科学研究，并供科普、观赏、游憩等活动，具有良好设施和解说标识系统的绿地	
		G132	植物园	进行植物科学研究、引种驯化、植物保护，并供观赏、游憩及科普等活动，具有良好设施和解说标识系统的绿地	
		G133	历史名园	体现一定历史时期代表性的造园艺术，需要特别保护的园林	
		G134	遗址公园	以重要遗址及其背景环境为主形成的，在遗址保护和展示等方面具有示范意义，并具有文化、游憩等功能的绿地	
		G135	游乐公园	单独设置，具有大型游乐设施，生态环境较好的绿地	绿化占地比例应大于或等于 65%
		G139	其他专类公园	除以上各种专类公园外，具有特定主题内容的绿地。主要包括儿童公园、体育健身公园、滨水公园、纪念性公园、雕塑公园以及位于城市建设用地内的风景名胜公园、城市湿地公园和森林公园等	绿化占地比例宜大于或等于 65%
	G14		游园	除以上各种公园绿地外，用地独立，规模较小或形状多样，方便居民就近进入，具有一定游憩功能的绿地	带状游园的宽度宜大于 12 m；绿化占地比例应大于或等于 65%
G2			防护绿地	用地独立，具有卫生、隔离、安全、生态防护功能，游人不宜进入的绿地。主要包括卫生隔离防护绿地、道路及铁路防护绿地、高压走廊防护绿地、公用设施防护绿地等	
G3			广场用地	以游憩、纪念、集会和避险等功能为主的城市公共活动场地	绿化占地比例宜大于或等于 35%；绿化占地比例大于或等于 65% 的广场用地计入公园绿地

（续）

类别代码			类别名称	内容	备注
大类	中类	小类			
	XG		附属绿地	附属于各类城市建设用地（除"绿地与广场用地"）的绿化用地。包括居住用地、公共管理与公共服务设施用地、商业服务业设施用地、工业用地、物流仓储用地、道路与交通设施用地、公用设施用地等用地中的绿地	不再重复参与城市建设用地平衡
		RG	居住用地附属绿地	居住用地内的配建绿地	
		AG	公共管理与公共服务设施用地附属绿地	公共管理与公共服务设施用地内的绿地	
		BG	商业服务业设施用地附属绿地	商业服务业设施用地内的绿地	
		MG	工业用地附属绿地	工业用地内的绿地	
		WG	物流仓储用地附属绿地	物流仓储用地内的绿地	
		SG	道路与交通设施用地附属绿地	道路与交通设施用地内的绿地	
		UG	公用设施用地附属绿地	公用设施用地内的绿地	
EG			区域绿地	位于城市建设用地之外，具有城乡生态环境及自然资源和文化资源保护、游憩健身、安全防护隔离、物种保护、园林苗木生产等功能的绿地	不参与建设用地汇总，不包括耕地
	EG1		风景游憩绿地	自然环境良好，向公众开放，以休闲游憩、旅游观光、娱乐健身、科学考察等为主要功能，具备游憩和服务设施的绿地	
	EG1	EG11	风景名胜区	经相关主管部门批准设立，具有观赏、文化或者科学价值，自然景观、人文景观比较集中，环境优美，可供人们游览或者进行科学、文化活动的区域	
		EG12	森林公园	具有一定规模，且自然风景优美的森林地域，可供人们进行游憩或科学、文化、教育活动的绿地	
		EG13	湿地公园	以良好的湿地生态环境和多样化的湿地景观资源为基础，具有生态保护、科普教育、湿地研究、生态休闲等多种功能，具备游憩和服务设施的绿地	

(续)

类别代码			类别名称	内容	备注
大类	中类	小类			
		EG14	郊野公园	位于城区边缘,有一定规模、以郊野自然景观为主,具有亲近自然、游憩休闲、科普教育等功能,具备必要服务设施的绿地	
		EG19	其他风景游憩绿地	除上述外的风景游憩绿地,主要包括野生动植物园、遗址公园、地质公园等	
EG	EG2		生态保育绿地	为保障城乡生态安全,改善景观质量而进行保护、恢复和资源培育的绿色空间。主要包括自然保护区、水源保护区、湿地保护区、公益林、水体防护林、生态修复地、生物物种栖息地等各类以生态保育功能为主的绿地	
	EG3		区域设施防护绿地	区域交通设施、区域公用设施等周边具有安全、防护、卫生、隔离作用的绿地。主要包括各级公路、铁路、输变电设施、环卫设施等周边的防护隔离绿化用地	区域设施指城市建设用地外的设施
	EG4		生产绿地	为城乡绿化美化生产、培育、引种试验各类苗木、花草、种子的苗圃、花圃、草圃等圃地	

6.1.2.2 按照植物的栽植地点划分的市区森林类型

按照栽植地点划分的主要城市市区森林类型有:

①行道树木类型　栽植在市区内大小道路两边的树木,也有的栽植在道路的中间,如分车道中的树木草坪类型。

②公园绿化树木类型　是指市、区及综合性公园、动物园、植物园、体育公园、儿童公园、纪念性园林中种植的树木类型。

③居住区树木类型　居住区绿地是住宅用地的一部分。一般包括居住区游园,居住小区游园、宅旁绿地、居住区公建庭院和居住区道路绿地。

④商业区树木类型　是在种植于商业地带(或商业中心区)的树木类型。

⑤单位附属树木类型　单位附属树木类型是指种植于各企业、事业单位、机关大院内部的树木类型。如工厂、矿区、仓库、公用事业单位、学校、医院等。此类市区森林为某部门(单位)使用,不对城市居民开放,为本单位职工提供接近工作地点的休闲娱乐场所,对改善本单位、本地区的生态环境有直接的意义。

⑥街头小片绿地树木类型　是指种植在沿道路、沿江、沿湖、沿城墙绿地和城市交叉路口的小游园内的树木类型。

6.1.2.3 按照功能类型划分的市区森林类型

按照功能类型划分,市区森林的主要类型有:

①以绿化、美化环境为主要功能的行道和居住区绿化带市区森林类型。

②以防治污染、降低噪声为主要功能的工矿区市区森林类型。

③其他功能类型:包括分布在商业区、政府机构、企事业单位、学校等市区森林

类型。

6.1.3 市区森林规划设计的原则

市区森林的规划设计是市区森林建设的基础。规划设计的合理与否直接关系到市区森林建设的成败，直接决定了市区森林的结构、功能、价值能否得到充分地发挥与利用。

目前，在世界范围内，城市的数量和规模在不断地增加和膨胀。而这种膨胀所带来的负面影响也愈来愈大。诸如产生空气污染，废物垃圾增加，因而对城市生态系统稳定构成了极大的威胁。随着城市的发展，人们也逐渐认识到了要创造清洁、优美和健康城市，必须使社会经济发展与生态环境相协调。而协调的重要纽带之一就是要求在市区森林规划设计上有合理的布局，特别是工业区要有相应的保护措施，而在市中心区、商业区、居民区及道路系统等城市的各个有机组成部分建立统一的相互协调的城市森林系统。而建立这样的城市森林系统规划设计时必须要遵守以下原则：

(1)服从城市发展的总体规划要求

市区森林规划设计要服从城市发展的总体规划要求，要与城市其他部分的规划设计综合考虑，全面整体安排。

(2)明确指导思想

在指导思想上要把城市森林的防护功能和环境效益放在综合功能与效应的首位。

(3)要符合城市的特定性质特征

在城市森林建设规划中，首先要明确城市的特定性质特征。例如，北京是我们国家的政治、经济、文化的中心城市，属于消费城市。而鞍山、包头等属于典型的工业城市。同时，以工业为中心的城市还可进一步细分为以煤碳工业为中心、以石油工业为主或以钢铁工业为主等不同性质的工业城市。一个好的市区森林规划设计，应体现出不同城市的特点和要求。

(4)要符合"适地、适树、适区"的要求

一般意义上的"适地、适树"是指根据气候、土壤等生境条件来选择能够适宜生长的树种而言。通常选用"乡土树种"即可满足要求。但是对于城市森林而言，由于市区可种植林木的土地面积有限，种植株数不多，同时在市区范围内，由于各区的功能差异很大，应在通常的"适地、适树"原则基础上，加上适应不同功能分区的所谓"适区"规划原则，即做到在城市的不同功能区(如工业区、商业区、居民区等)，根据各区的功能特点和要求，以及各区的生境条件进行规划与设计，这样才能达到市区森林的整体效益。

根据这一原则，在市区森林的规划与设计中一般是根据植物的生物学特性及造林地段的生境条件来选择植物种。例如，国外经过长期的城市绿化经验总结，筛选出了四大著名行道绿化树种：悬铃木、七叶树、椴树、榆树。但是，由于行道的生境特殊，要筛选出适合各自城市行道生长的绿化骨干树种是比较困难，因此，必须根据植物的生物学特性及种植地段的生境条件来选择植物种，通常乡土树种最为合适，如成都市行道树也曾经过几次更替，最终筛选出了在行道上表现良好的乡土树种女贞(敬世敏等，2009)。同时，市区森林的设计除了首先考虑生物生态学要求外，还要求具有园林绿化功能。这就需要既注重乡土树种的种植，又要扩大种植已成功定居的外来树种。特别是由于城市小气候环境的存在，也为更多树种的定居创造了一些基本条件，因此，在规划设计时，要充分地发挥和利用这些独特的生境条件。

所谓"适区"的具体含义就是城市本身是由工业区、生活区、商业区、休闲娱乐区等功能区域所组成的综合体。不同的区域，对市区森林功能和价值的要求是不同的。工业区是城市的主要污染区，因此树种应选择那些抗污染强的树种，如夹竹桃、冬青、女贞、小叶黄杨等。对于商业区，树种选择和种植位置都要仔细考虑。一方面，商业区可供种植的土地面积最小，另一方面也极易与一些公共设施和广告标志等发生矛盾。一般栽植树种的高度应低矮一些，并切记体积不要太大。应栽植在建筑物结合部。而休闲娱乐区林木的规划设计应与园林设计相结合，种植的林木应该是树形优美、观赏性强、色彩变化丰富，且没有危害特性的一些树种。

(5) 配置方式力求多样化

市区森林应力求在构图、造型和色彩方面的多样化。从整体而言，力求多样化，这种多样化包括树种选择的多样化、种植方式的多样化。但多样化不等于杂乱无章，在某一具体地段上，配置方式应注意整体性和连续性。

(6) 要做到短期效益和长期效益相结合

在市区森林设计中，既要考虑到短期内森林能够发挥其应有的生态、美化效益，选择一些生长迅速的乔灌木树种，又要从长远观点出发有意识的栽植一些生长较慢、但后期效益较大的树种，使常绿树种与落叶树种、乔木与灌木、地被植物有机的结合，成为一个统一的整体。

(7) 城市公共绿地应均匀分布

城市中的街头绿地、小型公园等公共绿地应均匀分布，服务半径合理，使附近居民在较短时间内可步行到达，以满足市民文化休憩的需求。

(8) 保持区域文化特色

保持城市所在地区的文化脉络，也就是保持和发展了城市环境的特色。失去文化的传承，将导致场所感和归属感的消亡，并会由此引发多种社会心理疾患。城市环境从本质上说是一种人工建造并在长期的人文文化熏陶下所产生和发展的人文文化环境，而由于地域环境的差异，以集群方式生活的人类所生活的空间必然有其特有的文化内涵，城市环境失去了所在地方的文化传统，也就失去了活力。

城市环境的文化特征通过空间和空间界面表达出来，并通过其象征性体现出文化内涵。保持文化脉络，不能只在浅层的装饰层面去提取符号，在空间组织、意义和象征的层面上应进行更多的探索。

6.1.4　市区绿地指标的确定

6.1.4.1　市区绿地指标的作用

市区绿地指标一般常指城市市区中平均每个居民所占的城市绿地的面积，而且常指的是公园绿地人均面积。市区绿地指标是城市市区绿化水平的基本标志，它反映着一个时期的经济水平、城市环境质量及文化生活水平。为了能充分发挥绿地保护生态环境、调节气候方面的功能作用，市区中绿地的比重要适当增长，但也不等于无限制地增长。绿地过多会造成城市用地及建设投资的浪费,给生产和生活带来不便。因此,城市中的绿地应该有合理的指标。

①可以反映城市市区绿地的质量与城市自然生态效果,是评价城市生态环境质量和居民生活福利、文化娱乐水平的一个重要指标。②可以作为城市总体规划各阶段调整用地的依据,是评价规划方案经济性、合理性及科学性的重要基础数据。③可以指导城市市区各类绿地规模的制订工作,如推算城市各级公园及苗圃的合理规模等,以及估算城建投资计划。④可以统一全国的计算口径,为城市规划学科的定量分析、数理统计、电子计算技术应用等更先进、更严密的方法提供可比的依据,并为国家有关技术标准或规范的制订与修改,提供基础数据。

6.1.4.2 确定城市市区绿地指标的主要依据

根据上述城市市区绿地类型的种类和各类型的一般特点,城市市区绿地指标主要包括:

①公园绿地人均占有量;②城市市区绿地率;③城市绿化覆盖率;④人均公共绿地面积;⑤城市森林覆盖率。城市建成区内绿地面积包括城市中的公园绿地 G1、居住区绿地 G4 和附属绿地 G5 的总和(表 6-1),城市建成区内绿化覆盖面积包括各类绿地(G1+G4+G5)的实际绿化种植覆盖面积(含被绿化种植包围的水面)、屋顶绿化覆盖面积以及零散树木的覆盖面积,乔木树冠下的灌木和草地不重复计算。

表 6-2 绿地指标依据

绿地作用	国内外研究数据	绿地的需要量	数据来源
放出氧气吸收二氧化碳	1 hm² 的阔叶林在生长季一天可消耗 1 t 二氧化碳,放出 0.73 t 氧气;成年人每天呼吸排出二氧化碳为 0.9 kg,吸收氧气 0.75 kg。每平方米草坪上,1 h 可吸收二氧化碳 1.5 g 每人每小时呼出二氧化碳 38 g;由人排出的二氧化碳,只是由工业燃烧和其他途径排出二氧化碳总量的 1/10	10 m²/人左右(森林) 25 m²/人(草坪) 100 m²/人 250 m²/人(草坪)	《城市绿化与环境保护》江苏省植物研究所 前苏联《树木对空气成分和空气净化的影响》
减尘	1 hm² 青冈栎林 1 年可吸尘 63 t,根据城市粉尘的排放量计算(以北京每年向空中排放烟尘 31×10⁴ t 为例);1 株刺槐一次可蒙尘 2156 g(以北京 1 年最少降水日数及年排放烟尘计算)	11 m²/人(林) 75 m²/人(林)	《城市园林绿地规划布局与环境保护》《目前北京环境污染状况》《用体积重量法计算树叶蒙尘重量方法的探讨》
吸收毒气二氧化硫	1 hm² 树林平均每天吸收二氧化硫 1.52 kg(以北京地区树叶茂盛生长日期为半年计)1 hm² 榔榆林,每年吸收二氧化碳 720 kg,100 km² 紫花苜蓿每年可减少大气中二氧化硫 600 t 以上	420 m²/人 160 m²/人(榔榆) 150 m²/人(地被植物)	《有关林木净化二氧化碳的几个问题》《城市绿化与环境保护》
调节温湿度	高温季节,绿地内气温较非绿地低 3~5 ℃,夏天绿地内湿度比非绿化区相对湿度大 10%~20%,绿地调节湿度的范围,可达绿地周围相当于树高 10~20 倍的距离	根据城市地形、气候,合理组织绿地并考虑均匀分布	《城市绿化与环境保护》《环境卫生学》

(续)

绿地作用	国内外研究数据	绿地的需要量	数据来源
减低噪声	林带减低噪声比空地上同距离的自然衰减量多 10~15 dB；绿化的街道比不绿化的街道减少噪声 8~10 dB	依据噪声源位置及噪声强度而定	《城市绿化与环境保护》
杀菌	1 hm² 侧柏林，一天能分泌 30 kg 杀菌素，可清除一个大城市的细菌；公共场所含菌量，公园、街道等低数倍至 25 倍	绿地越多，分泌杀菌素越多，空气越清洁	《森林公园附森林学原理》
抗震疏散	东单公园躲震 1 hm² 可容 2000 人搭棚，陶然亭躲震 1 hm² 可容 1300 人搭棚，天坛躲震 1 hm² 可容 500 人搭棚；以平均 1 hm² 1500 人为计（城区 210 人）1/3 在公园，1/3 在庭院街道，1/3 在操场空地	6.6 m²/人（公园）（最密度为 1 m²/人）2 m²/人（庭院路旁）	北京环境保护科学研究所调查材料宣武区抗震指挥部

注：引自杨赉丽《城市园林绿地规划》，2006。

由于影响绿地面积的因素是错综复杂的，它与城市各要素之间又是相互联系、相互制约的，不能单从一个方面来观察。确定城市市区绿地指标主要依据包括如下要素（表6-2）：

(1) 达到城市生态学环境保护要求的最低下限

影响城市园林绿地指标的因素很多，但主要可以归纳为两类。一是自然因素，即保护生态环境及生态平衡方面，如二氧化碳和氧的平衡，城市气流交换及小气候的改善，防尘灭菌，吸收有害气体，防火避灾等。二是对园林绿地指标起主导作用的生态及环境保护因素。

一般情况下，大气中 O_2 的含量占 21%，CO_2 含量占 0.035% 左右。由于燃料的燃烧和人的呼吸，城市中存在着大量的 CO_2。绿色植物是 CO_2 的消耗者，也是 O_2 的天然加工厂。植物通过光合作用吸收 CO_2，放出 O_2，可以降低 CO_2 的浓度，起到平衡碳氧、净化大气的作用。据测定，1 hm² 的阔叶林每天可以吸收 1000 kg 的 CO_2，放出 730 kg 的 O_2，因此只要在房前屋后有 10 m² 的绿地，就可以把一个成年人 24 h 呼出的 CO_2 全部吸收利用。所以，一个无污染的地区，人均 10 m² 树木或 25 m² 的草坪，空气就可以保持新鲜（彭镇华，2003b）。但是，由于树种、林种、群落结构等不同，单位面积叶片（每平方米覆盖水平面积叶片）吸收 CO_2 放出的 O_2 的量也不同，据相关测定表明 1 hm² 柳杉每年可吸收 720 kg 的 CO_2，而 1 hm² 阔叶林一天可消纳 1000 kg 的 CO_2（彭镇华，2003b）。据冯采芹等（1992）的研究发现，乔灌木配置合理的绿地，每年每公顷可吸收 25200 kg 的 CO_2，放出 18300 kg 的 O_2，以北京市目前的污染状况看，大约绿化覆盖率达到 50% 时，就可使 CO_2 浓度维持到正常水平。

日本琦玉县在做全县森林规划时，依据东京市 1970 年的工业水平和 1000 万人口，以每月排出二氧化碳总量为 400×10^4 t，耗氧量为 330×10^4 t 计算，因此提出现代工业大城市每人需要 140 m² 的绿地。

我国城市人口密度一般平均为 1 万人/km²，按园林绿地面积为城市用地总面积的 30% 计算，则每人平均绿地面积为 30 m²。从二氧化碳和氧气平衡的角度来看，这个指标是不高的。

如果考虑到降低城市的"热岛效应",则城市绿地面积也应占到城市用地总面积的50%以上。苏联的舍勤霍夫斯基根据观测指出,当平静无风时,冷空气从大片绿化地区向无树空地的流动速度可达 1 m/s。日本学者中岛严布在《科学环境》一书中指出:在现实中,明显地看出当覆盖率(植物叶覆盖地表的比例)低于 25%~30% 时,地表辐射热的曲线急速上升,环境开始转向恶化。为了保持城市环境,作为城市开发标准,覆盖率可大概定为 30%。根据调查,日本建设厅提议,在城市中,公共绿地应为 30%;环境厅还建议,作为绿地环境指标,绿地应为城市面积的 40%~50%(包括公共绿地和私人绿地)。

事实上,一块绿地既能净化空气,又可降低噪声,还能疏散防震。某些国家规定,避灾公园定额每人为 1 m^2。日本根据地震灾害的教训,提出公园面积必须在 10 hm^2 以上,才能起到避灾防火作用。

(2)满足观光游览及文化休憩需要

确定城市园林绿地的面积,特别是公共园林绿地的面积(如公园)要与城市规模、性质、用地条件、城市气候条件、绿化状况以及公园在城市的位置与作用等条件有关系。一些学者经过大量的调查,计算出每 100 个游人需要公园面积为 6042 m^2,即每人平均不少于 60 m^2。在这样的条件下,游人在公园绿地中游览、休憩,才能有一个安静、舒适的环境。如果城市居民在节假日有 10% 的人同时到公共绿地游览、休憩,要保证每个游人有 60 m^2 的游览活动面积,则按全市人口计算,平均每人应有公园绿地 6 m^2;若节假日全市有 20% 的人同时到公园绿地游览、休憩,则按全市人口计算,平均每人需有公园绿地面积 12 m^2。俄罗斯的《城市规划法》规定:大城市每一居民应占有 15~20 m^2,中等城市每人 10~15 m^2,小城市 10 m^2 以下。澳大利亚的悉尼市,公共绿地的规划标准是每人 28 m^2。

从发展趋势来看,随着人民生活水平的提高,城市居民,特别是青少年,节假日到公园等绿地游览、休憩的越来越多。另外,来往的流动人口,也都要到公园去游览。因此,从游览及文化休憩方面考虑,我国提出的城市公共绿地面积近期每人平均 3~5 m^2,远期每人平均 7~11 m^2 的指标,也是不高的(表 6-3)。

表 6-3 我国部分城市绿地指标

城市名	绿地率(%)	人均绿地(m^2/人)	人均公共绿地(m^2/人)
长春	35.60	19.2	5.77
烟台	28.90	14.06	2.32
大连	25.50	28.68	2.06
湛江	22.20	16.50	0.6
深圳	19.40	33.88	34.77
南京	16.70	22.42	5.32
桂林	15.80	11.05	3.20
合肥	13.70	9.81	4.60
珠海	10.30	18.22	14.04
杭州	11.40	7.30	3.11
青岛	7.9	3.88	2.76

注:引自杨赉丽《城市园林绿地规划》,2006。

表 6-4 城市绿地规划建设指标

人均建设用地（m²/人）	人均公共绿地（m²/人）	城市绿化覆盖率（%）		城市绿地率（%）	
<75	>5	>6	>30	>35	>25	>30
75~105	>6	>7	>30	>35	>25	>30
>105	>7	>8	>30	>35	>25	>30

注：引自杨赉丽《城市园林绿地规划》，2006。

表 6-5 国家园林城市基本绿地指标表

绿地指标	地域	100 万以上人口城市	50~100 万以上人口城市	50 万以上人口城市
人均公共绿地（m²/人）	秦岭—淮河以南	7.5	8	9
	秦岭—淮河以北	7	7.5	8.5
绿地率（%）	秦岭—淮河以南	31	33	35
	秦岭—淮河以北	29	31	34
绿化覆盖率（%）	秦岭—淮河以南	36	38	40
	秦岭—淮河以北	34	36	38

注：引自杨赉丽《城市园林绿地规划》，2006。

为了适应现代城市进入 21 世纪的要求，1993 年国家建设部（93）784 号文正式下达城市绿地规划建设指标及国家园林城市基本绿地指标（表 6-4、表 6-5）。

2007 年 3 月 15 日国家林业局公布了国家森林城市评价指标，提出了七大城市森林建设指标：①综合指标；②覆盖率；③森林生态网络；④森林健康；⑤公共休闲；⑥生态文化；⑦乡村绿化。其中，对与市区森林有关的覆盖率、森林健康和公共休闲等内容提出了具体的量化指标。对覆盖率指标，要求：城市森林覆盖率（以行政区域为单位森林面积与土地面积的百分比）南方城市达到 35% 以上；北方城市达到 25% 以上（南方城市和北方城市的划分以秦岭—淮河界线）；城市建成区（包括下辖区市县建成区）绿化覆盖率（城市建成区的绿化覆盖面积占建成区面积的百分比；绿化覆盖面积是指城市中乔木、灌木、草坪等所有植被的垂直投影面积）达到 35% 以上，绿地率（城市建成区的园林绿地面积占建成区面积的百分比）达到 33% 以上；人均公共绿地面积（城市建成区的公共绿地面积与相应范围城市人口之比）9 m² 以上，城市中心区人均公共绿地面积达到 5 m² 以上；城市郊区森林覆盖率因立地条件而异，山区应达到 60% 以上，丘陵区应达到 40% 以上，平原区应达到 20% 以上（南方平原应达到 15% 以上）。对城市森林健康，要求：城市森林建设树种丰富，森林植物以乡土树种为主，植物生长和群落发育正常，乡土树种（本地区有天然分布的树种）数量占城市绿化树种使用数量的 80% 以上；城市森林的自然度（区域内森林资源接近地带性顶极群落或原生乡土植物群落的测度）应不低于 0.5。对城区公共休闲，要求：建成区内建有多处以各类公园、公共绿地为主的休闲绿地，多数市民出门平均 500 m 有休闲绿地。

6.1.4.3 城市绿地指标的计算方法

城市绿地指标的计算时应遵循：①计算现状绿地和规划绿地的指标时，应分别采用相应的人口数据和用地数据；规划年限、城市建设用地面积、人口统计口径应与城市总体规划一致,统一进行汇总计算;②用地面积应按平面投影计算,每块用地只应计算一次;③用地计算的所用图纸比例、计算单位和统计数字精确度均应与城市规划相应阶段的要求一致。

城市市区绿地几项主要指标包括:绿地率、人均绿地面积、人均公园绿地面积、城乡绿地率。各指标应按下式计算:

(1) 绿地率 λg

$$\lambda g(\%) = [(Ag1+Ag2+Ag3'+Axg)/Ac] \times 100 \qquad (6-1)$$

式中 λg——绿地率(%);
$Ag1$——公园绿地面积(m^2);
$Ag2$——防护绿地面积(m^2);
$Ag3'$——广场用地中的绿地面积(m^2);
Axg——附属绿地面积(m^2);
Ac——城市的用地面积(m^2),与上述绿地统计范围一致。

(2) 人均绿地面积

$$Agm = (Ag1+Ag2+Ag3'+Axg)/Np \qquad (6-2)$$

式中 Agm——人均绿地面积(m^2/人);
$Ag1$——公园绿地面积(m^2);
$Ag2$——防护绿地面积(m^2);
$Ag3'$——广场用地中的绿地面积(m^2);
Axg——附属绿地面积(m^2);
Np——人口规模(人),按常住人口进行统计。

(3) 人均公园绿地面积

$$Ag1m = Ag1/Np \qquad (6-3)$$

式中 $Ag1m$——人均公园绿地面积(m^2/人);
$Ag1$——公园绿地面积(m^2);
Np——人口规模(人),按常住人口进行统计。

(4) 城乡绿地率

$$\lambda G(\%) = [(Ag1+Ag2+Ag3'+Axg+Aeg)/Ac] \times 100 \qquad (6-4)$$

式中 λG——城乡绿地率(%);
$Ag1$——公园绿地面积(m^2);
$Ag2$——防护绿地面积(m^2);
$Ag3'$——广场用地中的绿地面积(m^2);
Axg——附属绿地面积(m^2);
Aeg——区域绿地面积(m^2);
Ac——城乡的用地面积(m^2),与上述绿地统计范围一致。

(5) 城市森林覆盖率

$$城市森林覆盖率(\%) = (城市行政区域的森林面积/土地面积) \times 100 \qquad (6-5)$$

绿化覆盖率是指乔灌木和多年生草本植物测算,但乔木树冠下重叠的灌木和草本植物不再重复计算。覆盖率是城市绿地现状效果的反映,它作为一个城市绿地指标的好处是:不仅如实地反映了绿地的数量,也可了解到绿地生态功能作用的大小,而且可以促进绿地规划者在考虑树种规划时,注意到树种选择与配置,使绿地在一定时间内达到规划的覆盖率指标(根据树种各个时期的标准树冠测算),这对于及时起到绿化的良好效果是有促进作用的。

(6)附属绿地绿化覆盖面积

附属绿地绿化覆盖面积 = [一般庭园树平均单株树冠投影面积 × 单位用地面积平均植树数(株/hm²)× 用地面积] + 草地面积 (6-6)

(7)道路交通绿地绿化覆盖面积

道路交通绿地绿化覆盖面积 = [一般行道树平均单株树冠投影面积 × 单位长度平均植树数(株/km)× 已绿化道路总长度] + 草地面积 (6-7)

一般行道树株距为 5~6 m,除去横道口、电杆、消防栓、大院出入口等不能栽植的数量,估计两侧单株树 300 株/1000 m 左右,单株树木的树冠覆盖面积一般按 6~9 m²(也有按 4~8 m²)计算,全市已植树道路总长度乘以 1000 m 行道树覆盖面积,即可得出行道树的覆盖面积。也有的城市以绿化道路总长度乘以两行树 8 m 计算(有几行算几行,每行宽度按 4 m 计算。道路绿化的覆盖面积除乔灌木垂直投影面积外,所有铺设草皮的面积也要加入。由于道路绿化覆盖面积系估计数,所以一般的交通岛绿地,也折算成行道树绿地面积中。

覆盖面积与绿地面积之间,一般不做直接对比,以免出现"绿地越少、覆盖增长倍数越高"的错觉,掩盖了绿地不足的矛盾。

由于城市绿化覆盖面积的计算方法目前比较烦琐,而且又不够精确,所以统计工作开展比较困难,但随着航测及卫星摄影技术的推广使用,要掌握一个城市的绿化覆盖面积,不仅可能,而且还能定期取得其变化的数据。

(8)苗圃面积

$$苗圃面积 = 育苗生产面积 + 非生产面积(辅助生产面积) \quad (6-8)$$

亦即:

苗圃面积 = [每年计划生产苗木数量(株)× 平均育苗年限]×(1+20%)/ 单位面积产苗量(株/hm²) (6-9)

苗圃用地面积可以根据城市绿地面积及每公顷绿地内树木的栽植密度,估算出所需的大致用苗量。然后,根据逐年的用苗计划,用以上公式计算苗圃用地面积。苗圃用地面积的需要量,应会同城市园林管理部门协作制订。

城市绿地规划应统计每平方千米建成区应有多少面积的苗圃用地(即建成区面积与苗圃面积的关系),以便在总体规划阶段进行用地分配。

据我国 100 多个城市苗圃用地现状分析:苗圃总用地在 6.5 hm² 以上,建成区约在 50 km² 以上的城市,建成区有苗圃 0.5~4 hm²/km²,中等水平为 2 hm²/km²。目前我国城市苗圃用地显著不足,苗木质量及种类都较差,远不能满足城市园林绿地发展要求。按中华人民共和国住房和城乡建设部(简称住建部)规定,城市绿化苗圃用地应占城市绿化用地 2%以上。

6.1.5 城市绿线管理规划

城市绿线是指城市各类绿地范围的控制线。

城市绿线管理规划是指在城市总体规划的基础上，进一步细化市区内规划绿地范围的界限，主要依据城市绿地系统规划的有关规定，在控制性详细规划阶段，完成绿线划定工作，作为现有绿地和规划绿地建设的直接依据。同时，按照住建部《城市绿线管理办法》，还应对市区规划的绿地现状、公园绿地、居住区绿地、附属绿地进行核实，并在1/2000的地形图上标注了绿地范围的坐标。这样强化了对城市绿地的规划控制管理，将全市绿地全部落实在地面上，一目了然。

6.1.5.1 城市绿线划定办法

城市绿线划定办法如下：

①主城区现状绿地由市园林局(或绿化局)或主管部门组织划定，会同市规划院核准后，纳入城市绿线(GIS)系统，其他区(县、市)城市园林绿化现状绿地由区(县、市)城市园林绿化行政主管部门会同区(县、市)规划行政主管部门组织划定。划定的现状绿地，送市规划局和市园林局(或绿化局)备案。

②城市园林绿化行政主管部门应组织各社会单位开展对现状绿地的清理工作，划定现状绿地，各社会单位应积极开展本单位内的详细规划编制工作，划定规划绿地。

③规划绿线在各层次城市规划编制过程中划定，并在规划报批程序中汇同城市绿地总体规划一起报批。

④市政府已批准的分区规划、控制性详细规划和修建性详细规划中，未划定规划绿线的，由市规划局组织划定该规划范围内所涉及的规划绿线，会同市有关部门审核后报市政府审批。

⑤编制城市规划应把规划绿线划定作为规划编制的专项，在成果中应有单独的说明、表格、图纸和文本内容，规划绿线成果应抄送城市园林绿地主管部门。

6.1.5.2 城市绿线规划内容

城市绿线规划主要包括以下内容：

①公园绿地、综合公园(全市性公园、区域性公园)、社区公园(居住区公园、小区游园)、专类公园(儿童公园、动物园、植物园、历史名园、风景名胜公园、游乐公园、其他专类公园)、带状公园、街旁绿地；

②居住区绿地；

③附属绿地(公共设施绿地、工业绿地、仓储绿地、对外交通绿地、道路绿地、市政设施绿地、特殊绿地)；

④其他绿地(对城市生态环境质量、居民休闲、城市景观和生物多样性保护有直接影响的绿地，包括风景名胜区、水源保护区、郊野公园、森林公园、自然保护区、风景林地、城市绿化隔离带、野生动植物园、湿地、水土保持林、垃圾掩埋场恢复绿地、污水处理绿地系统等)。

6.1.5.3 城市绿线规定执行

城市绿线按以下规定执行：

①划定的城市绿线应向社会公布，接受社会监督。核准后的现状绿线，由城市园林与林业绿化行政主管部门组织公布。规划绿线同批准的城市总体规划一并公布。

②市政府批准的绿地保护禁建区（近期、中期）和批准的古树名木保护范围，转为城市绿线控制的范围。

③城市园林与林业绿化行政主管部门会同城市规划行政主管部门建立绿线 GIS 管理系统，强化对城市绿线的管理。

6.1.6 市区森林树种规划选择技术

在城市森林的建设中，在科学、合理的城市森林规划、布局的基础上，如何充分发挥各种森林植物在改善生态环境方面的功能效益是衡量城市森林建设成功与否的关键。这其中包括城市森林植物的选择、植物的空间配置模式的建立、城市森林的经营管理等，而城市森林树种选择与应用是建立科学合理的森林植物群落和森林生态系统的基础和前提条件，特别是对于市区这一空间环境有限、植物生长受到多种因子制约的特殊地域环境而言，选择适宜的树种，然后进行科学合理的配置，是建设可持续发展的城市森林生态系统的基础。

6.1.6.1 树种选择的原则

（1）适地适树

优先选择生态习性适宜城市生态环境并且抗逆性强的树种。城市环境是完全不同于自然生态系统的高度人工化的特殊生态系统，在城市中，光、热、水、土、气等环境因子均与自然环境存在极其显著的差异，因此，对于城市人工立地条件的适应性考虑是城市森林建设植物选择的首要原则。

（2）优先选用乡土树种

要注意选用乡土树种，因为乡土树种对当地土壤、气候适应性强，而且苗木来源多，并体现了地方特色。同时要适当引进外来树种，以满足不同空间、不同立地条件的城市森林建设的需要，实现地带性景观特色与现代都市特色的和谐统一。

（3）生态功能优先

在确保适地适树的前提下，以优化各项生态功能为首要目标，尤其是主导功能。城市森林建设是以改善城市环境为主要目的、满足城市居民身心健康需要为最终考核目标，因此，城市森林建设的树种选择与应用的根本技术依据是最大效应地发挥城市森林的生态功能。

（4）景观价值原则

实现树种观赏特性多样化，充分考虑城市总体规划目标，扩大适宜观花、观形、遮阴树种的应用范围，为完善城市森林的观赏游憩价值，最终为建成森林城市（或生态园林城市）奠定坚实基础。

（5）生物多样性原理

丰富物种（或品种）资源，提高物种多样性和基因多样性。丰富物种生态型、植物生活型、乔、灌、藤、草本植物综合利用，比例合理。城市森林建设是由乔、灌、草、藤和地被植物混交构成的，在植物配置上应十分重视形态与空间的组合，使不同的植物形态、色调组织搭配的疏密有致，高低错落，使层次和空间富有变化，从而强调季相变化效果。通过和谐、变化、统一等原则有机结合体现出植物群落的整体美，并发挥较高的生态效益。

（6）速生树种与慢生树种相结合

速生树种生长迅速、见效快，对城市快速绿化具有重要意义，但速生树种的寿命通常比较短，容易衰老，对城市绿化的长效性带来不利的影响。慢生树种虽然生长缓慢，但寿命一般较长，叶面积较大，覆盖率较高，景观效果较好，能很好地体现城市绿化的长效性。在进行树种选择时，要有机地结合两者，取长补短，并逐步增加长寿树种、珍贵树种的比例。

6.1.6.2 树种选择的方法

有关城市森林树种的选择方法，我国已有较多的研究与实践，如通过立地分类和立地质量评价的方法、造林对比试验方法以及根据对干旱、盐碱的逆境条件的耐性或抗性来进行树种的选择规划等（表6-6）。主要目标是通过选择对环境条件具有最佳生长适应性的造林树种来提高森林生产力和经济效益，两者间有较好的一致性。而城市绿化树种的选择，以前比较偏重树种的观赏特性及其景观功能，目前正朝着景观功能与生态功能并重的方向发展。在树种选择过程中，生长适应性应该作为观赏及景观功能发挥的先决条件而加以考虑，注重树木生长状况与形态对实现其功能目标的影响。城市森林建设的功能目标多样化，强调城市生态环境服务功能，有良好的景观功能以及要求一定的物质生产和经济效益能力。因此，城市森林的树种选择，与园林绿化树种的选择相比较，则应更多地考虑适应多功能目标的综合要求。因此，城市森林树种的选择规划应是重视以树种生长适应性为基础，同时考虑多功能适应性的综合规划。

表6-6 上湾大柳塔城区绿化植物种栽植试验情况

序号	树种	成活率(%)	保存率(%)	新梢生长量(cm)	
				历年最大	平均
1	小叶杨	60.3	50.7	121.5	68.0
2	国槐	79.6	64.3	66.1	32.8
3	家榆	88.2	72.3	85.4	44.5
4	垂柳	100.0	92.5	135.1	102.4
5	紫穗槐	95.0	86.7	43.1	28.6
6	樟子松	82.1	74.2	30.2	18.9
7	油松	73.53	54.6	26.8	15.0
8	杜松	76.5	60.2	10.8	8.0
9	云杉	88.46	58.1	15.7	8.2
10	丁香	98.2	94.6	25.1	16.6
11	榆叶梅	90.1	85.6	27.8	18.2
12	沙地柏	63.49	48.9	10.6	4.6
13	连翘	84.8	75.4	28.2	20.3
14	沙柳	100.0	98.2	189.8	86.7

注：引自常金宝等，2003。

城市森林树种的综合选择体现为主要限制因子的影响作用以及功能目标的要求，在单因子选择的基础之上完成的。在以生长适应性为目标进行树种选择规划时，根据具体的自然生态条件特点，可以就主要的因子进行单因子选择，如根据气候、土壤因子可分别规划选择气候适宜种、土壤适宜种。单因子适宜种类较多，选择中主要应满足对起关键作用的限制因子的生长适应性要求，关键单因子或少数多因子选择规划可以充分利用绿化树种种质资源，丰富树种应用形式。而根据绿化树种对综合生境的整体生长适应性表现选择普适种，普适种的选择确定可为城市森林的主栽树种奠定基础和依据。在功能适应性树种选择中，主要包括景观、生态、经济三大方面，每一方面仍然要根据实际情况选择具体指标进行单因子选择，如不同的观赏特性和生态功能指标等。实际上，任何一个树种的生长表现、功能特点是多因子综合影响和作用下的具体体现，因此，单因素选择往往有点偏颇，应该采用多因素综合多目标评判的方法。

城市森林树种的选择方法，可归纳为两大类：一般选择方法和数学分析方法。

(1) 一般选择方法

一般选择方法分为资料分析法、调查法、定位试验法。

①资料分析法　根据该地立地条件和所确定的植被种类，查阅有关资料和文献，把那些能适应该城市环境条件的树种记录下来，并按适应性强弱、功能大小、价值高低、以及种苗、技术、成本等问题进行分析比较逐级筛选后得出所需要的树种(表6-7)。

②调查法　根据调查对象的不同又可分为两种：a. 城区及周缘地区天然植被调查。调查的内容有：树种、生活型、生长发育状况、生境特征、密度及盖度等。对那些有可能成为选择对象的树种，要着重调查它与环境之间的相互关系，找出适应范围和最适生境。

表6-7　上湾大柳塔城区绿化植物种栽植的 M 值

序号	树种	成活率(%)	保存率(%)	M 值
1	小叶杨	60.3	50.7	0.8408
2	槐树	79.6	64.3	0.8078
3	榆树	88.2	72.3	0.8197
4	垂柳	100	92.5	0.9250
5	紫穗槐	99.5	86.7	0.8714
6	樟子松	82.1	74.2	0.9038
7	油松	73.53	54.6	0.7426
8	杜松	76.5	60.2	0.7869
9	云杉	88.46	58.1	0.6568
10	丁香	98.2	94.6	0.9633
11	榆叶梅	90.1	85.6	0.9501
12	沙地柏	63.49	48.9	0.7702
13	连翘	84.8	75.4	0.8892
14	沙柳	100.0	98.2	0.9820

注：引自常金宝等《干旱半干旱地区城市森林抗旱建植技术及生态效益评价》，2005。

b. 城区及周缘地区人工植被调查。了解和掌握该城市曾经使用过的树种、种苗来源、培育方法、各植物种的成活情况、保存情况、生长发育情况、更新情况等，通过调查、分析和研究，明确哪些树种应该肯定，哪些树种应该否定，哪些暂时还不能做结论，然后决定取舍。

　　③定位试验法　对一些外来或某方面的特性或功能需要进一步认识的树种，可通过定位试验法加以解决。定位试验要求目的明确，试验地具有代表性，有一定面积、数量和重复，有详细的观测内容和确切的观测时间，在树种选择中，定位试验是通过对供试树种的连续的、不间断的观测、记载，以掌握试验的全过程。定位试验所要解决的不仅是这些树种能否适应，是否有效，而更重要的是要解决这些树种为什么能适应（或不能适应），为什么有效（或无效）的问题，是探索引种外来树种生长及适应性的规律和本质的问题，它是树种选择以及整个城市森林植被建设工作中最有效的研究方法之一。

　　(2) 数学分析选择方法

　　数学分析法是把系统分析与数理统计、运筹学、关联分析等结合起来，以计算机为工具，使树种选择等问题数学化、模型化、定量化和最优化。这种科学方法，在城市森林培育工作中已受到普遍的重视。目前应用较多的是单目标树种的优化选择法和多目标树种的灰色关联优化选择法（表6-8）。

表6-8　上湾大柳塔城区绿化植物种栽植适应系数 n 值

序号	树种	新梢生长量(cm)		n 值
		历年最大	平均	
1	小叶杨	121.5	68.0	0.5597
2	国槐	66.1	32.8	0.4962
3	家榆	85.4	44.5	0.5211
4	垂柳	135.1	102.4	0.7580
5	紫穗槐	43.1	28.6	0.6636
6	樟子松	30.2	18.9	0.6258
7	油松	26.8	15.0	0.5597
8	杜松	10.8	8.0	0.7407
9	云杉	15.7	8.2	0.5223
10	丁香	25.1	16.6	0.6614
11	榆叶梅	27.8	18.2	0.6547
12	沙地柏	10.6	4.6	0.4340
13	连翘	28.2	20.3	0.7199
14	沙柳	189.8	86.7	0.4568

注：引自常金宝等《干旱半干旱地区城市森林抗旱建植技术及生态效益评价》，2005。

　　①单目标树种的优化选择　单目标树种的优化，也就是根据有代表性的指标来选择最佳树种，其所采用的数学方法因指标性质而不同。以内蒙古神东煤田所在地大柳塔1982年以来造林绿化植物种的选择为例，现在选出其中适应性最强的一些植物（见表6-6）进行分析。根据资料介绍的14种绿化树种，以成活率、保存率和新梢生长量作为选择的依据。

我们用保存系数 M 来反映各树种在该立地条件下，一段时间内成活方面的稳定情况：

$$M = 1 - (成活率 - 保存率)/成活率 \qquad (6\text{-}10)$$

并用生长系数 N 来反映各树种在生长方面的稳定情况：

$$N = 1 - (最大生长量 - 平均生长量)/最大生长量 \qquad (6\text{-}11)$$

用适应系数 K 来反映各树种在生长方面的适应情况，K 值越大，适应能力越强：

$$K = M + N \qquad (6\text{-}12)$$

各种植物的成活率、保存率、生长情况见表6-6，由表6-6计算出的各树种的保存系数 M 见表6-7。

表6-9 不同树种的适应系数 K 值

序号	树种	K 值	序号	树种	K 值
1	小叶杨	1.4005	8	杜松	1.5277
2	国槐	1.3041	9	云杉	1.1791
3	家榆	1.3408	10	丁香	1.6247
4	垂柳	1.6830	11	榆叶梅	1.6047
5	紫穗槐	1.5349	12	沙地柏	1.2042
6	樟子松	1.5296	13	连翘	1.6090
7	油松	1.3023	14	沙柳	1.4388

同理，可计算出各树种的生长系数 N（表6-8）和适应系数 K（表6-9）。

因为：

1.683(4)>1.6247(10)>1.6090(13)>1.6047(11)>1.5349>(5)1.5296(6)>1.5277(8)>1.4388(14)>1.4005(1)>1.3408(3)>1.3040(2)>1.3023(7)>1.2042(12)>1.1791(9)

所以，在大柳塔地区，应用适应性系数最后确定的绿化树种选择顺序为：

垂柳>丁香>连翘>榆叶梅>紫穗槐>樟子松>杜松>沙柳>小叶杨>榆树>槐树>油松>沙地柏>云杉

②多目标树种的灰色关联优化选择　由于不同绿地的功能作用不同，因此绿地树种就应该按照绿地类型的功能进行有针对性的选择。同时，由于各个树种的成活、生长、适应性、景美度、人体感受适宜度、防风固沙性能、防污减噪和抗逆生理特性的差异非常大，因此，利用任何一项单因素单一指标进行评价都是不全面的。树种生长量与功能发挥是多因子综合影响、共同制约的结果。对树种进行选择时就要从综合全面的角度来评定，使所选的目的树种符合绿地功能要求，即从绿地的功能效益出发，选择多目标下最能符合其需求的树种，并进行排序。

综合评价利用灰色关联度评价法进行分析。现以位于内蒙古鄂尔多斯市的达拉特火力发电厂的绿化树种选择为例，具体说明该方法的应用。

达拉特火力发电厂的庭院绿化树种中针叶乔木树种多因子的目标值见表6-10。

根据表6-10进行灰色关联优化评价。由于表中成活率、人体感觉适宜度和日蒸腾耗水量的数值与表中其他数值差异很大，必须对其进行生成处理。

表 6-10 达拉特火力发电厂庭院绿化美化针叶树种多因子目标值表

树种	成活率(%)	年平均生长量(m)	年胸径生长量(cm)	冠幅东西(m)	冠幅南北(m)	生长势	耐寒	耐旱	耐风沙	耐盐碱	耐贫瘠	景观美度	人体感觉适宜度	硫吸收强度(mg/g)	硫最大吸收量(g)	抗SO₂污染评价	吸滞粉尘量(g)	吸尘性能评价	减噪性评价	耐旱性评价	日蒸腾耗水量(g/d)
樟子松	95.2	0.57	0.54	0.29	0.26	1	0.75	0.75	0.75	0.25	0.75	0.48	40	2.2	0.98	0.5	10.5	0.75	0.25	1	224.1
油松	82.4	0.43	0.93	0.32	0.48	0.5	0.75	0.75	0.5	0.75	0.75	0.53	65	2.27	1.12	0.75	11.8	0.75	0.25	0.75	238.32
云杉	99.2	0.1	0.29	0.2	0.19	0.75	0.75	0.25	0.25	0.25	0.25	0.63	90	2.74	1.44	1	13.1	1	0.5	0.75	224.5
圆柏	78.9	0.64	—	0.29	0.3	0.75	0.5	0.5	0.25	0.5	0.5	0.57	60	1.97	1	14.1	1	0.5	1	0.75	291.5
侧柏	59.4	0.82	—	0.43	0.45	1	0.5	0.5	0.25	0.5	0.5	0.76	80	2.52	1.64	0.75	8.14	0.5	1	0.75	350.2
杜松	95	0.46	—	0.16	0.17	0.75	0.75	0.75	0.25	0.5	0.75	0.57	80	2.42	1.53	0.75	7.01	0.5	0.25	1	583.92
落叶松	54.5	0.84	1.03	0.43	0.58	0.75	0.75	0.25	0.25	0.25	0.5	0.56	85	0.101	1.08	0.25	4.05	0	0.25	0.5	644.1

注：引自常金宝等《干旱半干旱地区城市森林抗旱建植技术及生态效益评价》, 2005。

令：
$$X(K) = 1/n \sum X(k)$$
$$X^1(K) = X(k)/X(K)$$

第一列成活率变为 {1.1804、1.009、1.2002、0.9431、0.7017、1.1091、0.6289}；

对于第13列人体感觉适宜度仍做同样处理，则15列变为 {0.56、0.91、1.26、0.84、1.12、1.12、1.19}；

第21列经同样处理后变为 {0.6135、0.6525、0.6147、0.7982、0.9589、1.5987、1.7635}。

令 $X_1 = $ 樟子松 $= \{X_1(k) k=1, 2, 3, \cdots 19, 20, 21\}$

$= \{X_1(成活率), X_2(年均高生长量), X_3(年均胸径生长量), \cdots X_{19}(减噪性能评价), X_{20}(耐旱性评价), X_{21}(日蒸腾耗水量)\}$

$X_2 = $ 油松 $= \{X_2(k) k=1, 2, 3, \cdots, 19, 20, 21\}$

$= \{X_1(成活率), X_2(年均高生长量), X_3(年均胸径生长量), \cdots, X_{19}(减噪性能评价), X_{20}(耐旱性评价), X_{21}(日蒸腾耗水量)\}$

……

$X_7 = $ 落叶松 $= \{X_7(k)(k=1, 2, 3, \cdots, 19, 20, 21)\}$；

处理完毕之后形成表6-11。

根据表6-11确定参考数列：

$X_0 = \{X_0(k)(k=1, 2, 3, \cdots, 20, 21)\}$

X_0(成活率)，越大越好，即 $X_0(1) = 1.2002$

X_0(年均高生长量)，越大越好，即 $X_0(2) = 0.84$

X_0(年均胸径生长量)，越大越好，即 $X_0(3) = 1.03$

X_0(冠幅，东西)，越大越好，即 $X_0(4) = 0.43$

X_0(冠幅，南北)，越大越好，即 $X_0(5) = 0.58$

X_0(生长势)，越大越好，即 $X_0(6) = 1.0$

X_0(耐寒)，越大越好，即 $X_0(7) = 0.75$

X_0(耐旱)，越大越好，即 $X_0(8) = 0.75$

X_0(耐风沙)，越大越好，即 $X_0(9) = 0.75$

X_0(耐盐碱)，越大越好，即 $X_0(10) = 0.5$

X_0(耐贫瘠)，越大越好，即 $X_0(11) = 0.75$

X_0(景美度)，越大越好，即 $X_0(12) = 0.76$

X_0(人体感觉适宜度)，越大越好，即 $X_0(13) = 1.26$

X_0(SO_2吸收强度)，越大越好，即 $X_0(14) = 2.74$

X_0(硫最大吸收量)，越大越好，即 $X_0(15) = 1.97$

X_0(抗SO_2污染评价)，越大越好，即 $X_0(16) = 1.0$

X_0(吸滞粉尘量)，越大越好，即 $X_0(17) = 1.4379$

表 6-11 达拉特火力发电厂庭院绿地针叶树种多因子目标值表（生成后）

	1	2	3	4	5	6	7	8	9	10	11	12	13	14	15	16	17	18	19	20	21
x_0	1.2002	0.84	1.03	0.43	0.58	1	0.75	0.75	0.75	0.5	0.75	0.76	1.26	2.74	1.97	1	1.4379	1	1	1	0.6147
x_1	1.1804	0.57	0.54	0.29	0.26	1	0.75	0.75	0.75	0.25	0.75	0.48	0.56	2.2	0.98	0.5	1.069	0.75	1	1	0.6136
x_2	1.009	0.43	0.93	0.32	0.48	0.5	0.75	0.75	0.5	0.25	0.75	0.53	0.91	2.27	1.12	0.75	1.2027	0.75	0.25	0.75	0.6525
x_3	1.2002	1	0.29	0.2	0.19	0.75	0.75	0.25	0.25	0.25	0.25	0.63	1.26	2.74	1.44	1	1.3361	1	0.25	0.75	0.6147
x_4	0.9431	0.64		0.29	0.3	0.75	0.5	0.5	0.5	0.5	0.5	0.57	0.84	1.97	1.97	1	1.4379	1	0.5	0.75	0.7982
x_5	0.7017	0.82	1.05	0.43	0.45	1	0.5	0.5	0.25	0.5	0.5	0.76	1.12	2.516	1.64	0.75	0.8289	0.5	1	0.75	0.9589
x_6	1.1091	0.46	1.41	0.16	0.17	0.75	0.5	0.75	0.25	0.5	0.75	0.57	1.12	2.42	1.53	0.75	0.7139	0.5	0.25	1	1.5987
x_7	0.6289	0.84	1.03	0.43	0.58	0.75	0.75	0.25	0.5	0.25	0.5	0.56	1.1	0.101	1.08	0.25	0.4124	0	0.25	0.5	1.7635

注：引自常金宝等《干旱半干旱地区城市森林抗旱建植技术及生态效益评价》，2005。

表 6-12 达拉特火力发电厂庭院绿化美化针叶树种多因子目标值表（生成处理后）

	1	2	3	4	5	6	7	8	9	10	11	12	13	14	15	16	17	18	19	20	21	min $\Delta_i(k)$	max $\Delta_i(k)$
$\Delta_1(k)$	0.0198	0.27	1.03	0.14	0.32	0	0	0	0	0.25	0.28	0.7	0.54	0.99	0.5	0.3689	0.25	0.75	0	0	0	1.03
$\Delta_2(k)$	0.1912	0.41	1.44	0.11	0.1	0.5	0	0	0.25	0.25	0.23	0.35	0.47	0.85	0.25	0.2352	0.25	0.75	0.25	0.389	0	1.44
$\Delta_3(k)$	0	0.16	0.87	0.23	0.39	0.25	0	0.5	0.5	0.25	0.13	0	0	0.53	0	0.1018	0	0.5	0.25	0.0011	0	0.87
$\Delta_4(k)$	0.2571	0.2	1.23	0.14	0.28	0.25	0.25	0.5	0.5	0	0.19	0.42	0.77	0	0	0.609	0	0	0.5	0.25	0.1846	0	1.23
$\Delta_5(k)$	0.4985	0.07	1.05	0	0.13	0	0	0.5	0.5	0.25	0	0.14	0.224	0.33	0	0.25	0.25	0	0.25	0.3453	0	1.05
$\Delta_6(k)$	0.0911	0.38	1.41	0.27	0.41	0	0	0	0.5	0	0.25	0.25	0.19	0.14	0.32	0.44	0.25	0.7186	0.5	0.75	0	0.9851	0	1.41
$\Delta_7(k)$	0.5713	0	1.03	0	0	0.25	0.5	0.5	0.5	0.25	0.25	0.2	0.16	2.639	0.89	0.75	1.025	1	0.75	0.5	1.1499	0	2.639

注：引自常金宝等《干旱半干旱地区城市森林抗旱建植技术及生态效益评价》，2005。

X_0(吸滞粉尘评价), 越大越好, 即 $X_0(18) = 1.0$

X_0(减噪性能评价), 越大越好, 即 $X_0(19) = 1.0$

X_0(耐旱性评价), 越大越好, 即 $X_0(20) = 1.0$

X_0(蒸腾耗水量), 越小越好, 即 $X_0(21) = 0.6137$

从而: $X_0 = \{1.2002, 0.84, 1.03, 0.43, 0.58, 1.0, 0.75, 0.75, 0.75, 0.5, 0.75, 0.76, 1.26, 2.74, 1.97, 1.0, 1.4379, 1.0, 1.0, 1.0, 0.6137\}$

确定 $|X_0(k) - X_i(k)|$ ($I=1, 2, \cdots, 7$) 及 $\min|X_0(K) - X_i(k)|$ 和 $\max|X_0(k) - X_i(k)|$, 结果见表 6-12。

把表 6-12 中 $X_0(k) \sim X_7(k)$ 所有数据输入计算机中, 利用灰色关联分析 BASIC 程序进行运算, 输出结果见表 6-13。

表 6-13 的关联度是经平权处理后得到的, 也即我们是把上述表中 21 项指标认为同等重要的。但是对庭院绿化树种, 各个指标的重要性并不等同, 与防污减噪林相比, 庭院绿化树种的景美度和人体感觉适宜度显得更为重要一些。因此, 必须进行加权处理。

首先按照成活率、生长状况、生长势、适应性、景美度、人体感觉适宜度、防污、减噪、滞尘和生理适应八项一级指标进行加权处理。

即:

成活率 = 0.125, 生长势 = 0.125, 生长状况 = 0.125,

适应性 = 0.125, 景美度 = 0.138,

人体感觉适宜度 = 0.137,

防污减噪滞尘 = 0.1, 生理适应 = 0.125

在生长状况中, 按三项平权处理:

即:

年平均生长量 = 0.0416, 年平均高生长量 = 0.0416,

年平均冠幅生长量 = 0.0418

再在平均冠幅生长量中按东西、南北两项处理:

即:

冠幅(东西) = 0.0209, 冠幅(南北) = 0.0209。

对于适应性, 按 5 项平均处理:

即:

耐寒 = 0.025, 耐旱 = 0.025, 耐风沙 = 0.025,

耐盐碱 = 0.025, 耐贫瘠 = 0.025

对于防污滞尘减噪, 按 6 项平权处理:

即:

硫吸收强度 = 0.0166, 硫最大吸收量 = 0.0166,

抗 SO_2 污染评价 = 0.0167, 吸滞粉尘量 = 0.0167,

吸尘性能评价 = 0.0166, 减噪能力评价 = 0.0167

对于生理适应性按 2 项指标平权处理:

表 6-13 庭院绿地针叶树种灰关联度（平权）

	1	2	3	4	5	6	7	8	9	10	11	12	13	14	15	16	17	18	19	20	21	γi
$\xi_{1(K)}$	0.1204	0.0273	0.0208	0.0164	0.0129	0.125	0.025	0.025	0.025	0.0169	0.025	0.0894	0.058	0.0081	0.0058	0.0085	0.0097	0.0112	0.0068	0.0625	0.0625	0.7622
$\xi_{2(K)}$	0.0988	0.0265	0.0139	0.0181	0.0184	0.0738	0.025	0.025	0.0186	0.0186	0.025	0.1046	0.0703	0.01	0.0076	0.0124	0.0126	0.0123	0.0082	0.0464	0.0593	0.7054
$\xi_{3(K)}$	0.125	0.0304	0.0139	0.0137	0.011	0.0794	0.025	0.0113	0.0113	0.0159	0.0113	0.1062	0.137	0.0166	0.0075	0.0167	0.0135	0.0166	0.0077	0.0397	0.0623	0.7720
$\xi_{4(K)}$	0.0875	0.0314	0.0139	0.017	0.0144	0.0889	0.0178	0.0178	0.0138	0.025	0.0178	0.1054	0.0814	0.0074	0.0166	0.0167	0.0167	0.0166	0.0167	0.0444	0.0606	0.7278
$\xi_{5(K)}$	0.0641	0.0401	0.0139	0.0209	0.0168	0.125	0.0169	0.0169	0.0128	0.025	0.0169	0.138	0.1082	0.0116	0.0102	0.0113	0.0077	0.0085	0.0167	0.0423	0.0377	0.7615
$\xi_{6(K)}$	0.1107	0.027	0.0139	0.0151	0.0132	0.0923	0.025	0.025	0.0145	0.025	0.025	0.1087	0.1143	0.0114	0.0102	0.0123	0.0083	0.0097	0.0081	0.0625	0.0261	0.7583
$\xi_{7(K)}$	0.0872	0.0416	0.0209	0.0209	0.0209	0.1051	0.0181	0.0181	0.0181	0.021	0.021	0.1198	0.1222	0.0055	0.0099	0.0107	0.0095	0.0094	0.0107	0.0453	0.0334	0.7718

注：引自常金宝等《干旱半干旱地区城市森林抗旱建植技术及生态效益评价》，2005。

表 6-14 庭院树绿地针叶树灰关联度（加权）

	1	2	3	4	5	6	7	8	9	10	11	12	13	14	15	16	17	18	19	20	21	γi
$\xi_{1(K)}$	0.1204	0.0273	0.0208	0.0164	0.0129	0.125	0.025	0.025	0.025	0.0169	0.025	0.0894	0.058	0.0081	0.0058	0.0085	0.0097	0.0112	0.0068	0.0625	0.0625	0.7622
$\xi_{2(K)}$	0.0988	0.0265	0.0139	0.0181	0.0184	0.0738	0.025	0.025	0.0186	0.0186	0.025	0.1046	0.0703	0.01	0.0076	0.0124	0.0126	0.0123	0.0082	0.0464	0.0593	0.7054
$\xi_{3(K)}$	0.125	0.0304	0.0139	0.0137	0.011	0.0794	0.025	0.0113	0.0113	0.0159	0.0113	0.1062	0.137	0.0166	0.0075	0.0167	0.0135	0.0166	0.0077	0.0397	0.0623	0.7720
$\xi_{4(K)}$	0.0875	0.0314	0.0139	0.017	0.0144	0.0889	0.0178	0.0178	0.0138	0.025	0.0178	0.1054	0.0814	0.0074	0.0166	0.0167	0.0167	0.0166	0.0167	0.0444	0.0606	0.7278
$\xi_{5(K)}$	0.0641	0.0401	0.0139	0.0209	0.0168	0.125	0.0169	0.0169	0.0128	0.025	0.0169	0.138	0.1082	0.0116	0.0102	0.0113	0.0077	0.0085	0.0167	0.0423	0.0377	0.7615
$\xi_{6(K)}$	0.1107	0.027	0.0139	0.0151	0.0132	0.0923	0.025	0.025	0.0145	0.025	0.025	0.1087	0.1143	0.0114	0.0102	0.0123	0.0083	0.0097	0.0081	0.0625	0.0261	0.7583
$\xi_{7(K)}$	0.0872	0.0416	0.0209	0.0209	0.0209	0.1051	0.0181	0.0181	0.0181	0.021	0.021	0.1198	0.1222	0.0055	0.0099	0.0107	0.0095	0.0094	0.0107	0.0453	0.0334	0.7718

注：引自常金宝等《干旱半干旱地区城市森林抗旱建植技术及生态效益评价》，2005。

即：

耐旱性评价=0.0625，日蒸腾耗水量=0.0625，

按重要性大小赋给相应的权值后则加权关联度见表6-15。

按表6-15中γ_i的大小，达拉特火力发电厂针叶树种多目标综合评定的关联度排序为：

∵ 0.7720>0.7718>0.7622>0.7615>0.7583>0.7278>0.7054

∴ $\gamma_3>\gamma_7>\gamma_1>\gamma_4>\gamma_5>\gamma_6>\gamma_2$

即：从21项指标的综合反映来看，在达拉特火力发电厂生活区庭院绿化美化树种选择过程中，对于针叶乔木树种来说，云杉是多项指标综合评定的最佳针叶树种，其他树种排序依次为落叶松优于樟子松，樟子松优于圆柏，圆柏优于侧柏，侧柏优于杜松，杜松优于油松。该顺序也即达拉特火力发电厂生活区庭院绿化美化针叶树种选择顺序。

6.1.6.3 城市古树名木保护规划

(1) 古树名木保护规划的意义

古树名木是一个国家或地区悠久历史文化的象征，是一笔文化遗产，具有重要的人文与科学价值。古树名木不但对研究本地区的历史文化、环境变迁、植物种类分布等非常重要，而且是一种独特的、不可替代的风景资源。因此，保护好古树名木，对于城市的历史、文化、科学研究和发展旅游事业都有重要的意义。

城市古树名木保护规划，属于城市地区生物多样性保护的重要内容之一。规划编制要充分体现市区现存古树名木的历史价值、文化价值、科学价值和生态价值。结合城市实际，通过加强宣传教育，提高全社会保护古树名木的群体意识。要通过规划，完善相关的法规条例，促进形成依法保护的工作局面；同时，指导有关部门开展古树名木保护基础工作与养护管理技术等方面的研究，制定相应的技术规程规范；建立科学、系统的古树名木保护管理体系，使之与城市的生态建设目标相适应。

(2) 古树名木保护规划的内容

城市古树名木保护规划涉及的内容主要有以下几个方面：

①制定法规　通过充分的调查研究，以制订地方法规的形式对古树名木的所属权、保护方法、管理单位、经费来源等做出相应规定，明确古树名木管理的部门及其职责，明确古树名木保护的经费来源及基本保证金额，制定可操作性强的奖励与处罚条款，制定科学、合理的技术管理规程规范。

②宣传教育　通过政府文件和媒体、计算机、网络，加大对城市古树名木保护的宣传教育力度，利用各种手段提高全社会的保护意识。

③科学研究　包括古树名木的种群生态研究、生理与生态环境适应性研究、树龄鉴定、综合复壮技术研究、病虫害防治技术研究等方面的项目。

④养护管理　要在科学研究的基础上，总结经验，制定出城市古树名本养护管理工作的技术规范，使相关工作逐渐走上规范化、科学化的轨道。

6.1.6.4 市区森林规划设计的程序与方法

城市森林规划设计必须建立在对城市自然环境条件和社会经济条件调查的基础之上，而设计的成果，又是城市森林施工的依据。设计中既要善于利用以往的成功与失败的经验

与教训，同时还要考虑经济上的可行性和技术上的合理性。

城市森林设计程序与城市园林规划设计基本相同，在本教材中不作详细论述，可参考园林绿地规划设计课程的相关内容，这里仅把有关的程序和步骤简单地做一介绍。

市区自然、社会经济状况是市区森林设计与规划的主要依据，其主要内容包括：

(1) 市区自然环境条件调查

①土壤调查　目的是确定调查市区的土壤种类、分布状况、宜林程度。土壤调查一般是通过剖面观察和土壤理化性状的试验分析来完成，最后形成市区土壤类型与分布图。

②市区小气候状况调查　市区小气候状况对林木的选择和配置都有很大影响。正如我们在"城市森林环境"一章中已讨论过的，在不同街区、不同地形、地物条件下，小气候差异极其明显。具体调查方法和使用仪器，请参阅气象学等相关课程材料。

③地形地貌调查　首先可以进行踏查，在有必要的地块或小区内也可以进行测量。

(2) 市区社会经济状况调查

通过此项调查，要提供如下资料：

①城市不同功能区域的分布位置、大小和状态　通过调查确定市区范围内工业区、居民区、休闲娱乐区、商业区的位置和面积大小及现存的主要问题。

②不同功能区的土地利用状况　搜集有关城市园林绿化生产和城市森林营造的经济定额。

③各个区域内营造城市森林的可行性与合理性调查。

(3) 市区现有林木和其他植被数量与生长状况的调查

包括市区范围所有植物种类的调查，它可以细分为：

①行道树木种类、数量、生长状况及配置状况的调查；

②公园树木种类、数量、生长状况和配制状况的调查；

③本地抗污染(烟、尘、有害气体)的树木种类、数量、生长及配置状况的调查；

④其他植被类型生长状况的调查，包括地植被花草、绿篱树种等；

⑤林木病虫害调查。

包括历史上和现存的主要危害城市森林的病虫害种类、危害方式、危害程度及防治措施的调查。

(4) 技术设计

在测量和调查工作完成以后，要对所有调查材料进行分析研究，最后编制出市区森林设计方案。

在具体的设计开始之前，首先要进行资料的整理、统计和分析，并尽可能地测算出各种土地类型的面积、分布状况，并用表格的形式汇总在一起，最后勾绘出各个区域的分布图。

有关城市森林植被的具体调查方法以及各种调查数据的统计分析将在"城市森林的经营与管理"一章中进行详细介绍。

完整的市区森林设计要包括有关造林技术措施、树种配置方案、树种选择和不同区域内造林的关键技术，最终编制出配置类型表和不同区域内可供栽植的树种名录、主要技术措施、各种措施的工作量及完成造林的时间和进度，最终汇编技术设计说明书和各种附表、附图及工程投资概算表。

设计方案编制完成后,即送交施工单位和主管部门进行审查。在我国,由于还没有独立的城市森林管理机构,一般是由各个城市的市政府或园林绿化主管部门审定。

6.1.6.5 城市森林规划文件编制及审批

(1) 规划文件编制要求

城市绿地系统规划的文件编制工作,包括绘制规划方案图、编写规划文本和说明书,经专家论证修改后定案,汇编成册,报送市政府有关部门审批。规划的成果文件一般应包括规划文本、规划图件、规划说明书和规划附件4个部分。其中,经依法批准的规划文本与规划图件具有同等法律效力。

(2) 规划文本

阐述规划成果的主要内容,应按法规条文格式编写,行文力求简洁准确,经市政府有关部门讨论审批,具有法律效应。

(3) 规划图件

表述绿地系统结构和要素的图面资料,主要内容包括如下:

①城市区位关系图;
②城市概况与资源条件分析图;
③城市区位与自然条件综合评价图(比例尺为1:10000~1:50000);
④城市绿地分布现状分析图(1:5000~1:25000);
⑤市域绿地系统结构分析图(1:5000~1:25000);
⑥城市绿地系统规划布局总图(1:5000~1:25000);
⑦城市绿地系统分类规划图(1:2000~1:10000);
⑧近期绿地建设规划图(1:5000~1:10000);
⑨其他需要表达的规划图(如城市绿线管理规划图、城市重点地区绿地建设规划方案等)。

城市绿地系统规划图件的比例尺应与城市总体规划相应图件基本一致,并标明城市绿地分类现状图和规划布局图,大城市和特大城市可分区表述。为实现绿地系统规划与城市总体规划的"无缝衔接",方便实施信息化规划管理,规划图件还应制成AutoCAD或GIS格式的数据文件。

(4) 规划说明书

对规划文本与图件所表述的内容进行说明,主要包括以下4个方面:

①城市概况(城市性质、区位、历史情况等有关资料)、绿地现状(包括各类绿地面积、人均占有量、绿地分布、质量及植被状况等);
②绿地系统的规划原则、布局结构、规划指标、人均定额、各类绿地规划要点等;
③绿地系统分期建设规划、总投资估算和投资解决途径,分析绿地系统的环境与经济效益;
④城市绿化应用植物规划、古树名木保护规划、绿化育苗规划和绿地建设管理措施。

(5) 规划附件

包括相关的基础资料调查报告,如城市市域范围内生物多样性调查,专题(如河流、湖泊、水系、水土保持等)规划研究报告、分区绿地规划纲要、城市绿线规划管理控制导则、重点绿地建设项目、概念性规划方案意向等示意图。

6.1.6.6 规划成果审批

按照国务院《城市绿化条例》的规定，由城市规划和城市绿化行政主管部门等共同编制的城市绿地系统规划，经城市人民政府依法审批后颁布实施，并纳入城市总体规划。我国住房和城乡建设部所颁布的有关行政规章、技术规范、行业标准以及各省、市、自治区和城市人民政府所制定的相关地方性法规，可以作为城市绿地系统规划审批的依据。

城市绿地系统规划成果文件的技术评审，一般须考虑以下原则：

①城市绿地空间布局与城市发展战略相协调，与城市生态、环保相结合；

②城市绿地规划指标体系合理，绿地建设项目恰当，绿地规划布局科学，绿地养护管理方便；

③在城市功能分区与建设用地总体布局中，要贯彻"生态优先"的规划思想，把维护居民身心健康和区域自然生态环境质量作为绿地系统的主要功能；

④注意绿化建设的经济与高效，力求以较少的资金投入和利用有限的土地资源改善城市生态环境；

⑤强调在保护和发展地方生物资源的前提下，开辟绿色廊道，保护城市生物多样性；

⑥依法规划与方法创新相结合，规划观念与措施要"与时俱进"，符合时代发展要求；

⑦弘扬地方历史文化特色，促进城市在自然与文化发展中形成个性和风貌；

⑧城乡结合，远近期结合，充分利用生态绿地系统的循环、再生功能，构建平衡的城市生态系统，实现城市环境可持续发展。

城市绿线管理规划的审批程序如下：

①建制市(市域与中心城区)的城市绿地系统规划，由该市城市总体规划审批主管部门(通常为上一级人民政府的建设行政主管部门)参与技术评审与备案，报城市人民政府审批；

②建制镇的城市绿地系统规划，由上一级人民政府城市绿化行政主管部门参与技术评审并备案，报县级人民政府审批。

③大城市或特大城市所辖行政区的绿地系统规划，经同级人民政府审查同意后，报上一级城市绿化行政主管部门会同城市规划行政主管部门审批。

6.1.7 市区森林规划设计中注意事项

6.1.7.1 市区森林规划设计中的树种组成控制

树种组成是指构成城市森林树种的成分及其所占比例。

在全球范围内还没有一个城镇的市区森林是由单一树种组成的，都是由两个以上树种形成的多树种的集合体。但是对市区范围内一条街道、一片小型街头绿地，就有可能形成单一树种或某一树种所占比例达90%以上的绝对优势状况。

树种组成控制就是人为地对市区森林树种进行调控和配置，使其从结构和功能上达到设计要求，并能充分发挥其整体效益的一种种植手段。

从理论上讲，树种组成越单一，植树就越简便，操作性越强，成本也越低，同时在将来的抚育管理也较方便。但是近年来，由于树种组成过于单一，使得各种林木病虫害爆发流行，因而城市森林树种组成成为人们关注的焦点。例如，在美国，由于荷兰榆树病的爆发和流行，使得以美国榆为主要行道树种的城市森林遭到很大破坏。美国榆是美国中西部太平洋地区森林栽植的主要乡土树种，分布很广，有的城市特别是在老城区，美国榆可占行道树总数的90%以上，所以极易感染这种疾病；一旦感染，容易发生爆发性的流行传染，因此是毁灭性的。在发现了树种组成单一而易导致此种病害的流行后，许多城市林业机构在市区森林树种的设计与营造中，采取了多树种组成方式。据试验观察，当美国榆的栽植数量低于树种栽植总量的10%~15%时，可以最大程度降低荷兰榆树病的危害。

在我国北方的几个城市如银川市、呼和浩特市、包头市等地，过去行道树大多数是由各种杨树品种所组成，其组成及所占比例几乎达到80%以上。由于树种单一，爆发的光肩星天牛虫害大量蔓延，最终导致了在银川等城市内所有杨树品种不得不被砍伐、烧毁，同时还需要更新繁殖其他树种，造成极其巨大的损失。

1) 国内市区森林树种组成控制方法

目前，我国现存的市区森林树种组成控制的方法主要包括：

(1) 通过树种规划和选择来控制树种的组成

树种规划是对市区城市森林树种组成进行规划和设计。它是通过对近期、远期造林树种规划选择，从宏观和整体上对树种组成进行控制。例如，云南昆明市在城市森林树种的规划中，近期规划树种主要选择冠大荫浓、树冠整齐、主干通直、生长迅速的常绿或阔叶树种，并且主要以乡土树种为主，主要树种有广玉兰、悬铃木、银桦、云南樱花等。远期规划树种主要是选择生长缓慢，但观赏价值高的树种，如鹅掌楸、法国梧桐等。它们一般为乡土树种，但外来树种将占一定比例，按照这样的树种规划进行城市森林建设，将来昆明市的城市树种组成必然是多树种的、群体效益较高的树种组成类型。广州市出台的《城市绿化植物多样性规划》(以下简称《规划》)对树种规划进行了明确规定：以南亚热带地带树种为主，适当引进外来树种，满足不同的城市绿化要求；生态功能与景观效果并重，兼顾经济效益；充分考虑广州的气候条件，突出观花、遮阴乔木，形成花城特色；适地适树，优先选择抗逆性强的树种；城市绿化的种植配置要以乔木为主，乔灌藤草相结合。《规划》确定了19种乔木和两大类植物作为广州城市绿化基调树种，作为最能充分表现广州植被特色、反映广州城市风格和广州城市景观最重要标志的树种。19种乔木分别为：南洋杉、白兰、樟树、大叶紫薇、尖叶杜英、木棉、红花羊蹄甲、洋紫荆、凤凰木、黄槐、细叶榕、高山榕、大叶榕、垂榕、非洲桃花心木、荔枝、人面子、杧果、扁桃。两大类植物分别为棕榈类和竹类。通过这样的树种规划，能够很好地控制城市森林的树种组成，形成有特色、有风格、有丰富的城市生物多样性的、稳定健康的城市森林生态系统。

(2) 通过城市森林树种配置来控制树种组成

配置是城市森林培育中的一项非常关键的措施。不同的树种配置对城市森林的生态效益和美学观赏价值有很大影响。我国在这方面有许多成功的经验和失败的教训。以呼和浩特市为例，常见的行道树种配置是"一街一树"式，即在一条街道上一般为同样一个树种，例如在中山西路一带常见行道树种是垂柳，锡林南北路行道树为油松。这样一街一树的配置方式能够在管理上带来很大方便，在城市森林的营造上也非常便利，便于规范化造林，但同时也很容易导致树种单一、重复、抗性能力低，易发生病虫害流行等，同时在感官上也易引起人的单调和沉闷的感觉。近年来，呼和浩特市的城市绿化建设部门注意到了这个问题，在城区的杨、柳、榆树大量砍伐更新时采取了有效的树种控制措施，起到了良好地效果。例如，在呼和浩特市的兴安南北路近两年来营造的行道树木，一般采用杜松和榆叶梅隔株种植，并在生长季节内种植花草，同时在人行道与建筑物之间种植槐树等树种，这种配置从某种程度上起到了树种控制作用。在公园这种控制作用就更明显一些。

(3) 通过市政林业机构的法规和条例来控制树种组成

我国土地所有权完全属于国有，因此通过行政手段，完全可以达到对市区森林树种组成的控制。例如从市区森林设计与规划出发，规定或限定国营苗圃各种绿化树种育苗的数量和规格，同时也可通过法规和条例来限制或鼓励某种外来树种的栽植等。

2) 国外市区森林树种组成控制方法

在国外，主要是美国，由于他们对城市森林科学的研究较早，因此在市区森林树种组成方面也取得了很大进展，主要方式有：

(1) 直接控制法

直接控制法有两种类型：一是对市区所有公园和其他公共区域内的城市森林的营造完全由市政林业部门来完成。这种方式完全按照林业造林设计和规划来营造和配置树种。由于在设计和规划时，已经充分注意到树种组成对将来市区森林功能的影响，因而这种控制方法是非常有效的；二是直接与私人企业或造林承包商签订合同，市政府机构控制造林作业，种什么树，怎样配置，实际上完全通过合同的形式固定下来，不得违反合同。在美国的许多大城市中都是这样做的。

(2) 间接控制法

在国外，私人有购买、使用和占有土地的权利。这种私有土地的树种栽植就要受到某些影响的制约。特别是在私人住宅的庭院和行道树的栽植方面一般是由土地所有者首先进行选择，并且法律也规定在这些地区造林是土地所有者必须承担的责任。在这些地区，城市森林树种组成的控制一般是通过间接的方法来完成的。

第一种间接控制法是通过种植许可树木或者栽植的树木种类必须由官方提供来加以控制，一般由法律加以明文规定。

第二种间接控制法在小城镇中应用非常普遍。具体做法是通过控制苗木向私人土地拥有者或者企事业单位出售。一般价格为成本价格或高于成本价。在出售前，首先向购买者提供栽植苗木的名录。这种名录一般是按苗木的大小进行排序分成小苗、大苗和中等，然后由购买者选择。这种控制方法可在一定程度上对树种组成进行控制，同时，还可以通过年度间提供苗木种类的变化，使得城市森林树种组成多样化。

其他的控制手段还包括依据法令禁止某些特定树种的种植来对私有土地森林组成加以限定。这种法令的制定是因为有些树种具有一些令人不愉快的特性。例如，杨树每年结果时形成令人讨厌的"棉絮"状种子。野生草果的果实腐烂对卫生状况的影响等。有时也可以通过大量提倡某些树种的栽植来间接的影响树种组成。例如，确定市树、市花等方式有意识地增加某一种或某些树种的栽培等。

6.1.7.2 市区森林设计规划中设计要素的运用

城市森林具有多种效益，也具有建筑上的效应，如柔美建筑物的僵硬线条，当作屏风遮挡不雅的景物等。因此，在建造城市森林时除了考虑生态原则以外，还应考虑美学与艺术的原则，在城市森林设计与规划时要考虑连续性、重复性、韵律、统一、协调、规模等设计上的问题。因此，树木的形态、大小、质地和颜色等要素都与城市森林的设计有关。

(1) 形态(树形)

所有树木在正常生长状态下均有其一定的形态。城市森林设计人员应特别重视树木成熟后的树形、树的轮廓、枝与幼枝的构造及生长习性等。

在城市森林设计的4个要素中，形态是主要的因子。行道树最好选用圆形、椭圆形、针形或不整齐形的树种，而不采用塔形或垂柳形的树种。这是因为塔形及垂柳形的树种占据极大的空间并妨碍车辆及行人的通行。另外，这两种树型的树种还会造成视觉上的障碍，影响行人、自行车及机动车驾驶人员的视线。因为上述缘故，塔形及垂柳形树种少用作行道树而多用来做庭院或林园大道空旷地上绿化树种。

(2) 大小

所有的树木，在正常情况下都能生长到其可能生长的最大体积和高度。树木的大小也是城市森林设计上一项重要因子。因为在设计城市森林时，若不考虑树木的大小，树木生长往往会破坏人行道、妨碍视线、造成交通的障碍，也会造成树木的体积大小与周围环境不相匹配情况。

树木体积大小是一个非常容易被错误使用的要素。因为非专业人员选择树种时，经常从其个人喜好或者从尽量降低管理工作量的角度出发，因而有时就非常盲目。一般的林木大小至少要求其枝下高度高于行人的平均高度，同时能够对人行道和机动车道起到隔离作用为宜。为了达到设计的目的，树木的大小一般可分为三级：即大、中和小，具体划分指标是：

大树：其成熟高度>20 m；

中树：其成熟高度在10~20 m；

小树：其成熟高度<10 m。

过去，城镇的行道树木多呈线状，树冠较大。例如，现在公路或铁路旁见到的防护林，树种多为榆树、栎树或者枫树。在我国北方地区常见的有杨、柳、榆等。当林木成熟后，一般能够形成整齐划一、外观非常漂亮的景观，给人以深刻的印象。但是现在的街区背景已发生了变化，机动车道和林荫大道更为宽阔，空间和地下设施大量增加，街道隔离设施、私人住宅区的汽车和人行道大量出现，所有这些都使得林木生长空间相对变小，因而普遍的行道树都选择中、小体积的树种。

(3) 质地

质地主要是指视觉上的质地。对于质地可用粗糙、中等和精致来判断。树木视觉质地由叶、枝条和树皮质地三部分来决定。在考虑一组树木的质地时，质地的改变可以增进观赏上的情趣。但是质地的突然改变也会造成"强烈"或构成"优势"的感觉。因此只有在要表示"强烈"或"优势"时才可以采用这种突然改变不同树种质地的方法。

(4) 色彩

色彩是第四个要素。在不同色彩的树种配合上应求和谐。从色彩配合上看，首先应考虑色彩的整体性，同时色彩的渐变作用也应充分考虑。林木的色调差异是随着树种和品种的改变而变化的。对于同一树种来讲，树木的健康状况和土壤养分条件、水分条件的变化及叶子的发育阶段等因子对色彩的影响也较大。

在正常的情况下，所有的自然绿色都能与其他色调柔和在一起。当黄绿叶多时，基本色调就是黄绿色。一般蓝色、紫色、红色等在园林风景中不能构成基调颜色。但是在特定的场合下，如需要集中注意力或者某种危险的区域，色彩间的强烈反差，尤其是在公路事故多发地段或急转弯地区作用就很明显。

(5) 综合应用

利用树木的形态、大小、质地和色彩四大要素可以在城市森林的营造过程中，创造出艺术价值较高又具有多种功能的空间立体结构。但是在城市森林设计与规划过程中，很少有人能够同时考虑四个因素，而这四大要素确实需要在规划设计中予以综合考虑的。例如，为了设计能够具有连续性和整体性，一个要素的不断重复是必须的，如色彩与形态、色彩重复时，形态就应变化不要太大，通常至少要考虑大小与形态的一致性。

当需要突出自然情调时，用奇数序列按排列不同树种的栽植也是有效的方法。例如，在一些需要突出渲染自然情调时，可以按照3、5、7或9为一组来种植就会产生一种自然放松的状态。当需要突出某一个部分或需要引起观赏者的注意时，突然的变化就会加强这种渲染状态。例如，在一个由树木大小为中等、形态为圆、色彩为绿色、质地为精致的行道树列中，一株或几株体积较大的、角锥形、色彩鲜红和质地粗糙的植株会强烈吸引人的注意力，所起的作用几乎和大喊大叫的效果相同。另外，在危险地段的两边提倡种植一些优势树种也会产生强调作用。

6.2 郊区森林的规划设计

根据国内外科学家对城市森林范围的论述，城市森林范围包括：公园、花园、植物园、河流、湖泊、池塘林木及其他植物、居民区、公共场所、机关学校、厂矿、部队等庭院绿化、街头绿化、林带（防风、水源涵养）、郊区森林、风景区、国家森林公园等。简言之，凡是城市范围内的森林及其他植物生长区域，以及在该地域内的野生动物，必须的相关设施等都属于城市森林范畴。郊区森林从空间分布上根据其距离城市的远近，可分为两大类型：一是远郊森林，主要包括自然保护区和国家森林公园二类；二是近效森林，是指城市周围（城乡结合部）建设的以森林为主体的绿色地带。就我国城市近效森林类型分析，主要是以防护林为主的防风林带；以水土保持为主的城郊水土保持林；以涵养水源为主的水源涵养林；还有近郊人工种植或天然遗留下来的带状或丛状小面积片林（隔离片林）以及人为设置的各种公园、休闲娱乐设施中的林木。这些绿带既可改善生态环境，为市区居民提供野外游憩的场所，又可作为城乡结合部的界定位置，控制城市的无序发展，其功能是多方面的。

上述这种按距离划分郊区森林不是绝对的，有的城市本身就置于国家自然保护区或者与保护区相当接近的地区。在这样的地区城市森林本身就是从原有自然森林发展而来的。

城市郊区森林虽属郊区的规划范畴，但因和城市森林系统紧密相连，所以必须从整个城市森林生态系统的角度出发进行规划与设计。同时，由于郊区森林一般属于森林培育的范畴，因此其规划设计也与造林规划设计大体一致。

造林规划设计主要由造林规划和造林设计所组成，其中造林设计又可分为造林调查设计和造林施工(作业)设计。

6.2.1 郊区森林的造林规划

郊区森林的造林规划是在相应的或者上一级的林业区划指导下，依据各个城市郊区具体的自然条件和社会经济条件，对今后一段时间内的造林工作进行宏观的整体安排，规划的主要内容包括各郊区的发展方向、林种比例、生产布局、发展规模、完成的进度、主要技术措施保障、投资和效益估算等。制定造林规划的目的在于，为各级绿化部门对一个城市郊区(单位、项目)的造林工作进行发展决策和全面安排提供科学依据，同时也为制定造林计划和指导造林施工提供依据。

6.2.1.1 郊区森林造林规划的理论基础

造林规划是一项综合性的工作，需要多学科的科技知识。首先，在造林地区的测量、调绘，使用航空像片、卫星像片、地形图等现有图面资料，提供各种设计用图等工作中，需要测量学、航测和遥感学科的知识。

"适地适树"是森林营造的基本准则，为做到造林的适地适树，必须客观而全面地分析造林地的立地条件和树种的特性。造林地立地条件的分析，需要调查气候、土壤、植被及水文地质等情况，特别需要掌握气象学、土壤学、地质学、植物学、水文学等方面的知识；树种生物学、生态学特性的分析，需要具备植物学、树木学、生态学、植物生理学等方面的专业知识。

为了进行设计分析、编制计划和数据处理，需要有关的数学知识，如运筹学、数理统计、计算数学和计算机等学科的相关知识。

同时，造林又是一项社会性很强的工作。从本质上看，造林规划设计是一个社会—经济—资源—环境为一体的复杂体系，它们之间的协调与否，关系到造林规划的实施效果乃至成败。因此，必须全面分析造林地区的社会经济条件，并与其他行业协调发展，这就需要具备经济学、社会学以及农、牧、副、渔业等学科的相关知识。

从造林规划的本身来看，在上述有关学科的知识里，主要的理论依据是与造林直接相关的林学知识，如森林培育学、森林生态学、森林保护学、森林经理学、园林绿地规划设计理论、人居环境可持续发展理论等，以便通过树种生物学、生态学特性和造林地立地条件的深入分析，并在生态学、经济学和美学原则的共同指导下，规划设计出技术上科学合理，经济上可行的林种、树种、造林密度、树种混交、造林方法和抚育管理等技术措施。

6.2.1.2 郊区森林造林规划的步骤与范围

郊区森林造林规划的具体步骤分为三个阶段：第一阶段，查清规划设计区域内的土地资源和森林资源，森林生长的自然条件和发展郊区林业的社会经济状况；第二阶段，分析规划设计郊区影响森林生长和发展郊区林业的自然环境和社会经济条件，根据国民经济建设和人民生活的需求，提出造林规划方案，并计算投资、劳力和效益；最后一个阶段，根据实际需要，对造林工程的有关附属项目(如排灌工程、防火设施、道路、通信设备等)进行规划设计。

郊区森林造林规划的内容以造林和现有林经营有关的林业项目为主，包括土地利用规划，林种、树种规划，现有林经营规划，必要时可包括与造林有关的其他专项规划，如林场场址、苗圃、道路、组织机构、科学研究、教育等规划。

造林规划的范围可大可小，从全国、省、地区，到县(林业局)、乡村(林场)、单位或项目等，对郊区造林规划而言，其造林规划的范围就在规划城市所属的郊区范围。造林规划有时间的限定和安排，但技术措施不落实到地块。

6.2.2 郊区森林造林调查设计

造林调查设计是在造林规划的原则指导下和宏观控制下，对一个较小的地域进行与造林有关的各项因子，特别是对宜林地资源的详细调查，并进行具体的造林设计。造林技术措施要落实到山头地块。造林调查设计还要对调查设计项目所需的种苗、劳力及物资需求、投资数量和效益做出更为精确的测算。它是林业基层单位制订生产计划、申请项目经费及指导造林施工的基本依据。

6.2.2.1 造林调查设计的工作程序

造林调查设计内容繁杂，目的性和可操作性要求强、技术水平要求也比较高。进行郊区森林造林调查设计的主要依据是原中华人民共和国林业部颁发的《造林调查规划设计规程》，以及由各省(自治区、直辖市)林业主管部门制定的有关造林调查规划设计的实施细则或技术规定。

造林调查设计的任务，通常由林业主管部门根据已经审定的造林项目文件或上级的计划安排，以设计任务书的方式下达。此项工作通常由专业调查设计队伍组织，由专业调查设计人员与基层生产单位的技术人员结合来完成。全部工作可分为准备工作、外业工作和内业工作个阶段进行，其主要工作程序和内容如下。

(1) 准备工作

造林调查设计准备工作的主要内容包括以下5个方面：

①建立专门组织　确定领导机构、技术人员，进行技术培训等。

②明确任务，制定技术标准　研究上级部门下达的设计任务书，广泛征求设计执行单位和有关部门及群众的意见和建议，明确造林调查设计的地点、范围、方针和期限等要求；规定或制定地类、林种、坡度划分、森林覆盖率计算等项技术的调查标准。

③进行完成设计任务的可行性论证　验证原立项文件和设计任务书中规定内容的现实可行性，必要时可进行踏查及典型调查。论证结论与原立项文件或设计任务书有原则冲突时，需报主管部门审批，得到认可后，制定该调查设计的实施细则。

④收集资料　收集与设计郊区造林有关的图面资料(地形图、卫星遥感像片、航空摄影像片等)、书面资料(土地利用规划、林业区划、农林牧业发展区划、造林技术经验等相关资料；气象、地貌、水文、植被等自然条件；人口、劳力、交通、耕地、粮食产量、工

农业产值等社会经济条件；各种技术经济定额等）。

⑤物资准备　包括仪器设备、调查用图、表格、生活用品等方面的准备。如果需要使用计算机进行数据采集或处理时，还要做好计算机软件的收集、编写及调试工作。准备工作是极其细致、繁杂和琐碎的，关系到调查设计任务完成的进度乃至质量，因此，必须认真对待。

（2）外业工作

在搜集和利用现有资料的基础上，开展外业调查工作。外业调查工作是造林调查设计的中心工作，主要有以下内容：

①补充测绘工作　造林调查设计使用的地形图比例尺以 1:10 000 为好，至少也要 1:25 000 的地形图，配以类似比例尺的航片。如所需上述图面资料不足，不能满足外业调查的需要，或者因为原有的图面资料因成图时间或航摄时间较早，不能反映目前地形地物的实际情况，则需要组织必要的补充测绘或航摄工作。由于该项工作量大且花费昂贵，因此，是否需要进行以及如何进行，应采取十分慎重的态度。

②外业调查　外业调查分为初步调查和详细调查。初步调查是在外业调查初期对造林地立地条件和其他有关的专业调查，其目的在于掌握调查区的自然环境特征，编制立地类型表、造林类型表，拟订设计原则方案，并为详细调查和外业设计提供依据。

设计原则方案要提出调查设计各项工作的深度、精度和达到的技术经济指标。原则方案确定后，由主管部门主持召集承担设计、生产建设单位以及有关人员进行审查修改，并经主管部门批准执行。

设计原则方案经批准后，即开始详细调查。初步调查和详细调查的各项调查内容基本一致，但采用的方法和调查的深度有所不同。

专业调查。专业调查包括气象水文、地质、地貌、土壤、植被、树种和林况、苗圃地、病虫鸟兽害等。专业调查最主要的任务是通过对当地地貌、土壤（包括地质、水文）、植被、人工林等调查，掌握城市郊区自然条件及其在地域上的分异规律，研究它们之间的相互关系，用于划分立地条件类型，作为划分宜林地小班和进行造林设计的依据。

各专业调查组要根据本专业的特点和要求，采用线路调查、典型抽样调查、访问收集等方法进行专业调查。一般是在利用现有资料的基础上，采用面上调查和典型样地调查相结合的方法。对造林地面积不大，自然条件不甚复杂的，经一般性的踏查后，可不进行面上调查，直接在不同的造林地段选择典型地段进行标准地调查。面上调查（线路调查）的调查线路一般是在地形图上按照地貌类型（河床、河谷、阶地、梁、丘陵等）、海拔高度，沿山脊、河流走向预设测线、测段和测点，再逐段逐点调查变化情况。标准地（样地）调查是选择能代表某一类型的典型地段，设置标准地或样地进行详细调查。

专业调查结束后，进行调查资料的整理和采集样品的理化分析，以掌握各项立地因子的分布与变化规律，充分运用森林培育学和相关学科的理论知识和研究成果，进行精心设计，正确进行立地评价，编制适于当地的立地类型表，并在此基础上按不同立地类型（或立地类型组）设计若干造林类型（称造林设计类型或造林典型设计）。

立地类型表的内容包括立地类型号、类型名称、地表特征、土壤、植物、适生树种、造林类型号等（表6-15）；造林类型表的内容包括造林类型号、林种、树种、混交方法及各

表6-15 立地类型表

类型名称	类型代号	主要立地因子					林木生长状况						适宜树种	适宜造林树种	备注
		海拔高度	坡向	坡度	土壤	植被	树种	年龄	树高	胸径	蓄积量	分布特点			
1	2	3	4	5	6	7	8	9	10	11	12	13	14	15	16

表6-16 造林类型表

立地类型	造林类型	林种	树种	混交方式	株数/亩	林地清理方法、规格、时间	整地方法、规格、时间	造林方法、规格、时间	苗木规格苗龄、苗高、地径	幼林抚育方法、次数、时间	成林抚育方法、强度、次数、时间	施肥种类、数量、时间
1	2	3	4	5	6	7	8	9	10	11	12	13

树种比例、造林密度及配置、整地方法和规格、造林方法等(表6-16)。

专项工程调查。主要内容包括道路调查,林场、营林区址调查,通信、供电、给水调查,水土保持、防火设施、机械检修等调查。这些调查设计一般只要求达到规划的深度,如果需要深化,可组织专门人员进行。

社会经济调查。主要了解调查郊区居民点分布、人口,可能投入林业的劳力与土地;交通运输、能源状况;社会发展规划、农林牧副业生产现状与发展规划等。

区划调绘与小班调查。为了便于管理并把造林设计的技术措施落实到地块,对设计郊区要进行区划。对于一个城市郊区来说,造林区划系统为乡—村林班—小班。如果在一个村的范围内造林面积不大,可以省去林班一级。一个林场(或自然保护区、森林公园)的造林区划系统为工区(或分场)—林班—小班。乡和村按现行的行政界线,现场调绘到图上;工区是组织经营活动的单位,一般以大的地形地物(分水岭、河流、公路等)为界,最好能与行政区划的边界相一致,其面积大小以便于管理为原则。

林班是调查统计和施工管理的单位,其面积一般控制在 $100 \sim 400 \text{ hm}^2$,林班界一般以山脊、沟谷、河流等明显的地形地物进行区划调绘,必要时也可以用等距直线网格区划的办法。

小班是造林设计和施工的基本单位。宜林地按立地类型,有林地按林分类型,结合自然界线在现场区划界线的调绘,要求同一小班的地类、立地条件(类型)一致,因而可以使用同一个造林设计,组织一次施工来完成造林任务。小班的面积一般按比例尺大小和经营的集约程度而定,最小为 $0.5 \sim 1 \text{ hm}^2$,即在图面上不小于 4 mm^2,如果面积太小,可与邻近地块并在一起划为复合小班,分别注明各地类所占比例。小班的最大面积也应有所限定。宜林地小班调查记载小班的地形、地势、土壤、植被土地利用情况,确定适合的立地类型、造林类型及设计意见;有林地小班应分别调查天然林、人工林林木组成、年龄、平均高、平均胸径、疏密度、郁闭度等,并确定适当的林分经营措施类型;非林地小班只划分地类,不进行详细调查。小班调查一般采用专门设计的调查表或卡片,调查卡片的形式更适合于进行计算机统计,表6-17是小班调查设计卡片的举例,可供参考。

表 6-17　小班造林调查设计卡片举例

单位名称：县乡(场)村(工区)林班		造林类型附记	
小班特征：小班号面积地类权属小地名		整地造林	方式
地貌：类型部位海拔 m，坡向坡度			规格
植被：群丛名称总覆盖度　％			树种
主要灌木生活力分布状况平均高 cm			方法
主要草本生活力分布状况			株行距
土壤：野外定名表土层厚度　　cm			混交方法
腐殖质层厚度　　cm，土层厚度　　cm，质地石砾含量　　％			混交比例
三表代号：立地类型号造林设计类型号			苗龄
林分经营措施类型号			规格
备注：			种苗需要量

外业工作基本完成后，要对该项工作完成的质量进行现场抽查，并对外业调查材料进行全面检查和初步整理，以便发现漏、缺、错项，及时采取相应的弥补措施。

(3) 内业工作

①基础工作　在内业工作开始前，必须认真做好资料检查、类型表修订，底图的清绘和面积计算等工作。检查和整理调查所收集的全部资料，如有错漏立即补充或纠正；外业采集的土壤、水等样品送交专业单位进行理化分析，以确定其成分，作为划分立地条件类型和确定造林措施的依据。根据外业调查和理化分析结果补充或修订"立地类型表"和"造林类型表"，用修订后的类型表逐个订正小班设计。根据外业区划调绘的结果，在已清绘的基本图上，以小班为单位，用求积仪等工具量测面积。量测面积有一定的精度要求，小班面积之和与林班面积之间，林班面积之和与工区(乡、村)面积之间，其差数小于规定的误差范围时，方可平差落实面积。

②内业设计　在全面审查外业调查材料的基础上，根据任务书的要求，进行林种和树种选择、树种混交、造林密度、整地、造林方法、灌溉与排水、幼林抚育等设计，必要时还要进行苗圃、种子园、母树林、病虫害防治以及护林防火等设计。在设计中，需要平衡林种、树种比例，进行造林任务量计算、种苗需要量计算及其他各种规定的统计计算，做出造林的时间顺序安排及劳力安排，完成切合实际的投资概算和效应估算。计算机的应用可大大简化此项工作。

③编制造林调查设计文件　调查设计文件应以原则方案为基础，根据详细调查和规划设计的结果而编制。该文件主要由调查设计方案、图面资料、表格以及附件组成。

造林规划方案的内容包括：前言(简述规划设计的原则、依据、方法等)；基本情况(设计郊区的地理位置、面积、自然条件、社会经济条件、林业生产情况等)；经营方向(林业发展的方针及远景等)；经营区划(各级经营区划的原则、方法、依据及区划情况)；造林规划设计(林种、树种选择的原则和比例，各项造林技术措施的要求和指标)；生产建设顺序(生产建设顺序安排的原则、依据及各阶段计划完成项目的任务量)；其他单项及附属工程规划设计；用工量、机构编制和人员设置的原则和数量；投资概算和效益概算。

图面资料包括：现状图；造林调查设计图；以城市郊区(或林场、自然保护区、森林公园)为单位的调查设计总图等；其他单项规划设计图。

各种统计表和有关规划设计表。

附件包括：小班调查簿(或卡片集)；各项专业调查报告；批准的计划任务书；规划设计原则方案；有关文件和技术论证说明材料等。

④审批程序　在调查设计全部内业成果初稿完成后，由上级主管部门召集有关部门和人员对设计成果进行全面审查，审查得到原则通过后，下达终审纪要。设计单位根据终审意见，对设计进行修改后上报。设计成果材料要由设计单位负责人及总工程师签章，成果由主管部门批准后送施工单位执行。

6.2.3　造林施工设计

造林施工(作业)设计是在造林调查设计或森林经营的指导下，针对一个基层单位(如一个城市郊区，或林场、自然保护区、森林公园等)，为确定下一年度的造林任务所进行的按地块(小班)实施的设计工作，设计的主要内容包括林种、树种、整地、造林方法、造林密度、苗木、抚育管理、机械工具、施工顺序、时间、劳力安排、病虫兽害防治、经费预算等。面积较大的，还应做出林道、封禁保护、防火设施的设计。造林施工设计应由调查设计单位或城市林业部门在施工单位的配合下进行，国有林场(或国家自然保护区、国家森林公园等)造林可自行施工设计。施工设计经批准后实施。施工设计主要是作为制订年度造林计划及指导造林施工的基本依据，也应作为完成年度造林计划的必要步骤。

造林施工(作业)设计是为基层林业生产单位的造林施工而使用的，一般在施工的上一年度内完成。

在已经进行了造林规划设计的单位，造林施工设计就比较简单。它的主要工作内容是，在充分运用调查设计成果的基础上，按下一年度计划任务量(或按常年平均任务量)，选定拟于下一年度进行造林的小班，实地复查各小班的状况，根据近年积累的造林经验、种苗供应情况和小班实际情况，决定全部采用原设计方案或对原设计方案进行必要的修正，然后做各种统计和说明。小班面积是计算用工量、种苗量和支付造林费用的依据。所以，在施工设计阶段对小班面积的精度要求较高，如果调查设计阶段调绘和计算的小班面积不能满足施工设计的需要，应用罗盘仪(或 GPS)导线测量的方法实测小班实际造林面积。

在未曾进行过调查设计的单位，造林施工设计带有补做造林调查设计的性质，虽然仅限于年度造林的范围，但要求设计方案与总体上的宏观控制相协调，以免在执行中出现偏差。在林区做过森林经理调查(二类调查)的地方进行造林施工设计时，充分利用已有的二类调查成果，可节省设计工作量。

6.3　苗圃总体规划设计

苗圃是生产苗木的基地。目前，随着我国城市化的发展，城市化建设步伐加快，城市绿化美化需苗量也猛增。因此，苗圃建设任务异常繁重，科学合理地做好新建苗圃总体规划设计，不仅关系到苗木产量和质量，事关造林绿化任务的顺利完成，而且对苗圃产生的经济效益和社会效益都有极大影响。

苗圃建设是一项资金投入量较大的工程，一次性投入资金少则几十、几百万、多则几千万，国家对设计单位和规划设计前后的程序有严格要求，对于较大规模的项目，一般要求设计单位具有甲级设计资质，在真正开始苗圃规划设计之前，需要完成一系列程序工作。一般程序主要包括可行性研究报告和苗圃规划设计两个大方面。

6.3.1 可行性研究报告

一般建设单位应委托设计单位编制项目可行性研究报告，报告要阐明如下内容：项目背景与市场需求预测，建设条件及优势，初步建设方案，初步投资估算，效益分析及项目可行性。

(1) 设计单位招投标

项目立项后，建设单位选择哪家设计单位来进行设计，应采取招投标制度。建设单位将编制好的招标书发往有意承担此项设计的单位，设计单位根据要求，向建设单位递交投标书，建设单位组织有关专家对各标书进行评标，最后综合确定中标单位。

(2) 签订合同与下达任务书

建设单位应向中标单位下达设计任务书，明确设计单位的任务、完成期限及有关要求。双方必须签订合同，以明确各自的权利和义务。

(3) 初步设计

在接到任务书并签订合同后，设计单位应组织力量进行初步设计，其内容主要就是苗圃总体规划设计。

(4) 初步设计审定会

完成初步设计后，建设单位应组织有关专家对设计进行审定，在对设计做出综合评价的基础上，更应指出其不足之处，提出修改和完善意见。

(5) 施工设计

初步设计修改、完善后，可以开始苗圃有关的土建工程施工设计。土建工程设计必须是有资质的单位和个人来完成。

苗圃总体规划设计主要指以上程序中的第三步——初步设计，也可包括第五步——施工设计，具体包含内容应同建设单位协商，并在任务书与合同中明确。

6.3.2 苗圃规划设计

苗圃总体规划设计是在已选定的土地上，根据所培育苗木种类，对圃地进行总体区划和设计，其主要内容包括：苗圃面积计算，总体区划与平面设计，确定基本建设项目，编制主要苗木生产工艺和育苗艺术设计，主要设备选型，提出组织机构和经营管理体制，投资概算等。苗圃规划设计的目的在于根据所育苗木特性，进行科学合理布局，充分利用土地，合理安排投资，既减少损失和浪费，又能培育多品种高质量的苗木，最大限度地提高苗圃的经济效益和社会效益。

苗圃规划设计一般可分为准备工作、外业调查和内业设计3个阶段。

6.3.2.1 准备工作

工作展开之前,应从委托设计单位接受苗圃规划设计任务委托书,委托书中要明确进行规划设计的地点、范围、完成任务的期限及有关要求。会同有关单位组成领导机构,组建规划设计队伍,收集文字、图面资料,并做好物资(仪器、表格、文具、经费、食宿、交通、通信等)准备工作。

6.3.2.2 外业调查与相关资料收集

外业调查是按照苗圃规划设计的要求,在苗圃地及其周边地区开展各项调查工作。内容涉及图面材料准备,自然条件、经济状况、社会情况调查,苗木市场、生产能力及生产水平调查,苗圃专业设备信息和当地建设及生产定额资料收集等。

①测量 苗圃地确定后,首先要进行测量,绘制出 1:500~1:2000 比例尺地形图(或平面图),作为区划及最后成图的底图,如果该地区已有此种图面材料宜尽量利用。

②自然条件调查

气候:一般应从当地气象部门收集以下气象资料:年平均气温、1 月份平均气温、极端最低气温、7 月份平均气温、极端最高气温、地表平均气温、年积温、早晚霜的起止时间、无霜期、年降水量及其分布、年蒸发量、风速、风向等。

土壤:在苗圃地内有代表性的地方设置几个调查样点,每个样点挖一个土壤剖面,确定土壤类型及各层土壤物理特性。同时,每个样点都需采集土样,以进行土壤理化性质分析,分析指标包括:pH 值、有机质含量、全氮量、有效磷含量、有效钾含量、水解酸含量、盐基含量、土壤吸湿量等。

水文:调查灌溉水源情况,水质含盐量,地下水位等。

植被:调查当地的主要植被种类,主要是草本种类,了解其对将来苗木产生可能形成杂草危害的程度。

病虫害:调查当地的林木病虫害情况,包括病虫害的种类、发生频率、危害程度等。

经营条件:调查苗圃地所在位置、四邻单位情况、交通条件、电源、劳力等。对苗圃周边地区的苗木生产能力和生产水平也要进行调查,以掌握苗木市场行情和相应的生产能力。

设备与定额材料收集:苗圃生产中需要采用许多专业设备,外业调查时要注意收集苗圃所需机械设备的情况,包括种类、型号、厂家、价格等,对于有的苗圃由于一次性投入有限,不可能购置所有设备,则要调查在当地租用的可能性。

其他:收集当地有关基建、用工等的定额及市场价格情况。

6.3.2.3 内业设计

内业设计是在野外调查和相关资料收集的基础上,对苗圃进行总体规划设计,最终要提交的成果一般包括苗圃总体区划图和总体规划设计说明书两部分。

总体规划设计说明书一般包括以下几个基本内容:设计指导思想和基本原则、苗圃基本情况、土地区划与总平面设计、基建建设方案与设备选型、苗木培育工艺与技术、环境保护、组织机构与经营管理、投资概算等。

1)设计指导思想和基本原则

在内业设计开始之前,要与有关单位共同讨论决定苗圃的设计思想和基本原则。这是指导苗圃规划设计的总纲,既要考虑苗圃尽可能实现科学化、现代化、机械化等长远目标,又要根据实际情况,实事求是,量力而行。一般在总体设计过程中,应始终遵循培育优质、高产、低消耗苗木的基本原则。但是由于各地对苗圃的要求不同,以及建设目标各异,应根据具体情况确定设计指导思想和原则。

2) 苗圃基本情况

在编写苗圃的基本情况时,要注意根据所培育树种的特性,结合经营条件和自然条件,进行综合分析,找出对建圃、育苗的有利条件和不利因素,并指出在设计中应该注意的主要问题。

例如,关于苗圃的经营条件,应说明苗圃的名称、所在省、市、县、乡和具体地名,描述四邻单位和距离,分析这些单位对苗圃基本建设和育苗工作的影响;说明苗圃距机场、车站、铁路、公路、河流等的距离,分析其对苗圃运输、灌溉、电源等工作的作用;指出苗圃附近有无天然屏障,如天然林、人工防护林等,并指出有无设置林带的必要性。

关于自然条件,应根据外业调查的气候条件和土壤、地形、水文、植被、病虫害等情况进行综合分析,找出该地区的自然规律和主要特点,指出在建圃和育苗设计中应注意的问题。例如,通过对华北地区的气象、水文资料分析,得出该地区春季干旱多风,雨季集中在7、8两月,这对育苗极为不利,因此,在此建立苗圃,需要在育苗技术设计中抓住这一主要矛盾采取抗旱保墒和预计防涝等相应措施。但要注意在这里不要求写出具体做法,只将主要问题和措施指出即可。

3) 土地区划与总平面设计

做好苗圃土地利用区划是搞好生产、减少消耗、圃容美观、提高土地利用率的重要环节之一。应根据勘测结果和圃地条件,对苗圃进行土地利用区划和苗圃面积计算。

(1) 苗圃面积计算

苗圃面积的大小应与其担负的任务相适应。苗圃地的总面积包括生产用地面积和辅助用地面积。生产用地是指直接用于育苗的土地,它包括播种育苗区、营养繁殖区、移植育苗区、试验区、果树苗培育区、采穗圃、工厂化育苗区等地。它根据各树种苗木生产任务、单位面积产苗量以及所采取的轮作制来确定。

某一树种育苗面积以下式计算:

$$S = N \cdot A/n \tag{6-13}$$

式中 S——某树种所需的育苗面积;

N——每年应生产苗木数量;

A——苗木的培育年龄;

n——某树种单位面积产苗量。

由上式计算出育苗面积式理论数据,考虑在抚育、起苗、贮藏和运输过程中,苗木会有损失,所以,实际计算时,应将计划产苗量的"N"值适当增大3%~5%。如果采用轮作时,需再加上轮作区占地面积。

分别计算出各树种苗木生产用地和其他生产用地后,将这些面积汇总,可得总的生产用地面积。

辅助用地包括道路系统、排灌系统、建筑物、场院、防护林带等所占用地,为充分利用土地资源，一般辅助用地面积不得超过苗圃总面积的20%~25%。

生产用地面积加上辅助用地面积即苗圃地总面积。但在实际生产中，苗圃地总面积常常是已经确定的面积，很少有完全根据需要来确定面积的情况。对此，苗圃地计算主要是根据各种苗木品种的单位面积产量计算出各生产区的面积，以及其他辅助用地面积。

（2）苗圃区划

为了充分利用土地，便于生产和管理，必须对苗圃地进行全面区划。区划时以外业测量的 1∶500~1∶2000 比例尺地形图为底图，然后根据各类苗木的育苗特点、树种特性和圃地的自然条件进行区划。苗圃土地区划包括生产用地区化和非生产用地区划。

①生产用地区划　区划时必须根据各类苗木生产的特点和苗圃地条件（主要是地形、土壤、水源管理等条件）确定适宜的位置。要尽量使各生产区保持完整，不要分割成互不相邻的几块。

各种苗木生产区（如播种区、移植区、工厂化育苗区等）的面积大小各不相同，为便于生产和管理，通常以道路为基线，将生产区再细划分为若干个作业区，其大小视苗圃规模、地形和机械化程度而定。每个作业区的面积以 1~3 hm^2 为宜，形状采用正方形或长方形，为了计算方便尽量使面积为整数，如长 100 m 宽 100 m 则每个作业区为 1 hm^2。但山区苗圃的作业区要结合地形区划，不能强求规整。

苗圃面积较大、苗木种类较多时，应对各类苗木进行合理布局。如播种苗要求管理精细，幼苗阶段对不良环境条件的抵抗力弱，应集中安排在地势平坦、土壤肥沃、背风、便于灌溉和管理的耕作区，形成培育播种苗的播种区；移植苗根系发达，抵抗力较强，应设在土壤条件中等的耕作区，形成移植苗区；试验区、温室大棚区，管理要求集约，应设在场部附近，便于管理的地方。

②非生产用地区划

a. 道路网。应根据苗圃地的地形、地势及育苗生产的便捷性确定。一般在纵贯苗圃中央设一主道，对内通向场院、仓库、机房，对外与公路相连，其宽度视通过的车辆为准，中小型苗圃一般 3~4 m，大型苗圃 5~8 m；主道两侧设若干条与其垂直的副道，能通达各作业区，宽度 2~5 m；必要时可在作业区内设步道，宽 0.5~1.0 m。大型苗圃，机械化程度高，在苗圃周围可设环圃道，便于车辆转弯，一般宽 4~8 m。

b. 灌溉系统。灌溉系统主要由水源、提水、输水和配水系统组成。对苗圃布局影响最大的是输水系统，输水渠道分主渠和支渠，主渠的作用是直接从水源引水供给整个苗圃地的用水，规格较大，一般渠道宽 1~3 m。支渠是从主渠引水供应苗圃某一耕作区用水的渠道，规格较小，宽 0.7~2.0 m。渠道的具体规格因苗圃灌溉面积和一次灌水量等因子而异，以能保证干旱季节最高速度供应苗圃灌水，而又不过多占用土地为原则。渠道的比降为 0.003~0.007。以上明渠灌溉方式容易建设、成本低，在我国应用最广，但缺点是浪费土地，渗漏多，管理费工，耕作不便。有条件的苗圃应采用较现代化的管道输水和喷灌，大型苗圃宜采用固定喷灌系统，中小型苗圃宜用移动式喷灌系统。

c. 排水系统。排水系统主要由堤坝、截流沟和排水沟组成。排水沟应设在地势较低的地方，如道路两旁。排水沟的规格根据当地降雨量和地形、土壤条件而定，以保证盛水期能很快排除积水及少占土地为原则。一般主沟深 0.6~1.0 m，宽 1~2 m；支沟深 0.3~0.5 m，宽 0.8~1.0 m。

  d. 防风林带。苗圃周围设置乔、灌木相结合的封闭式防风林带，宽度为 4~10 m。在有野兽、家畜、家禽、人为等侵害的地方，应设护栏和绿篱。注意避免绿化树种给苗圃带来病虫害。

  e. 苗圃房屋、场院、仓库、机房等应设在地势较高、土壤条件差、便于管理、交通方便的地方，大型苗圃一般设在苗圃地中心位置。

  区划完成后，根据区划结果绘制苗圃平面图，图的比例尺为 1∶2000。平面图要表示各类苗木生产区、作业区，以及道路、水井、灌溉和排水渠、建筑物、场院、防护林等位置，并用不同颜色绘制，要附有图例。

  4) 苗木培育工艺与技术

  育苗工作是一系列连续栽培工艺组成的系统工程，任何环节措施不当，都会对最终苗木产量和质量造成影响。同时，每一种苗木的培育技术都有很大灵活性和地域性。因此，必须根据培育树种的生物学和生态学特性，结合当地条件，设计育苗技术及工艺，以达到最大限度地控制不利苗木生长发育的条件，发挥有利于苗木生长的资源优势，以便在最短的时间内，用最低的成本，达到培育苗木的优质、高产、高效的目的。

  由于苗圃培育的树种很多，一般不可能对每一种树种进行详细育苗工艺与技术设计，可以按苗木类型分别进行设计。应设计出生产各种类型苗木所需的主要工艺与技术，要求技术上先进，经济上合理。例如，播种苗培育，要求阐明土地管理技术、施肥技术、种子处理技术、播种技术和苗期管理技术等；容器苗要设计有关容器类型、培养基配比与装填、播种、环境控制、苗木包装与运输等技术工艺。

  5) 基本建设方案与设备选型

  在做完以上各部分之后，应着手计算苗圃基本建设所需的项目和投资费用，以及设备的选择。基建内容涉及圃地测量、平整土地、土壤改良、建筑物、道路、排灌系统、防护林等。根据生产需要，确定建设项目内容、数量、单价、经费等，最后得出基建总投资额。

  根据苗圃生产工艺要求和多种经营需要，确定苗圃机械设备选型，具体到设备名称、型号、数量、单价、生产厂家名称、金额，计算出设备总金额。

  6) 组织机构与经营管理

  组织机构和经营管理体制对苗圃建设起着十分重要的作用。在确定机构设置、管理体制、人员定编时，要以培育优质高产苗木为中心，创造良好经济效益为目的，以市场为导向，开展多种经营，摒弃行政和事业单位管理的旧模式，按社会主义市场经济法则建立现代企业的管理模式和运行机制，实行自主经营、独立核算、自负盈亏。

  7) 施工设计

  施工设计是对苗圃土建工程，如建筑物、道路、桥梁、温室、种子库等的设计，其设计深度应达到能够进行施工的程度。由于这些建筑物涉及人身和财产安全，施工设计必须是具有设计资质的单位和个人来进行，并同时遵守国家有关规定。如果与建设单位达成协议，苗圃总体规划设计中包含施工设计内容，那么，设计单位就要在一开始组织设计队伍时考虑吸收土木工程方面的设计人员。

8) 投资概算与苗木成本估算

投资概算做完以上各部分之后，应进行投资概算，项目包括一次性投入和流动资金两部分。建圃的一次性投入是指建立苗圃时各项基本建设与机械设备投资，如圃地测量、平整土地、土壤改良、建筑物、道路、排灌系统、防护林、绿化工程、电力设施、机械设备等，以明细表和分项汇总表的形式进行统计。

流动资金应参照当地种苗生产实际情况，结合苗圃具体条件，采用分项详细估算法估算。

苗木成本估算苗木成本包括直接成本和间接成本两部分。直接成本是指直接用于苗木的生产费用，如种子费、苗木费、用工费、材料费等；间接成本则为不直接用于苗木生产的费用，如建圃一次性投入的折旧、苗圃每年支出预算等。建圃一次性投入分年度平均折旧，其中土建部分按综合折旧年限30年平均折旧；设备部分按综合折旧年限12年平均折旧；无形及递延资产分10年按平均摊销。苗圃每年支出预算包括干部和管理人员工资、办公费、建筑物的每年维修费和工人的福利费等开支。

在计算苗木成本时，将间接成本总额按各种苗木每年所占地的面积或育苗费的总额成比例地分配给有关苗木，最后将各种苗木的直接生产费用和间接生产费用相加即得苗木成本。

9) 建设工期和年度资金安排

根据建设单位对建设工期的要求，做出年度建设计划及资金安排。

复习思考题

1. 市区城市森林有哪些类型？
2. 市区森林规划设计的原则是什么？
3. 确定城市市区绿地指标的主要依据是什么？
4. 简述市区森林树种选择的原则和方法。
5. 简述郊区森林造林调查设计的主要内容。
6. 城市苗圃总体规划设计主要包括哪些内容？

推荐阅读书目

1. 常金宝，李吉跃，2005. 干旱半干旱地区城市森林抗旱建植技术及生态效益评价. 中国科学技术出版社.
2. 哈申格日乐，李吉跃，姜金璞，2007. 城市生态环境与绿化建设. 中国环境科学出版社.
3. 韩轶，李吉跃，2005. 城市森林综合评价体系与案例研究. 中国环境科学出版社.
4. 李吉跃，常金宝，2001. 新世纪的城市林业：回顾与展望. 世界林业研究，14(3)：1-8.
5. 李吉跃，2010. 城市林业. 高等教育出版社.
6. 梁星权，2001. 城市林业. 中国林业出版社.
7. 吴泽民，2011. 城市景观中的树木与森林：结构、格局与生态功能. 中国林业出版社.

第 7 章　城市森林培育

城市森林是指那些种植在城市及其周缘范围内的以乔灌木为主的所有绿色植物及其生长环境的总称。城市森林一般可以分为市区森林和郊区森林两大类型，而郊区森林又可以根据其距离城市中心区的远近分为近郊森林和远郊森林两类。

7.1　市区森林的培育

目前，随着城市化趋势的加剧，人口在城市中越来越多，而城市中大部分人口因工作忙碌而无法接近大自然，所以建造城市森林是城市化发展的共同趋势。市区森林是城市森林的主要组成部分，主要包括了行道树、各类公园、街头绿地、居住区、商业区、单位附属绿地等森林类型。市区森林的建设和培育是维护城市生态系统稳定健康发展的重要手段之一。良好的市区森林是创造适宜于城市居民生活和工作居住环境的重要基础，而市区森林的培育成功与否与市区森林的设计、市区森林的营造、抚育与保护密切相关。市区森林的规划设计在前一章已有详细的叙述，下面仅就市区森林的类型与特点、市区森林的营造、抚育与保护进行介绍。

7.1.1　市区森林的类型与特点

（1）行道树

行道树是指栽植在市区内大小道路两边的树木，也有的栽植在道路的中间，如分车道中的树木、草坪类型。行道树是城市绿地系统中不可或缺的条状绿地，是城市绿化的骨架，也是连接城市各种绿地的纽带，由它而使城市绿化形成一个完整的绿地系统。行道树不仅能满足城市行人和车辆的遮阴，其重要作用和功能还表现在分离车道，滞尘降噪，吸收空气中的有害气体，提高空气质量，净化环境，美化市容等。

（2）公园森林绿地

公园绿化树木是指市、区及综合性公园、动物园、植物园、体育公园、儿童公园、纪念性园林中种植的树木。

（3）街头绿地

街头小片绿地树木是指种植在沿道路、沿江、沿湖、沿城墙绿地和城市交叉路口的小游园内的树木。

（4）居住区森林

居住区绿地是住宅用地的一部分，一般包括居住区游园，居住小区游园、宅旁绿地、居住区公建庭院和居住区道路绿地。

(5) 商业区森林

商业区树木类型是种植于商业地带(或商业中心区)的树木类型。

(6) 单位附属绿地

单位附属树木类型是指种植于各企业、事业单位机关大院内部的树木类型。如工厂、矿区、仓库、公用事业单位、学校、医院等。此类市区森林为某部门(单位)使用,不对城市居民开放,为本单位职工提供接近工作地点的休闲娱乐场所,对改善本单位、本地区的生态环境有直接的意义。

7.1.2 市区森林的营造

市区森林的营造与野外常规造林相比,从造林方式和苗木的使用上均有很大的不同,主要差异体现在栽植季节、栽植苗木的年龄和栽植之前的准备工作等。

7.1.2.1 栽植季节

一般野外常规造林,适宜的造林季节为春季和秋季。但是,由于市区森林所选用的苗木规格较大或者市区造林的集约化程度较高,现在雨季造林也很普遍,在这种情况下,必须注意减少因根系受损及水分消耗较多对生长所造成的影响。需要注意的是,一般阔叶树种,特别是大树移植均应在春季进行,以避免树木失去水分平衡从而保证栽植的存活率。

7.1.2.2 造林前的准备工作

(1) 截根处理

市区森林栽植的苗木从大小上可分为两类:一类是经过苗圃培育的一至数年不等的幼苗;另一类是从野外或其他非苗圃地段上挖掘的成年大树。市区森林营造的成活率标准几乎接近百分之百,所以造林前的准备工作是非常重要的,它甚至决定了整个市区造林的成败。

一般在苗圃地培养的苗木根系较少,但是这些根量不大的根系分布范围却相对较大,而且还不整齐,所以对这些苗木必须进行截根处理。在苗圃生长发育良好的树种,每隔数年必须予以截根一次。截根的目的主要是限制根系在一定的区段中生长,并增加支根和须根的数量。经过截根处理的苗木造林时成活率较高。从野外采掘的苗木根较长且不整齐,一般而言,从野外挖掘苗木时应选择生长在空旷地或者生长在黏性土壤中的苗木而不应选择生长在郁闭林分或者生长在沙质土壤中的苗木。因为生长在郁闭森林中的苗木多受上层木的保护且根系较浅,这种苗木一旦移至空旷地后,对于城市干热的气候条件会明显表现出不适应性。总的处理原则是,对非常小的野生苗多不实行截根处理,而较大的野生苗则应实行截根处理。

(2) 阔叶树与常绿树的挖掘

通常阔叶树造林时可用裸根苗,但由于近年来大树移植的趋势越来越普遍,因而使用带土坨的阔叶树造林也呈上升趋势,针叶树种一般均采用带土坨造林。相比较而言,使用裸根苗栽植的树木较难成活,但成本较低,常绿树种移植时最好使用带土坨苗木,有利于苗木成活。

城市森林造林时,通常苗木的体积相对较大,所以在掘苗前最好先把苗木的枝条用绳索捆好以避免挖掘时损伤枝条。挖掘的深度应在所掘苗木大部分根系之下。由于裸根苗不带土，所以挖掘后，最好用湿土堆埋根系或用粗麻布（或粗草席）内加水以保持苗木的水分平衡。

(3) 苗木运输

小苗运输相对简便容易，较大幼树或成年大树的运输则需要特殊的交通工具。在美国一般有特殊的车辆，例如，由威猛公司(Vermeer Corporation)制造的车辆(TM-700T树木搬运车)，这种车有两个水力操纵的铲子，可把直径较小的带土坨树木铲起，然后连树及该树附近的泥坨移至新址并予以栽植。

(4) 造林

造林时把树置于栽植穴中，放置深度以幼树原来入土深度为准。通常苗木栽植的位置比原来苗木的入土位置稍高一些效果更好。栽植穴及其附近不应太干或太湿。在栽植裸根苗时应在植穴中用泥土堆成一圆锥形，主根置于此圆锥体的上方，这样容易使根系四面伸张。造林时务必使土壤与根系紧密结合，填土完毕后，轻轻将苗木提起，然后再放下，这样可以排除土壤中不必要的空气，最后踏实土壤。栽植裸根苗时，应首先将土坨的包扎物撤除，以免影响根系今后的生长。

通常在市区中进行大苗或大树移植后都需要进行支柱保护，以防风把树干吹歪或吹倒。一般支柱用三根或四根木干，形成支架后与树干捆绑固定。

苗木造林后应立即进行灌溉，灌水量视造林季节和土壤墒情而定。

7.1.3 市区森林的抚育与保护

7.1.3.1 市区森林抚育的目的与意义

市区森林抚育是指市区森林营造以后一直到林木死亡或因其他原因而需要对其重新补植之前的各项管理保护措施。

人们常说："三分造林，七分管护"，可见，市区森林能否正常生长发育，主要还是依赖于营造后的抚育管理。市区森林抚育的目的就是使市区森林可以健康、茁壮地生长，并且能够与市区环境协调一致，最大程度地提高市区森林的生态服务功能，同时把对市区其他设施及活动可能存在的对林木生长不利的影响降低到最小程度。市区森林的抚育管理措施主要包括市区森林的施肥管理、整形修剪、伤口处理、树穴填补以及病虫害防治等。

7.1.3.2 市区森林的施肥管理

在我国除了经营商品林之外，一般造林是不施肥的。但是，由于市区森林的土壤一般比较贫瘠，而且还要求其发挥更高的生态服务功能，因此，有条件时还是应该大力提倡进行施肥管理。通常，施肥时应氮、磷、钾三种肥料并重，但如果土壤中某种元素较充足时，则可以不使用主要成分为该种元素的肥料，如中国北方土壤一般不缺钾元素，所以一般在北方不施用钾肥，而南方土壤一般比较缺钾，也比较缺磷，因此南方城市土壤需要补充磷肥和钾肥。

(1) 市区施肥的种类

通常说来，林木的适宜施肥种类与农作物并不完全相同。研究发现氮、磷、钾的比例为 5∶4∶3 或 5∶3∶2 的复合肥料对林木较为有效。另外，观赏树木和花卉一般喜生于酸性土壤之中，而在我国酸性土壤多分布在南方，北方土壤一般呈中性或碱性。因此，凡是能残留碱性残基的化学肥料不应施用在碱性土壤中。北方种植观赏花木时，培养基质应保持在微酸的条件下，碱性土壤一般可加入酸性肥料或用石膏来调节。

需要注意的是，应该把肥料施放在树木的根系周围，因为一般的营养元素在土壤中是不动的，树木要吸收利用钙、镁、磷、钾等元素，其根系必须伸展到这些肥料的附近。

(2) 施肥数量

施用复合肥料的适宜数量一般采用如下标准：即 1 株树木胸高直径每 2.54 cm 时施肥 1.1~1.8 kg，幼树施肥量应减半。

(3) 施肥的方法

①地表撒播法 对未成林的幼树可以用这方法，用撒播法施肥必须遇到降雨，肥料才能进入到土壤中。

②开沟施肥法 在树冠的外缘掘沟，沟深 20~30 cm，宽 10~20 cm，然后填入混有肥料的表土。这种方法有两个缺点：一是仅有小部分根系接触到肥料；二是这种方法会伤害到若干根系。

③穿孔法 对于长在草地上的大树而言，穿孔法是最有效的方法。用适当的工具（如丁字镐或土壤钻孔器）在根系分布范围内钻孔。所谓根系的范围是以树木为圆心，以树木直径的 12 倍为直径的圆圈，每个洞的深度 25 cm，洞与洞的间隔为 60 cm。

④叶面施肥 能够进行叶面施肥的依据是因为树木叶片的正反面若干部位间歇排列着几丁质层，几丁质层会吸收水分及养分。影响树木叶片吸收养分的条件有湿度、适宜的温度、光、糖的供应、树势、肥料的物理性质与化学性质等因素。

同时，叶片对液体肥料的吸收程度因树种而异。每一树种叶面表皮层的厚度、表皮层不连续的状况（几丁质层与表皮层相互间隔的情形）以及叶片表面的光滑程度等因子，都会影响到叶面施肥的效果。

氮肥中以尿素最容易被树叶吸收，尿素被吸收后则经酵素作用转变为氨和二氧化碳。Na 和 K 也容易被叶片吸收，且容易在植物体内移动，其他元素在植物体内移动速度的顺序是：磷、硫、锌、铜、锰、铁和钼。钙也可被植物叶片吸收，但在叶片中不移动。一般而言，氮、磷、钾三要素在叶片中移动的速度是每分钟移 2~3 cm。

叶面施肥可以用压力喷筒进行。叶面施肥溶液的浓度为：每 45 L 水加入 142 g 的 N∶P∶K 配比为 12∶12∶12，13∶13∶13 或 13∶26∶13 的叶面施肥剂，或 85 g 的 N∶P∶K 配比为 18∶18∶18，20∶20∶20 或 23∶21∶27 的复合肥料。商用叶面施肥剂氮肥可用尿素，磷肥可用磷酸铵，钾肥一般用硫酸钾，至于每株树施肥的数量以喷洒到液态肥液自树叶上有大量滴下的程度为止。

7.1.3.3 修枝

市区森林的主要景观功能之一就是要具有较高的观赏价值，也就是其美学价值要高。树冠整形与修剪是提高城市森林美学价值的重要方法之一。

(1) 修剪的主要目的和意义

①维护林木的健康 破裂、枯死或感染病虫害的枝条可以通过修枝方式予以剪除，这

样可以防止病虫害的蔓延。为增加阳光和空气透过树冠，也可修剪若干健康的枝条。假若根系受到伤害，相应的修剪掉若干枝条后，也能够使树冠与根系维持平衡。

②美观 市区当中许多树木均是通过人工修剪整形而成，具有一定的几何形状。但树木各个枝条的生长速率不是均匀一致的。因此，为了保持树冠的整齐与景观上的美观，这些生长迅速的枝条就应予适当的修剪。

③安全 枯死的枝条会坠落，这样会危及市区居民的生命和财物安全，因此，对枯枝、严重病枝或受机械损伤尚未脱落的枝条要及时修剪，以消除安全隐患。对于枝条下垂形的树木，其枝下高低于 1.5 m 或严重妨碍市民活动时（即使高于 1.5 m），也应进行修剪，以保证市民的出行安全。

(2) 修剪的工具

链锯、手锯、双人大锯、修枝剪、斧、锤、大剪刀等都是常用的修枝工具。

(3) 修枝方法

修枝并没有统一的方法，但是一些基本原则还是需要遵守的，如修枝时应从树枝的上方向下修剪，这样易于把树冠修剪成适当树形，也容易清理落下的残枝，修剪的切口必须紧贴树干或大树枝上，而不应留下突出的残枝。因为留下的残枝会妨害伤口愈合并且易滞留水分而使树干或枝干腐朽，影响树木生长。修枝时切口应平滑且呈椭圆形。

大枝条的修剪应使用大锯移除。在锯枝时不应伤及树干本身，为防止大枝坠落时撕伤树枝，正确的修枝方式是：第一步应在距树干 30~40 cm 处自下向上锯枝条，锯到树枝直径的一半后，再自距离第一道切口 1 cm 的上端自上而下切锯，最后再自下向上紧贴树干把剩下的残枝切除。在锯残枝时，手应紧握残枝，以免树枝撕裂。

①"V"字形枝桠的修剪 一株树干如果分成两根枝桠形成"V"字形枝桠，则可把其中的一根枝桠切除。这种切除会使树冠完全变形，同时若伤口处理不好，各种病菌可能会从伤口侵入树木，也会使部分树皮受到日灼之害。因此，一般只有当"V"字形枝桠其中一枝受到严重病虫害或因遇见与空中各种线路接触时才使用"V"字形枝桠修剪法。

移除"V"字形枝桠应该注意下列两点：第一，许多树种（如木棉树、柳树、黄槿等）可以大量修枝而不致影响其树势；第二，"V"字形枝桠的切除时，切口应与主干呈 45°的角度。切口与主干呈垂直状态不易愈合，同时若切口所呈角度过大也会使剩下的另一枝条易于断折。

②萌蘖的伐除 对许多树种而言（如杉木、杨树、柳树等），在树干或枝条附近的不定芽会发出枝条，这种现象称为萌蘖。一株树，如果出现大量这种萌蘖，表示这株树可能遭受了机械损害、受到病虫害浸染或过度的修枝等的影响。

要处理这些萌蘖要先考虑下列的因素：萌蘖的体积和数量、树种、生长萌蘖的部位、产生萌蘖的原因。例如，在榆树上端产生萌蘖是一种自然的现象，不必予以处理。

庭园树木基部产生萌蘖除破坏景观外，还会妨碍行人，所以应予以铲除。假如一株树的顶部遭大量的修枝处理，这时，在顶部所产生的萌蘖应予以保存，这样可以保护树皮，免遭日灼。

③风害枝修枝 树木如遭受风害，应视情形予以修枝。如果风害木有危害人员生命财产的可能，则应立刻修枝，否则可以等到适当的季节再予修枝。

④遭受病虫害枝条的修枝　受到病虫害危害的枝条应予以及时修枝。关于这一类枝条的修枝，有一点需要特别注意，即不应使修枝的工具成为传染病虫害的媒介，处理过病害木的刀剪应该用70%酒精擦拭，而且病害木不应在湿季修枝，因为在这种情况，病虫害最容易传播。

⑤常绿树木的修枝　市区树木修枝的目的在于获得美观的树冠，使得树冠枝条较多且外观较紧密。幼年茎轴的末端如果进行修剪，就会使枝条上长出新的萌蘖，使树冠更为浓密。

松树与云杉一年只生长一次，因此一年中任何时期均可修枝，但最好在新生长的枝条还比较幼嫩时修枝。例如，松类树木最好在新生长的枝叶未展开时进行修枝，即在新生长的枝叶尚呈蜡烛状时即予修枝，在这种情况下修枝对树木的外观不发生影响。其他针叶树种如红桧、扁柏、落叶松等树种在整个生长季中都在不断生长，这类树木最好在6月或7月修枝，在生长季节停止前，新的生长会覆盖修枝的切痕。具有某种特定树形的针叶树应该进行修枝，以维持其特定的树形，在这种情况下，只能剪除长茎轴。以针叶树当绿篱时则应该用大剪刀将其顶端剪平。

⑥因避免与电线接触而进行的修枝　两个物体同时占据同一空间时即会引起冲突。行道树与空中的线路时而纠缠在一起，这是城市中常见的一种不良现象，是一种严重的安全隐患。在这种情况下，行道树修枝是最好的解决办法。这类修枝可以分为三类：切顶、侧方修枝、定向修枝。

切顶：切顶是把顶端的枝条切除，如果树木生长在电线的下方时，可以采用这种方法，但这种方法容易破坏树的自然美观。

侧方修枝：侧方修枝是把大树侧方与电线相互纠缠的枝条剪除，在进行侧方修枝时通常要把另一方的枝条修剪，以保持树形的对称。

定向修枝：定向修枝是把树木中若干与电线纠缠的树枝予以剪除，并且应该把余留枝条牵引使其不触及电线。通常具有经验的专业人员可以预测树木枝条的走向，因此，在进行定向修枝时，不但剪除目前与电线发生纠缠的枝条，而且还剪去日后可能与电线纠缠的枝条。

⑦化学修枝法　人工修枝投资成本较大，所以美国林业人员试图使用生长抑制物质以作修枝的用途，这一类物质已由美国橡胶公司研制完成并以 SLO GRO 商标对外出售。未经处理的茎轴细胞扩张到一定的程度即会分裂，在生长季节，这种细胞扩张与分裂的过程会重复若干次。如茎轴受 SLO GRO 处理后，这种化学药剂自叶进入顶芽，这时细胞会扩张但不会分裂，同时树木依然保持健康的状态。

纽约的 Union Carbide Corp 公司曾生产过名为 Tre-hold 的生长抑制剂，它是把浓度为1%萘乙酸的乙醇酶溶在沥青中，将这种涂料涂在切口上可以减少切口附近抽芽的数量。

⑧伤口处理　修枝所形成的切口会使树木腐朽并使树木死亡，这是因为树皮对树木具有保护作用，切口因无树皮的保护会受菌类及其他寄生植物的危害。因此修枝后切口必须即刻处理。

树木产生伤口后会自行痊愈，其痊愈的速度是每年约加厚1.6 cm，因此，伤口越小越容易愈合，所有的大创口应该除去残枝梗及树皮，并用凿或锥将伤口凿平滑且成椭圆形，然后迅速涂以假漆,假漆干后应迅速涂上涂料,伤口涂上涂料的目的在保护伤口并促进愈合组织的形成。

理想的伤口涂料必须具有下列的性质:消毒、阻止木材腐朽菌及寄生虫进入树体以及促进愈伤组织形成等功效,并且要具有容易施用,涂料层有孔隙,保证其下方的愈伤组织能进行呼吸作用,以及涂料层在干燥后不致破裂等性质。现将常用的伤口涂料列述如下:

橙色假漆:橙色假漆是最常用的一种树用涂料。这种涂料溶解于乙醇中使用,而乙醇是一种消毒剂,如果只单独使用橙色假漆作为树木涂料不容易持久。

土沥青涂料:土沥青涂料是用小火溶解土沥青(20 kg)加 1 L 松节油(用汽油或矿物油亦可)制作而成,冷却后即可使用,这种土沥青涂料较持久,但对树木有害。

接枝蜡:用油精溶解后使用,对于小创口较有效。

油漆:一般用的油漆是铅或锌的氧化物溶解在亚麻仁油中形成,用油漆作树涂料对树木的幼嫩组织有害,所以必须用假漆做底漆(先涂假漆,再涂油漆)。

羊毛脂油漆:羊毛脂油漆会保护形成层并且不会妨碍愈合组织的形成。如果把 2 份羊毛脂加 1 份生亚麻仁油,再加上 0.25% 的高锰酸钾溶液则会得到较好的效果。

波尔多液树漆:把生亚麻油缓缓地加入波尔多液粉,一直加到形成一种稠厚的树漆为止。这种树漆具有杀菌的功效,但是这种树漆施用之后第一年,愈合组织无法形成。这种树漆极容易被风化,必须反复施用。

在树漆使用之后,被漆的表面必须反复观察并且每两年必须再漆一次,当重漆树漆时,必须用硬金属刷子刷除过去漆上的树漆。新形成的愈合组织不应使用油漆,如果必须使用油漆则只能使用假漆或若干沥青乳状液涂料。

7.1.3.4 树穴处理

(1) 树穴的起源

树穴均起源自树皮伤口。健全的树皮可以保护其内部的组织,树皮破损会使边材干燥,当树势强壮时,这种伤口不会扩大,并且在一、两年内会长出愈合组织。但是如果树木受损而伤口太大,伤口愈合较为缓慢。另一种情况是因为风折或修枝不慎而把残枝留在树上。在上述两种情况下,木材腐朽菌与蛀食性的虫类会进入树干而导致腐朽,这些菌类或虫类会使愈合组织不能生成,经过一段时间后就产生了树穴。

树木的心材如果产生洞穴还不致于损伤树木的树势,但是这会损害树木的机械支持能力,并且这种树穴也会成为虫类的温床。如果在树干上树穴的洞口继续扩大,则会损伤树势。这是因为树穴的洞口原来是树木形成层及边材占据的位置,树穴口部的扩大会损伤树木韧皮部的传导系统。

大多数腐朽菌所造成的腐朽过程极为缓慢,其速度大约等于树木的年生长量。因此,即使有树穴存在,一株树势良好的树木依然可以长到相当大的程度。

(2) 树穴的处理

处理树穴的目的在于改善树木的外观并消除虫蚁、蚊子、蛇、鼠等昆虫和动物的庇护所。

树穴处理的方法有两种:一是把树穴用固体物质填满;二是只把树穴清洁,消毒并漆以树漆即可。

清理树穴时，应将树穴中所有变色与含水的组织予以清理，因为这是木材腐朽菌的大本营。对于大的树穴，不能将所有变色的木材全部清除，因为这会减弱树木的机械能力，易导致树木折断。

一般而言，老的树穴伤口均已布满创伤组织，如铲除这些创伤组织则会破坏树木水分和养分的传导系统而严重削弱树势，因此林业维护人员应自行判断树穴中腐朽部分是否应予清理。

(3) 树穴的造型

对树穴应该进行整形，以使树穴内没有水囊存在，假使这些水囊蔓延至树干，则应把外面的树皮切除以消除水囊，假使树穴内有很深的水囊存在，则应在水囊下端之外的树皮处穿一洞，并插上排水管。由于排水管所排的是树液，这会使排水管成为真菌、细菌与害虫的滋生场所，所以应注意防范。假使一个树穴伸延到根部，即这个水囊的基部处于土壤之下，这时应把树皮部分清理并涂袋后，再填以适当的固体材料。

在树穴整形时，对树穴的边缘应特别注意，因为只有形成层与树皮健康，以及留下充分的边材时，才会产生充分的愈合活动。树皮必须用利刃整形，这样才能使被修整部分平滑，被切下的部分应立刻涂上假漆，以防止柔嫩的组织变干。

(4) 在树穴内架设支柱

在较大的树穴内应该装架支柱，这样可以使树穴的两侧坚固，同时巩固树穴内的填充物质。

支柱应以下列方法插入树穴之中：支柱插入孔应离健康的边材边缘至少 5 cm，支柱的长度与直径应根据树穴大小来考虑。支柱的两端应套上橡皮圈，再用螺丝帽锁住。

(5) 消毒与涂装

消毒与涂装的部分包括：把树穴内部用木焦油或硫酸铜溶液（1 kg 硫酸铜溶在 4 kg 水中，硫酸铜溶液必须用木桶盛装）进行消毒处理，再用水泥或白灰进行涂装。

7.1.3.5 支柱与缆绳

用以支撑建筑物的铁杆或木桩称为支柱，用支柱抚育和保护树木的方法称为支柱支持法，以钢丝绳做树木人工支持物的方法称为缆绳支持法。

(1) 使用人工支持物的对象

①紧"V"字形枝桠 许多树种本身会生成紧"V"字形枝桠，另一些树木则因幼年未施行修枝致造成紧"V"字形枝桠。

当两条树枝紧接在一起时，会妨害这两枝条形成层与树皮的正常发展，甚至因彼此挤压而导致这两枝条的死亡。因此应设法把紧"V"字形枝桠改为"U"字形的枝桠。

②断裂的枝桠 如因景观上的需要必须保留断裂的枝桠，则必须用人工支柱的方式防其继续断裂。

③可能断裂的枝桠 许多树种因其枝桠上的叶子太多而木材的材质又太脆弱，可能会使枝桠断裂，因此需要采取人工支撑来避免枝桠断裂。

(2) 支持物的种类

支持物分支柱和钢缆两种。

①支柱 支柱是由铝合金制成的棍杆或木棍。使用时，有一半木材已腐朽的枝条以及

心材全已朽烂、只剩下边材的树穴，可以用支柱支持树木。支柱在使用前应涂上树漆。具体支撑步骤如下：

第一步，枝桠的固定。把衰落的枝条与强壮的枝条固定在一起，即把两根枝桠用一根支柱连接在一起。支柱是从两枝桠的中间穿过，两端用螺丝锁住。大的枝桠用两根平行的支柱锁住，这两根支柱通常是放在树枝直径两倍高的地方。这两根平行支柱的间隔等于树枝直径的一半，快断裂的树枝如果想加以保存，则应该用绳索或其他适当的工具绑好。

第二步，相互摩擦枝条的固定。两条互相摩擦的枝条应予固定。可以用一根支柱把两个枝条固定在一起或用支柱把两根枝条分开但固定在一起。假如要把两根枝条固定在一起，但又要使这两根枝条能自由移动，则要用"U"字形螺钉。"U"字形螺钉钉在上侧枝条上，在下侧枝条上则钉一木块，然后再把上侧枝条上的螺钉固定在下侧枝条的木块上。

②钢缆法　钢缆法是用铜皮包的钢缆来固定枝条。这种方法有4种做法：一是单向系统，从一枝条向另一枝条以钢缆相连接；二盒状系统，把四根枝条以钢缆逐一连接；三是轮形系统，在中间一枝条中装上挂钩，四周四株树枝除依盒状系统互相连接外，也均与中间的枝条相连接；四是三角系统，即把每三根树枝用钢缆形成三角形的方式连接起来。以上4种做法以三角形系统最能支持弱枝。

包铜钢缆通常是装在枝桠交叉点至顶端的2/3处，挂钩用来钩住钢缆的，挂钩应采用镀铬钢钩。

7.1.3.6　市区森林病虫害的防治

无论是国内还是国外，城市森林都曾经因病虫害的蔓延而遭受到极大的破坏，例如，我国北方城市中曾经爆发流行过的杨柳光肩星天牛危害，美国曾经蔓延过的大规模荷兰榆树病危害，都使几十年的城市绿化成果毁于一旦。因此，病虫害防治是市区森林一项非常重要和关键的抚育保护措施。

市区森林病虫害防治最大的难度就在于由于市区人口稠密，一般对人畜有毒的杀虫、杀菌药物是严格禁止大规模或经常使用的。因此，市区森林病虫害的防治原则是预防第一，控制第二，有效的预防与监测系统就显得更为重要了。

（1）市区森林病虫害抚育管理的途径

①建立严格的病虫害检疫制度　植物病虫害检疫就是为防止危险性的病虫害在国际间或国内地区间的人为传播所建立的一项制度。病虫害检疫的任务就是：禁止危险性病虫随动植物或产品由国外输入或由国内输出；将国内局部地区已发生的危害性病虫害封闭在一定的范围内，不使其蔓延；当危险性病虫害侵入新地区时，采取紧急措施就地消灭。一般检疫对象由国家指定，如荷兰榆树病、五针松疫锈病、杨树溃疡病等。

②生物防治措施　生物防治技术是当今世界范围内发展迅速、且最符合生态学原理的一项治理措施。通常对害虫的生物防治措施包括：引进有害昆虫的天敌或为害虫的天敌创造适宜的生活条件，许多鸟类就是昆虫的天敌。病害的防治一般是利用某些微生物作为工具来防治的。

③化学防治措施　病虫害的化学防治是利用人工合成的有机或无机杀虫剂、杀菌剂来防治病虫危害的一种方法，是植物病虫害防治的一个重要手段。它具有适用范围广、收效快、方法简便等特点。特别是在病虫害已经发生时，使用化学药剂往往是唯一能够迅速控

制病虫大范围蔓延的手段。

市场上各种杀虫剂和杀菌剂均有销售,使用方法和原理各不相同。大体上可分为铲除剂、保护剂和内吸剂等,而使用上有种实消毒、土壤消毒、喷洒植物等。

需要注意的是,现在市区环境内,为了减少使用化学药剂可能对环境的影响,对使用化学药剂是实行严格控制的。一般在不太严重的情况下,禁止大面积喷洒杀虫剂和杀菌剂,同时高效低毒的药剂也正在逐步代替有残毒危害的药品。

④物理防治措施　利用高温、射线及昆虫的趋光性等物理措施来防治病虫害,在某些特殊条件下能收到良好的效果,例如,在特定的时期利用黑光灯诱杀某些有害昆虫,对土壤中病菌虫卵采用高温消毒等。

⑤综合防治措施　综合防治就是通过有机地协调和应用检疫、选用抗病品种、林业措施、生物防治、化学防治、物理防治等各种防治手段,将病虫害降低到经济危害水平以下。

(2) 美国的城市森林病虫害防治的 IBM 计划

在美国,为了防治大面积喷洒农药给城市带来的潜在危害和恶性循环,于 20 世纪 70 年代初,提出了害虫综合管理的 IBM 计划。

IBM 计划分为 4 个组成部分:

①了解树木生长系统　建立行道树木及其他城市林木资源清查系统。

②建立监测系统　每年定期普查。

③规定工作阈限　规定阈限或致害水平以确定何时或达到何种程度时才采取防治措施,它是 IBM 计划的一项重要内容。其中把防治成本与林木受害代价比较,是确定阈限的最简便方法。例如,苗圃苗木每 667 m^2 价值 1000 美元,喷洒农药每 667 m^2 须花 100 美元,假如害虫正危害苗木并造成每 667 m^2 400 美元亏损,那么喷洒农药是比较经济的,因为其阈限值是 400 美元。

④经营决策　经营管理对每个 IBM 计划都起着重要的作用。一般制订的不仅仅是一个害虫防治方案,经营决策还包括良好的公共关系、公共教育,以及对行人、游客的教育与保护等。

7.2　郊区森林的培育

郊区森林从空间分布上根据其距离城市的远近,可分为两大类型,一是近郊森林,它们包括近郊的树木园、植物园、旅游景点以及城边的防护林带等;二是远郊森林,主要包括自然保护区和国家森林公园。但这种距离划分不是绝对的,有的城市本身就置于国家自然保护区或者与保护区相当接近的地区,在这样的地区,城市森林本身就是从原有自然森林发展而来的。

7.2.1　远郊森林类型

远郊森林从类型上说主要包括两类:一类是自然保护区;另一类是国家森林公园。

7.2.1.1 自然保护区

1) 自然保护区的概念及其意义

自然保护是对人类赖以生存的自然环境和自然资源进行全面的保护，使之免于遭到破坏，其主要目的就是要保护人类赖以生存、发展的生态过程和生命支持系统（如水、土壤、光、热、空气等自然物质系统，农业生态系统、森林、草原、荒漠、湿地、湖泊、高山和海洋等生态系统），使其免遭退化、破坏和污染，保证生物资源（水生、陆生野生生物和人工饲养生物资源）的永续利用，保存生态系统、生物物种资源和遗传物质的多样性，保留自然历史遗迹和地理景观（如河流、瀑布、火山口、山脊山峰、峡谷、古生物化石、地质剖面、岩溶地貌、洞穴及古树名木等）。为了实现这些目标，需要探索和研究自然界中各种自然资源和环境因素的相互关系，从而找到开发利用的合理途径，使自然环境的质量保持良好和稳定，自然资源得到有效、合理和可持续的保护与利用。为此，人类在这些特殊区域有意识地设置保护区加以特殊保护和管理。因此，所谓自然保护区就是指为了保护珍贵和濒危动植物、各种典型的生态系统，以及珍贵的地质剖面等，将具有典型特殊的自然生态系统或自然综合体（如珍稀动植物的集中栖息或分布区、重要的自然景观区、水源涵养区、具有特殊意义的自然地质建造和重要的自然遗产和人文古迹等）以及其他为了科研、监测、教育、文化娱乐、旅游等目的而划定的特殊保护区域的总称。具体来说，自然保护区就是将山地、森林、草原、水域、滩涂、湿地、荒漠、岛屿和海洋等各种典型生态系统及自然历史遗迹等划出特定面积，设置专门机构并加以保护和管理，并作为保护自然资源特别是生物资源，开展科学研究工作的重要基地。简单地说，自然保护区就是指在不同地带和大的自然地理区域内，划出一定的范围，将国家和地方的自然资源和自然历史遗产保护起来的场所。

建立自然保护区是为了拯救某些濒于灭绝的生物物种，监测人为活动对自然界的影响，研究保持人类生存环境的条件和生态系统的自然演替规律，找出合理利用资源的科学方法和途径。因此，建立自然保护区有如下重要意义：

(1) 展示和保护生态系统的自然本底与原貌

自然保护区的首要任务就是保护自然资源与自然环境，即保护各种典型的生态系统、生物物种及各种有价值的自然遗迹。自然保护区保留的各种类型的生态系统，可以展示自然生态系统的真实面貌，也为人类的子孙后代留下了天然的"本底"。这个天然的"本底"是今后人类在利用、改造自然时应遵循的规律和途径，也为预测人类活动将会引起的各种生态后果提供了评价标准。

(2) 保存生物物种的基因库

自然保护区是拯救濒危生物物种的庇护所，也是保护和贮备生物物种的基因库。自然界的野生物种是宝贵的种质资源。人类在发展、改造和利用自然财富的实践中，要不断地提高生物品种的产量和质量，选育优良品种，就必须从自然界中找到它们野外的原生种或近亲种。自然保护区是保护生物多样性的重要基地，因而能为保存野生物种和它们的遗传基因提供良好的条件和保证。

(3) 科学研究的天然试验场

自然保护区保存有完整的生态系统、丰富的物种、生物群落及其赖以生存的各种自然环境,为开展各种科学研究提供了理想的、得天独厚的基地和天然试验场。人类发展的历史就是了解自然、认识自然、利用自然和改造自然的漫长历史过程。在科学技术发达的当代,人类要持续地利用资源,必须尊重自然发展变化的客观规律。自然保护区为进行各种生物学、生态学、地质学、古生物学及其他学科(包括经济学及社会学)的研究提供有利条件,为种群和物种的演变与发展,为环境监测和定位研究提供了良好的基地,如日本设立的"自然遗迹区""学术参考保护林"等。在美国,这种自然保护区面积平均为 400~500 hm^2,不仅包括森林,还有河流,并设置有各种观测仪器,进行长期观测以监测原始景观,并与其他自然景观相比较。

(4) 进行公众教育的自然博物馆

自然保护区是为广大公众普及自然科学知识的重要场所,也是进行宣传教育的的天然课堂和自然博物馆。有计划地安排教学实习、参观考察及组织青少年夏令营活动,利用自然保护区宣传教育中心内设置的标本、模型、图片和录像等,向人们普及生物学、自然地理等自然知识,如日本设立的"自然教育国馆"等。同时,自然保护区也是宣传国家自然保护方针、政策的自然讲坛及文化教育重要基地。

(5) 休闲娱乐的天然旅游区

自然保护区具有丰富的物种资源、优美的自然景观和美学价值,也拥有得天独厚的旅游景观和游憩资源,可以满足人类精神文化生活的需求。自然界的美景能令人心旷神怡,而且良好的情绪可使人精神焕发,燃起生活和创造的热情。可以说,自然界是人类健康、灵感和创作的源泉。因此,自然保护区也常常是进行艺术创作的重要场地和艺术灵感的触发源泉,有条件的自然保护区可划出特定旅游区域,供人们参观游览、休闲疗养。另外,自然保护区保护着丰富的水资源、植被资源和土地资源,这对地方经济的持续发展和资源永续利用也具有重要意义。

(6) 维持生态系统平衡

自然保护区对其及周边地区自然环境的改善,维持自然生态系统的正常循环和提高所在区域人们的生存环境质量,促进区域生态环境逐步向良性循环转化,减免自然灾害,维持区域生态系统的平衡与稳定等方面都在不断地发挥着重要作用。

2) 自然保护区的发展历史与现状

世界各国划出一定的范围来保护珍稀动植物及其栖息地已有很长的历史渊源,但是,公认的自然保护区在国际上只有 130 多年的历史。19 世纪初,随着资本主义社会发展对自然环境造成的破坏和影响,使许多野生动植物不断灭绝或濒危,许多生态系统变得十分脆弱。这引起了世界各国科学家的关注,保护自然的呼声在国际上越来越强烈。当时德国博物学家汉伯特,首先提出应建立天然纪念物,以保护自然界的名胜和独特自然景观。1872 年,美国建立了世界上第一个国家公园——黄石公园(Yellowstone National Park),面积 8956 km^2。由此开始了通过建立自然保护区的形式保护自然界的实际行动。20 世纪以来自然保护区事业发展很快,特别是第二次世界大战后,在世界范围内成立了许多国际机构,从事自然保护区的宣传、协调和科研等工作,如"国际自然及自然资源保护联盟"、联合国教科文组织的"人与生物圈计划"等。从 1962 年开始的每十年举办一届的世界国家公园保护区大会上,世界各国代表、专家就国家公园和自然保护区问题进行专题研究和讨论,这对促进和发展国家公园和自然保护区建设起到了积极的推动作用。在国际上，建立国家公园和自然保护区已成为各国保存自然生态系统和珍稀野生动植物物种的主要途径和手段，全世界自然保护区的数量和面积不断增加，并已成为一个国家文明与进步的重要标志之一。

中国古代就有朴素的自然保护思想，例如，《逸周书·大聚篇》就有："春三月，山林不登斧，以成草木之长。夏三月，川泽不入网罟，以成鱼鳖之长。"的记载。所谓"神木""风水林"、神山""龙山"等，虽带有封建迷信色彩，但客观上却起到了保护自然的作用。中华人民共和国成立后，自然保护区得到了很大发展。1956年初，华南植物园的前身华南植物研究所在广东省肇庆市的鼎湖山设立保护区，面积1133 hm^2，鼎湖山由此成为中国第一个自然保护区，1979年鼎湖山保护区被纳入世界生物圈保护区网。截至2019年底，全国共建立以国家公园为主体的各级、各类保护地达到1.18万个，保护面积占全国陆域国土面积的18.0%、管辖海域面积的4.1%，其中国家公园体制试点10处，国家级自然保护区474处，国家级风景名胜区244处(2019年中国生态环境状况公报。从2019年开始，自然保护区统计改为自然保护地)。

3) 自然保护区的类型

自从1872年美国建立了世界上第一个自然保护区——黄石公园以来，全世界各国都陆续建立了各种类型的自然保护区，由于保护对象、管理目标及管理级别的不同，使各国在保护区的名称上也是五花八门，各有特色。据统计，除去在城市中建造的人为公园外，全世界与自然界有关的保护区名称有44种(表7-1)。

表7-1 全世界与自然界有关的保护区名称

序号	名称	英文名	序号	名称	英文名
1	人类学保护区	Anthropological Reserve	16	多种经营管理区	Multiple Use Management Area
2	生物保护区	Biological Reserve	17	国家动物保护区	National Fauna Reserve
3	生物圈保护区	Biosphere Reserve	18	国家森林	National Forest
4	鸟类保护区(禁猎区)	Bird Sanctuary	19	国家狩猎动物保护区	National Game Reserve
5	保护区	Conservation Area	20	国家(级)自然保护区	National Nature Reserve
6	保护公园	Conservation Park	21	国家公园	National Park
7	联邦生物保护区	Federal Biological Reserve	22	自然区	Natural Area
8	动植物保护区	Fauna and Flora Reserve	23	自然生物保护区	Natural Biotic Reserve
9	动物保护区	Fauna Reserve	24	自然景物保护区	Natural Landmark
10	森林和动物保护区	Forest and Fauna Reserve	25	自然纪念地	Natural Monument
11	森林保护区(禁伐区)	Forest Sanctuary	26	自然保育区	Nature Conservation Reserve
12	狩猎动物保护区	Game Reserve	27	自然公园	Nature Park
13	狩猎动物禁猎区	Game Sanctuary	28	自然保护区	Nature Reserve
14	受管理的自然保护区	Managed Nature Reserve	29	公园	Park
15	受管理的资源区	Managed Resources Area	30	景观保护区	Protected Landscape

(续)

序号	名称	英文名	序号	名称	英文名
31	保护区域	Protected Region	38	严格的保护区	Strict Reserve
32	省立(级)公园	Provincial Park	39	野生生物管理区	Wildlife Management Area
33	保护区	Reserve	40	野生生物保护区	Wildlife Reserve
34	资源保护区	Resource Reserve	41	野生动物避难区	Wildlife Refuge
35	科学保护区	Scientific Reserve	42	野生动物禁猎区	Wildlife Sanctuary
36	州立(级)公园	State Park	43	原野地	Wildness Area
37	严格的自然保护区	Strict Nature Reserve	44	世界遗产地	World Heritage Site

注：资料来自 http://www.wildlife-plant.gov.cn/lecture/1-1-1.htm

为了解决保护区类型各不相同的问题，世界自然保护联盟(IUCN)与国家公园委员会(CNPPA)于1978年提出了保护区的分类、目标和标准。这个报告提出10个保护区类型(表7-2)。

表7-2　1978年CNPPA提出的10个保护区类型

序号	类型	序号	类型
1	科研保护区/严格的自然保护区	6	保护性景观
2	受管理的自然保护区/野生生物禁猎区	7	世界自然历史遗产保护地
3	生物圈保护区	8	自然资源保护区
4	国家公园与省立公园	9	人类学保护区
5	自然纪念地/自然景物地	10	多种经营管理区/资源经营管理区

注：资料来自 http://www.wildlife-plant.gov.cn/lecture/1-1-1.htm

1984年，CNPPA指定一个专家组开始修改保护区的分类标准，经过了多次的讨论和完善；1993年，IUCN形成了一个"保护区管理类型指南"，指南中将保护区类型最后确定为6种(表7-3)。"保护区管理类型指南"不仅解释了6种保护区名称的含义，同时还规定了各类型保护区的管理目标和指导原则。这个分类标准虽然在世界各国仍有分歧和争议，但IUCN通过为保护区划分类型来强调保护区的类型要以保护目标为分类依据。

表7-3　1993年IUCN提出的6个自然保护区类型

序号	类型	序号	类型
1	自然保护区/荒野区	4	生境/物种管理区
2	国家公园	5	受保护的陆地景观/海洋景观
3	自然纪念地	6	受管理的资源保护区

注：资料来自 http://www.wildlife-plant.gov.cn/lecture/1-1-1.htm

1993年，我国环境保护局批准了《自然保护区类型与级别划分原则》，并设为中国的国家标准。该分类根据自然保护区的保护对象，将自然保护区分为三个类别九个类型(表7-4)：

表 7-4　我国自然保护区分类

类　别	类　型
自然生态系统类	森林生态系统类型
	草原与草甸生态系统类型
	荒漠生态系统类型
	内陆湿地和水域生态系统类型
	海洋和海岸生态系统类型
野生生物类	野生动物类型
	野生植物类型
自然遗迹类	地质遗迹类型
	古生物遗迹类型

注：资料来自 http：//www.wildlife-plant.gov.cn/lecture/l-1-1.htm

第一类是自然生态系统类，保护的是典型地带的生态系统。例如，长白山自然保护区以保护温带山地生态系统为主，广东鼎湖山自然保护区的保护对象为亚热带常绿阔叶林，云南西双版纳自然保护区主要保护热带自然生态系统，甘肃连古城自然保护区的保护对象为沙生植物群落，吉林查干湖自然保护区的保护对象为湖泊生态系统等。

第二类是野生生物类，保护的是珍稀的野生动植物。例如，四川卧龙自然保护区以保护珍稀濒危的野生大熊猫为主，黑龙江扎龙和吉林向海等自然保护区保护保护珍贵水禽的丹顶鹤为主，四川铁布自然保护区以保护梅花鹿为主，福建文昌鱼自然保护区主要保护珍贵的文昌鱼，广西上岳自然保护区主要保护金花茶，广西花坪自然保护区主要保护银杉等。

第三类是自然遗迹类，主要保护的是有科研、教育或旅游价值的化石和孢粉产地、火山口、岩溶地貌、地质剖面等。例如，山东山旺自然保护区的主要保护对象是生物化石产地，湖南张家界森林公园的保护对象是砂岩峰林风景区，黑龙江五大连池自然保护区的保护对象是火山地质地貌，天津蓟县地质剖面自然保护区保护的是珍贵的地质剖面，山东临朐山旺万卷生物化石保护区保护的是重要化石产地，四川九寨沟、重庆缙云山、江西庐山等自然保护区的保护对象是风景秀丽的自然景观。

4）自然保护区的设置

自然保护区设置的原则主要包括自然保护区的典型性、稀有性、自然性、脆弱性、多样性和科学性等方面。

(1) 典型性

自然保护区应是某一种自然生态系统的典型代表，应能表现出地带性自然地貌的特点，包括在不同典型自然地带和生态系统设置保护区，如锡林河流域温带草原自然保护区，这样的保护区具有广泛的代表性。

(2) 稀有性

自然保护区应是某种群落或稀有动植物种群集中分布地和避难所，保护的是某种特定的生物物种，如珍贵、稀有品种，受威胁以致濒临死亡灭绝的物种或品种，而其他地区则没有或者很难见到。如我国在四川、陕西设置的大熊猫自然保护区(如卧龙自然保护区等)，主要目的是保护珍稀濒危的大熊猫及其生存环境。

(3) 自然性

自然保护区应是未受或很少受到人为活动影响的地区，充分表现出自然现状、自然构造和自然特征。

(4) 脆弱性

脆弱的生态系统通常都具有很高的保护和研究价值，而自然保护区的脆弱性，主要表现在生境、群落和物种对环境改变的敏感程度，因此，脆弱的生态系统(包括物种、群落及其生存环境)值得保护。

(5) 多样性

自然保护区应该有很高的多样性。在自然生态系统中，单位面积里各种动植物群落最多最全面的地带，包括由于局部地区的小气候、地形、坡向、坡位、母岩、土壤、土地利用和生产实践上的不同而造成的多种多样的生物群落，都值得加以保护。

(6) 科学性

自然保护区应具有多学科的研究内容和价值，例如，物种资源繁多，具有开展与遗传资源(基因库)有关的科学探索，如在自然保护区中发现了治病新药或是适用于农业增产的生物品种，其研究价值就很高。

自然保护区设置的对象通常包括以下几个方面：

第一，设置的自然保护区必须是未受或少受破坏、保持原有自然景观本色、能充分表现出自然现状、自然构造和自然特征的地段或区域。

第二，设置的自然保护区要具有一定的表现面积和广泛的代表性，面积不宜过小，至少能包括主要生物群落类型，足以保证被保护自然群体生存、繁衍和发展的空间。一般来说，在可能的情况下，自然保护区的面积应尽可能大一些，因为在这种情况下，野生动植物种类的密度越大，自然生态系统的稳定性越高。同时，还要考虑到自然保护区的主要保护对象，在单位面积上的可容量和今后种群繁衍的能力及发展的数量，因此，要结合当地的实际情况，因地制宜，合理划定自然保护区的面积。国外自然保护区一般面积如下：美国最小12 hm^2，最大35 000 hm^2，英国最小16 hm^2，最大26 000 hm^2。日本最小770 hm^2，最大231 929 hm^2。在我国，深圳红树林自然保护区是我国面积最小的国家级自然保护区，面积只有368 hm^2，被国外生态专家称为"袖珍型的保护区"，而青海可可西里国家级自然保护区是我国面积最大的自然保护区，面积达450×10^4 hm^2，是三江源国家公园的重要组成部分。

第三，设置的自然保护区要能够长期保持，在保护任何自然对象时，必须同时保护所处的生态系统与环境。有些地域曾是很好的生态系统，但由于多种原因遭到破坏和损害，如森林的采伐、沼泽的围垦等，在这种情况下，如能进行适当的人工管理或通过自然的改变，生态系统可以得到恢复和改善，也能成为有价值的、可设置为自然保护区的地区。

第四，随着科学的发展和认识的深化，人类对自然界许多物种的价值正在有新的发现和突破，因此，设置的自然保护区必须要有长期的科学研究规划，能够进行前瞻性的科学探索。

第五，设置的自然保护区需要有专业的管理人员和技术人员，这关系到自然保护区保护、管理和建设的成效。

第六，设置的自然保护区要有比较便利的交通条件。

5) 自然保护区设计的主要任务

(1) 确定保护区功能区划

自然保护区通常由核心区、缓冲区和试验区组成，这些不同的区域具有不同的功能，自然保护区设计的首要任务就是要把自然保护区域按不同作用与功能划分地段，进行自然保护区的功能区划，并确定每一功能区必要的保护与管理措施。

①核心区 是自然保护区的精华所在，是被保护物种和环境的核心，需要加以绝对严格地保护。在核心区内可允许进行科学观测，在科学研究中起对照作用；不得在核心区采取人为的干预措施，更不允许修建人工设施和进入机动车辆，禁止参观和游览的人员进入。

②缓冲区 是在核心区外围为保护、防止和减缓外界对核心区造成影响和干扰所划出的区域，其功能是进一步保护和减缓核心区不受侵害，也可允许进行经过管理机构批准的非破坏性科学研究活动。

③试验区 是自然保护区内可进行多种科学试验的地区。试验区内在保护好物种资源和自然景观的原则下，可有计划地培育和利用本地所特有的植物和动物资源，建立栽培和驯化试验的苗圃、种子繁育基地、树木园、植物园和野生动物饲养场；建立科学研究的生态系统观测站、标准地、实验室、气象站、水文观察点、物候观测站，用收集到的数据和资料对生态系统进行对比和研究；进行大专院校的教学实习，设立科学普及教育的标本室和展览馆及陈列室、野外标本采集地；进行生物资源的永续利用和再循环方面的试验研究；在具有旅游资源和景点的自然保护区，在经过调查和论证后在试验区内可划出一定的点、线或范围，开展生态旅游活动。

(2) 编制保护区图面资料

编制自然保护区内图面资料，如地形图、地质地貌图、气候图、植被图，有关文字资料等；建立自然年代记事册，观察记载保护对象的生活习性及其变化情况。

(3) 开展科学研究工作

配置一定的科研设备，包括有关的测试仪器、试验室、表册图片等，与有关大学或科研机构开展多学科的合作研究。

(4) 控制旅游参观人数

根据自然保护区的旅游资源和自然景观的环境容量，确定自然保护区单位面积合理的和可能容纳的旅游参观人数，控制人为对生态系统及自然景观的干扰与破坏。

7.2.1.2 国家森林公园

(1) 国家森林公园的概念及其意义

国家森林公园(national forest park)，这一提法主要用于我国大陆地区，在各类别森林公园中位于最高级。我国的森林公园分为国家森林公园、省级森林公园和市、县级森林公园三级，其中国家森林公园是指森林景观特别优美，人文景物比较集中，观赏、科学、文化价值高，地理位置特殊，具有一定的区域代表性，旅游服务设施齐全，有较高的知名度，可供人们游览、休息或进行科学、文化、教育活动的场所，由国家林业局作出准予设立的行政许可决定。森林公园中的"公园"为一专有名词，来源于国外的"国家公园"（national park），而国家公园已有 100 多年的历史。自 1872 年美国建立黄石国家公园后，"国家公园"一词就在全世界许多国家使用，尽管各自的确切含义不尽相同，但基本意思都指一类自然保护区。鉴于国家公园的普遍存在，1969 年在印度新德里召开的世界自然保护同盟（IUCN）第十届大会作出决议，对国家公园进行定义，明确规定国家公园必须具有以下三个基本特征：

第一，区域内生态系统尚未由于人类的开垦、开采和拓居而遭到根本性的改变，区域内的动植物种、景观和生境具有非凡的科学、教育和娱乐的意义，或区域内含有一片广阔而美丽的自然景观；

第二，政府权力机构已采取措施以阻止或尽可能消除在该区域内的开垦、开采和拓居，并使其生态、自然景观和美学的特征得到充分展示；

第三，在一定条件下，开展以精神、教育、文化和娱乐为目的的参观旅游。

以上三个特征正是区别普通的"公园"和"森林公园"的关键所在。显然，国家公园强调其自然生态系统及其科学意义的特征，这是普通的公园所不能具备的，而森林公园却基本具备了上述三个特征。森林公园的景观主体是森林植被，多为自然状态和半自然状态的森林生态系统，经常拥有比较丰富的生物多样性，而且该区域已由地方政府划出，给以非凡的保护和治理，并主要用于开发以精神、教育、文化和娱乐为目的的旅游活动。因此，我国的森林公园相似于国外的国家公园。应该指出，国家公园是一类保护区的总称，拥有多种景观类型。森林公园的景观特征是森林植被，它仅为国家公园体系中的一种景观类型，除森林公园外，国家公园类型还应包括地质公园、海洋公园、草地公园、荒漠公园、湿地公园等。

在"国家自然保护区系统"的概念下，目前我国就地保护设施主要有自然保护区、森林公园和风景名胜区三个体系，这三个体系在建立、审批和管理上都有各自的特点，都对保护我国自然环境和生物多样性作出了巨大贡献。它们三者之间相辅相成，各有优势。从管理目标看，自然保护区以绝对保护为主，承担的保护任务最重，而森林公园和风景名胜区以保护和开发旅游并重，从保护对象看，自然保护区的科学意义较大，景观的自然性最强，而森林公园和风景名胜区则融自然、社会及人文景观于一体；从管理要求看，自然保护区和风景名胜区必须由各级人民政府批准建立，需解决机构、编制和经费等问题，审批程序复杂，而森林公园是由各级政府的林业行政主管部门批准建立，机构和人员是在部门内部调配，建立、审批的灵活性强；从现有经济效益看，自然保护区内资源开发受到限制，旅游开发仅限于实验区，而森林公园和风景名胜区旅游收益较大；从发展趋势和潜力来看，自然保护区和风景名胜区已达稳定发展阶段，而森林公园正处于蓬勃发展阶段，相对于我国丰富的森林旅游资源来看，其发展潜力还很大。

（2）国家森林公园的发展历史与现状

国家森林公园是保护区类型中发展到较高阶段的一种自然保护区，它能使国家森林公园区域内生态系统处于自然状态，并各具典型性。它还是一个拥有众多物种的基因库，为科学地研究自然科学、环境科学、人类科学和美学提供基地，其自然景观又给人以美的享受。早在17、18世纪,欧洲国家皇室都有利用郊区森林建设避暑夏宫的传统。到了近代城市扩大后,工业的日益发展,人们继续保留已逐渐形成的森林地带,供人们节假日休息游览。如巴黎城郊离市中心60 km的枫丹白露已成为法国巴黎市民最喜爱的游览场所,每年进入森林的人数达1000万人次。到了1950年以后,森林旅游业由于它的显著价值最终获得了各界人士的承认,森林公园建设已一跃成了森林资源的一个重要部分。在一些大城市周围的森林,旅游成了森林最有价值的用途。

我国森林公园的建设起步于20世纪80年代。1982年我国家建立了第一个国家森林公园——湖南"张家界国家森林公园"。我国的森林公园建设大致经历了两个阶段。

第一阶段:1980年8月中华人民共和国林业部发出"风景名胜区国营林场保护森林和开放旅游事业的通知"。1981年6月,国家计划委员会在北京召开国家旅游局、林业部等有关单位参加的开展森林旅游座谈会,积极倡导林业部门开展森林旅游。从1982年至1990年,以我国第一个森林公园——张家界国家森林公园的建成为起点,其发展特点是:①每年批建的森林公园数量少,9年中总共只批建了16个,其中包括张家界、泰山、千岛湖和黄山国家森林公园等;②国家对森林公园建设的投入相对较大;③行业管理较弱。

第二阶段:从1991年开始到现在,其发展特点是:①森林公园数量快速增长,从1991年至2009年初,全国各类森林公园总数已达到2117处,其中国家森林公园710处,面积达$1125×10^4$ hm^2;②国家对森林公园的投入减少,主要通过地方财政投入、招商引资、贷款及林业系统自身投入等方式进行建设;③行业管理加强,开始走向法制化、规范化、标准化。1992年7月,原林业部成立了"森林公园管理办公室",各省(自治区、直辖市)也相继成立了管理机构;1994年1月,原林业部颁布了《森林公园管理办法》;同年12月,又成立了"中国森林风景资源评价委员会",规范了国家森林公园的审批程序,制定了森林公园风景资源质量评价标准。1996年1月,原林业部颁布了《森林公园总体设计规范》,为森林公园的总体设计提供了标准。到2019年底,我国已有国家级森林公园897处。

(3) 国家森林公园的建园依据与标准

我国幅员辽阔,自然地理条件复杂,气候变化多端,动植物资源丰富,并有许多闻名世界的珍奇物种。森林、草原、水域、湿地、荒漠、海洋等各种类型繁多,同时有许多自然历史遗迹和文化遗产。它们的存在,为我国建立国家森林公园奠定了良好的基础,建园可依据自然保护对象分别进行。

众多的自然区域,它们代表着不同典型的自然地带环境和生态系统,包括高山、山地、高原、丘陵、平原、盆地和岛屿等;许多特有珍稀野生动物种和它们生长栖息环境,很多生态系统演替明显,生物种丰富的地区,保护价值特殊的地区,如水源涵养地、母树林、化石产地等;保存完整的自然历史遗迹(包括冰川、火山、海洋、大陆架等)和悠久的文化遗产,被国际重视和列入国际保护的地方。这些地区或区域都可建立国家森林公园。

国家森林公园建园的一般标准包括:①区域内野生生物资源(包括微生物,淡水和咸水水生动物,陆生和陆栖动植物,无脊椎动物,脊椎动物)和这些动植物赖以生存的生态系统和栖息地,应得到完整的保护;②区域内自然资源(包括非生物的自然资源,如空气、地貌类型、水域、土壤、矿物质、泉眼或瀑布等)应得到完整的保护;③具有美学价值和适于游憩的景观应得到完整的保护；④应消除各种存在于该区域的威胁、破坏与污染。

(4) 国家森林公园的区划与管理

国家森林公园实行区域划分，受保护的地带面积应在 1000 hm^2 以上(经营区和游览区不在此内)。根据各自不同的景观和物种特点，将国家森林公园划分为：特别保护区、自然区、科学试验区、缓冲区、参观游览区、公益服务区等不同区域，各个区域按不同的功能和要求进行设计与建设。特别保护区内禁止搞一切设施建设；自然科学试验区不搞大的设施建设；游览区和公益服务区的建筑房屋应与自然环境和谐一致融为一体，突出自然的特点。

国家森林公园是国家自然保护事业的重要组成部分，各级行政部门有责任加强其建设和管理并能使之为自然保护科学研究服务。第一，国家森林公园管理机构应具有对国家区域内一切自然环境和自然资源行使全面管理的职权，其他单位和部门应予以理解和支持；第二，管理机构应按国家森林公园的宗旨和要求进行管理，不得曲解和偏离；第三，管理机构应协调好与当地居民的关系，尽可能向他们提供与建设国家森林公园有关的就业机会和劳务工作；第四，国家森林公园管理机构应与研究机构、大学和其他科研组织进行合作，对在国家森林公园内进行的科学研究给予支持并实施有效的管理，同时向社会公众宣布和解释科学研究的意义和科研成果；第五，国家森林公园管理机构应对在国家森林公园内开展的旅游活动和规模进行有效的管理，并通过科学的统计和分析，提出控制旅游的时间和人数及开放的季节，确保国家森林公园不被其干扰和破坏。

(5) 国家森林公园的典型范例——法国巴黎市的枫丹白露林森林

枫丹白露(Fontainebleau)意为蓝色的泉水，指森林中流出的清清泉水。闻名世界的枫丹白露森林公园是法国面积居第二位的连片国有林，总面积为 1.7×10^4 hm^2，距巴黎市中心 60 km。这里主要树种为橡树(44%)、欧洲赤松(41%)和山毛榉(10%)，还有云杉、花旗松、海岸松、落叶松、巨杉、美洲红橡等乡土及引进树种。这片森林有很长的经营历史，历来就是法国王室的狩猎场地。著名的枫丹白露王宫及其宫廷花园就在这片森林中心地区。1920 年左右，法国一批以描绘自然风景为主要特色的著名画家来此长期写生作画，形成了独特的流派，也为枫丹白露林增添了艺术价值。现在枫丹白露林也成为巴黎市民最喜爱的郊游场所，每年进入森林游憩的人数达 1000 万人次，其中有 70% 的人是来度周末或节假日休闲旅游的。

枫丹白露林由法国国家森林局(ONF)经营管理，虽然经营目标主要游憩服务，森林中还是区划出面积为 41512 hm^2 的自然保护区，但森林的主体部分(434 hm^2)仍进行着正常的营林活动。由于大部林木较老，所以要进行相当规模的更新。近年来每年生产木材约 7×10^4 m^3，销售木材所得占此区开支的 4.5%。橡林更新方式采用渐伐作业，以天然更新下种为主，采伐更新区都用铁网围栏封育，以便妥善保护。天然更新有利于形成自然景观，再加上枫丹白露林区的特殊地质条件，形成峡谷峭壁及局部岩石露头(仅在石缝之间散生桦木和松树)呈现出别具一格的荒野景观，巴黎市民喜欢的正是这种野趣。

7.2.2 近郊森林类型

近郊森林是指城市周围(城乡结合部)建设的以森林为主体的绿色地带(green belt

zone）。就我国城市近效森林类型分析，主要是以防护林为主的防风林带；以水土保持为主的城郊水土保持林；以涵养水源为主的水源涵养林；还有近郊人工种植或天然遗留下来的带状或丛状小面积片林（隔离片林）以及人为设置的各种公园、休闲娱乐设施中的林木。这些绿带既可改善生态环境，为市区居民提供野外游憩的场所，又可作为城乡结合部的界定位置，控制城市的无序发展，其功能是多方面的。

(1) 防风林

近郊防风林是在干旱多风的地区，为了降低风速、阻挡风沙而种植的防护林。防风林的主要作用是降低风速、防风固沙、改善气候条件、涵养水源、保持水土，还可以调节空气的湿度、温度、减少冻害和其他灾害的危害。

(2) 水土保持林

近郊水土保持林是指按照一定的树种组成，一定的林分结构和一定的形式（片状、块状、带状）配置在水土流失区不同地貌上的林分。

由于水土保持林的防护目的和所处的地貌部位不同，可以将其划分为分水岭地带防护林、坡面防护林、侵蚀沟头防护林、侵蚀沟道防护林、护岸护滩林、池塘水库防护林等水土保持林类型。

(3) 水源涵养林

水源涵养林是指以调节、改善水源流量和水质的一种防护林类型，也称水源林。作为城市森林的主要部分，水源涵养林属于保持水土、涵养水源、阻止污染物进入水系的森林类型，主要分布在城市上游的水源地区，对于调节径流、防止水、旱灾害，合理开发、利用水资源具有重要意义。水源涵养林主要通过林冠截留、枯枝落叶层的截持和林地土壤的调节来发挥其水土保持、滞洪蓄洪、调节水源、改善水质、调节气候和保护野生动物的生态服务功能。

(4) 风景游憩林

一般来说，风景林是指具有较高美学价值，并以满足人们审美需求为目标的森林，游憩林是指具有适合开展游憩的自然条件和相应的人工设施，以满足人们娱乐、健身、疗养、休息和观赏等各种游憩需求为目标的森林。虽然风景林和游憩林在主导功能上有区别，但通常森林既能满足人们的审美需求又能满足综合游憩需求，人们常把这样的森林总称为风景游憩林。

随着城市居民的生活水平不断提高，人们外出休闲已成为生活时尚，而森林因其空气清新、舒适安静，对游客产生了越来越大的吸引力，更多的人把森林作为自己休闲旅游的首选之地，森林游憩业逐渐成为国民经济新的增长点，也为近郊风景游憩林带来了良好的发展机遇。

城市近郊风景游憩林主要包括有近郊人工种植或天然遗留下来的带状或丛状小面积片林（隔离片林）以及人为设置的各种公园、休闲娱乐设施中的林木。

7.2.3 郊区森林的营造

7.2.3.1 远郊自然保护区和国家森林公园森林的营造

由于自然保护区和国家森林公园距离城市较远，同时植被多为天然植被，因此一般情况下在自然保护区和国家森林公园内的森林不需要进行人工造林。但是，由于近年来城市居民对于回归大自然的渴望，到自然保护区或国家森林公园进行休假或旅游的人数不断增加。因此，在国家森林公园或自然保护区内有计划地开辟一些供游人娱乐、休息和体育活动的场所、野营休闲地和必要的相关设施，已成为这些远郊森林地区整体规划的一个部分。由此在自然保护区或国家森林公园内外栽植一些观赏性强、美观或具有强烈绿荫效果的林木已成为一种重要的补植手段。

例如，在法国诺曼底地区的橡林国家森林公园，它的面积约 4000 hm^2，距巴黎市区超过 100 km，是一个典型的远郊国家森林公园。这里的原生植被以欧洲橡林为主，欧洲山毛榉及其他阔叶树伴生而形成的一种森林类型。由于自然条件适于橡木的生长，因此森林植被非常繁盛，可以提供木材。作业方式采用渐伐的方式，伐期年龄为 180~220 年。一般不需要人工更新，主要靠天然下种进行更新。仅在天然更新不良的地区，辅之以人工更新措施。人工更新的方法一般采用容器苗造林。为了扩大旅游服务范围，法国林业部门按照多目标营林原则对其实行经营，设立了许多方便休闲旅游者的设施，如方便的道路网，停车场，道路标志及导游指示路线等。

7.2.3.2 近郊森林的营造

正如前面已讨论过的，近郊森林类型是多种多样的。但从主体上讲，主要有四大类型：一是防护林(如防风林、防污减噪林等)；二是水土保持林；三是水源涵养林；四是风景游憩林，主要包括近郊公园(如水上公园、森林公园、纪念性游园、以及各种文化景点等)。对于不同的近郊森林类型，其造林技术是有差异的。

(1) 近郊防风林的营造

城市近郊防风林的营造，关键的技术措施是选择造林树种，并且配置和设计具有不同走向、结构及透风系数的防风林带。一般的城市防风林都是呈带状环绕在市区和郊区的结合部，而有害风的风向每个城市都不尽相同，因此防风林带的设置应当与当地主害风风向垂直。对于我国北方城市，一般冬春季是大风季节，而且盛行风向大多为西北风。因此，在这些城市中防风林带主要应设置在城市的西北部，并且与主害风方向垂直。树种选择也应最好选用常绿的松柏类树种，冬季不落叶，其防风阻沙能力较好。但是对于南方沿海城市，这些城市经常要受到台风的侵袭，而我国台风的路线一般是东南方向的，因此防风林应布置在市区的东南面，而且在树种选择上，以落叶阔叶林为好。阔叶林在夏季总叶量很大，能够对台风形成较大的阻隔作用。

一般北方地区近郊防风林带近选用的树种有沙枣、小叶杨、青杨、二白杨、新疆杨、白榆、旱柳、樟子松、油松等。南方地区可选木麻黄、相思树、女贞、夹竹桃、大叶合欢、刺桐、黄槿、苦楝、龙眼、荔枝等树种。

(2) 水土保持林的营造

近郊区与市区相比，虽然人为活动的影响程度有所降低，但与远郊森林类型相比较，人类生产活动对它影响仍然是很大的。如果破坏了原有植被，易引起水土流失，特别是座落在山区或者有一定坡度的城市，这种水蚀现象就更为严重。而营造水土保持林，是解决市郊水土流失问题的关键所在。城郊水土保持林的营造技术可参阅"干旱区造林学"或"水土保持学"等课程，这里不再赘述。水土保持林在北方地区常用的造林树种有油松、沙棘、锦鸡儿、紫穗槐、柽柳、旱柳等。南方地区常用的水土保持树种有相思、洋紫荆、垂叶榕、大叶榕、高山榕、小叶榕、夹竹桃、木本曼陀罗、勒杜鹃、黄槐、菩提树、湿地松等。

(3) 水源涵养林的营造

水源涵养林的主要营造技术包括树种选择、林地配置等内容。

① 树种选择和混交　在适地适树原则指导下，水源涵养林的造林树种应具备根量多、根域广、林冠层郁闭度高（复层林比单层林好）、林内枯枝落叶丰富等特点。因此，最好营造针阔混交林，其中除主要树种外，要考虑合适的伴生树种和灌木，以形成混交复层林结构。同时选择一定比例深根性树种，以加强土壤固持能力。在立地条件差的地方，可考虑对土壤具有改良作用的豆科树种作先锋树种；在条件好的地方，则要用速生树种作为主要造林树种。

② 林地配置和造林整地方法　在不同气候条件下采取不同的配置方法。在降水量多、洪水为害大的河流上游，宜在整个水源地区全面营造水源林。在因融雪造成洪水灾害的水源地区，水源林只宜在分水岭和山坡上部配置，使山坡下半部处于裸露状态，这样春天下半部的雪首先融化流走，上半部林内积雪再融化就不致造成洪灾。为了增加整个流域的水资源总量，一般不在干旱半干旱地区的坡脚和沟谷中造林，因为这些部位的森林能把汇集到沟谷中的水分重新蒸腾到大气中去，减少径流量。总之，水源涵养林要因时、因地、因害设置。水源林的造林整地方法与其他林种无重大区别。在中国南方低山丘陵区降水量大，要在造林整地时采用竹节沟整地造林；西北黄土区降水量少，一般用反坡梯田整地造林；华北石山区采用水平条整地造林。在有条件的水源地区，也可采用封山育林或飞机播种造林等方式。

(4) 近郊风景游憩林的营造

森林游憩就是在森林的环境中游乐与休憩，森林植被景观是旅游基本诸要素中游客访问的主要客体，同时也是对游憩的舒适度影响最广泛的因素，而近郊风景游憩林主要是为城市居民提供森林游憩、观光、度假等服务功能。所以，可以通过营造、更新与抚育来全面改造风景游憩林的森林景观，以良好的、有地方特色的植物及森林景观来吸引游客。同时，通过营造、更新与抚育，提高森林健康水平和预防病虫害能力，这对增强森林自身的吸引力以及促进森林游憩业的蓬勃发展具有十分重大的意义。

配置在近郊各个园林风景点，如植物园、水上公园、森林公园的风景游憩林，一般可分为如下四种类型：

密林：林木郁闭度为 0.7~1.0，道路广场密度 10% 以上；

疏林草地：林木郁闭度为 0.4~0.6，道路广场密度 5% 以上；

稀树草地：林木郁闭度为 0.1~0.3，道路广场密度 5% 左右；

空旷草地：林木郁闭度 0.1 左右，道路广场密度 5% 以下。

以上 4 种类型的特点和配置如下：

① 密林　由于密林郁闭度大，一般不允许游人进入，因而道路广场面积相对较大，以便可以容纳一定的游人。从配置上看，密林可分为混交林和纯林两种。纯林多为水平状态的郁闭，同时不应进行行列状种植，株行距离具有自然疏密的变化。树种可选择各种松

类、枫香、紫楠、毛竹、金钱松、鸡爪槭、梅、桃、柿等。林下可种植艳丽的阴生和半阴生草木植物，如百合科、石蒜科、鸢尾科、天南星科、莎草科等耐阴草花。

混交林是以多树种植物之间形成的稳定群落。树种组合时，不仅要考虑地上部分相互依存的环境关系，还要考虑地下根系之间的垂直分布以形成自然均衡的人工混交林。混交林地上部分一般呈成层结构，可以是三层，如乔木、灌木、草本层；或是四层，如大乔木、小乔木、灌木、草本层；还有的可达五层，即大乔木、小乔木、大灌木、小灌木、草本层等。树种选择一般以常绿和落叶乔木混交景观效果较好。采用50~100株或100株以上，以块状混交为主。株行距和小块的形式以自然为宜，忌成行成排。每一个树种占有的多度也不同，一般上层木占30%，中层木占65%，下层木占5%左右为宜。

②疏林草地　林内有部分光线可以进入，因此有些阴性、耐践踏的禾本科草种可以着生，林下空间较大。这类疏林适于人们进入活动，特别是夏季人们在婆娑的树荫下，在绿草如茵的草地上席地而坐，进行野炊、午睡、游戏、阅读，别有风味。

③稀树草地　以游憩为主，一般是沿周围小道布置部分树丛、树群，形成各种大小不一的草地空间，或者在草场中布置一株孤立木以满足庇荫的要求，所以草地中的树木，是以观赏为主，庇荫不占主导地位。草地的功能主要为春秋季在日光下进行活动的场所，或是寒冷地带需要阳光而设置这一类草地，一般林木郁闭度0.1~0.3。稀树草地以纯林为好，为丰富景观，可采用部分花灌木为下木。

④空旷草地　空旷草地主要指完全没有树木，或只有少量孤立木、树丛的草地，其主要功能是提供体育运动、游戏、群众庆祝活动用的自然或规则式草坪。

需要强调指出，上述4种类型的森林草地要与其环境中的其他设施相协调，形成既统一又丰富多彩的景观。

7.2.4　郊区森林的抚育与管理

7.2.4.1　远郊森林的抚育与管理

自然保护区或国家森林公园的森林抚育与保护措施主要是对这些地区的森林管理问题，抚育措施与一般天然森林相同。对植被已发生退化的地段，采用封育措施进行抚育与保护。封育的具体实施过程如下：

①划定封育范围，或规划封育宽度；

②建立保护措施，在封育区边界上建立网围栏、枝条栅栏、石墙等；

③制定封禁条例。

对天然更新良好的自然保护区和国家森林公园的森林可采用渐伐、择伐、疏伐等方式进行抚育，以促进森林可持续发展，同时还能生产一定的木材，获得部分经济效益。

自然保护区和国家森林公园管理与保护的好坏，标志着一个国家在自然保护领域的科学技术、管理人员素质、管理措施和手段，以及宣传教育等方面的水平高低，也反映出国家和社会公众对自然保护的重视程度。每一个自然保护区和国家森林公园都应认真详细地制订各自的管理计划。按管理计划来行使对自然保护区和国家森林公园的管理。管理计划一经上级批准后，即成为自然保护区和国家森林公园管理机构一定时期内管理的准绳。自然保护区和国家森林公园管理机构应向公众阐明管理计划内容，以便让公众进行监督。

每执行完一个时期的管理计划后,还应根据出现的新情况、新问题和今后的发展,制订下一个时期的管理计划内容(一般每一个管理计划的年限是5~10年)。自然保护区和国家森林公园的管理范围很广,大致包括如下内容:

①特别保护区的管理;

②野生动植物的管理;

③景观和栖息地的管理;

④自然保护宣传和教育管理;

⑤科学研究的管理;

⑥旅游和娱乐管理;

⑦土地和设施的防污染管理;

⑧水源和空气的防污染管理;

⑨防火和控制自然灾害的管理;

⑩区域内居民生产生活管理;

⑪自然保护区和国家森林公园的行政管理等。

7.2.4.2 近郊森林的抚育与管理

近郊森林无论是防护林、水土保持林、水源涵养林以及各种风景园林的林木,除少数特殊情况(如城市郊区本身就是天然森林分布)外,一般都属于人工林。因此,适于人工林抚育管理的各项管理措施,均适用于城市近郊森林的抚育和管理,目前生产实践中主要的管理措施如下所述。

(1) 林地的土壤管理

林地的土壤管理主要包括灌溉、施肥、中耕除草、培垄等技术措施。

①灌溉管理　一般城郊地区都具备各种灌溉条件,为了确保市郊森林的成活和保存,应当进行适当的灌溉。在降水丰沛的城市地区,一般只在造林时灌溉一次。但在干旱、半干旱的缺水城市地区,则应根据气候状况、土壤水分状况等进行定期或不定期的灌溉。灌溉方式主要有:漫灌、渠灌、喷灌、滴灌、渗灌等,在有条件的城市地区,最好能采用比较节水的灌溉方式,如喷灌、滴灌、渗灌等。

②施肥管理　施肥管理对于市郊各种类型的森林生长发育都有很重要的作用,它可以促进林木生长发育,缩短成材年龄,提前发挥森林的各种效益,特别是对于郊区的果园和其他经济林木,施肥是一项不可缺少的抚育管理措施。

具体的施肥种类、施肥方法和施肥时期应根据林地的立地条件、树木生长发育阶段和肥源状况来定。最好是无机肥料与有机肥混施。这样一方面为植物提供营养成分,另一方面也可改良土壤的物理、化学性质。在条件允许的地段,也可以进行间作绿肥的种植。

③中耕除草　中耕除草作用有二:一是松土,改善林地土壤的通气条件,有利林木根系生长发育,促进林木生长;二是除草,消除杂草对林木在光照、养分等方面的不利竞争,为林木生长提供更好的生长环境。除草的主要方式有人工除草、机械除草和化学除草等方式。

④培垄　培垄就是在幼树中沿栽植行将土培于幼树根际周围,使呈垄状,其优越性是垄沟可蓄水保墒,垄埂可扩大幼树林下空间营养面积,促进不定根生长。培垄时间应在雨

季之前进行。

(2) 树体管理

树体管理的主要措施是修枝。修枝时间应在幼树郁闭成林后进行，一般是为了控制侧枝的生长。

修枝方法主要有：

①促主控侧法　此法适用于侧枝较多，枝条较旺的树种，如榆、杨等，主要是除掉过多的或者衰弱的枝条。

②针叶树修枝　一般在造林5年后进行，这时生长变快，第一次修枝后，隔4~5年再修一次，每次从基部往上修去侧枝1~2轮。对双尖树，要去弱留强，对下层枝强的树要修下促上。

③树冠整形修枝法　主要是针对观赏树木的一种修枝方法，树冠整形，要做到适量适度，并且要能够使树冠形成良好的形态和结构。

(3) 林分保护管理

①林木病虫害的防治　具体防治措施与市区森林病虫害防治方法相同。

②气象灾害的防治　主要防止冻拔、雪折、风倒、日灼等。防止风倒的方法是栽植时踏实，并通过深植或埋土予以解决。防止雪折的方法是营造混交林。

③人畜危害的防治　人畜对森林的危害既是技术问题，也是社会问题。解决的办法是全面区划，综合治理。建立建全护林组织，加强法治。在技术措施上采取围栏保护的方法等。

④防火　各种郊区森林主管单位均应建立建全护林防火组织，制定防火制度，严格控制火源。林内制高点架设瞭望塔，并设立防火道，发现火源时及时向上级报告并组织灭火。

复习思考题

1. 简述市区森林的类型及其特点。
2. 试述市区森林抚育与保护的主要内容。
3. 简述自然保护区的概念及其意义。
4. 自然保护区设置的原则是什么？
5. 简述国家森林公园的概念及其意义。
6. 试述国家森林公园的建园依据与标准。
7. 简述近郊区森林的类型及其特点。
8. 讨论郊区森林抚育管理的主要内容。

推荐阅读书目

1. 常金宝，李吉跃，2005. 干旱半干旱地区城市森林抗旱建植技术及生态效益评价. 中国科学技术出版社.
2. 哈申格日乐，李吉跃，姜金璞，2007. 城市生态环境与绿化建设. 中国环境科学出版社.
3. 韩轶，李吉跃，2005. 城市森林综合评价体系与案例研究. 中国环境科学出版社.
4. 李吉跃，常金宝，2001. 新世纪的城市林业：回顾与展望. 世界林业研究，14(3)：1-8.

5. 李吉跃, 2010. 城市林业. 高等教育出版社.
6. 梁星权, 2001. 城市林业. 中国林业出版社.
7. 郑曦, 2018. 山水都市化：区域景观系统上的城市. 中国建筑工业出版社.

第8章 城市森林经营

8.1 城市森林的分布

8.1.1 城市森林分布范围概况

森林经营通常指为获得林木和其他林产品或森林生态效益而进行的营林活动,包括更新造林、森林抚育、林分改造、护林防火、林木病虫害防治、伐区管理等。广义的森林经营则是指以森林为经营对象的全部管理工作,除营林活动外,还包括森林调查和规划设计、林地利用、木材采伐利用、林区动植物利用、林产品销售、林业资金运用、林区建设和劳动安排、林业企业经营管理以及森林生态效益评价等。

城市森林经营就是针对城市中的森林所进行的所有管理活动。

前面已经讲过,从20世纪60年开始,人们才把"城市"与森林结合起来。之后经过60年的发展,其理论基础和应用范围已渐趋成熟,但直到现在有关城市森林的范围,国内外科学家的论述也不尽相同,但基本观点是一致的。他们认为:"城市森林包括所有木本植被,其分布遍及城市市区以及城郊所有人口居住地,从很小的村庄到最大的城市"。从这个概念出发城市森林不仅包括了市区所有林木(包括公园、花园、植物园、动物园、城市街道旁的树木及其他植物,河、湖、塘池边树木及其他植物,居民区、公共、场所、机关、学校、厂矿、部队的植物),而且还包括城郊绿化带、片林、郊区森林、风景林区、国家森林公园、自然保护区等。简言之,凡是城市范围内以乔灌木为主体的植被类型及其生长的地域环境、该地域内的野生动物,以及必须的相关设施等都属于城市森林范围。

8.1.2 确定城市森林分布范围的几种方法

(1) 利用土地管辖权或行政归属权来确定

利用森林土地管理辖权或行政归属权来确定森林是否归属于城市范畴,是一个简单、有效的方法。从理论上讲,不管上述所有森林分布在什么区域,距城市有多远的距离,只要其土地所有权或行政管辖权属城市市政管理,它就肯定属城市森林的范畴,这种界定方法,在我国更为有效。因为我国(大陆)所有土地所有权归国家全民所有,但行政管辖权由各个不同级别的行政管理机构管辖,所以只要土地管辖权归城市,则其必为城市森林。如北京市行政管理上辖有16个区,广州市辖11区,呼和浩特市辖4区4县,那么分布在这些区县上的所有林木都属所辖城市的城市森林范畴。

(2) 利用城市土地使用方式及所占面积来进行间接估算

在市区范围内,对土地使用方式和所占面积大小进行调查和统计,然后根据区域中林木分布的数量，来估算市区森林范围。一般城市土地利用方式和面积，由城市市建部门负责区划和测定，且较为精确。例如，据美国佛罗里达州达迪县的土地利用资料，该县住宅区面积占总土地面积的35%。住宅区土地被一个个家庭所占有，一般地段的住宅区都种植或原来就分布着大量林木，因此由于其面积大，理所当然成为了城市森林的主体。其他城市林木分布区有公园占3.8%，街道或其他交通线路占74.6%，农业区域占2.2%，公共事业用地占3.1%，正在开发占23.5%。

(3) 根据林木的所有权或管理权来确定城市森林的分布范围和状况

根据这种办法推算，美国城市森林中有30%归公共所有，而其余70%则归私人所有。

8.2 城市森林土地类型

8.2.1 公园

在城市森林景观中，也许只有公园中的森林与天然林最相似。公园中的城市森林，大部分是人工营造的，也有少部分是原来森林残留的小部分次生林发展而来的。从公园规模上看，可大可小，小的如位于商业区域内的街头绿地或小游园，大的如综合性公园、大型游园、或皇家园林。在美国，大部分公园为公共所有，但也有许多位于私人土地上的娱乐场所、企业、工会及其他组织所拥有和管理，几乎所有公园都栽植有大量林木，尤其是自然形成的休闲娱乐区，通常都是以林木为主体的自然群落。

8.2.2 公共道路

街区公共道路是城市森林最主要的组成部分，它们一般呈带状，并与街道相毗邻或位于干道中间，主要类型有树木草坪、林荫大道和公园绿化带。

由于公共道路的宽度变化范围很大，而且经常有人行道路与机动车道之分。因此这些地段的林木经常是以单株单列式种植的。但是在空间相对较大，如医疗机构地段，就可以种植多种树木、灌木和其他风景林，并且从空间构型上也可以是多样化的。

行道树木生长空间大小，主要由街道的宽度、街道的用途和其他空间因子所决定，所以株距难以确定。但在住宅区，美国各城市行道树株距最低标准为15~25 m，每公里长街道种植200株树木。

8.2.3 高速公路和铁路

在我国，几乎没有一座城市没有高速公路或铁路，大部分城市都有一条或一条以上铁路和几条高速公路。在高速公路两侧或线路内部的若干地段或者在干线中间，经常种植大量林木。一般高速公路的林木配置方式与街道树木的配置相似，但高速公路一般占用土地面积较大，可以栽植乔木、灌木和其他风景园林植物。铁路一般在城市森林所占的比例较小，但在废弃的路道和站区广场可以种植大量林木。

随着生态高速路概念的提出，高速公路以及高速铁路沿线绿化工程成为国内众多企业争抢参与的绿化项目。在绿色通道建设中，高速路的绿化、美化问题已成为一项重大课题。

(1) 高速公路和铁路的指导思想

高速公路的绿化要结合园林、生态原理，利用地形、地貌造景，采用障景、透景、疏密有致等造景手法，多层次、大手笔地创造景观，通过植物群落的分隔变化来衬托道路的轮廓线。高速路绿化工程与其他类型绿化工程有着显著不同，可总结为"三高"特点，即：高投入、高标准、高回报。

除了巨额投资吸引绿化工程公司外，相对于公园和居住区等绿化，高速路绿化工期短，工程相对简单，只要苗木和技术到位，利润回报相当可观，这正是越来越多绿化企业瞄准高速路绿化的缘由。

(2) 高速公路和铁路的绿化设计要求

高速路的绿化应全盘考虑，统一规划，讲求艺术效果；做到适时、适地、适树；严格遵守交通线路的特殊要求，保障车行安全；充分利用当地植物，实现路域植被恢复快速化、立体化。其绿化设计要素包括：实用性（防护、固坡、防眩、除尘、消除噪声、减缓疲劳等）；适应性（所用的绿色植物要生长慢且耐修剪、耐干旱、耐瘠薄、耐粗放管理、观赏效果长、养护措施简单等）。

高速路绿化工程主要包括两方面，一是上下边坡绿化，一是两侧绿带建设。上下边坡绿化由于立地条件差，对技术的要求较高，尤其是随着生态高速路概念的普及和深入，简单喷播植草方式已经不能满足时代需要，而是要通过工程与生物措施相结合，最终营造出不需人工管理、能够自然生长繁衍的边坡生态群落。两侧绿带建设相对简单，主要涉及的是绿化种植。两侧绿带在植物选择时有两个突出特点，一是规格相对较低，二是树种乡土化。如京冀鲁豫地区，高速公路绿带选择的多是毛白杨。

(3) 高速公路和铁路的绿化内容

①中央分隔带　绿化形式宜采用等高带状栽植方式，绿篱选择株型矮小、色彩温和、抗性强、适地栽植的品种。为避免单调，在绿带中每隔 50 m 种植一株高 0.8~1.0 m 的花灌木。选用主要花木可为：小叶女贞、大叶黄杨、蜀桧、丰花月季、蔷薇、迎春、紫薇、四季玫瑰等。

②沿线两侧绿化带　绿化树种应具多样性，选择生长年限长、适应粗放管理的针阔叶树种。做到针、阔叶树种混交，花灌木搭配。主题绿化的落叶树种可选杨树系列、柳树系列、银杏、黄栌等；常绿树种有雪松、蜀桧、龙柏、大叶女贞、云杉等。

③边坡绿化　可分两期进行。因其立地条件差，一期工程施工时，宜选用混合草种喷播式，保持住水土，熟化土壤；二期工程中配植抗逆性强的花灌木，达到护坡与绿化美化之目的。主要花灌木类有紫穗槐、怪柳、毛白蜡、蔷薇等；草皮类有狗牙根，假俭草、高羊茅、结缕草等。

④互通立交区　可实行单一绿化和以绿养绿，多种经营两种办法。在靠近城市、地理位置优越的立交区，按照城市园林绿化的要求，采用大色块的图案造景，草坪和乔灌木有机搭配。在一些离城市较远，地理位置较偏，影响面不大的立交区，应考虑以绿养绿、多种经营的方式。

⑤沿线服务区　绿化要给人以美的享受，根据不同服务区的建筑物风格，配置一些富有情趣的园林小品，创造出具有诗情画意的绿化效果；同时，尽可能地布置一些绿色雕

塑，丰富绿化美化的景观，体现多样化、地方化和艺术化。

8.2.4 公共建筑和广场

与公共建筑相邻或处于公共建筑之中的广场、道路、中小学校园、动物园、大学校园、医院、礼堂、博物馆及其他公共绿地也是城市森林一个很重要的组成部分。在世界各地绝大部分广场周围都种植着大量林木，它们一方面起绿化、美化效益，另一方面也可以界定广场与其他设施的位置。

8.2.5 河湖岸区

河岸、运河、大堤、防洪堤、河槽、湖岸甚至于海岸都属于城市森林的一个部分。这些地区一般总是被造建成公园，或者各种休闲娱乐场所。在建设的同时，为城市提供了绿化带。如果河流或湖泊本身就位于市区之内，就为以水域为主的园林绿化提供了更加广阔的空间。

8.3 城市森林的调查与测量

8.3.1 城市森林调查的意义与目的

城市森林不仅从物质生产上具有经济效益，而且对人类生活环境改善和精神文明建设均有很大的作用。就我国城市绿化工作而言，每年全国种植几千万株树木，保存率尚不能令人满意。很多地区的单位用大量资金盲目地从远地购进本地不能生长存活的苗木，造成人力物力和财力的极大浪费，几乎所有城市都存在着树种组成单一、种类贫乏的问题，严重影响了城市森林的发展和水平的提高。为解决上述问题，首先要做好当地城市森林分布状况、树种组成、生长状况的调查和测量，确定出各种城市森林分布面积，以及树种生长状况。同时对各树种在生长、管理和绿化应用方面的成功和失败进行总结，然后根据本地各种不同城市森林类型对树种组成要求制定出合理规划。苗圃按规划进行育苗、引种和培育各种规格的苗木，并且为制定各种有关城市森林营造和管理提供依据。

8.3.2 城市森林分布状况调查

8.3.2.1 基础资料收集

(1) 自然条件资料

城市森林系统的自然条件资料包括以下内容：

①地形图资料(图纸比例为 1:5000 或 1:10000，通常与城市总体规划图的比例一致)；

②气象资料(历年及逐月的气温、湿度、降水量、风向、风速、风力、霜冻期、冰冻期等)；

③土壤资料(土壤类型、土层厚度、土壤物理及化学性质、不同土壤分布情况、地下水深度、冰冻线高度等)。

(2) 社会经济条件资料

城市森林系统的社会条件资料包括以下内容：

①城市历代史料、地方志、典故、传说、文物保护对象、名胜古迹、革命旧址、历史名人故居、各种纪念地的位置、范围、面积、性质、环境情况及用地可利用程度；

②城市社会发展战略、国内生产总值、财政收入及产业产值状况、城市特色资料等；

③城市建设现状与规划资料、用地与人口规模、道路交通系统现状与规划、城市用地评价、城市土地利用总体规划、风景名胜区规划、旅游规划、农业区划、农田保护规划、林业规划及其他相关规划。

(3) 城市森林资料

城市森林资料包括以下内容：

①城市中现有森林绿地的位置、范围、面积、性质、质量、植被状况及森林绿地可利用的程度；

②城市中卫生防护林、工业防护林、农田防护林；

③市域范围内城市生态绿地、风景名胜区、自然保护区、森林公园的位置、范围、面积与现状开发状况；

④城市中现有河湖水系的位置、流量、流向、面积、深度、水质、库容、卫生、岸线情况及污染情况及可利用程度；

⑤城市规划区内适于绿化而又不宜修建建筑的用地位置与面积；

⑥历次森林绿地系统规划及其实施情况。

(4) 技术经济资料

城市森林绿地系统规划的技术经济资料包括以下内容：

①城市规划区内现有城市森林绿地状况与绿化覆盖率现状；

②各类城市公共绿地的位置、范围、性质、面积、建设年代、用地比例、主要设施、经营与养护情况，平时及节假日游人量，每人平均公共绿地面积指标（m^2/人），每一游人（按城市居民的 1/10 计）所拥有的公园绿地面积；

③城市规划区内现有苗圃、花圃、草圃、药圃的数量、面积与位置，生产苗木的种类、规格、生长掩况、绿化苗木出圃量、自给率情况；

④城市的环境质量情况、主要污染源的分布及影响范围、环保基础设施的建设现状与规划、环境污染治理情况、生态功能分区及其他环保资料。

(5) 森林植物资料

城市森林绿地植物资料包括以下内容：

①市域范围内生物多样性调查；

②城市古树名木的数量、位置、名称、树龄、生长状况等资料；

③现有园林绿化植物的应用种类及其对生长环境的适应程度（含乔木、灌木、露地花卉、草坪植物、水生植物等）；

④附近地区城市绿化植物种类及其对生长环境的适应情况；

⑤主要园林植物病虫害情况；

⑥当地有关园林绿化植物的引种驯化及科研情况等。

(6)森林绿地用地管理资料

城市绿地系统规划的绿化用地管理资料包括以下内容：

①城市绿化建设管理机构的名称、性质、归属、编制、规章制度建设情况；

②城市园林、林业行业从业人员概况、工人基本人数、专业人员配备；

③科研与生产机构设置；

④城市林业、园林绿化维护与管理情况：最近5年内投入的资金数额、专用设备、绿地管理水平等。

8.3.2.2 城市森林绿地现状调查

城市森林绿地现状调查（表8-1）是编制城市森林绿地系统规划过程中十分重要的基础工作。调查所收集的资料要求准确、全面、科学，通过现场踏勘和资料分析，了解城市森林绿地空间分布的属性、绿地建设与管理信息、绿化树种构成与生长质量、古树名木保护等情况，找出城市森林绿地系统的建设条件、规划重点和发展方向，明确城市发展对城市森林的基本需要和工作范围。只有在认真调查的基础上，才能全面掌握城市森林绿地现状，并对相关影响因子进行综合分析，做出客观、科学的现状评价。

表8-1 城市森林绿地现状调查表

编号	森林绿地名称或地址	绿地类别	绿地面积(m^2)	调查区域内应用植物种类		
				乔木名称	灌木名称	地被及草地名称

填表单位地形图编号

填表人：　　　　联系电话：　　　　填表日期：

(1)城市森林绿地空间分布属性(分类)调查

城市森林绿地空间分布属性调查包括以下内容：

①依据最新的城市规划区地形图、航测照片或遥感影像数据进行外业现场踏勘，在地形图上复核、标注出现有各类城市森林绿地的性质、范围、植被状况与权属关系等各项要素。

②对于有条件的城市（尤其是大城市和特大城市），要尽量采用卫星遥感等先进技术进行现状绿地分布的空间属性调查分析，同时进行城市"热岛效应"研究，以辅助城市森林绿地系统空间布局的科学决策。

③将外业调查所得的现状资料和信息汇总整理，进行内业计算，分析各类森林绿地的汇总面积、空间分布及树种应用状况（表8-2），找出存在的问题，研究解决的办法。

④城市森林绿地空间分布属于现状调查的工作目标，是完成城市绿地现状图和绿地现状分析报告的根据。

(2)城市森林绿化应用植物种类调查

城市森林绿化应用植物种类调查主要包含以下两方面的工作内容。

表 8-2 城市森林绿地调查总汇表

城市森林绿地分类统计内容		填表单位					
		公园绿地	生产绿地	防护绿地	居住绿地	附属绿地	生态景观绿地
面积(m^2)		G1	G2	G3	G4	G5	G6
区域内植物种类	乔木名称						
	灌木名称						
	地被及草地名称						

①外业　城市规划区范围内全部城市森林绿地的现状植被踏查和应用植物识别与登记(表 8-3)。

表 8-3　城市绿地应用植物品种调查卡

区名：　　　地名：　　　绿地类别：　　　调查综述：

种名	科名	植物形态			生长状态			株树	丛数	面积(m^2)	病虫害	
		乔木	灌木	草本	优良	一般	较差				有	无

调查日期：　　　年　　月　　日

②内业　将外业工作成果汇总整理并输入计算机；查阅国内外有关文献资料，进行城市绿化植物应用现状分析。通过现状分析，进一步了解城市绿化树种应用的数量、频率、生长状况，群众喜爱程度以及传统树种的消失、引进新树种的推广应用等基本情况，筛选出城市绿化常用树种和不适宜发展树种，为今后城市森林绿地宜采用的基调树种和骨干树种提供参考依据。

(3)城市古树名木保护情况评估

城市古树名木保护现状评估，是编制古树名木保护规划的前期工作，主要内容包括：

①实地调查市区中有关市政府颁令保护的古树名木生长现状，了解符合条件的保护对象情况；

②对未入册的保护对象开展树龄鉴定等科学研究工作；

③整理调查结果，提出现状存在的主要问题和保护措施。

具体工作分为以下 3 个步骤。

第一，制订调查方案，进行调查地分区，并对参加调查工作的调查人员进行技术培训和现场指导，以使其掌握正确的调查方法。调查工作要求如下：

①根据古树名木调查名单进行现场测量调查，照相，并填写调查表的内容(表 8-4)；

②拍摄树木全貌和树干近景特写照片至少各一张，并贴于表 7-4 中；

③调查古树名木的生长势、立地状况、病虫害的危害情况，测量树高、胸径、冠幅等数据。具体调查内容及其方法如下。

生长势：以叶色、枝叶的繁茂程度等进行评估；

表 8-4 城市古树名木保护调查(示例)

区属：		详细地址：			电脑图号：	
编号：		树种：	树龄：	颁布保护时间：	批次：	
树高：		胸径：	冠幅：东西南北			
生长势	好　　中　　差			病虫害情况：		
立地状况	古树周围 30m 半径范围是否有危害古树的建筑或装置(烟道)等： 树干周围的绿地面积： 其他：					
已采取的保护措施	保护牌： 围栏： 牵引气根：					
其他情况：						
照片胶卷标号：				拍摄人：		
树木全貌照片 (照片粘贴处)			树干与立地环境(近景特写) (照片粘贴处)			

记录人：　　　年　月　日

立地状况：调查古树 30 m 半径范围内是否有危害古树的建筑或装置，以及地面覆盖水泥硬质材料的情况等；

已采取的保护措施：是否进行了挂保护牌、建围栏、牵引气根等保护措施；

病虫害危害：按病虫害危害程度的分级标准进行评估；

树高：用测高仪测定；

胸径：在距地面 1.3 m 处进行测量；

冠幅：分别测量树冠在地面投影东西、南北长度。

第二，根据上述工作要求，由专家和调查人员对各调查区内的古树名木进行现场踏查。

第三，收集整理调查结果，进行必要的信息化技术处理，分析城市古树名木保护的现状，撰写有关报告。

对于古建筑或古建筑遗址上的古树，以查阅地方志等史料和走访知情人等方法进行考证，并结合树的生长形态进行分析，证据充分者则予以确定。

在以上工作的基础上，组织有关专家对调查结果进行论证，并经过对古树名木的定位普查，将数据输入 GPS 定位系统，对每棵古树名木都建立经纬坐标，一旦发生损毁、移动的现象，管理人员通过该系统即可发现问题，及时处理与保护。

8.3.3 城市森林绿地现状综合分析

城市绿化现状综合分析的基本内容和要求主要包括：

①在全面了解城市绿化现状和生态环境情况的基础上，对所取得的资料进行核实，分别整理，如实反映城市绿地率、绿化覆盖率、人均公园绿地面积等主要绿地指标和市域内绿色空间的分布状况；

②研究城市各类建设用地布局情况、绿地规划建设有利与不利的条件,分析城市绿地系统布局应当采取的发展结构;

③研究城市公园绿地与城市绿化建设对城市人口的饱和量,反馈城市建设用地的规划用地指标和比例是否合理,并提出调整的意见;

④结合城市环境质量调查、"热岛效应"研究等相关专业的成果,了解城市中主要污染源的位置、影响范围、各种污染物的分布浓度及自然灾害发生的频度与强度,按照对城市居民生活和工作适宜度的标准,对现实城市环境的质量做出单项或综合优劣程度的评价;

⑤对照国家有关法规文件的绿地指标规定和国内外同等级绿化先进城市的建设、管理情况,检查本地城市绿地的现状,找出存在的差距,分析其产生的原因;

⑥分析城市风貌特色与园林艺术风格的形成因素,确定城市绿地规划的目标。

现状综合分析工作的基本原则是科学与实事求是,评价意见务求准确到位,既要充分肯定多年来已经取得的绿化建设成绩,也要分析现存的问题和不足之处。特别是在绿地调查所得汇总数据与以往上报的绿地建设统计指标有出入的时候,要认真分析相差的原因,做出科学合理的判断与调整。必要时,可以通过规划论证与审批的法定程序,对以往误差较大的统计数据进行更正。

只有摸清了家底,找准了问题,探究清楚其原因,得出正确结论,才能在今后规划中统筹解决。

城市森林分布状况调查的程序是:

首先确定城市土地利用类型,其方法是:

①从城市有关部门收集有关城市建设中土地利用现状,并把它们初步地分成各种土地类型,诸如公园、街道、广场、住宅区、商业区、工业区和混合区,计算出各种类型土地占用面积,在面积计算中可以利用航片、卫片和遥感技术进行测算;

②利用城市(包括市郊)平面图或地形图,应用GIS技术把各种土地利用类型绘制成分布图。

土地类型确定后,首先开始进行抽样调查,即在各种土地利用类型中选择有代表的区段,进行抽样和调查。这种代表性区段的确定应该是随机抽取的,并且选取数量应能满足统计分析所需的样本数量。调查项目主要包括:土地利用类型现状、面积、生境条件、树种组成、树木生长状况、群落结构和配置状况等。

最后确定各种城市森林分布类型和其确切面积。在野外调查的基础之上,利用抽样调查的具体数据和记录对全市范围的城市森林分布类型进行归纳和统计,并确定主要城市森林分布类型和面积。

8.3.4 城市森林树种组成及生长状况调查

城市森林树种组成与生长状况调查是建立在城市森林分布类型与状况调查基础之上的,它要求根据各种分布类型在城市森林中的面积和功能效益大小,确定各类型中主要调查树种和一般调查树种,并且确定标准木的数量和类型。城市森林树种的调查程序包括三个方面:

(1)组织与培训

首先应当由城市森林的主管部门选择具有相当业务水平、工作认真的技术人员组成调查组,在调查前进行认真的培训与学习,使他们能够很好地掌握有关树种调查的方法和具体要求,然后根据城市森林分布类型,分成不同类型的树种调查测量小组,分别对各种类型的树木进行调查。

(2)调查与测量的实施

在实地调查前,应当印制各种调查记录表或卡片,在野外测量时填写数据用。同时,测量之前首先要在具体选定的典型代表区段上,确定标准木若干株,数量由其在城市森林分布面积大小而定(≥30),面积大、起作用明显的应选择标准木多一些。然后对选定的标准木,根据表中列出的各种调查项目,依次具体测量和填写具体项目,内容包括:

①编号;

②树种名称(学名、科名);

③类型(公园树木、行道树、防护林、庭院、广场绿化树木等);

④栽树地点;

⑤来源;

⑥树龄;

⑦树冠形态(如角锥形、卵形、倒卵形、枝条下垂形、不规则形等);

⑧干形(通直、稍曲、弯曲);

⑨物候期(展叶期、花期果期、落叶期);

⑩生长势(上、中、下、秃顶);

⑪调查株数;

⑫生长状况(最大树高、最大胸径、最大冠幅;东南西北、平均树高、平均胸围);

⑬栽植方式(片林、丛植、孤植、绿篱、绿墙);

⑭繁殖方式;

⑮栽植要点;

⑯栽植位置;

⑰适应性(耐寒力、耐高温力、耐旱力、耐阴性、耐瘠薄力、耐盐碱、耐病虫害程度、耐风沙);

⑱绿化功能;

⑲抗有毒气体能力(SO_2、Cl_2、HF、抗粉尘);

⑳其他功能;

㉑总体评价。

(3)城市树木调查总结

外业调查结束后,应将采集资料集中,进行分析总结,内容包括:

①前言:说明目的、意义、组织状况及参加工作人员,调查方法与步骤;

②城市的自然环境状况:自然地理位置、地形、地貌、海拔、气象、水文、土壤、污染情况、植被情况;

③城市性质及其经济状况;

④城市森林分布类型及绿化状况;

⑤树种调查结果:

a. 行道树表：包括树名（附学名），配置方式、高度（m）胸围 cm，冠幅（东南西北），株行距（m），栽植年代，生长状况，主要养护措施；
　　b. 公园及街头小型绿地现有树种表；
　　c. 本地抗污染（烟、尘、有害气体）树种表；
　　d. 本地防风林树种及水土涵养林树木表；
　　e. 城市远郊名木古树资源表；
　　f. 本地特色树种表；
　　g. 最后根据上述各种调查表，汇总成本城市的树种调查统计表。
　⑥经验与教训；
　⑦意见与建议；
　⑧参考文献；
　⑨附件，包括图表，航片、标本或图形资料。
　　需要指出的是，一般在城市中，对树木的调查每年都要进行，但普查一般三、五年进行一次。年度调查还应包括造林成活率、生长状况、林木病虫害状况等。在这些调查测量的基础上，建立城市森林分布类型和树种生长状况数据库管理系统。

8.4　城市森林的利用与评价

　　城市森林既具有生态、社会效益，又具有直接经济价值，即具有各种林副产品的利用价值。本节将对城市森林的各种利用方式及其可行性和潜在的经济价值进行介绍。

8.4.1　城市森林所具有的直接木材产品价值与评价

　　城市森林的木材价值一般不是城市森林经营者追求的主要目标。但是，如果是郊区的防护林，或者是自然保护区或国家森林公园的林木，其木林的直接经济效益是十分可观的。
　　城市森林所具有的直接的木材产品价值与评价，据其尔巴索（Kiclbaso）估计，每株城市树木的价值在 544～1114 美元之间。在绝大多数情况下，城市树木价值是根据下述公式计算的，即：
　　林木的价值＝基本价格×地径面积（90%）×植物生长情况（90%）×所在位置（90%）
　　其中，基本价格指每平方英寸（约合 6.45 cm^2）地径面积的价值。
　　例如，一株地径面积 12 平方英寸（77.4 cm）、生长情况一般的糖槭，其价值可达 1238 美元。这种价值多在执行法律时应用，亦称法律价值。城市树木的这种价值和标准使得政府和私人拥有者对树木予以关注，如纽约州把周围有树木的房屋和房价提高 15%，这对城市树木的保护和扩展具有积极作用。

8.4.2　城市森林经营活动中各种副产品和废弃物的利用与评价

8.4.2.1　城市森林林副产品及废弃物的来源和种类

　　城市森林林副产品及废弃物的来源和种类包括：

①各种枯死树木的躯干、树桩、树根；
②因具有潜在的机械性危害或可能感染某种昆虫、病菌而需要清理的林木；
③从密度过大的林分中疏伐下来的枝、叶及其他非木材产品；
④修剪过程中，形成大量的枝条或者暴风雪折断的枝条躯干、残桩；
⑤城市森林每年形成的枯枝落叶和一些不能直接成为商品的果实、种子等。

与其他管理措施一样，上述林副产品和废弃物处理利用必须要有明确的法律规定，并且制订出较为详细的计划，同时需要大量资金予以保证。法律规定的主要目的是为城市居民提供一个安全和方便的生产生活环境，因此必须对一些具有潜在危害和影响的林木进行强制性管理措施。处理计划必须建立在每年对城市森林普查的基础之上，要求对所有已死亡的或具有危害的林木进行确定，然后记录下来，最终制订出详细的处理计划。计划制订好后，将通知林木的拥有者或者管理者，在限期内对这些林木进行砍伐。如在限期内没有处理枯死木或病虫木，则市政机关有权进行强制性处置，并对林木所有者进行罚款处理。

8.4.2.2 城市森林林副产品及废弃物的转化利用途径

目前，对城市森林林副产品转化利用途径主要包括：

(1) 作为造纸工业、压缩板材和构筑房屋顶的建筑材料

粗大、沉重的树干及枝条，一般需要就地处理。在许多国家，经常把这些东西用机械进行粉碎，使其成为木屑，然后作为压缩板或其他材料的原材料。这对于无法作为木材使用的粗大枝干是较为适宜的。

目前这种转化利用途径主要存在问题是：首先收集和处理木屑机械非常昂贵；其次木材的供应不足；最后产品的销售市场有限。

(2) 利用细嫩枝条和落叶堆积成为有机肥

在许多国家城市中，为了处理城市森林大量枯枝落叶，成立了堆肥中心站。利用细枝和落叶进行堆肥，首先要解决落叶的收集。叶子收集非常麻烦，投资也很大。近年来专门研制了叶子收集车，一般以强力真空吸取的办法进行叶子的收集。叶子收集起来后，经过粉碎，然后作为堆肥的基本材料。堆制场地一般选择在公园空旷和偏僻的地方，制成的堆肥可作为城市森林营造时林木施肥的一个来源和补充。

(3) 作为城市能源工业用燃料的补充和代用品

近年来，矿物燃料日趋奇缺(主要是煤、石油、天然气等)，能否利用城市森林中的木质废弃物作为矿物燃料的补充和代用品，已经愈来愈引起广泛的重视。

8.5 城市林业的经营

8.5.1 城市林业经营目标

城市森林不同于天然森林或乡村森林。因为从性质上讲，城市森林应划入公有森林或市民森林，即城市林业的经营隶属于社会林业。因此，发展城市林业要以改善城市环境为总目标。美国林学会把城市林业经营定义为："培育和管理林木，对城市居民的生理、健康、社会福利和经济繁荣发挥作用的一种高尚事业"，并据此制定了城市林业经营管理目标：美观、安全和效率。

(1) 美观

美观就是美学价值高。审美观和伦理观是人类文明的标志，随着经济发展和生活水平的提高，在初步得到量的满足后，人们要求质的充实和多样化发展。因此，城市林业工作者在城市绿化中选用什么树种、什么形态和色彩，都要从总体考虑，达到与环境的和谐统一，符合人们的审美要求，起到塑造和改善人们生活环境的作用，从而提高人们的生活质量。

(2) 安全

凡是城市公用财产的管理，都要确保市民的健康和安全。如枯立木和衰弱木容易发生风折、风倒；枝桠靠近电力线3 m以内，常会触电；树根凸出人行道拌倒行人，甚至落花落果亦能污染环境（如我国北方杨树在春季飞散花絮，造成严重环境污染）等，出现这些情况都对人身安全和健康构成威胁。城市林业工作者必须通过自己的各项经营活动，诸如选择适宜树种，有序的栽植计划，定期检查树木生长状况，经常修剪养护，及时清除枯叶，把上述潜在危险减小到最低限度。保证市民的健康和安全是城市林业工作者的重要职责，如果掉以轻心，一旦发生事故则要负法律责任。

(3) 效率

这主要取决于经济法则，在工作任务繁重，财政预算较小和专业人员缺乏的条件下，必须要对街道树木抚育管理采用系统化、高效率的经营模式。城市林业经营需要高效率的另一个重要原因是，城市人口密集，交通拥挤，在进行各项经营活动和处理各种危害事件中，都须分秒必争，否则会发生交通阻塞，影响市民的生产活动和正常生活。

8.5.2 城市森林经营方针

城市森林经营方针是通过城市林业工作者的经营活动，最大限度地正常发挥城市森林的生态效益、社会效益和经济效益。具体地说发展城市森林旨在提供优质的室外环境因素，诸如：凉爽、新鲜、洁净、馨香、美丽、色彩（尤其是绿色），使市民的生活和工作舒适愉快；或者说发展城市森林要从美学、生态学和经济上提高市民的文明素质和生活质量。

8.5.3 城市森林经营的主要措施

在美国，城市林业正从纯手工劳动向机械化作业和从无序管理向有序过度，逐步实现现代化管理。对城市森林的抚育，已从只满足于半技艺（如修剪等手工技艺）要求，发展到城市绿化务必与自然环境因素融为一体及必须维护自然环境因素的专门化管理。

城市林业的经营措施有：

①建立行道树木管理系统；

②建立害虫综合管理系统；

③建立资源调查系统；

④控制树根上浮；

⑤控制树高伸展；

⑥钻孔埋管线；

⑦建立苗圃。

随着我国城市化建设的快速发展，城市生态问题日趋严重，公共污染加剧，热岛效应增强，居民生活质量受到较大影响。相当多的城市处于风沙危害、水土流失、水资源短缺等生态困扰之中，城市自然生态系统的破坏不断加剧。城市区域的生物多样性损失愈来愈加重。城市各种污染源不断增加，污染程度不断加重。城市生态安全、生态文明受到的威胁加深。传统的城市绿化，无论在空间和效能上都已不能满足城市生态安全、生态文明的需要，不能满足城市居民不断提高生活质量和多功能生态消费需求。人们不仅要求城市增加绿色量，提高档次，更要求走进森林，呼吸新鲜空气，亲近自然。人们越来越认识到，解决城市生态问题不仅要加大城市环境保护力度，还必须加大城市林业建设力度，必须营造城市森林，建设城市"绿肺"。只有建设与城市相适应的，与之配套的城市森林体系，充分发挥森林抵御风沙、涵养水源、净化空气、旅游休闲等综合功能，才能有效改善城市生态环境，促进城市社会经济可持续发展，不断满足城市人民生活质量的提高和多功能生态消费的需要。

城市林业建设就是要把森林引入城市，让城市坐落森林之中，恢复森林与人类的本来面貌。依据不同的自然地理条件，建设具有城市个性特征和地域特色的山水城市、森林城市、花园城市、生态城市。全面建成布局合理、功能齐备、管理高效的城市森林体系，实现城区花园化，郊区森林化，道路林荫化，庭院花果化，使城市生态环境进入良性循环。

(1) 城郊结合部森林

在城郊结合部大力开展城市森林建设是城市林业建设的重点，也是城市森林体系的重要组成部分，这是由它所处的地理位置决定的。这里的森林可以直接为市区居民源源不断地提供氧气，吸纳二氧化碳，减少城市"热岛效应"，吸附粉尘，降低噪声，防风固沙，防止沙尘暴的袭击，是城市最近的一道绿色防线。城郊结合部与城区相比，人口密度小，土地较多，要结合环城道路林带，营造风景林、防护林，创设野生动物栖息地，为市民游憩提供优美的场所。郊区森林容易建成、见效；距市区较近，为居民到森林里去，回归大自然，享受森林赋予的野趣，提供了方便。在世界上，凡是城市林业搞得好的城市，大都重视城郊结合部的森林。在我国鄂尔多斯市，为满足市民对城市森林的迫切需要，对距市中心 10~30 km 的环带进行规划和建设，目标是建成一条以森林为主体，具有乔灌草花相结合的艺术配置城市森林，向公众开放。

(2) 市区森林

在注重营造和经营城郊结合部森林的同时，对城市建成区森林营造与经营也应给予重视。在市区，无论是老市区，还是新建市区，绿地都是不多的，城区内各类绿地要多栽植乔、灌植物，扩大城区森林面积，增加绿量，充分利用绿色环境用地，增强绿地的生态功能；还要利用建筑的墙壁和屋顶等，开展立体绿化，增加绿化面积，提高绿化覆盖率。城市尤其要重视围墙的绿化，乔灌林带形成的围墙就是很好的立体绿化。世界上许多国家对城市立体绿化都非常重视，巴西的巴西利亚、澳大利亚的堪培拉、新加坡等国家的城市围墙绿化方法很值得我们借鉴。

(3) 城市的通道绿化林带

通道绿化林带是城市林业建设的又一重点。城市街道、城市道路、城乡间的连接通道等是城市森林建设的重要载体，要因地制宜实现道路林荫化。

(4) 城市远郊森林

城市远郊森林是城市生态圈中重要的生态屏障，远郊森林主要是营造防护林、风景林，辟设国家森林公园，设立自然保护区，建立果园和花卉等经济林生产基地，创造良好的生态环境，提供干鲜果品、林副特产品、畜产品、应时鲜花和木材，特别是薪材等。

复习思考题

1. 简述城市森林分布类型的特点和性质。
2. 城市森林分布状况基础资料调查的主要内容包括哪些？
3. 试述城市森林绿地现状调查的主要内容。
4. 城市绿化现状综合分析的基本内容和要求主要包括哪些方面？
5. 试介绍城市森林树种组成及生长状况调查的主要内容。
6. 城市林业的经营目标是什么？
7. 城市森林经营的主要措施有哪些？

推荐阅读书目

1. 常金宝，李吉跃，2005. 干旱半干旱地区城市森林抗旱建植技术及生态效益评价. 中国科学技术出版社.
2. 费世民，徐嘉，孟长来，等，2017. 城市森林廊道建设理论与实践. 中国林业出版社.
3. 哈申格日乐，李吉跃，姜金璞，2007. 城市生态环境与绿化建设. 中国环境科学出版社.
4. 韩轶，李吉跃，2005. 城市森林综合评价体系与案例研究. 中国环境科学出版社.
5. 李吉跃，常金宝，2001. 新世纪的城市林业：回顾与展望. 世界林业研究，14(3)：1-8.
6. 李吉跃，2010. 城市林业. 高等教育出版社.
7. 梁星权，2001. 城市林业. 中国林业出版社.

第 9 章 城市林业信息管理

9.1 城市林业信息管理概述

9.1.1 信息链

随着以计算机技术、通信技术和控制技术为核心的信息技术高速发展和广泛应用,人类社会进入了信息时代,物质、能量和信息已成为支撑人类经济社会发展的三大重要资源和三大基本要素。梁战平(2003)认为:英文 Information 是一个连续体的概念,事实(Facts)→数据(Data)→信息(Information)→知识(Knowledge)→智能(Intelligence)五个链环构成"信息链"。在"信息链"中,"信息"的下游是面向物理属性的,上游是面向认知属性的。作为中心链环的"信息"既有物理属性也有认知属性,因此成为"信息链"的代表称谓。

(1)数据

数据是对客观事物的性质、状态以及相互关系等进行记载的物理符号或这些物理符号的组合。数据可以是连续的值,如声音、图像,称为模拟数据;也可以是离散的,如符号、文字,称为数字数据。但数据的表现形式并不能给出具体含义,例如,66 是一个数据,既可以是一个人的体重,也可以是某个人的考试成绩,但到底是什么含意,并不能从中知道。

(2)信息

在信息时代,人们大量生产信息,广泛使用信息。信息已渗透到人类社会生活的各个领域,成为支配和影响社会进步、经济发展、科技创新、文化繁荣的重要因素。然而,对于什么是信息,迄今为止尚未有公认的定义。中国学者钟信义(2013)将信息定义为事物的存在状态和运动属性的表现形式,马费成等(2018)认为信息是对数据背景和规则的解读,即:数据+背景=信息。因此,数据不一定是信息,只有经过加工对主体有用的数据才是信息。需要指出的是:数据和信息都是相对的概念,在不同的管理层次中,它们的地位是可以交替的,即对某个部门(或人)来说称得上信息的事物,对另一部门(或人)来说可能只是一种原始数据。

(3)知识

知识是信息接收者通过对信息的提炼、推理而获得的正确结论,是人通过信息对自然界、人类社会以及思维方式与运动规律的认识与掌握,是人的大脑通过思维重新组合的、系统化的信息集合。知识是信息的升华,可以表现为概念、规则、经验等。因此,信息转化为知识的关键在于信息接收者对信息的理解能力。信息与知识的关系可以用公式表达为:信息+经验=知识(马费成等,2018)。

(4) 数据、信息、知识间关系

一般来说,通过对数据的解读,发现或形成信息;信息通过组织化、结构化、系列化,形成解决问题的方法和途径,即知识。其中,数据的外延涵盖范围最广,信息次之,知识最小(图9-1),三者之间是一个渐进式逐级提炼升华的过程。然而,随着云计算、物联网、大数据、人工智能、移动互联网等新技术的出现,传统的渐进式逐级提炼升华模式被打破拆散,可以从信息链上任意节点入手,通过大数据技术直接挖掘出决策需要的信息、知识和解决方案(图9-2)。

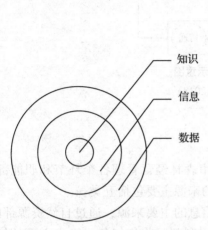

图 9-1　数据、信息和知识的范围

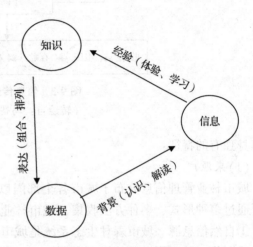

图 9-2　数据、信息和知识的相互转化

(转绘自:马费成等,2018)

9.1.2　城市林业信息管理的概念

当信息产生之后,便要流向特定的利用者,于是在信息生产者和利用者之间形成了源源不断的"流",即信息流。信息流是指人们采用各种方式来实现信息交流,从面对面的直接交谈直到采用各种现代化的传递媒介,包括信息收集、传递、处理、储存、检索、分析等渠道和过程。信息流一般有两条渠道:一条是由信息生产者直接流向信息利用者,即信息传递的非正规渠道;另一条是在信息系统控制下流向信息利用者,即信息传递的正规渠道(图9-3)。通常所说的信息管理,实质上就是对信息流的管理。

城市林业信息管理是人类为了有效地开发和利用城市林业信息资源,以现代信息技术为手段,对城市林业信息资源进行计划、组织、领导和控制的社会活动,包括城市林业信息资源管理和城市林业信息活动管理。其中,林业信息资源是指林业信息活动中经过有序化地加工处理并大量积累起来的有用的林业信息集合,而林业信息活动是指围绕林业信息收集、整理、提供和利用而开展的一系列社会活动。

9.1.3　城市林业管理信息的特征

城市林业管理信息除具有一般信息所具有的依附性、再生性(扩充性)、传递性、贮存性、可缩性、共享性、预测性、时效性、可处理性、价值相对性等基本特征之外,也具有

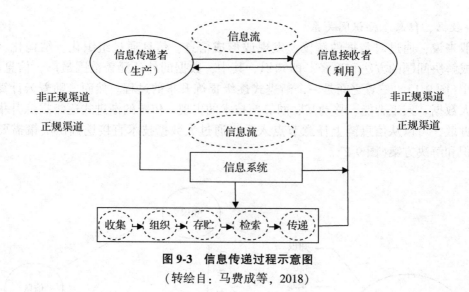

图 9-3 信息传递过程示意图
（转绘自：马费成等，2018）

其自身独有的特征：

（1）来源广

城市林业管理信息分布于城市各个部门以及城市森林经营管理各个环节和职能部门，需要通过多种形式、多种方法收集，城市林业信息的来源主要包括五类：

①自然信息源　城市森林生态系统是城市林业信息的主要来源，通过自然资源部门收集遥感图像、地形图和其他图面资料，通过气象和水利部门收集气象、水文方面的信息，通过林业和园林部门进行一、二、三类森林资源调查采集全市森林资源信息，通过经营管理活动及其检查验收采集经营管理活动的相关信息等。

②经济信息源　城市经济水平决定了城市林业发展方向与水平，主要通过统计部门收集全市城乡经济方面的信息。

③社会信息源　民间是最主要的社会信息源，通过访谈、问卷等方式获取人民群众对城市森林的认知水平和需求。

④科技信息源　学界是最主要的科技信息源，可以从学界获取城市林业科研力量及其分布、科研成果的积累与应用、教育与培训概况、科技与学术的发展方向等方面的信息。

⑤控制信息源　政界是主要的控制信息源，可从政界获取城市林业相关的体制、机制、政策、法律等方面的信息。

（2）类型多

城市林业管理信息的数据类型较多，主要有几何属性和非几何属性的数据，几何属性的信息又分为图像和图形，非几何属性信息包括定性和定量的自然资源、经济、社会等方面的知识。

（3）数量大

森林经营管理活动的最基本单位即小班的森林资源调查数据多达几十项，而一个城市的小班数量一般也有上万个，再加上社会、经济及环境等方面的信息，其数量相当可观；作为空间信息的图像，其数据量也就更庞大了。

(4) 变化快

城市林业管理者和管理对象(城市森林)是动态系统,而我国城市又处于高速发展时期,因此反映城市森林及相关的信息也随时处于不断变化之中。

9.1.4 城市林业信息管理的作用

(1)城市林业管理信息是城市林业建设与管理的重要资源

城市林业管理信息是城市林业管理部门进行规划决策的依据,规划决策是确定城市林业建设与管理目标以及为实现目标所采取的行动,要确保城市林业管理部门制定的目标和措施符合实际,就需要全面的、客观的、及时的信息为依据。

(2)城市林业管理信息是对城市森林进行有效管理的工具

在城市森林建设与管理过程中的信息流不仅要对物流具有指挥作用,而且还有信息流对物流的反馈作用,实现对物流的有效控制与管理。由于管理信息具有调控作用,从而确保了城市森林建设与管理各项目标的实现。

(3)城市林业管理信息是保证城市林业各部门和各环节有序活动的纽带

城市森林建设与管理是一个完整的系统,涉及自然资源、农业农村、住建等多部门,也有调查、规划、设计、施工、监督等多个环节,可以通过管理信息将它们有机地联系起来。

9.1.5 城市林业信息资源管理步骤

信息资源管理的主要任务是调查城市林业信息资源,分析评价城市林业信息资源,发掘对城市林业生存和发展具有战略意义的信息资源,删除成本很高且使用效果不好的信息资源,将有限的资金、人力、设备用于那些有重要意义的信息资源上。

信息资源管理一般分为调查信息资源,核算信息资源成本,评价信息资源,综合评价4个步骤(图9-4):

9.1.5.1 调查信息资源

(1)确定调查计划、目的和范围

进行信息资源调查,是城市林业信息资源管理的第一步,事先应做好思想、组织和业务准备。调查范围直接取决于调查目的,而确定调查目的需要考虑现有信息资源的情况和工作基础。根据调查目的确定调查范围,一般地调查范围可以分为全面调查、局部调查、重点调查三个层次。在确定调查目的和范围后,就应制订调查计划,调查计划包括调查目的要求、范围与内容、技术方法与标准、进度和分工等。制订计划的具体内容可以参考信息资源管理过程图(图9-4)的4个步骤,细化成若干项工作任务,作出进一步安排。

(2)信息资源构成

信息资源是信息源、信息服务和信息系统构成的总体。

①信息源 即信息的来源,一般指通过某种物质传出去的信息,即是信息的发源地/来源地,包括信息资源生产地和发生地、源头、根据地。凡是可能取得信息的地方、部门、个人或组织都是信息源。城市林业信息源主要包括自然信息源、经济信息源、社会信息源、科技信息源和控制信息源五类。

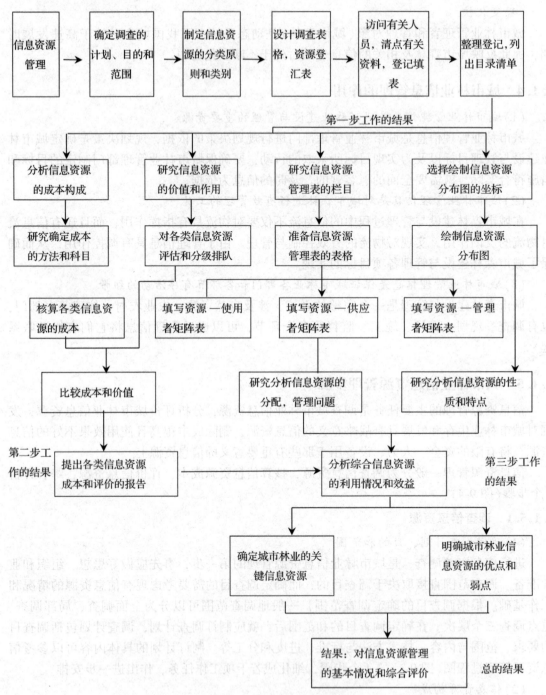

图 9-4 信息资源管理过程

②信息服务 利用信息资源提供的服务,是结构化的、集成的一系列的处理信息或数据的过程,以系统地、重复地进行输入、文件更新和输出处理为特征,包括信息检索服务、信息报道与发布服务、信息咨询服务和网络信息服务等。

③信息系统 是指由计算机硬件、网络和通信设备、计算机软件、信息资源、信息用户和规章制度组成的，以处理信息流为目的的人机一体化系统。目的是及时、正确地收集、加工、存储、传递和提供信息，实现对城市林业各项活动的管理、调节和控制（马费城等，2018）。信息系统具有输入、存储、处理、输出和控制等5大基本功能。从信息系统的发展和特点来看，可分为数据处理系统、管理信息系统、决策支持系统、专家系统和虚拟办公室5种类型。

(3) 制定信息资源的分类原则和类别

信息资源分类是根据信息资源的内容属性和其他特征，将信息资源分门别类地、系统地提示和组织的方法，其关键不是大类如何划分而是具体的类别如何划分的问题。信息资源分类的依据很多，例如，按不同的信息来源划分，按不同的信息内容划分，按不同的使用部门划分，按学科划分，按图书分类目录划分，按所使用的设备和设施划分等。为了便于进行信息资源的调查，应遵循以下几个原则。

①科学性 选择城市林业信息的本质属性或特性及其中存在的逻辑关联作为分类的基础和依据，建构系统、完善的体系。

②可扩展性 在类目的扩展上预留空间，保证分类体系有一定弹性，可在本分类体系上进行延拓细化。

③实用性 立足于城市林业信息的采集、加工、利用、共享和管理等实际工作，对城市林业信息进行分类。

根据城市林业信息的表现形式，将城市林业信息资源划分为文档类、报表类、图集类和多媒体类4类。

(4) 设计信息资源登记表

城市林业的基层工作人员最怕内容繁杂，意义不清的报表。信息资源的范围很广，几乎无所不包，因此需要设计得简单明细，便于填写。信息资源不同于固定资产和材料，信息的内容是寄存在信息载体之中的，清点起来有些困难，因而表格既能捕捉信息资源，又不费工费时调查（表9-1）。

(5) 信息资源表的登记

登记信息资源是一件具体而又繁琐的工作，需要有高度的责任感，需要调查访问。首

表 9-1 信息资源登记表　　　　　　　　　　　　　　　　　　　编号：

信息资源的名称		登记日期	
信息资源的分类		分类代号	
所在地点和部门			
开发和利用目的			
信息资源的主要内容或功能：			
评价和备注			
主要输入来源：	主要输出方式：		载体介质：
资源管理者姓名：		电话：	

先，将信息资源归为信息源、服务和系统三大类弄清楚，有计划有目的地进行调查。其次，浏览已有的信息资源，加以初步的分类、归纳、整理，对其内容和数量、质量有一个初步的印象。调查对象主要是信息资源的管理者、供应者和处理者，整理登记外部的信息资源，填写信息资源登记表，整理信息资源目录。

9.1.5.2 核算信息资源成本

信息资源成本包括获取、产生、处理、存储、维护、使用与分配等过程产生的直接费用和其他相应的费用。

(1) 信息资源成本的构成

信息成本包括信息工作人员的有关费用，设备的有关费用，物料、软件、劳务、场地、购买信息资源等费用。

(2) 信息资源成本的核算

信息成本核算方法主要有：①直接成本法；②标准成本法；③成本估计法；④生命周期成本法；⑤机会成本法；⑥定性成本法等。

9.1.5.3 评价信息资源

(1) 评价信息资源价值

直接与信息成本核算相联系的是信息资源的价值与作用如何评价的问题。目前主要采用投入产出法、价值构成法和模糊评价法3种方法评价信息价值（蔡文青等，2009）。

(2) 研究信息淘汰的管理和使用

为了进行科学的分析，需要使用信息资源管理表，包括信息资源/使用者矩阵表、信息资源/供应者（或处理者）矩阵表、信息资源/管理者矩阵表。

通过三张表将每项信息资源与三者的关系分析清楚。

①拟定信息资源管理表的栏目　上述三张矩阵表所设的栏目是一致的（表9-2）。

表 9-2　信息资源管理表

信息资源分类	部门或地点 资源特点				A 单位	B 单位	C 单位	…	N 单位	小计
	I	E	M	T						
资源1										
资源2										
资源3										
…										
资源N										
合计										

注：I 表示内部资源；E 表示外部资源，M 表示手工处理的；T 表示领先技术装备支持的

②信息资源使用者、供应者和管理者矩阵表　三者均在信息资源管理表上填写登记。

(3) 信息资源分布图

在 X 轴上，右端为内容，左端为渠道或介质；在 Y 轴上上端为功能，下端为产品或载体，将每一项信息资源按其性质画在图中的位置上。通过逐项绘制信息资源的坐标位

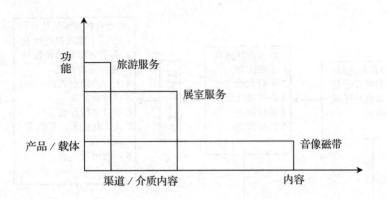

图 9-5　信息资源分布图

置，就可以将城市林业的全部信息资源绘制在一幅图上，相互之间的关系一目了然（图9-5）。通过信息资源分布图上各信息资源所处的位置，可以检查城市林业信息资源的许多性质和问题。

9.1.5.4　综合评价

（1）确定城市林业关键的信息资源

主要是从信息资源的性质和特点，信息资源的成本和信息资源的价值与作用来确定。

（2）确定信息资源优点和缺点

主要从信息资源的重要性、精确性、时效性、稀缺性、保密性、共享性等方面分析确定信息资源的优点和缺点。

9.1.6　城市森林资源管理信息系统

管理信息系统设计一般经过系统调查、系统分析、系统设计、系统实现、系统测试与评价、运行维护等阶段。管理信息系统的开发方式有自主开发、委托开发、合作开发、购买现成软件，系统测试分单元测试、集成测试、确认测试、系统测试、验收测试、系统调试，系统评价分系统目标的评价、系统经济效益的评价、系统性能的评价。

（1）信息搜集系统

从城市森林资源清查外业搜集森林资源有关系的数据，其中包括植被、土壤、野生动物、水资源、景观资源、旅游资源、林木更新以及社会经济情况、受威胁程度等，以数值方式输入计算机，称为数字化，把这些资源通过检索储存系统建立城市森林资源数据库，进行经常性的信息积累、储存、检索、管理和更新信息，及时为各项生产和规划设计提供资料。除了数据库外，还可通过遥感图像处理，把地图、地形图等图像资料数字化后输入储存（称为地理信息系统，GIS），建立图库（图9-6）。

（2）信息处理系统

信息处理一般是指对各种形态的信息进行加工处理的方法，分为模拟信号处理和数字信号处理两大类。数字信号处理是用数字计算机对数字或符号序列表示的信号进行处理，它多领先人工编制程序来实现。数字信号处理具有速度快、精度高和处理手段丰富的特

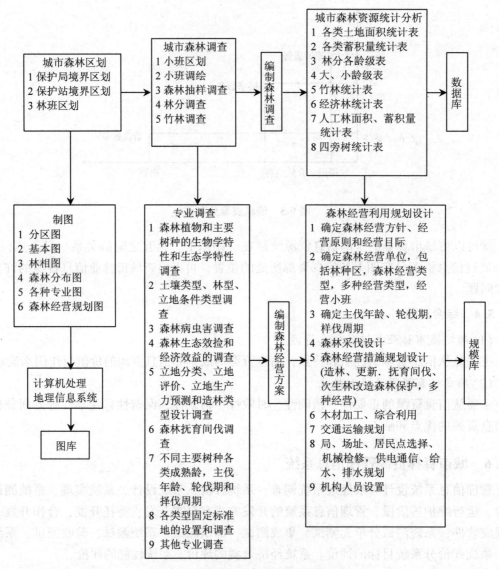

图 9-6　城市森林资源信息与决策系统

点。如在城市森林资源信息处理系统中，可以及时掌握城市森林资源的数量、质量及其消长变化的数据，自动检查数据、修改、更新小班数据、统计打印报表、评价主要树种小班的生产力、编制数表等，并具有中文处理功能。

　　与传统的森林资源清查相比，过去信息储存与更新是通过建立森林资源档案和技术档案来实现的，信息的利用是通过查、登、用结合起来的；而在现代科学技术条件下，从城市森林资源管理出发，用系统的观点、数学的方法，以计算机为主要工具，建立起数据库、图库、程序库，可以通过计算机处理出图、文件、数据、不同方案的评价与决策，大大提高城市森林资源管理系统运行的功能和效益。

(3) 信息管理系统

信息管理就是对信息进行收集、加工、储存和传输、检索等一系列活动的总和。信息既然是一种资源，信息管理就是发挥这种资源作用的有效手段。

一般采用领导者、使用者、业务专家三结合的办法来进行判断优缺点。从信息载体方面和信息处理功能方面来判断。

(4) 有关信息的会计和预算

目前，城市林业现有的财务和会计系统几乎都没有考虑对信息资源的管理，反映不出在信息方面花费的金额，可见城市林业财会工作在信息管理方面的差距，信息作为一种资产是值得重新加以研究的，可作为财会工作的重要对象。

9.2 智慧城市林业

9.2.1 智慧林业

一般认为，我国林业信息管理始于20世纪60年代初（陈伯贤等，1979），随着现代信息技术逐步应用，信息资源日益成为林业发展的重要因素，信息技术进一步引领与支撑林业发展，从20世纪90年代以来我国林业信息化发展可以分为数字林业、智慧林业和泛在林业三个阶段（陈震，2012）。数字林业，是"传统林业+现代信息技术"，是以计算机和互联网为代表的现代信息技术应用于林业，实现了林业工作的电子化和数字化；智慧林业，是在数字林业的基础上，利用物联网等新一代信息技术，构建立体感知、管理协同、服务高效、有效支撑林业现代化发展的林业建设新模式；泛在林业是在智慧林业的基础上，实现各个系统之间的协同、融合和共存。2013年8月国家林业局印发了《中国智慧林业发展指导意见》（林信发〔2013〕131号）标志着我国林业信息管理由"数字林业"进入了"智慧林业"发展的新阶段（刘庆新，2013）。国家林业局（2013）将智慧林业定义为充分利用云计算、物联网、大数据、移动互联网等新一代信息技术，通过感知化、物联化、智能化手段，形成林业立体感知、管理协同高效、生态价值凸显、服务内外一体的林业发展新模式。智慧林业就是"物联网+"林业，发展智慧林业就要大力推进"物联网+"，引领林业现代化。

9.2.1.1 智慧林业的主要内容

智慧林业主要是通过立体感知体系、管理协同体系、生态价值体系、服务便捷体系等来体现智慧林业的智慧。具体内容如下（国家林业局，2103）：

①林业资源感知体系更加深入。通过智慧林业立体感知体系的建设，实现空中、地上、地下感知系统全覆盖，可以随时随地感知各种林业资源。

②林业政务系统上下左右通畅。通过打造国家、省、市、县一体化的林业政务系统，实现林业政务系统一体化、协同化，即上下左右信息充分共享、业务全面协同，并与其他相关行业政务系统链接。

③林业建设管理低成本高效益。通过智慧林业的科学规划建设，实现真正的共建共享，使各项工程建设成本最低，管理投入最少，效益更高。

④林业民生服务智能更便捷。通过智慧林业管理服务体系的一体化、主动化建设，使

林农、林企等可以便捷地获取各项服务，达到时间更短、质量更高。

⑤林业生态文明理念更深入。通过智慧林业生态价值体系的建立及生态成果的推广应用，使生态文明的理念深入社会各领域、各阶层，使生态文明成为社会发展的基本理念。

9.2.1.2 智慧林业的主要特征

智慧林业特征体系由基础性、应用性和本质性构成，基础性特征包括数字化、感知化、互联化、智能化，应用性特征包括一体化、协同化，本质性特征包括生态化、最优化，可以说智慧林业就是在数字化、感知化、互联化和智能化的基础上，实现一体化、协同化、生态化和最优化（国家林业局，2103）。

①林业信息资源数字化　实现林业信息实时采集、快速传输、海量存储、智能分析、共建共享。

②林业资源相互感知化　利用传感设备和智能终端，使林业系统中的森林、湿地、沙地、野生动植物等林业资源可以相互感知，能随时获取需要的数据和信息，改变以往"人为主体、林业资源为客体"的局面，实现林业客体主体化。

③林业信息传输互联化　互联互通是智慧林业的基本要求，建横向贯通、纵向顺畅、遍布各个末梢的网络系统，实现信息传输快捷，交互共享便捷安全，为发挥智慧林业的功能提供高效网络通道。

④林业系统管控智能化　智能化是信息社会的基本特征，也是智慧林业运营基本要求，利用物联网、云计算、大数据等方面的技术，实现快捷、精准的信息采集、计算、处理等；应用系统管控方面，利用各种传感设备、智能终端、自动化装备等实现管理服务的智能化。

⑤林业体系运转一体化　一体化是智慧林业建设发展中最重要的体现，要实现信息系统的整合，将林业信息化与生态化、产业化、城镇化融为一体，使智慧林业成为一个更多功能性的生态圈。

⑥林业管理服务协同化　信息共享、业务协同是林业智慧化发展的重要特征，就是要使林业规划、管理、服务等各功能单位之间，在林权管理、林业灾害监管、林业产业振兴、移动办公和林业工程监督等林业政务工作的各环节实现业务协同，以及政府、企业、居民等各主体之间更加协同，在协同中实现现代林业的和谐发展。

⑦林业创新发展生态化　生态化是智慧林业的本质性特征，就是利用先进的理念和技术，进一步丰富林业自然资源、开发完善林业生态系统、科学构建林业生态文明，并融入到整个社会发展的生态文明体系之中，保持林业生态系统持续发展强大。

⑧林业综合效益最优化　通过智慧林业建设，就是形成生态优先、产业绿色、文明显著的智慧林业体系，进一步做到投入更低、效益更好，展示综合效益最优化的特征。

9.2.2 智慧林业关键技术

9.2.2.1 云计算技术

云计算（Cloud Computing）是以虚拟化技术为基础，以网络为载体提供基础架构、平台、软件等服务为形式，整合大规模可扩展的计算、存储、数据、应用等分布式计算资源进行协同工作的超级计算模式(吴吉义等,2009),主要包括基础设施级服务(IaaS)、平台级服务(PaaS)和软件级服务(SaaS)三个层次。在智慧林业建设中,云计算在海量数据处理与存储、智慧林业运营模式与服务模式等方面具有重要作用,支撑智慧林业的高效运转,提高林业管理服务能力,不断创新 IT 服务模式。云计算作为新型计算模式,可以应用到智慧林业决策服务方面,通过构建高效可靠的智慧林业云计算平台,为林业智能决策提供计算和存储能力,其扩展性可以极大地方便用户,使其成为智慧林业的核心。智慧林业云计算平台的虚拟化技术及容错特性保证了其存储、运算的高可靠性。对于海量的森林资源数据存储,需要使用云计算存储,将网络中不同类型的存储设备通过应用软件集合起来协同工作,共同对外提供数据存储和业务访问功能。利用云计算的并行处理技术,挖掘数据的内在关联,对数据应用进行并行处理。IaaS 层提供可靠的调度策略,是智慧林业云计算得以高效实现的关键(国家林业局,2013)。巫莉莉等(2011)在分析林业信息化存在问题的基础上,提出将云计算应用于林业信息化建设,可以提高林业信息化建设的生态指标,从而实现绿色低碳生态林。智慧林业高效可靠的云计算平台能有效解决林业信息化在计算、存储、信息处理等方面的问题,实现智能实时感知、决策和自然控制,包括海量数据挖掘与建模分析、海量数据自动存储管理、基于多维 QoS 的资源调度机制、大规模消息通信、云计算体系结构等关键技术,主要应用于海量数据存储、遥感卫星数据的挖掘以及智能决策等三个方面(刘亚秋等,2011)。

9.2.2.2 物联网技术

物联网(Internet of Things)实质上就是"物物相连的互联网",指的是将各种信息传感设备,如射频识别(RFID)装置、红外感应器、全球定位系统、激光扫描器等种种装置与互联网结合起来而形成的一个巨大网络(王保云,2009)。物联网是互联网的应用拓展,以互联网为基础设施,是传感网、互联网、自动化技术和计算技术的集成及其广泛和深度应用。物联网主要由感知层、网络传输层和信息处理层组成。应用创新是物联网发展的核心,以用户体验为核心的创新 2.0 是物联网发展的灵魂。物联网用途极其广泛,遍及交通、安保、家居、消防、监测、医疗、栽培、食品等多个领域。尤其在森林防火、古树名木管理、珍稀野生动物保护、木材追踪管理等方面广泛应用。作为下一个经济增长点,物联网必将成为"智慧林业"建设中的重要力量(国家林业局,2013)。林业物联网总体架构包括感知层、网络层、应用层 3 个层次和标准规范体系、安全与综合管理体系 2 个体系(温战强,2015)。提出为了做好林业信息的搜集、获取、分析以及管理,将物联网技术应用到林业的信息化管理中,借助多功能网络与云计算平台,通过网络大数据的信息决策,更好地发挥林业的价值,对实现经济社会与生态环境之间的和谐有着重要的推动作用(温要礼,2018)。

9.2.2.3 大数据技术

维基百科中将大数据(Big Data)定义为:所涉及的资料量规模巨大到无法透过目前主流软件工具,在合理时间内达到撷取、管理、处理,并整理成帮助管理者更积极经营决策的资讯。大数据技术的战略意义不仅在于掌握了庞大的数据信息,更重要的意义在于对海量数据的专业化处理,发现新知识,创造新价值,带来"大知识""大科技""大利润"和"大发展"(刘智慧等，2014)。大数据可分成大数据技术、大数据工程、大数据科学和大数据应用等领域。目前谈论最多的是大数据技术和大数据应用，即从各种各样类型的数据中，快速获得有价值信息。目前，大数据技术已经应用到了安全管理、环保、水利、金融等领域，随着互联网行业终端设备应用、在线应用和服务，以及与垂直行业的融合等，互联网行业急需大数据技术的深度开发和应用，并且将快速带动社会化媒体、电子商务的快速发展，其他的互联网分支也会紧追其后，整个行业在大数据的推动下将会蓬勃发展。随着信息技术在林业行业的应用及林业管理服务的不断加强，大数据技术在林业领域的应用也将得到不断加强，包括林业系统信息共享、业务协同与林业云的高效运营，以及林业资源监测管理、应急指挥、远程诊断等管理服务(国家林业局，2013)。

9.2.2.4 虚拟现实技术

虚拟现实(Virtual Reality，VR)是以计算机技术为核心，结合相关科学技术，生成与一定范围真实环境在视、听、触感等方面高度近似的数字化环境，用户借助必要的装备与数字化环境中的对象进行交互作用、相互影响，可以产生亲临真实环境的感受和体验。虚拟现实技术主要包括模拟环境、感知、用户难辨真假的程度(李敏等，2010)。VR 是人类在探索自然、认识自然过程中创造产生，逐步形成的一种用于认识自然、模拟自然，进而更好地适应和利用自然的科学方法和科学技术，具有 Immersion（沉浸）、Interaction（交互）、Imagination（构想）的 3I 特征，其目的是利用计算机技术及其他相关技术复制、仿真现实世界或假想世界，构造近似现实世界的虚拟世界，用户通过与虚拟世界的交互，体验对应的现实世界，甚至影响现实世界。VR 技术将计算机从一种需要人用键盘、鼠标进行操纵的设备变成了人处于其创造的虚拟环境中，通过感官、语言、手势等比较自然的方式进行交互、对话的系统和环境，从根本上改变了人适应计算机的局面，创造了让计算机适应人的一种新机制。VR 通过沉浸、交互和构想的 3I 特性能够高精度地对现实世界或假想世界的对象进行模拟与表现，辅助用户进行各种分析，为解决面临的复杂问题提供一种新的有效手段(国家林业局，2013)。虚拟现实技术在林业上的应用前景非常广泛，例如，科学实验、林业机械设计与制造、林业技术推广和培训、林业资源配置、园林规划设计和教学等方面(潘以成等，2004)。另外，利用 ERDAS 软件构建虚拟林相的原理与技术，虚拟林相可以应用于调查、规划、设计、施工及森林资源管理等方面，有利于提高森林管理效率(孙琦，2007)。虚拟现实技术在植物形态结构虚拟、林分空间结构模拟、森林环境虚拟、森林景观模拟、森林经营虚拟等方面也有很好的应用前景(李云平，2009)。同时，3D 虚拟现实技术在城市森林景观设计中应用的可行性也得到验证(汪媛媛，2011)。

9.2.2.5 移动互联网技术

移动通信技术与互联网技术融合的产物，是一种通过移动无线通信技术接入互联网的新型数字通信模式(马建浦，2016)。广义的移动互联网是指用户使用智能手机、PDA、平板电脑等手持设备移动终端，通过各种无线网络，包括移动无线网络和固定无线接入网等接入到互联网中，进行话音、数据和视频等通信业务，包括 3 个要素：移动终端、移动网络和应用服务。具体而言，在技术层面上，以 IP 宽带为技术支持，以各类移动终端为媒介，以为用户提供优质网络服务为目标，以数据安全高效传输为基础的一种开发式多媒体业务网络；在移动终端层面上，用户通过手机、电脑、平板等各种移动终端来获取移动网络提供的通信服务（文军等，2014）。邢劭谦（2012）基于 Zigbee 网络结合北斗通信技术开发的林火监测系统，陈万钧等（2013）基于 Android 系统开发的林业有害生物防治系统，吴鹏（2014）研究了移动终端和互联网卫星影像端在使用林地可行性研究、林木采伐作业设计、林地监管、林地清理、林地测量等林业三类调查及一、二类调查，规划设计中的应用方法等都已初步具备了智慧林业的雏形。随着无线技术和视频压缩技术的成熟，基于无线技术的网络视频监控系统，为林业工作提供了有力的技术保障。基于 3G、4G 技术的网络监控系统需具备多级管理体系，整个系统基于网络构建，能够通过多级级联的方式构建一张可全网监控、全网管理的视频监控网，提供及时优质的维护服务，保障系统正常运转（国家林业局，2013）。

9.2.2.6 "3S"及北斗导航技术

"3S"是 RS（遥感）、GPS（卫星导航定位系统）、GIS（地理信息系统）这 3 项相互独立而在应用上又密切关联的高新技术的总称，是空间技术、传感器技术、卫星定位导航技术和计算机技术、通信技术相结合，多学科高度集成的对空间信息进行采集、量测、分析、管理、存储、显示、传播和应用的综合技术，也是林业信息化建设中最基础、最核心的支撑技术。该技术主要是利用 GPS 高精度定位，遥感信息提取，GIS 空间显示、管理和分析，以及时态管理等技术，实现林业资源外业数据采集、林业资源的空间属性一体化管理和更新、林业资源历史数据分析和管理、林业地图三维可视化和无缝多级分辨率浏览等功能。金莹杉等（2002）以沈阳市建成区为研究案例，采用典型抽样的方式对该区行道树进行了全面的群落调查，利用 GIS 信息平台分析了绿化廊道结构和功能，为沈阳市行道树研究提供了理论依据。孔繁花等（2002）在遥感（RS）和地理信息系统（GIS）的支持下，建立了济南市绿地景观数据库，运用景观多样性、优势度、均匀度、绿地廊道密度与绿地斑块密度等 5 个指标对济南市绿地景观空间结构进行了分析，认为以小斑块为主的绿地景观格局难以充分发挥绿地的整体生态功能，应适当提高中型斑块比例以优化济南绿地景观格局。基于"3S"技术的城市绿地管理信息系统流程，可以从利用遥感影像获取城市绿地资源现状到通过 GIS 建立城市绿地管理信息系统，最终实现城市绿地数据的快速查询、统计和分析，以及数据更新与共享（苏智海等，2008）。付晖（2015）利用"3S"技术对海口市绿地建设水平进行了综合评价，提出了绿地建设优化策略。

北斗卫星导航系统（BDS）是中国自主研发、独立运行的全球卫星导航系统，是继美国全球定位系统（GPS）和俄罗斯 GLONASS 之后第三个成熟的卫星导航系统。北斗卫星导航系统可在全球范围内全天候、全天时为各类用户提供实时好、精度高、覆盖面广的定位、导航、授时服务（王晓然，2020），并具短报文通信能力，已经初步具备区域导航、定位和授时能力，定位精度优于 20 m，授时精度优于 100 ns。北斗卫星导航系统在林业方面具有广阔的应用空间，为林业资源监测及安全管理等提供重要支撑作用。北斗系统可以同时提供定位和通信功能，具有终端设备小型化、集成度高、低功耗和操作简单等特点（国家林业局，2013）。黄颖（2014）基于北斗应用终端开发了的林业野外巡护体系能有效地克服巡护业务单一、巡护信息采集不规范以及有通信盲区无法通信等问题。胡鸿等（2017）以"北斗卫星导航在林业中的示范应用工程项目"为例，构建了由北斗导航、移动互联网、林业北斗综合服务平台和北斗林业业务运行系统等为主要组成的应用系统，通过对卫星导航的基础据采集，将北斗卫星与GPS的单双模导航的卫星个数、信号强度和PDOP综合位置精度因子等进行统计分析，比较了这两种卫星导航精度的差异，发现北斗导航在数据的稳定性上具有优势。

9.2.3 十堰市智慧林业案例①

9.2.3.1 工程背景

十堰市位于湖北省西北部，地处秦巴山区东部、汉江中上游，东经109°29′至111°16′，北纬31°30′至33°16′。东与湖北襄阳市的保康、谷城、老河口3县市接壤，东北与河南南阳市的淅川县相连，北与陕西商洛市的商南、山阳、镇安3县相接，西与陕西安康市的白河、旬阳、平利、镇坪4县毗邻，南与湖北神农架和重庆市的巫溪县交界。全市辖3区5县(市)，下设13个街道、72个镇、34个乡，总辖区面积23 680 km²。林业用地面积162.64×10⁴ hm²，森林覆盖率64.72%，森林蓄积量6528×10⁴ m³。

2019年，十堰市启动了智慧林业建设，将进一步加强林业资源整合力度，促进资源共享，提升整体水平，综合运用大数据、物联网、云技术，开展智慧林业应用示范，实现林业资源业务协同、林业生态环境、林业公共服务等方面的智能化和可视化管理，为林业现代建设提供强有力的支撑。

9.2.3.2 系统建设目标

十堰市智慧林业建设的最终目标是：初步建立立体化感知体系全覆盖、智能化管理体系协同高效、林业生态价值体系进一步深化、林业一体化服务体系更加完善、林业规范化保障体系支撑有力的林业智慧化体系，为十堰市发展现代林业，提升生态经济价值，促进林业改革发展提供坚实保障。具体目标如下：

①实现林业资源管理的信息化和标准化，整合各类林业资源数据，形成林业资源"一张图"，为全面实现林业信息化奠定基础，为林业政策制定和林业资源监测监管提供数据支撑。

②将林业资源落实到山头地块，全面摸清林业资源家底，将林业监测体系进行有效整合，达到组织管理、监测体系、技术标准、监测时间、监测数据5个整合，实时监测林业资源动态消长变化。

③全面提升林业资源监管成效，提高生态修复的质量，确保林业资源高质增长；提高森林资源灾害监测水平，确保及时发现和预防森林资源灾害；提高执法检查手段，确保执法过程准确高效；提高行政执法监管水平，确保执法过程公开、公平、公正。

④实现林业双增目标考核，达到林业资源"及时出数，年度出数"定期、快速、准确地反映林业资源消长、分布，为林业业务应用、生态价值评估、生态指标考核、资源监管和决策提供支撑。

9.2.3.3 系统结构

利用"互联网+"与林业业务深度融合，以信息化标准和安全体系为保障，以数据中心

---

① 十堰市智慧林业系统案例由北京地林伟业科技有限公司提供，略有修改。

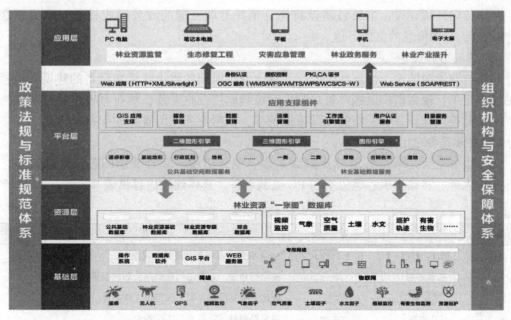

图 9-7 十堰市智慧林业系统总体框架图

为枢纽,充分运用云计算、物联网、移动互联网、大数据等先进技术推进智慧林业应用体系建设,建立大数据决策、智能型生产、协同化办公、云信息服务和立体化感知、智慧化发展长效机制,实现林业高效高质发展的新模式(图9-7)。

①基础设施层 网络基础设施提供整个平台运营的基础环境、网络环境,基础设施建设将充分依托十堰市林业局已建成的基础设施和物联感知体系。

②资源层 是整个平台的数据基础。通过对数据的分析,数据库的建设包括四大块内容,元数据库主要包括元数据库实现林业资源各类数据元数据信息存储管理。

③平台层 为数据库和平台的运行提供技术支撑服务,提供各类应用支撑服务组件,包括二维引擎、包括各类数据服务以及信息共享,监测和评价服务以及数据更新,图形和业务变更服务,同时具备良好的扩展性,为后续业务扩展提供技术支撑。

④应用层 建立智慧林业应用领域,主要包括林业资源监管、生态修复工程、灾害应急管理、林业政务服务等内容,一方面强化大数据在业务管理和业务应用上的作用,另一方面通过政务管理、业务应用、公众服务的各类应用积累更多的数据,为大数据中心补充数据源,最终形成良性的数据和应用循环,提升林业信息沟通与业务协同能力,提高信息发布及时性以及业务处理高效性。

⑤标准规范与安全保障体系,为系统应用提供支撑。

9.2.3.4 建设方案

1)"互联网+"基础能力

(1)基础设施环境

数据中心建设:本项目建设将充分依托十堰市政务云平台基础设施环境,根据应用需要进行服务器、存储环境申请试用,满足智慧林业建设基础设施环境应用需要。

网络传输环境建设：本项目建设将充分依托互联互通的政务网或林业专网或互联网（带VPN），实现信息的上传下达。

(2) 物联感知设备

满足林业资源监控、生态环境监控、林业资源保护各类物联感知设备的建设，包括气象站设施设备、视频监控设施设备、野生动植物监控设施设备、林业有害生物监测设施设备、水文监控设施设备、土壤监控设施设备等，根据业务应用需要进行布局建设。

(3) 终端设备

终端设备主要是满足智慧林业数据采集、业务应用、综合展示的各类终端设备，包含：显示大屏、移动平板、笔记本和PC电脑设备，具体建设内容见表9-3：

表9-3 终端设备一览表

序号	设备名称	数量	说明
1	展示大屏	1套	3*4块屏，部署到林业局会议室
2	移动平板	20台	满足局领导、业务部门移动办公和数据采集应用需要
3	笔记本	2台	满足业务部门移动办公和汇报工作需要
4	PC电脑	20台	满足局领导、业务部门工作需要

(4) 林业资源"一张图"数据库

在整合十堰市现有林业资源数据基础上，将公共基础数据、林业资源基础数据、林业资源专题数据进行标准化处理和整合，建立十堰市林业资源"一张图"数据库，统一对外提供服务，形成各个业务部门间，各个政区级别间数据的有效共享、更新管理机制，避免"信息孤岛"现象，充分发挥林业信息在政府宏观决策、应急管理、社会公益服务、产业升级拓展、人民生活改善等方面的保障服务作用，发挥林业信息资源的最大效益，具体内容包含以下三部分：

遥感影像以及变化检测服务：根据十堰市天气状况以及卫星采集条件，按年提供覆盖全市的遥感影像及变化图斑，满足林业业务应用需要。

林业资源互联网发布处理：为了确保数据在政务网、林业专网或互联网应用，确保林业业务应用的网络化开展，需要对已有各类成果数据进行互联网发布数据处理。

林业资源数据库入库：实现林业资源各类数据入库、配图以及发布处理，形成覆盖全市的林业资源一张图数据成果，主要包括公共基础数据、林业资源数据、林业专题数据以及相关资源档案数据。

2) "互联网+"林业政务服务

加快"互联网+"与政府公共服务深度融合，提升林业部门的服务能力和管理水平，针对林业生态系统的各种变迁，评估其资源、环境、功能等方面的变化，并提出相应的调整方案与措施，对实现林业资源可持续发展具有重要意义。

(1) 林业政务信息门户系统

林业政务信息门户系统提供了一站式信息和应用的访问门户，实现全市各级林业部门组织机构、用户、权限的一体化管理，实现全市各类信息和应用的集成，为各级林业用户提供信息和应用服务，具体解决一下问题：

第一，统一门户，形成智慧林业统一的门户，全市各级用户一处登录，就可以访问和浏览各类业务应用和信息。

第二，应用集成，实现智慧林业各类业务应用的集成，包含在建系统和以及未来要建设的系统。

第三，信息集成，实现通知公告、政策法规、新闻动态、待办事宜等各类信息的集成。

第四，统一运维，实现全市各级林业管理部门、人员基本信息的统一管理，并能进行系统权限的授权。

(2) 林业大数据云图系统

林业大数据云图是依托全市林业资源"一张图"基础数据库，实现地级市、县、乡、村四级政区历史、现状、以及未来变化趋势汇总分析展示。平台基于林业资源历史和现势数据，基于统计分析数学模型，进行数据的深入挖掘，形成林业各项资源预测数据，为林业科研人员科学研究以及领导辅助决策提供有力的数据支撑，具体解决以下问题：

第一，大屏展示，面向大屏端，实现林业资源各类宏观指标的综合展示，资源分布一览无余，并能够按照市、县、乡镇、村逐级查看各类林业资源宏观指标的情况。

第二，物联感知，能够利用各类物联感知设备，包括视频监控、生态因子监控、气象因子监控、无人机影像等信息的接入，可以实时查看各类监控的布局以及监控信息。

第三，虚实结合，重点区域进行全景信息采集，可以通过360°全景技术，展现重点区域资源的真实情况，并能连接到VR眼镜上，使资源展现更直观。

第四，决策支撑，通过林业资源的现状，建立资源资产评价模型，实现林业资源资产实时评价，方便监控林业资源建设和保护成效，为领导决策、资源负债表编制、离任审计提供信息支撑。

(3) 林业资源一张图服务系统

林业一张图服务系统实现对海量林业资源数据进行处理、加工、统计、分析，通过"文字描述、专题地图、统计图、统计表、多媒体"等多种方式揭示各类数据相互影响的内在机制与规律，将大量庞杂的数据信息转化为可为局领导、业务处室领导、区县林业部门领导等提供支持的可视化的、直观的服务决策信息，具体解决以下问题：

第一，资源分布，通过各类资源分布图，实现森林资源、湿地资源、国有林场、自然保护地等各类资源直观展示，方便从宏观整体到微观(具体小班)信息的查询与浏览。

第二，丰富展现形式，通过二三维技术、360°全景技术、视频图像技术实现林业资源展示，使资源查看更直观、显示更丰富。

第三，及时出数，基于各类业务生成的林业业务数据与资源数据叠加，能实现林业资源实时出数、年年出数，为各级林业部门绩效考核、生态效益评价以及资源保护提供信息支撑。

(4) 林业政务服务移动APP

林业政务服务移动APP主要是基于平板和手机定制的政务服务应用，方便林业局领导以及各级管理人员随时随地了解全市林情，实时掌握全市林业资源变化情况，为各级领导林业资源监管、决策提供支撑，具体解决以下问题：

第一，移动办公，满足各级林业管理部门领导移动办公需要，在各级政府现场会上涉及林业资源管理、规划、决策，能够随时随地查看林业资源数据信息，为领导的办公决策提供支撑。

第二，工作检查，移动终端带有林业资源所有信息，方便在检查过程中与实际情况进行核实对比，为各级领导工作检查提供信息支撑。

(5) 林业资源汇聚管理系统

林业资源汇聚管理系统数据采集管理系统采用一体化、一站式的方式，在统一空间参考下，实现林业各类资源数据的汇聚，通过数据管理、图形编辑、属性录入及数据质检等功能实现对各类林业资源数据汇聚管理，并通过数据统计功能，完成各类数据的统计、报表输出和专题图制作等，同时能够无缝对接各类业务应用产生的业务资源数据，具体解决以下问题：

第一，信息整合，实现已有信息、省局已建以及市局建设的各类应用成果数据的整合批量整合接入。

第二，信息采集，对于没有业务应用的数据信息，通过汇聚系统提供成果数据的采集更新，满足信息管理的需要。

第三，共享服务，通过汇聚实现了各类林业信息的聚集，有利于实现数据共享，为进一步业务协同奠定基础。

(6) 林业执法管理系统

林业执法管理系统是根据两期遥感影像进行变化监测，通过与资源档案数据叠加对比，将疑似图斑分发给执法人员进行实地核实、查处，并及时在平台内进行数据更新，提高提取违法变化数据的准确性，从而提高对滥砍盗伐等违法事件的精准打击能力，具体解决以下问题：

第一，主动执法，能够将群总举报、巡护人员发现以及通过遥感比对发现等多种渠道的森林违法破坏信息汇聚，变被动执法为主动执法，提升林业执法成效。

第二，过程公开，通过执法移动APP实现执法过程全程跟踪，使执法过程透明公开。

第三，档案电子化，形成从接受执法信息、执法任务指派、执法过程跟踪、执法结果全过程档案电子化，方便跟踪执法处置成效。

3) "互联网+" 林业资源监管

构建集森林、湿地、自然保护地和野生动植物资源监管于一体的"互联网+"林业资源监管平台，对全国林业资源进行精确定位、精细保护和动态监管。

(1) 森林资源动态监测管理系统

森林资源动态监测管理系统基于多期遥感数据提取的森林资源变化数据，结合森林资源档案(征占、造林、采伐、抚育、火灾、病虫害、林政案件等)成果叠加分析，并辅助以外业核实，通过信息化手段实现突变资源档案更新，同时结合长期林木林分监测，实现渐变的自然生长更新，及时掌握森林资源发展变化情况，为森林资源更新管理提供有力支持，具体解决以下问题：

第一，业务协同，以森林资源普查数据形成支援本底，支撑征占、造林、采伐、抚育、火灾、病虫害、林政案件业务开展，同时接受各类业务反馈的业务信息，形成资源业务协同的闭环。

第二，突变更新，基于征占、造林、采伐、抚育、火灾、病虫害、林政案件产生的业务数据，通过批量更新技术实现森林资源档案的突变更新。

第三，渐变更新，基于多期样地监测结果，建立林分自然生长模型，实现森林资源突变更新。

(2) 湿地资源监测系统

湿地资源监测管理系统主要目的是查清全市湿地资源及其环境的现状，了解湿地资源的动态消长规律，实现湿地资源数据的有效监管，便于及时了解全市湿地资源保护情况，为湿地资源管理政策研究等提供决策支持，实现对湿地资源的有效监管，为领导者决策提供支持服务以及为各个业务人员提供数据和应用支撑服务，具体解决以下问题：

第一，湿地分布，根据遥感影像和实地调查数据，对湿地资源的分布以及变化进行动态监测，方便管理人员及时了解湿地资源的分布状况。

第二，决策支撑，基于长期地面监测和调查数据，采用预测模型进行湿地资源的变化预测，得知湿地的变化状况，为领导决策提供支持服务。

(3) 自然保护地资源管理系统

自然保护地资源管理系统实现自然保护地(自然保护区、森林公园、风景园林、地质公园等)区划以及自然保护地生物多样性的监测管理，摸清自然保护地家底以及资源变化情况，同时与物联网监控设备管理，实时监控保护地森林灾害、环境因子，为自然保护地资源保护提供支撑，具体解决以下问题：

第一，自然保护地分布，实现自然保护区、森林公园、风景园林、地质公园等自然保护地区划界定，通过一张图便于了解自然保护地分布状况。

第二，监测管理，通过定期定点监测调查获取监测调查成果，实现自然保护地生物多样性的监测与管理。

第三，物联感知，能够继承各类物联感知设备，包括视频监控、环境因子监控等信息的接入，可以实时查看各类监控的布局以及监控信息。

(4) 生物多样性资源监测管理系统

生物多样性资源监测管理系统主要用于摸清全市野生动植物的种类、数量、质量与分布，客观反映调查区域自然、社会经济条件，综合分析与评价野生动植物资源与生存管理现状，提出对野生动植物资源的培育、保护与利用意见，提高管理部门对野生动植物保护的管理水平，做到科学管理、科学保护、合理规划，具体解决以下问题：

第一，物种名录，实现全市野生动植物物种名录的维护管理，便于了解各类野生动植物的基本信息。

第二，资源部分，实现全市野生动植物物的种类、数量、质量分布的直观展示，以统计图表方式进行展示，可进行生物多样性资源的查询与浏览，方便了解全市野生动植物的资源情况。

第三，信息管理，实现对野生动植物的资源管理和信息查询，使野生动植物资源得到合理的保护和使用。

(5) 林地征占用管理系统

林地征占用管理系统实现对林地保护和监督管理、林地开发利用管理以及林地占用征用预审管理，提供林地使用情况信息的查询、分析、统计、汇总、建档等服务，同时实现与省局审批系统对接，为各级相关部门提供技术和服务支撑，具体解决以下问题：

第一，林地征占规范化，通过提供项目批准文件、使用林地可行性报告等进行征用占用上报审核管理，实现征占用项目林政审批过程全面管理，实现项目申报、受理、审核、审批全过程监管。

第二，林地保护监督管理，实现林地征占用位置图核实与林地小班实地调查，实现林地小班区划及基础信息的维护管理，。

第三，林地开发利用管理，实现项目管理、林地调查管理、补偿管理、项目审核等信息管理，并建立林地开发征占利用档案。

(6) 林木采伐信息管理系统

林木采伐信息管理系统实现林木采伐限额、林木资源消耗以及林木采伐管理与维护，全面掌握林木采伐情况，保证林木采伐调查设计质量，并能够与省局审批系统对接，促进森林可持续经营利用，维护森林生态安全，具体解决以下问题：

第一，信息管理，实现森林采伐限额指标、采伐计划和任务、采伐台账等信息的维护与管理。

第二，采伐作业，实现森林采伐作业设计信息的维护，包括作业设计小班区划、小班调查、采伐设计、小班出材、作业设计统计图表及成果的管理，保证林木采伐调查设计质量。

4) "互联网+"生态修复工程

将现代信息技术全面融合运用于生态修复工程，加快推进造林绿化精细化管理和重点工程核查监督，全面提升生态修复质量。

(1) 综合营造林管理系统

综合营造林管理系统主要用于加快造林绿化，增加森林资源，提高森林质量，实现对重点营造林进行核查和监督，及时获取林地真实情况，及时掌握营造林建设现状和发展动态，从根本上解决"林子造在哪里""精准提升在哪里"的问题，为掌握生态状况、正确评估生态建设效益提供科学依据，为实施精细化管理、提高管理效率提供有效手段，具体解决以下问题：

第一，规划计划，实现对造林规划、造林计划包括造林生产任务计划、资金计划、作业计划等进行全面的管理，方便在宏观上掌握可造林地分布情况及规划布局状况等。

第二，造林作业，通过小班区划、小班调查、造林设计、种苗设计等落实年度造林作业任务，对每个作业区作出具体技术规定，通过进度管理和检查验收，加强营造林质量管理，提高营造林质量和成效。

第三，成效跟踪，对营造林项目、实施进度、检查验收、资金管理等营造林情况实现查询统计，实现各类成果的统计分析，为提高造林管理效率提供支撑。

(2) 林木种苗信息管理系统

林木种苗信息管理系统以推进林木种苗良种化进程和提高林木种苗质量为根本，着力构建林木种苗生产供应体系，实现苗圃生产基地、场圃地块、苗木生产、苗木养护施工过程监管以及日常苗木监测调查管理，提高了苗圃生产管理的工作效率，同时为苗圃产供销

及日常监测管理提供了统一的信息管理平台,具体解决以下问题:

第一,苗木概况展示,通过对苗圃生产基地、苗木情况进行直观的信息展示分布,实现对基地苗木信息的浏览查询,了解全市林木种苗信息。

第二,苗木经营,按照种苗基地建设方案,实现经营管理信息维护,通过对苗木生产、苗木营销等管理,实现对苗木经营、监测的管理。

第三,决策支撑,通过苗木出圃信息,苗木销售统计,育苗面积及库存苗木统计等信息的查询统计展示,实现全市林木种苗的精细化管理。

(3) 生态公益林管理系统

生态公益林管理系统以生态公益林管理为核心业务,涵盖公益林区划界定、资金补偿、资源管护、森林经营、效益监测等主要内容,为落实国家、地方公益林管理政策,减轻业务人员工作压力,惠及广大林农提供信息化辅助手段,具体解决以下问题:

第一,生态公益林展示,实现对公益林资源状况展示分布和现状展示统计分析,方便了解公益林资源概况。

第二,资源管理,通过界定调整、补偿兑现、资源管理、资金管理等对生态公益林资源进行监测管理,实现界定书的管理、补偿兑现管理及资源管护的查询和管理,以达到对公益林更好的监管和保护。

第三,效益监测,通过预测评估模型实现对公益林预测预估。

(4) 天然林保护综合业务管理系统

天然林资源保护综合管理信息系统以天保工程信息为基础,实现工程文档、技术资料更新上传、数据查询和表格定制等电子政务功能,为天保工程管理部门在森林管护、资金管理、档案管理、生态效益评估等各方面的管理提供全面支持,具体解决以下问题:

第一,天保概况,展示实施单位分布信息,通过查询浏览,了解天保实施信息。

第二,天保工程管理,实现对森林管护、森林改造培育、森林抚育等项目工程的管理,包括工程概况、项目信息、资金管理和项目统计分析等。

第三,效益评价预测,主要包括成效测算、涵养水源、保育土壤、固碳释氧、积累营养物质、生物多样性保护和净化大气环境等管理预测评价。

(5) 古树名木信息管理系统

古树名木信息管理系统实现古树名木的信息采集、监测、养护复壮、认养管理、科普服务,为全市古树名木保护管理提供科学决策,有效提升古树名木的管理水平,具体解决以下问题:

第一,古树名木分布展示,实现古树名木资源分布的直观展示,方便从宏观整体到微观信息的查询与浏览,了解全市古树名木资源情况。

第二,监测更新,基于实地采集等每次普查结果及时更新古树名木资源,实现古树名木数据的实时同步和监测,解决以往数据不规范、流程落后等诸多问题。

第三,复壮认养,通过对古树名木的复壮信息和养护认养管理,提高对古树名木的管理水平。

5) "互联网+"应急管理

深化信息技术在生态灾害监测、预警预报和应急防控中的集成应用,提高森林火灾、病虫害等生态灾害的应急管理能力,降低突发灾害造成的损失。

(1) 森林防火监护和辅助决策系统

森林防火监控和辅助决策系统的建设,可实现森林火灾的智能化监管,便于林业管理部门及时、准确地掌握森林火情,实现森林防火动态管理;对林火监测、林火预测预报、扑火指挥和火灾损失评估等各环节实行全过程管理,全面提高森林防火管理现代化水平,为科学决策提供依据,提高防火公众参与度,为降低火灾损失提供技术支撑。为适应新形势下林业高效、精准的安全管理需要,打造完善的应急指挥监控感知系统,为各级林业部门提供高效、精准的应急指挥服务,具体解决以下问题:

第一,智能感知平台,在各级基础空间数据库、林业基础数据库和防火数据库的支持下,集森林火险预警预报、森林火灾监测、扑火指挥和损失评估为一体。

第二,视频监控,通过云台控制进行大屏监控,实现对视频设备、图像、地图等的管理。

第三,预警预报,基于气象监测点、林火视频监控平台智能监测,实现森林火灾预警预报,实现监测区域24小时全天候智能化监测预警。

第四,辅助决策分析,通过灾后评估等形成评估价值,供决策部门参考使用。

(2) 林业有害生物监测与防治管理系统

林业有害生物监测与防治管理系统实现全市范围内的林业有害生物多尺度监测与管理,实时监测与评估全市林业有害生物的整体发生发展情况,形成全市突发林业有害生物应急管理和应急指挥体系,全面提供全市林业有害生物防治决策的信息支持能力和林业有害生物防治管理水平,具体解决以下问题:

第一,有害生物分布,通过叠加资源数据与病虫害专题数据,直观展现有害生物在保护区的分布情况,方便有害生物信息的查询与浏览。

第二,监测预报,通过固定监测调查对病虫害进行掌握,对有害生物类型、预计发生的面积及成灾面积进行预测预报。

第三,防治管理,基于制定的防治规划方案进行防治规划、防治效益估测及信息维护管理。

(3) 林业巡护监管系统

林业巡护监管系统实现林业资源巡护过程全方位监管,实时掌握林业资源巡护状况,及时了解巡护人员工作情况、巡护事件情况,及时处置,确保林业资源安全,提高林业资源巡护监管水平,具体解决以下问题:

第一,人员管理,主要是管理人员对本单位各个下属单位所有的护林员进行统一管理,通过权限控制还可实现护林员的分级管理。级别越高、权限越大、管理的护林员就越多。

第二,事件巡护管理,对上报的事件分布、定位、查看和查询等进行信息管理,可进行历史轨迹回放查看护林员的轨迹记录,实现对巡护员工作内容的监管。

第三,决策分析支撑,基于巡护员巡护时间、巡护事件统计等分析统计,对事件发生预测和人员考核管理提供依据。

6)"互联网+"林业产业提升

以"互联网+"战略为契机,推动林业产业转型升级,把优质特色林产品和优质森林旅游产品推向社会大众，既实现林业增收，又惠及社会大众。

(1) 林业产业信息管理系统

林业产业信息管理系统实现全市林业产业企业布局和林产品市场信息采集、预警、分析、发布，规范产业基础信息采集和应用，全面掌握全市林业产业发展的新情况，为林业产业管理提供信息支持，为政策制定提供决策依据，具体解决以下问题：

第一，产业信息管理，能够对营林产业、木材生产、林产工业、种植业、森林食品等产业进行信息管理。

第二，市场监测，对林产品供应信息、市场等信息进行网上监测，实现信息公开。通过对这些信息统计、分析、汇总，为决策提供强有力的支撑。

第三，产业分析评价，林业产业系统的脆弱性、产业综合竞争力以及林业产业链的可持续性发展进行综合评价，评价体系的操作步骤并验证评价结果的科学性，对评价结果作深入分析以期解析林业产业的演进规律和关键性影响因素，继而为后续调整策略的科学制定提供必要的定量分析依据。

(2) 林权流转信息服务系统

林权流转信息化服务系统实现林权流转信息发布、供需双方的信息共享。通过系统林农、林业企业和公众可以发布拍卖或销售意向信息，同时发布其林权信息和其他附加信息；竞标者或购买者可以发布求购和其他附加信息，林权买卖双方也可以通过平台进行信息交换，具体解决以下问题：

第一，信息共享，实现对项目供求信息、项目交易情况等信息的共享，便于买卖双方及时共享消息。

第二，信息集成，实现通知公告、政策法规、新闻动态、待办事宜等各类信息的集成。

第三，统一管理，实现市、县、乡、村四级网站维护管理，实现信息发布，展示信息内容编辑及发布，板块信息维护以及与内网数据的交互。

复习思考题

1. 简述城市林业信息管理的概念与特征。
2. 城市林业信息资源管理步骤主要包括哪些方面？
3. 城市森林资源管理信息系统的主要内容有哪些？
4. 试述智慧林业的概念与主要内容。
5. 智慧林业的关键技术包括哪些方面？

推荐阅读书目

1. 李吉跃，刘德良，2007. 中外城市林业对比研究. 中国环境科学出版社.
2. 李吉跃，2010. 城市林业. 高等教育出版社.
3. 马费成，宋恩梅，赵一鸣，2018. 信息管理学基础[M]. 武汉大学出版社.
4. 潘懋，2006. 城市信息化方法与实践. 电子工业出版社.
5. 李世东，2015. 中国智慧林业：顶层设计与地方实践. 中国林业出版社.
6. 焦宝文，2013. 物联网与智慧地球. 中国海洋大学出版社.

第10章 城市林业教育与培训

城市林业作为传统林业与园林的融合和发展，是伴随着城市化进程为改善城市生态环境而逐渐发展与形成的一门新兴学科，它应用人居环境学、城市生态学、森林生态学的基本原理，对城市这一复杂的自然—社会—经济复合生态系统进行研究和探讨，为认识和解决当代"城市病"，特别是对城市自然生态环境的治理与恢复，开辟了新的视野与思路。但是，由于我国城市数量众多，其规模、自然、经济、社会条件等差异很大，同时城市林业涉及城市建设的各个方面，要真正发挥城市森林作为城市中"人与自然协调发展"切入点的作用，还有很长的路要走；其中，大力加强城市林业教育与培训、加强后备人才队伍的培养与建设，尽快解决我国城市林业人才不足、科研人员结构不尽合理（人才断层）的问题，是一个带有全局性、前瞻性的重大战略问题。

美国城市林业处于世界领先，固然是多方面原因综合作用的结果，但是一个具有从实验中学、社区学院、职业学院到大学学士、硕士、博士教育的完整的教育体系是至关重要的，也是持续发展的力量源泉。有鉴于此，面对蒸蒸日上的城市森林、森林城市建设热潮，中国城市林业教育工作者，特别是高等（城市林业）教育工作者（们）有责任、有义务而又不失时机地尽快培养出一大批高素质而又爱岗敬业的人力资源，以保证城市林业事业的可持续发展。

10.1 城市林业教育与培训的发展概况

10.1.1 北美城市林业教育与培训

早在20世纪初期，北美一些大学就开设了城市树木管理的课程，例如，1901年，John Davey（英国侨民）出版的《树木医生：林木和植物的养护》是最早关于树木栽培的著作之一，内容包括受伤林木、自然林木、林木分叉、种植大树、林木修剪、种植、致病、景观、花坛和蔓生等；1911年，加拿大多伦多大学林学院 Bernard Fernow 也曾出版过关于行道树的维护与管理的教科书；20世纪20年代，美国密歇根州立大学农学院开设了名为"树木栽培"（Arboriculture）的课程。20世纪30年代以来，由于暴发了荷兰榆（Dutch elm）疫病等毁灭性的病害（cankerworm），为防治病害的发生，需要科学知识及系统管理思想进行预防，促进了一些大学对城市林业科学的研究，同时在许多城市的林业管理中也急需专业人才，因此，促进了城市林业教育的发展。

1962年，美国肯尼迪政府在户外娱乐资源调查报告中，首次使用了"城市森林"（urban forest）这一名词，而将林业与城市结合在一起的是在1965年，在加拿大多伦多大学的研究生（W. A. G. Morsink）《关于多伦多城市树木发展工程的成功与失败的研究报告》

中出现的，其导师是 Erik Jorgensen 教授；同年，Erik Jorgensen 教授在森林生态学讲座中，首先提出"城市"与"森林"的"城市林业"概念，揭示了自然林业逐渐和工业文明相融汇，但当时这一概念在加拿大并没有得到太多学者的响应，而在美国却得到了林业工作者的积极响应，并广泛的运用到城市树木的培育和管理之中，特别是 1967 年美国农业和自然资源教育委员会出版《草地和树木在我们周围》一书，从科学的角度阐明现代生活方式与城市生态环境之间的关系和相互影响，既然城市存在着森林，这种森林就是城市地理景观上存在的一种特殊类型的森林，这个森林是以人为主体的森林生态系统。

美国的城市林业一开始就得到了官方的认可，首先是得到了美国林务局、林学会及相关教育部门等的认可。1970 年，美国林务局成立了平肖(Pinzhot)环境林业研究所，专门研究城市森林，以改变美国人口密集区的居住环境。1972 年，美国林业工作者协会设立城市森林组，专门组织研究城市森林有关学科的建设与发展问题。1973 年，国际树木栽培协会召开了城市森林会议。1978 年以来，美国举行了多次全国城市林业会议，专门研究城市林业的发展，从第 7 次会议开始将城市林业会议改为城市森林会议，更强调森林的内涵，研究城市森林的发展。1981 年，美国林学会创办的《城市林业杂志》以及 1974 年创办的《树木栽培杂志》(*Journal of Arboriculture*)专门登载有关城市林业的文章；其次是得到了美国国会的认可并批准通过了《城市林业法》等相关法律文件，如 1971 年美国国会通过议员 Bert L. F. Sikes 提出的"城市环境林业计划 8817 号议案"，为城市森林提供了 500 万美元的资金；1972 年美国《公共法》第 92~288 款支持林务局发展城市森林计划；同年国会通过了《城市林业管理条例》，此后许多州修订了各自的合作森林法条款；1978 年美国国会制订了《1978 合作森林资助法》，其中第六部分是发展城市森林，对城市森林管理、病虫害防治、森林防火等予以资助，联邦政府授权树木栽培协会对州林业工作者协会提供经济和技术援助。至 20 世纪 70 年代，城市林业在北美成为林业领域一门公认的学科，林业院校纷纷开设"城市林业"课程或创办"城市林业"专业。据不完全统计，20 世纪 70 年代以来，美国 48 所林业院校有 37 所大学的森林系、自然资源学院和农学院开设或计划开设城市林业课程或专业。

大学教育有为期一年的技术学位、为期二年的协士学位、为期四年的学士学位。McPherson(1984)调查发现，50%的雇主认为林木栽培人员应该有至少 2 年的学历培训而林业工作者应该有至少 4 年的学历培训。调查还发现，雇主们表示具有最少 6 个月实践经验的从业者是非常有希望优先就业的，他进一步指出，雇主希望林木栽培人员应该具有良好的树木养护基本技能训练，林业工作者应该具有树种选择、植物材料、公共关系、预算以及传统树木养护技术方面的能力。宾夕法尼亚州 Penn-Del Chapter(2001)研究表明，70%的树木栽培公司认为学士学位对某些岗位是必要的。

Harris(1992)指出，美国非正规的教育来自结合就业的专业性组织(机构)，这些专业性组织包括国际树木栽培协会(International Society of Arboriculture)、市立林木栽培家协会(Society of Municiplal Arborists)、国家林木栽培家协会(National Arborist Association)和应用林木栽培家协会(Utility Arborists Association)。也有对城市植被管理感兴趣的组织，这些组织包括美国植物花园和植物园协会(American Association of Botanic Gardens and Arboreta)、美国林业协会(American Forestry Association)、美国园艺学协会(American Society for Horticultural Science)、美国昆虫协会(American Entomological Society)、美国景观建筑师协会(American Society of Landscape Architects)、美国林业工作者协会(Society of American Foresters)、美国苗圃工作者协会(American Association of Nurserymen)、病理学会(Phytopathological Society)。

在加拿大，1979年建立了第一个城市森林咨询处，研究、回答城市森林的有关问题，标志着发达国家已开始应用城市林业的理论指导城市建设和改造；1981年加拿大创办《城市林业》杂志；1980年，加拿大魁北克林业技术学院开设城市森林课；1993年5月30日~6月2日，加拿大林学会在中南部城市马尼托巴湖(manitoba)组织召开了首届城市林业大会，对多年来城市林业建设、发展等有关问题进行了研讨和总结，正如大会论文集作者所说："这次大会的组织和实施，是加拿大城市林业史上最重要的事件"。

10.1.2 欧洲城市林业教育与培训

尽管欧洲可以以其长期的城市绿地规划、设计和管理传统而自豪，但是城市林业这门边缘学科的优势以及日益紧密的欧美关系，尤其是20世纪70年代和80年代以来，随着对城市绿化功能的需求日益增加和对城市绿化空间的压力加大两个主要因素的影响下，人们对采用更加具有战略性和综合性的方法来改善城市人居环境的兴趣日趋浓厚(如城市生态和城市绿地规划)，最终促成了欧洲在20世纪70年代末至80年代初接受了城市林业这一学术思想。

在欧洲，最早接受城市林业概念的国家是英国，1987年9月实施了一项伦敦森林计划，其目的不单是植树，而是通过对城市森林功能作用的研究与宣传来提高市民对林木和环境污染之间关系的认识。这项计划对英国城市林业的发展影响极大。1991年爱尔兰在都柏林召开了第一届城市森林会议；1992年，在法国召开的十四届国际林业大会上，增设"森林和树木的社会、文化和景观功能"专题，对城市森林的栽培管理、作用和范围进行了广泛讨论；1993年，都柏林开展了第一次城市树木资源调查；1995年，英国成立了一个非官方的城市林业研究机构——国家城市林业协会(NUFU)；1996年，丹麦成立了森林和风景研究协会。

随着欧洲一体化的推进，欧洲城市林业研究联合机构在20世纪90年代被迅速建立，极大地促进了欧洲城市林业的发展。如欧洲林业研究所(EFI)作为一个非官方的森林研究机构，于20世纪90年代中期开展城市林业研究；1996年，北欧城市林业合作组织(SNS)资助冰岛雷雅未克(Reykjavk)开展第一个北欧城市林业研究计划，资助爱沙尼亚召开北欧和波罗的海城市森林研讨会；1997年，欧洲城市林业促进合作组织成立；1998年，后欧洲国际林业联合会(IUFRO)每年召开一次城市森林会议；2001年，欧洲城市林业信息研究中心(EUFORIC)成立。该信息中心作为欧洲林业研究所的6个区域重点建设项目之一，以数字资源共享为宗旨，为开展欧洲城市林业研究提供了没有壁垒的公共平台。EUFORIC举办了一系列活动，如在哥本哈根召开了以"享受森林城市"为主题的研讨会，出版了有关城市林业和城市绿化的科技期刊。

为了建立欧洲自己的城市林业学科体系，1999年和2000年，在欧盟资助的COST项目(欧洲科技合作)的框架内，丹麦森林和景观研究所实施了"欧洲城市森林和城市树木高等教育回顾"的研究。研究目的如下：①记录证明为现今欧洲城市林业高等教育所付出过的努力；②定义欧洲城市林业高等教育的普遍特征、存在的问题和面临的机遇；③促进城市林业高等教育国际合作的建立。据来自欧洲28个国家(比利时、克罗地亚、捷克、丹麦、爱沙尼亚、芬兰、德国、希腊、匈牙利、冰岛、爱尔兰、拉脱维亚、立陶宛、荷兰、挪威、波兰、葡萄牙、斯洛伐克、斯洛文尼亚、西班牙、瑞典、瑞士、英国和前南斯拉夫)提供的信息，共有158个欧洲教育机构的180个系/部/单位(注：以下概称"系")参与问卷调查，其中79个高等教育机构的84个系(部)提供城市林业的高等教育，特别是其中的49个高等教育机构的61个系(部)收回了完整的调查表和其他详细信息，总计描述了31个全学位课程和191学分。但总体上看，欧洲城市林业的发展并非一帆风顺，如学术性的《园艺期刊》在1981年尽管加了副标题"国际城市林业期刊"，但其出版者英国园艺学会还是认为该术语是一个不必要的美国化概念。又如，在欧洲涉及城市林业的31个学位课程中，只有8个在他们的标题中清楚地用了城市林业这个术语，在学位课程名称中与城市林业相关的其他关键词是风景园林、设计和规划、造园和园艺。

10.1.3 中国城市林业教育与培训

与美国不同，中欧各自以其悠久的历史文化传统、源远流长的城市绿化传统著称于世(分别代表着传统的规则式园林和自然式园林)，城市林业高等教育主要是作为与城市绿化相关的学科教育(课程)中的一部分讲授而不是在一个更高层次(融合)中讲授。但与中国相比，欧洲城市林业的高等教育特别是本科层次的城市林业高等教育又走在中国的前列，截至2015年欧洲大约有20多个国家提供本科层次的城市林业高等教育，而中国目前尚无城市林业本科层次的高等教育，也仅仅只有北京林业大学、北京农学院、内蒙古农业大学、江西农业大学、华南农业大学等极少数农林院校在其本科生教育中提供"城市林业"的必修课或选修课，全国只有在北京林业大学一个高校设立了城市林业的博士点(2004年)(但仅挂靠森林培育学科而未以城市林业学科名义单列招生)。此外，虽然近年来一些农林院类高校在林学专业中招收城市林业方向的本科生，但纵观其课程设置等，也还没有完全体现城市林业方向的特色。可见，中国的城市林业教育不仅远落后于美国，也落后于欧洲，而且受到与国内风景园林学科之间关系的影响，这种差距是否会继续扩大还有很大的不确定性。

此外，中华人民共和国住房和城乡建设部、全国绿化委员会、国家林业和草原局等部委及其所属机构或行业协会，为了提高从业人员的综合素质或专业技能，针对各地方、行业的生产实际及其需要，不定期或定期的举办一些职业技能培训班。近年来，人力资源社会保障部等，对国家职业技能标准、职业资格证书等又进一步做了修订与完善。

1984年，我国台湾学者高清教授出版《都市森林学》。

10.1.4 亚洲及其他国家和地区

1978年以来，美国举行了多次全美城市林业学术研讨会，研究城市林业的发展，每次全美城市林业学术研讨会吸引了来自欧洲、亚洲、非洲等多个国家城市林业工作者的广泛参与，已成为事实上的国际性城市林业会议，极大地宣传、推动了世界城市林业的发展。

特别是1991年在巴黎召开的第10届世界林业大会上把城市林业列入大会议题，引起了与会各国专家、学者的高度重视，如同美欧洲一样，亚洲、非洲地区的一些国家和地区也不同程度地开展了城市林业的教育与培训活动。

1977年，马来西亚Putra大学林学系为响应全国城市绿化行动的号召，开始设置城市林业课程，并于2000年开设城市林业专业，该校也是马来西亚全国唯一提供城市林业高等教育的公共机构。另外，菲律宾洛斯巴诺斯(Los Banos)大学林业和自然资源学院在1997年有1名城市林业的硕士研究生毕业(J. B. Ebora)，论文题目为《马尼拉几个城镇城市林业经济效益评价》，说明该校多年前就有城市林业的研究生教育；此外，1998年该校1名博士研究生(A. M. Palijon)在其博士论文《马尼拉绿色空间管理战略的分析》一文中也明确提到了城市林业/森林一词(A. M. Palijon，2005)。基于菲律宾21世纪议程，关于城市生态系统特别是与城市林业相关的生态系统，其战略性和重要建设活动在菲律宾将优先立项进行研究(C. A. Leila，2004)。

新加坡"花园城市"建设历程，正如前总理李光耀所说："栽花植树，铺就强国路。"新加坡对城市生态环境与城市林业建设与管理的严要求、高标准，使其在短短的三四十年时间内能够从一个落后、混乱的国度改造成当今世界所公认的"花园城市"。

此外，俄罗斯的城市林业建设为世界各国所瞩目，俯瞰莫斯科，大片的森林环绕着城市，小块的森林均匀地点缀在楼宇中间，道路与河道两旁的林带伸向远方，真是城在林中，林在城中。

10.2 城市林业教育

林业院校是培养城市林业和乡镇林业技术人员的摇篮。城市林业专业是一个集森林生态、森林开发、林木栽培、森林资源管理、园艺建筑设计、园林规划为一体的一个新兴学科，正越来越受到人们的青睐。

10.2.1 美国城市林业教育

10.2.1.1 城市林业教育与林业院校

城市林业教育内容与林业院校的森林培育学、森林经理学等有一定的联系。因此，在美国的许多大学中林业院校都开设有城市林业专业。据1977年调查，在美国有17个大学提供城市林业本科教育，5个大学提供研究生教育。截至2011年，经美国林业工作者协会授权的林业院校，近30所大学有城市林业培养方案，近20所大学制订了结构性课程表。这些大学中，24所大学提供单独的研究生学位培养方案，6个大学有城市林业研究生结构性课程表。表10-1说明自20世纪70年代以来，美国大学开设城市林业课程或专业的基本情况。

近年来，美国城市林业教育已从培养单一性的林业管理方面的人才向培养城市林业管理、园艺建筑设计等多方面知识人才的方向发展。这种发展有利于林业院校设置城市林业专业的课程，提高城市林业教育的水平。

表 10-1 美国大学开设或计划开设城市林业课程或专业情况

	课程		专业	
	本科生	研究生	本科生	研究生
伯克利大学	-	+	-	+
加利福尼亚职业技术学院	+	-	-	-
科罗拉多州立大学	-	-	-	+
杜克大学	-	-	+	+
佛罗里达大学	-	-	+	+
佐治亚大学	+	-	-	-
伊利诺斯大学	+	-	+	-
西伊利诺斯大学	+	-	+	-
堪萨斯州立大学	+	-	+	-
肯塔基州大学	-	-	-	-
安大略湖大学	+	-	-	-
路易斯安那州立大学	+	-	+	-
路易斯安那技术学院	+	-	-	-
缅因州立大学	+	-	+	-
密歇根大学	+	+	-	+
密歇根州立大学	+	+	+	+
密歇根州技术学院	+	-	+	-
明尼苏达大学	+	-	-	-
密苏里大学	+	-	-	-
内布拉斯加大学	+	-	-	-
新罕布什尔大学	-	-	-	-
纽约州立大学	+	+	+	+
俄亥俄州立大学	+	-	+	-
俄克拉荷北州立大学	-	-	-	-
俄勒冈州立大学	+	-	+	-
宾夕法尼亚州立大学	-	-	+	-
普渡大学	+	+	+	-
罗格斯大学	+	-	+	-
斯蒂芬-奥斯汀州立大学	+	-	-	-
田纳西州立大学	+	-	+	-
德克萨斯大学	+	+	+	+
佛蒙特大学	+	-	-	-
弗吉尼亚职业技术学院	+	-	-	-
西弗吉尼亚大学	+	-	+	-
华盛顿大学	-	-	+	-
威斯康星州立大学	+	-	-	-
耶鲁大学	-	+	-	+

城市林业专业学生的学习内容主要包括：①把普通的林业课程融汇于城市林业专业中；②在城市林业专业课程中增设园艺、城镇规划设计等内容。

城市林业专业的毕业生一般直接由美国林业工作者协会负责分配，有的受聘于国家、州立的林业部门，有的被工业造林、环境保护、苗圃、林业技术咨询、森林资源管理和利用等部门聘任。私有林业也常聘城市林业专业的毕业生担任技术骨干。

10.2.1.2 城市林业的本科和研究生教育

林业院校城市林业专业的高等教育是培养高层次城市林业人才的需要。为了在人居占主导地位的城市环境中管理森林，城市林业工作者需要独特的技术和知识的融合。他们必然懂得城市生态系统中影响树木生长和森林效益的物理和生物学过程，也必须具有从事城市林业项目规划以满足居民需要、促进项目决策者与居民对话以及为完成城市林业目标而需要的人力资源和经济资源的能力。

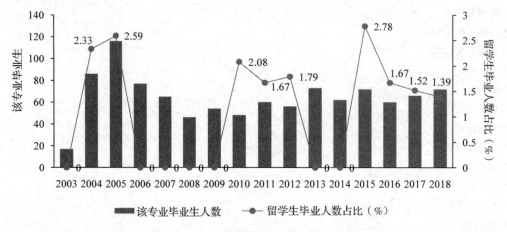

图 10-1　2003—2018 年间美国高校城市林专业历年毕业生

据对全美两个较大城市林业行业组织调查，美国林业工作者协会城市林业工作者 93%的成员至少具有本科学历，42%具有硕士或博士学位，国际树木栽培协会要求其成员必须具有本科学历或以上。在这些高学历学位人员中，大部分拥有的是自然或生物学学位，如林学、病理学和园艺学学位，其次是风景园林学、文学等。

教育有助于确定城市林业未来的方向。尽管目前开设城市课程或专业的高校有 37 所，但其招生人数并不多。图 10-1 表明，2003—2018 年间美国各高校城市林业（Urban Forestry）专业历年毕业人数在 17~116 人之间，且主要以研究生教育为主，并有少量的留学毕业生。

明尼苏达大学林学院是北美提供四年制城市林业专业课程的林业学校(院)之一，四年共开设有 31 门课程，提供总计 169~173 学分，以便为学生将来从事自然科学奠定一定的基础知识（表 10-2）。部分课程的教学背景是利用夏季学期三周半时间，在位于密西西比河上游的校 Lake Itasca 林业和生物站进行，城市林业专业的学生也参与通信、商务和社会学课程以增强他们管理技能，并给他们了解人类需要和行为的机会。

表 10-2 明尼苏达大学林学院城市林业专业课程表(四年制)

| 第一学年 | | 第二学年 | | 第三学年 | | 第四学年 | |
课程	学分	课程	学分	课程	学分	课程	学分
生物学	10	园艺	5	渔业与野生生物	4	城市林业经营管理	6
数学	10~14	风景建筑	4	园艺	11	苗圃经营	7
化学	10	土壤学	4	林产品	4	森林游憩	3
物理	5	演讲	4	森林生物、营林与病理	14	林木昆虫学	4
通讯	8	会计	5	森林气象学	2	林水关系	3
		经济学	5	自然资源调查	3	产业关系或公共关系	4
		计算机编程	4	森林政策与经济	5	大众项目规划	4
		统计学	5	航片判读	3	技术写作	4
		社会学	5				
		商法	4				

10.2.1.3 城市林业职业教育

城市林业职业教育的主要目标是：想方设法促进市民们努力植树，强化市区林木管护；城市林业专业的学生既要有生物资源管理的知识，还要有指导林业生产方面的技术实践；培养具有较强实际操作能力的中、初级管理人才和技术工作者。

城市林业职业教育体系由中等、高中后、高等和职业学位 4 种职业教育形式构成，前 3 种由综合高中、地区性职业教育中心、职业学校、社区学院和企业培训中心等实施，第 4 种由综合性或研究型大学完成，以州政府资助为主的社区学院是进行高中后和高等职业教育的主体。

城市林业中等职业学校是培养中、初级技术和管理人员、技术工作等有一定技能的劳动者，因此必须有实际操作技能，重点是具备实践能力、动手能力、操作能力，不在于理论水平高低；社区学院学制一、二年，培养中级技术员。

1993 年，Hildebrand 等人受美国林务员协会的委托，对全国 48 所林业院校进行调查，重点是抽查城市林业专业的课程。城市林业专业，1975 年是开设 10 门课程，1990 年，增加到 25 门。目前，城市林业专业的课程已日趋完善，而毕业生供需市场还未饱和，特别是私有林主，更欢迎城市林业专业的毕业生。

表 10-3 和表 10-4 介绍了波士顿大学城市林业专业的必修课和选修课(包括必选课与自选课)。学生必须修满森林生态学、树木分类学、城市林业管理、城市林学概论等课程，才能准许毕业。

表 10-3 波士顿大学城市森林专业的必修课(二年制)

序号	课程	序号	课程
1	森林学概论	2	树木学
3	林木生理学	4	生物统计学
5	森林旅游学	6	森林培育学

(续)

序号	课程	序号	课程
7	森林管理学	8	森林资源综合开发、利用
9	资源经济学	10	环境学
11	经济管理学	12	土壤学
13	野生动物资源学	14	水分资源学
15	宿营学	16	环境地理学
17	微积分	18	生态学
19	化学		

表 10-4 波士顿大学城市林业专业的选修课（二年制）

序号	必选课	序号	自选课
1	林木保护学	1	林木栽培学
2	森林病理学	2	跑马场管理
3	林木生理学	3	人文景观结构
4	城市林业管理	4	空气资源学
5	环境设计应用学	5	火源管理
6	森林结构与效益	6	综合资源管理
7	森林娱乐学	7	非消费性野生动物利用
		8	乔、灌木研究
		9	园艺学概述
		10	空中摄影集成

尽管该专业的教育标准较低（学制为二年，毕业生只能按中等专业教育对待），但学生必须修满以下几个方面的课程，才能准许毕业。这些课程是：森林生态学、树木分类学、城市林业管理、城市林学概论。这些课程是经过美国林业工作者协会同意的，除以上一些课程知识外，学生们还要懂一些森林测量、市政管理和财务方面的知识。开设这些课程的目的是：培养熟悉林业技术、能解决林业技术难题、高质量的专业技术人才。

10.2.2 欧洲城市林业教育

1999—2000 年，丹麦森林和景观研究所开展了"欧洲城市森林和城市树木高等教育回顾"的研究，其信息来源基于两种类型的数据：①通过向欧洲高等教育院校发放问卷调查（表），其问卷调查表由四部分组成：联系方式、实例、教学计划结构和课程。关于（教育）机构的基本问题，如沟通细节、专门技术和城市林业教育机构的总体发展；城市林业学位计划/开课计划的具体问题，如开课时期、标准、学生、内容和方法；有关城市林业的课程/模块的问题；调查表的空白区域用来提供附加信息。②通过对城市林业课程、个人通讯、报道和期刊文章，以及教育计划的调查以获得额外的资料。本节所提供的欧洲城市林业教育的信息就是基于以上两类数据的统计分析。

10.2.2.1 教育规模

欧洲城市林业教育机构的学生数一般在30人以下,而每年有11~20个学生注册是学位计划里最多的一组(39%)。与此同时,绝大多数有关城市林业教育(占学分的89%和学位计划的74%)是按照学士和硕士的标准进行教学的。学分按学士和硕士标准被完全平均地分配了(各自为43%和49%)。然而学位计划内最大的组(45%)是学士学位水平(表10-5)。可见,欧洲城市林业机构的学生数是相当低,这表明城市林业在许多欧洲国家的教育机构地位只是一个专门化的小学科,而非一个大的、独立的领域。

表 10-5 欧洲高等城市林业教育(机构)中的学生数

每年的学生数量	学位计划的比例(%)	课程/模块的比例(%)
<5	16	3
5~10	13	6
11~20	39	18
21~30	3	13
31~50	10	6
>50	6	2
没有回答*	13	52
总数	100	100

注:*关于课程/模块"没有回答"的百分数主要是由于上面提到的在附加调查中39%的课程属于特殊问题没有包括在内。这附加的调查需要获得城市林业教育机构提供教育内容和范围的附加信息(如所提供的课程中城市林业的课时),而这只不过由于时间的缘故妨碍了获得高的回讯率。

10.2.2.2 教育的对策和方法

图10-2中展示了7种最流行的教育方法。80%以上的学位计划被应用的2种方法是讲课和实训/现场操作,实训和现场操作的作用相对地较大。在欧洲,这种方法被认为是从教学转向自主学习的一种可能方法。这种变化要求学生更加注重个人技能,而这一点也在林业教育中得到认同。

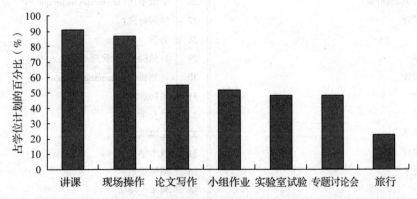

图 10-2 欧洲的城市森林和城市树木的学位计划中运用率超过20%的教育策略与方法

"小组作业"的教育方法或手段(如以工程导向为中心的"小组作业")和"专题讨论会"都与这种技能开发相关的,城市林业的复杂性只是增强这种策略应用的一个案例。在传统的林业教育中,如何使相对廉价的讲课向更多的有资金支持教师集中教学的形式转变逐渐为人们所关注。在这个方面,应用教育方法开发学生个人技巧的可能性在城市林业高等教育中似乎是比较大的,这关系到作为专门化小学科和高师生比的城市林业教育的现实任务。

冲突可能存在于个体的有关城市林业的学位计划中,在该计划中学科的广度所涉及的高质量教育与需要按学生数把教职工保持在一个现实的水平之间。如果是这样,那么增加内部教育机构和全国乃至全球教育机构间的合作,可能是一种保证高质量多学科教育与有效的使用教职员工资源相结合的现实策略,这也再一次突出了关于增强教育资源流动性、共享性的必要。

10.2.2.3 多学科方法

对问卷调查做出明确答复的61个系(部)总计提及了38个学科(表10-6),平均每个系(部)涉及3.4个学科,涵盖了1~11种不同类型的专业知识,以此作为城市林业教育工作者学位教育(计划)的主要专业知识,平均每个(学士)学位计划5.6个学科(1~11种不同专业知识)。硕士和博士水平的学位计划招募那些已经取得了适当的学位、有一定学科背景的学生。在有关城市林业的硕士、博士水平的学位计划中,不同的学生,其教育背景的总数有18种,平均每个计划有3.5种不同的学生教育背景(范围在2~6种)。

表10-6 欧洲城市林业高等教育问卷调查的回复中提及的作为主要专业(知识)的38个学科

序号	学科	序号	学科
1	农学	20	地理学
2	树木栽培	21	地质学
3	建筑学	22	园艺
4	生物学	23	狩猎
5	植物学	24	风景园林
6	土木工程(学)	25	景观生态学
7	建筑(construction)	26	造景手法(landscape technique)
8	乡村管理	27	休闲研究
9	种植	28	力学
10	树木学	29	自然保护区/管理/保护
11	种植设计	30	计划科学(Planning science)
12	经济学	31	植物病理学
13	电子学	32	社会学
14	环境科学	33	土壤学
15	马学研究	34	技术学
16	食物技术	35	城镇规划
17	林学	36	树木生物学
18	花园艺术/设计	37	城市设计
19	遗传学(多样性)	38	水管理

从提供城市林业教育系(部)自身的性质及师生的学科专业知识看,林学和园艺(与树木栽培学合并)成为明显的主导性学科,此外,生物学、风景园林、(景观)生态学也都是欧洲城市林业教育的中心科目。尽管当前欧洲城市林业教育与自然科学有着传统的关系,但鉴于城市森林和树木作为城市公共空间贡献者和在城市环境中休闲娱乐地位的重要性,在未来,社会科学和美学很可能成为城市林业高等教育的中心学科。

10.2.3 中国城市林业教育

10.2.3.1 城市林业高等教育概况

到目前为止,我国高等农林院校的城市林业教育包括设立本科专业、本科林学专业之城市林业研究方向、为本科生开设城市林业专业课或选修课;招收城市林业研究方向的硕士、博士研究生,为研究生开设城市林业专题讲座,直至设立城市林业专业硕士点、博士点。基本情况如下:1995年北京农学院园林系设立了全国第一个城市林业本科专业(因故只招生了两届),现在的林学(城乡绿化方向)专业仍比较注意城市林业/城市森林的课程教学;1995年北京林业大学开始招收城市林业研究方向的硕士和博士研究生;1996年北京林业大学率先在国内为研究生开设"城市林业"专题讲座;1996年内蒙古农业大学林学院本科生开设"城市林业"专业课程;2000年北京林业大学开始在全校开设"城市林业"本科选修课程,华南农业大学林学院给研究生开设城市林业专题;2004年北京林业大学城市林业成为全国第一个博士点和硕士点,同年华南农业大学在本科林学专业开设城市林业方向,并开设了全校选修课。此外,中国林业科学研究院、中国科学院沈阳应用生态研究所等研究机构也从2001/2002年前后开始陆续招收一定数量城市林业方向的硕士、博士研究生。

从近10年全国农林院校、相关研究机构的硕士、博士招收简章、目录或研究方向来看,或依据当今中国城市林业研究人员(主要指具有硕士/博士招生职格的研究人员)的研究方向,以下20多个大学或研究机构是当前中国城市林业科学研究、人才培养等众多领域的中坚,特别是北京林业大学在中国城市林业人才培养中创造了多个全国第一(现北京林业大学城市林业研究中心)、原北京农学院的城市林业专业及现在的林学(城乡绿化方向)专业也颇注意城市林业的教育教学(表10-7)。

表10-7 中国城市林业教育概况(部分)

大学或机构	本科*	硕士	博士	备注
北京林业大学	+	+	+	设有城市林业研究中心; 城市林业博士/硕士点单位
中国林业科学研究院		+	+	城市林业研究室为中国城市森林学会挂靠单位
中国科学院沈阳应用生态研究所		+	+	城市森林生态研究室是中国科学院百人计划项目
东北林业大学	+	+	+	
西北农林科技大学		+		

(续)

大学或机构	本科*	硕士	博士	备注
福建农林大学		+		
南京林业大学		+	+	
内蒙古农业大学	+	+		2003年起全校开设此课
中南林业科技大学		+		
浙江农林大学		+		
西南林业大学		+		
北京农学院	+			1995年曾率先在全国开设本科专业（仅招两届）
安徽农业大学		+	+	
华南农业大学	+	+		2004年开设本科城市林业方向
江西农业大学	+	+		
浙江大学		+	+	
广东海洋大学	+			2016开设本科城市林业方向
新疆石河子大学		+		
青岛农业大学	+			2011年开设本科城市林业方向
四川农业大学		+		
河南农业大学		+		
西南大学	+	+	+	

注：* 在本科教学中开设"城市林业"课程或专业研究方向

10.2.3.2 城市林业专业（方向）的课程结构与课程

北京农学院在1995年和1996年连续二年在园林系招生了城市林业本科专业，其课程结构与课程一览表见表10-8。可以看出，其课程结构和设置具有明显的中国特色，一是政治思想类课程和基础课课程多，二是英语课学时多，同时也比较注重林学和园林两大优势学科的课程安排。此外，从2004年北京农学院园林系林学（城乡绿化方向）专业的专业简介看，其中第3条"掌握城市林业、生态环境保护、旅游管理学科的基本理论"、第4条"掌握城市森林资源规划设计和资源管理的基本知识"、第5条"了解我国的林政法规、城市森林旅游基本方针"，该校一直比较注意城市林业/城市森林的教育和教学工作，这在全国农林院校中除北京林业大学、华南农业大学外，也是很少见的。

表10-8 北京农学院城市林业专业课程一览表表（四年）

第一学期	学时	第二学期	学时	第三学期	学时	第四学期	学时
军事训练	66	植物学	30	基础生物学	70	植物生理学	75
美术	60	体育	30	土壤肥料学	70	农业气象学	45
植物学	40	英语二级	70	专业实践	40	拉丁文	20
体育	30	有机化学	75	美学概论	30	测量学	35

（续）

第一学期	学时	第二学期	学时	第三学期	学时	第四学期	学时
英语一级	70	线性代数	36	计算机基础	70	树木学	70
无机及分析化学	75	物理学	75	马克思主义	60	专业实践	40
高等数学	86	中国革命史	60			体育	60
法律基础	30	思想修养	45			英语	130
		公益劳动	10			计算机应用	70
学期学时	457		431		340		545
第五学期	学时	第六学期	学时	第七学期	学时	第八学期	学时
遗传学	50	花卉学	70	组织培养	30	毕业实习	
城市森林生态学	50	园艺植物病理学	50	植物昆虫学	45	毕业论文	
专业实践	40	专业实践	40	林木育种学	50		
城市森林环境保护学	40	园林制图	40	防护林学	40		
森林培育	50	森林培育	50	旅游地理学	40		
概率及数理统计	75	旅游经济管理	50	旅游社会学	40		
专业英语	32	城市森林资源管理学	50	城市森林景观规划设计	80		
		邓小平理论概论	45	城市森林资源管理学	40		
		专业英语	32	有机化学	75		
		影视鉴赏	30	专业英语	32		
学期学时	337		457		472		

此外，从北京林业大学、华南农业大学有关城市林业专题讲座或讲义看（主讲李吉跃教授），主要涉及城市林业的基本理论、功能与效益、城市林业环境、市区森林的培育、郊区森林的培育、城市森林经营、城市林业管理、市郊森林游乐区规划与建设、城市野生动物的管理以及城市林业信息、教育和培训共 10 章，其内容全面、丰富，覆盖了城市林业的各个方面。

10.2.3.3 园林和城市规划与设计等相关专业的城市林业教育

纵观国内外城市林业教育状况，与城市林业相关的专业主要有（风景）园林专业、城市规划与设计专业等。

(1)（风景）园林专业

风景园林专业是为风景园林规划设计、保护、建设与管理培养应用型、专门型、复合型专门人才的专业。要求学生了解和掌握园林植物应用、风景园林规划与设计、生态区域规划与设计基本理论和技能，具体地说：

①了解掌握园林植物应用（栽培、繁育、养护管理及应用）、园林植物配置与造景、各类园林绿地规划与设计、园林建筑设计、园林工程设计、城市绿地系统规划、风景名胜区保护与规划、森林公园保护与规划、生态区域规划的基本知识和技能。

②了解和掌握我国园林绿化、风景名胜区、森林公园、自然保护区、环境保护、森林与国土资源管理等有关方针政策和法律法规。

③掌握和应用风景园林工程施工技术、施工管理、施工监理。

开设的主干课程有中外园林史、设计方法论、风景园林规划与设计、园林植物配置与造景、园林植物生态学、园林植物科学与技术、风景园林建筑设计、风景园林工程、风景区规划原理、城市绿地规划原理、园林美学、园林艺术、地形地貌学等。这些课程都与城市林业教育有较大关系，特别是园林植物配置与造景、园林植物生态学、园林植物科学与技术、风景园林规划与设计、城市绿地规划原理、园林美学、园林艺术等已成为城市林业高等教育中选修和必修的重要课程。

(2) 城市规划与设计专业

城市规划与设计专业主要学习有关城市规划和城市设计等方面的知识，培养能在城市规划设计、城市规划管理、决策咨询、房地产开发等部门从事城市规划设计与管理，开展城市道路交通规划、城市市政规划、城市生态规划、园林游憩系统规划，并能参与城市社会与经济发展规划、区域规划、城市开发、房地产筹划以及相关政策法规研究等方面工作的城市规划学科高级工程技术人才。该专业学生主要学习城市规划、城市生态与环境保护、城市交通、城市市政工程规划、区域规划等基础理论和基本知识，接受城市规划设计等基本技能的训练，掌握城市规划、城市设计和城市规划管理的基本能力。

开设的主干课程有：建筑力学、房屋建筑学、城市规划原理、城市景观设计、城市规划设计、城市规划行政法规与城市规划管理、建筑结构、场地设计、建筑设计、风景园林工程。这些课程与城市林业教育有一定关系，如城市景观设计、城市规划设计、风景园林工程等课程都是城市林业高等教育选修的主要课程。

主要实践性教学环节有认识实习、生产实习、综合实践、课程设计、毕业实习。

(3) 关于城市林业、风景园林、城市规划三者的关系

城市规划——城镇各项建设发展的宏观、综合性总体规划，是进行城市林业和风景园林建设的前提，以"注册建筑师"为职业背景，围绕以人工素材为主的空间环境规划设计、建设与管理而培养的应用性、专业性人才；园林——英美各国则称之为 landscape architecture、garden、park、landscape garden，它们的性质、规模虽不完全一样，但都具有一个共同的特点：即在一定的地段范围内，利用并改造天然山水地貌或者人为地开辟山水地貌、结合植物的栽植和建筑的布置，从而构成一个供人们观赏、游憩、居住的环境。创造这样一个环境的全过程(包括设计和施工在内)一般称之为"造园"，研究如何去创造这样一个环境的科学就是"造园学"或"园林学"。而城市林业——从国内外学者 Erik Jorgensen(1965)、Grey(1978)、Q. Moll(1992)、Gobster(1994)、王永安(1995)、张建国(1996)、吴泽民(1996)、王木林(1997)、彭镇华(1999)、李吉跃等(2001)等对城市林业/森林的定义看，广义的城市林业是研究林业与城市环境(包括物质环境、人与空间环境、社会及商业环境、政治与法律环境等)之间的相互关系，综合设计与合理配置、管理树木及其他植物，改善城市环境，繁荣城市经济，维持城市可持续发展的一门科学。可见，城市林业是林业与园林融为一体的多功能林业，是城郊一体化、林园一体的高效林业，它既是园林的扩大，又是传统林业的升华(表10-9)。

作为社会经济发展的宏观战略，城市规划最终要落实到物质建设上，形成供人们生活和工作的体形环境，亦即城市森林、风景园林等城市符号上，城市林业和风景园林则是城市规划的重要组成部分；从园林与城市林业的外延与内涵看，园林如说是一门科学或技术，不如说更是一门艺术，重观赏和景观是其固有的艺术精粹，而城市林业注重城市环境的和谐统一，是一门综合设计、合理配置与管理城市树木及其他植物、改善城市生态环境的交叉学科，也是一门实用的应用技术。在我国，园林艺术与城市林业的融合已是大势所趋，见表10-9(刘德良，2006)。

表 10-9 城市林业与园林的比较

项目	城市林业	园林
景观性质	近自然景观	人工景观
效益特点	兼具社会、生态效益，以生态效益为主	兼具社会、生态效益，以社会效益为主
规划尺度	较大	较小
空间特性	以市郊、郊县为主，向市区辐射	以市区为主，市郊发展
管理强度	较稳定，有一定的自我调控能力	不稳定，需强度人工管理
经营目标	改善城市人居环境	改善城市人居环境
生物群落结构特点	以乔木为主体，结构复杂	结构较简单
经济特点	成本较低，费用较小	成本高，费用大
参与的部门	广泛的社会参与	市政建设管理部门

10.3 城市林业技术培训

城市林业教育与培训就其教育形式而言，大体有学历教育与非学历教育之分。目前，国内外一些农林院校等除继续提供城市林业的学历教育外，还与相关机构、部门、行业协会与组织等共同举办各种形式的短期培训班，以便满足急需发展的城市林业建设人才的需要，这种培训按其培训形式大体上分为短期技术培训(班)和日常工作中的培训。

10.3.1 短期技术培训(班)

在职培训方法能提高雇员的工作能力和表现，然而，有效的培训方案需要超越仅仅提供技术信息，应该是员工综合管理方案的一部分。雇员不应该仅仅知道怎样完成任务，而应该知道为什么这样做、假如不这样做将发生什么。Tate(1981)认为在职培训方案可以划分为四个基本要素：教什么、准备工作、讲解和方案的评估。

(1) 教什么

在职培训方案的目的应该与工作需要有关，应该在学完技术后立即开始技术实施的特殊时期进行，这样可加强学习效果。培训方案应该优先考虑需要的技术、工作中的不足和那些能在工作中取得最大效率的东西。为城市林业和树木栽培员工的在职培训课程总体上包括18项：移植；幼年树培养修剪；成年树装鞍带绳索修剪；成年树高塔修剪；病害管理；虫害管理；杀虫剂剂型、混合、剂量比和安全操作；电缆、支柱、创伤处理；交通安全；链锯使用、维护和安全；机动车使用、维护和安全；切削工具使用、维护和安全；急救；操作安全和卫生法规条例；环境保护机构条例；公司(机构)的组织和目标；有规律的作息安全方案；公共关系。上述所列培训科目可以划分为理论与实践二大类。例如，修剪科目包括树木枝条衰退理论标准的确定、枝条采用修剪技术处理时应达到的标准及剪后创伤组织的处理等。有些内容是理论上的讨论，有些内容则属于实践的范畴，培训时需要教员在课堂上和实践课上分别讲解，而其他一些课程则作为在职培训项目会议的主要内容。

(2) 准备工作

一旦课程被选定，在职培训方案将遵循五个关键要素来进行准备：

①目标　应该有明确的培训目标和清晰、现实的时间安排，培训结束时要以培训目标对培训的有效性进行评估；

②课程目录　这将基于课程、可支配时间、新技术和培训人员的需要来确定。因为按照培训目标，选择的课程应该考虑培训人员的利益；

③课程大纲　课程大纲应该覆盖确切的、优选的、且是最重要的信息。应该遵循先易后难的原则，在实际操作前应有理论的教授和学习；

④辅导材料和培训辅助设备　培训的辅导材料包括书籍、专业期刊、政府和大学出版物。这些信息将分发或概括在课程大纲中。培训辅助设备包括黑板、高架设备、多媒体、电影、视听设备等。培训辅助设备要考虑学员的利益、虑及科目材料的覆盖面；

⑤授课计划　培训的授课计划包括题目、目的、前言、讲解和总结。当一切准备就绪时，按课程内在逻辑组织并让有自信和经验的老师讲解。

(3) 讲解

讲课能力因个体差异有很大的变化。有些人好象在人前有讲话的诀窍，而另一些人则因严重的顾虑，一个精心的准备只能作简短的陈述。对于大多数人而言，讲课随阅历而生动，反过来有助于建立自信心。一个由完整的授课计划和辅导材料支撑的精心设计的授课方案将极大地提高授课者必要的自信心，甚至使他(或她)成为首选的大众示范课讲解者。

(4) 方案评估

一旦培训计划完成，应该评估培训目标是否完成，再次培训前有什么可以改进的地方，评估培训方案的一个方法是考查学员按照课程完成的情况。考核能引起学员的关注，但假如评估课程的不是学员，这种关注可能就最小。这样做最简单的方法是让学员不要在考核材料上写自己的名字(匿名评估)。评估的其他方法包括按大纲进行课程的问卷调查，或培训前后的现场操作评价。

10.3.2 工作中的培训

雇员培训不应该局限于正规的教室形式。新员工应该接受他们主管连续不断的监督和培训。怎样完成任务、为什么这样做都应该仔细的讲解。被培训的雇员应该知道怎样做和为什么这样完成任务，给学员以决策的机会等。这些雇员也将代表公司(机构)在顾客和大众面前保持良好的形象。

为了对城市林业技术培训有更深入的了解，我们以美国堪萨斯树木栽培教程大纲为例(表10-10)，以供参考。

表10-10　堪萨斯树木栽培培训教程大纲(教程时间：一周)

星　期	内　　容	
星期一	8：00	介绍、欢迎词；培训大纲要求；小组人员划分；资料，问题
	9：30	定义；历史
	9：45	林木、林木组织；林木如何生长
	11：00	林木和土壤
	13：00	林木形态和大小；选择和利用
	14：00	实地条件——土壤、空间和其他栽植点因素；林木鉴定方法
	17：00	提问和阅读资料；体会
星期二	8：00	问题和测评
	9：00	修剪(课堂)：(1)为什么要修剪；(2)修剪反应；(3)修剪方法和实践；(4)为结构而进行的修剪；(5)幼树修剪；(6)造林时的林木修剪；(7)灌木修剪
	13：00	实地操作示范和实习(全体培训人员)：(1)林木营造；(2)新造林木的修剪；(3)小树修剪；(4)灌木修剪
	17：00	提问和阅读资料；体会
星期三	8：00	问题和测评
	9：00	示范和实地操作：(1)大树修剪；(2)高架设备；(3)绳索、浮桥、绳索
	13：00	安全
	14：00	实地操作
	17：00	问题和阅读资料；体会
星期四	8：00	提问和释疑
	9：00	电缆和支撑物：(1)树皮状况；(2)伤口修复；(3)排水管线
	11：00	电影
	13：00	实地示范教学(全体)：(1)电缆和支撑物；(2)树皮状况；(3)伤口修复
	16：00	体会
	18：00	"啄木鸟"晚宴
星期五	8：00	林木施肥
	9：00	林木昆虫
	10：00	林木施肥和生理学问题
	11：00	林木施肥和喷雾示范
	13：00	林木问题诊断
	15：00	专家释疑：(1)林木栽培家的职业道德标准；(2)适当造林养护选择
	16：00	考试，释疑和总结

复习思考题

1. 简述城市林业教育的主要内容。
2. 谈谈中外城市林业教育的差异。

3. 城市林业培训的主要内容包括哪些？

推荐阅读书目

1. Bradley G A, 1995. Urban forest landscapes. University of Washington Press.
2. Hibberd B G, 1989. Urban Forestry Practice. Her Majstys Stationery Office.
3. Grey G W, 1996. The Urban Forest. Printed in the United of America.
4. 李吉跃，刘德良，2007. 中外城市林业对比研究. 中国环境科学出版社.
5. 李吉跃，2010. 城市林业. 高等教育出版社.
6. 梁星权，2001 城市林业. 中国林业出版社.

参考文献

白林波, 吴文友, 吴泽民, 等, 2001. RS 和 GIS 在合肥市绿地系统调查中的应用[J]. 西北林学院学报, 16(1): 59-63.

蔡春菊, 彭镇华, 王成, 2004. 城市森林生态效益及其价值研究综述[J]. 世界林业研究, 17(3): 17-20.

蔡雨新, 方向京, 孟广涛, 等, 2006. 昆明市 4 种城市绿化树种的生态功能比较[J]. 西部林业科学(03): 76-80.

蔡文青, 梁斌, 常浩娟, 等, 2009. 关于信息价值度量方法的评价[J]. 情报杂志, 28(4): 79-81.

常金宝, 李吉跃, 2005. 干旱半干旱地区城市森林抗旱建植技术及生态效益评价[M]. 北京: 中国科学技术出版社.

曹洪麟, 王登峰, 1999. 珠海市主要植被类型与城市林业建设[J]. 广东林业科技, 15(3): 23-27.

陈伯贤, 陈林生, 陆静英, 等, 1979. 当前我国森林档案的几个问题.[J]. 林业资源管理(1): 28-37.

陈芳, 蔡珍, 许丽忠, 等, 2020. 海西城市群可吸入颗粒物(PM10)时空分布特征[J]. 福建师大福清分校学报(5): 38-45.

陈汉彬, 廖中才, 2002. 西部城市化的路该怎么走[J]. 中国城市经济(3): 32.

陈凯, 洪昕晨, 林洲瑜, 等, 2017. 基于 GST 法与 AHP 法的森林公园康复性景观评价指标体系构建. 江西农业大学学报[J]. 39(1): 118-126.

陈万钧, 张维玲, 钟建华, 等, 2013. 基于 Android 系统的林业有害生物防治系统设计[J]. 广东农业科学, 40(18): 181-185.

陈勇, 孙冰, 廖绍波, 等, 2013. 城市森林林内景观评价指标筛选研究[J]. 中国农学通报, 29(16): 32-36.

陈自新, 苏雪痕, 刘少宗, 等, 1998. 北京城市园林绿化生态效益的研究[J]. 中国园林(1): 55.

陈震, 2012. 黑龙江省森工林区"智慧林业"框架应用技术研究[D]. 哈尔滨: 东北林业大学.

程骏, 马正林, 2003. 中国城市的选址与西部地区的城市化[J]. 陕西师范大学学报(哲学社会科学版)(2): 64-70.

但新球, 1994. 森林公园的疗养保健功能及在规划中的应用[J]. 中南林业调查规划(1): 54-57.

但新球, 1995. 森林景观资源美学价值评价指标体系的研究[J]. 中南林业调查规划(3): 44-50.

董雅文, 1993. 城市景观生态[M]. 北京: 商务印书馆.

费世民, 徐嘉, 孟长来, 等, 2017. 城市森林廊道建设理论与实践[M]. 北京: 中国林业出版社.

冯益明, 李增禄, 1999. 城市林业资源地理信息系统(UFSGIS)的研建及应用[J]. 林业科学研究(3): 91-9.

付晖, 2015. 基于 3S 技术的城市绿地评价及优化研究——以海口市为例[D]. 海口: 海南大学.

甘丽英, 刘荟, 李娜, 2005. 森林浴在健康疗养护理中的应用[J]. 中国疗养医学(1): 27-28.

郭凯军, 2003. 色彩心理浅谈[J]. 烟台师范学院学报(哲学社会科学版)(2): 78-80.

国家统计局, 1997. 中国城市统计年鉴 1996. 北京: 中国统计出版社.

国家统计局，2001. 中国城市统计年鉴2000. 北京：中国统计出版社.
国家统计局城市社会经济调查总队，2003. 中国城市统计年鉴2002. 北京：中国统计出版社.
国家统计局城市社会经济调查总队，2004. 中国城市统计年鉴2003. 北京：中国统计出版社.
国家统计局城市社会经济调查总队，2005. 中国城市统计年鉴2004. 北京：中国统计出版社.
国家统计局城市社会经济调查总队，2006. 中国城市统计年鉴2005. 北京：中国统计出版社.
国家统计局城市社会经济调查总队，2008. 中国城市统计年鉴2007. 北京：中国统计出版社.
国家统计局城市社会经济调查总队，2009. 中国城市统计年鉴2008. 北京：中国统计出版社.
国家林业局，2013. 国家林业局关于印发《中国智慧林业发展指导意见》的通知（林信发〔2013〕131号）. 北京：国家林业局，8-21.
哈申格日乐，李吉跃，姜金璞，2007. 城市生态环境与绿化建设[M]. 北京：中国环境科学出版社.
韩轶，李吉跃，2005. 城市森林综合评价体系与案例研究[M]. 北京：中国环境科学出版社.
胡德平，2007. 森林与人类[M]. 北京：科学普及出版社.
高峻，杨名静，陶康华，2000. 上海城市绿地景观格局的分析研究[J]. 中国园林(1)：53-56.
高清，1984. 都市森林学[M]. 台北：国立编译馆.
胡鸿，杨雪清，黄静华，等，2017. 北斗卫星导航在林业中的应用模式研究[J]. 林业资源管理(3)：120-127.
胡志斌，何兴元，李月辉，等，2003. 基于CITYgreen模型的城市森林管理信息系统的构建与应用[J]. 生态学杂志(6)：181-185.
黄昌勇，徐建明，2017. 土壤学[M]. 北京：中国农业出版社.
黄颖，2014. 基于北斗应用终端的林业野外巡护管理技术研究[D]. 北京：北京林业大学.
惠刚盈，[德]克劳斯冯佳多，2001. 德国现代森林经营技术[M]. 北京：中国科学技术出版社.
惠刚盈，Klaus von Gadow, Matthias Albert，1999. 一个新的林分空间结构参数——大小比数[J]. 林业科学研究，12(1)：1-6.
惠刚盈，1999b. 角尺度——一个描述林木个体分布格局的结构参数[J]. 林业科学(1)：39-44.
惠刚盈，胡艳波，2001. 混交林树种空间隔离程度表达方式的研究[J]. 林业科学研究(1)：23-27.
黄枢闻，2002. 城市绿化的主要目标应是改善生态环境[J]. 中国花卉园艺(15)：14-16.
何兴元，金莹杉，朱文泉，等，2002. 城市森林生态学的基本理论与研究方法[J]. 应用生态学报(12)：1679-1683.
何兴元，2002. 城市森林生态研究进展[M]. 北京：中国林业出版社.
江明喜，邬建国，金义兴，1998. 景观生态学原理在保护生物学中的应用[J]. 武汉植物学研究(03)：3-5.
蒋有绪，2001. 新世纪的城市林业方向—生态风景林兼论其在深圳市的示范意义[J]. 林业科学，37(1)：139-142.
焦宝文，2013. 物联网与智慧地球[M]. 青岛：中国海洋大学出版社.
金彪，孙明艳，李海防，2016. 基于AHP-GIS空间分析法的龙胜龙脊古壮寨景观评价[J]. 北方园艺(18)：71-76.
金莹杉，何兴元，陈玮，等，2002. 沈阳市建成区行道树的结构与功能研究[J]. 生态学杂，21(6)：24-28.
K·J. 巴顿（K.J. BARTON），1986. 城市经济学（原名：城市经济学——理论和政策）[M]. 北京：商务书馆.
孔繁德，张明顺，2002. 城市生态环境建设与保护规划[M]. 北京：中国环境科学出版社.
孔繁花，赵善伦，张伟，等，2002. 济南市绿地系统景观空间结构分析[J]. 山东省农业管理干部学院学报，18(2)：108-109.

冷平生，吴庆书，2000. 城市生态学[M]. 北京：科学出版社.

冷平生，1995. 城市植物生态学[M]. 北京：中国建筑工业出版社.

李博，聂欣，2014. 疗养期间森林浴对军事飞行员睡眠质量影响的调查分析[J]. 中国疗养医学(1)：75-76.

李丹燕，1999. 广州城市公园绿地系统特征及其效益分析[J]. 生态经济(5)：43-45.

李代平，2002. 中文SQL Server2000数据库应用开发[M]. 北京：冶金工业出版社.

李锋，刘旭升，王如松，2003. 城市森林研究进展与发展战略[J]. 生态学杂志，22(4)：55-59.

李海梅，何兴元，陈玮，等，2004. 中国城市森林研究现状及发展趋势. 生态学杂志，23(2)：55-59.

李吉跃，常金宝，2001. 新世纪的城市林业：回顾与展望[J]. 世界林业研究，14(3)：1-8.

李吉跃，刘德良，2007. 中外城市林业对比研究[M]. 北京：中国环境科学出版社.

李吉跃，2010. 城市林业[M]. 北京：高等教育出版社.

李敏，1999. 城市绿地系统与人居环境规划[M]. 北京：中国建筑工业出版社.

李济同，2002. 干旱地区水资源优化配置及生态环境建设与可持续发展[M]. 呼和浩特：内蒙古大学出版社.

李金昌，1991. 资源核算理论[M]. 北京：海洋出版社.

李攻，纪虹宇，章轲，2009. 全国城市生活垃圾堆存量达70亿吨多个城市已无处堆放[J]. 第一财经日报，07-22.

李敏，韩丰，2010. 虚拟现实技术综述[J]. 软件导报，9(6)：142-144.

李明阳，1997. 森林生态评价的尺度和指标[J]. 中南林业调查规划(3)：52-54.

李琪，刘国胜，2003. 生态城市——城市化建设的新思路[J]. 贵州农业科学，31(3)：78-79.

李世东，2015. 中国智慧林业：顶层设计与地方实践[M]. 北京：中国林业出版社.

李铁映，1986. 城市问题研究[M]. 北京：中国展望出版社.

李云平，2009. 虚拟现实技术及其在林业上的应用展望[J]. 农业科技通讯(8)：114-116.

李贞，王丽荣，管东生，2000. 广州城市绿地系统景观异质性分析[J]. 应用生态学报(1)：128-131.

李志强，2006. 浅谈园林植物设计中的色彩应用与人的情感心理[J]. 四川林业科技(3)：76-78.

李泽湘，2007. 漫谈森林蔬菜[J]. 湖南林业(7)：27.

李梓辉，2002. 森林对人体的医疗保健功能[J]. 经济林研究(3)：69-70.

梁星权，2001. 城市林业[M]. 北京：中国林业出版社.

梁永基，王莲清，2000. 工矿企业园林绿地建设[M]. 北京：中国林业出版社.

梁战平，2003. 情报学若干问题辨析[J]. 情报理论与实践(3)：193-198.

廖福霖，2001. 生态文明建设研究(四). 城市生态建设的质量研究[J]. 福建林业科技，28(1)：1-4.

廖启鹏，陈茹，黄士真，2019. 基于模糊综合评判与GIS方法的废弃矿区景观评价[J]. 地质科技情报，38(06)：241-250.

刘庆新，2013. 从"数字林业"步入"智慧林业"[J]. 中国农村科技(10)：62-63.

刘耀彬，李仁东，2003. 转型时期中国城市化水平动力及动力分析[J]. 长江流域资源与环境，12(1)：8-12.

刘晓鹰，2003. 试论中国西部城市化进程的重要途径[J]. 西南民族学院学报，24(1)：103-105.

刘亚秋，景维鹏，井云凌，2011. 高可靠云计算平台及其在智慧林业中的应用[J]. 世界林业研究，24(5)：18-24.

刘易斯·芒福德(LEWIS MUMFORD)，2018. 城市发展史：起源、演变与前景[M]. 上海：上海三联出版社.

刘正祥，张华新，刘涛，2006. 我国森林食品资源及其开发利用现状[J]. 世界林业研究(01)：58-65.

刘智慧，张泉灵，2014. 大数据技术研究综述[J]. 浙江大学学报(工学版)，48(6)：957-972.

龙壮志，2003. 广州市城市林业建设构架研究[D]. 长沙：中南林学院.

陆雍森，1999. 环境评价[M]. 2版. 上海：同济大学出版社.

陆健健，何文珊，童春富，等，2020. 湿地生态学[M]. 北京：高等教育出版社.

潘懋，2006. 城市信息化方法与实践[M]. 北京：电子工业出版社.

彭镇华，2003. 中国城市森林[M]. 北京：中国林业出版社.

钱学森，1996. 城市学与山水城市[M]. 北京：中国建筑工业出版社.

马费成，2018. 信息管理学基础[M]. 3版. 武汉：武汉大学出版社.

马建浦，2016. 通信技术在我国智慧林业建设中的应用[J]. 世界林业研究，29(4)：72-76.

马世骏，1980. 现代化经济建设与生态科学——试论当代生态学工作者的任务[J]. 生态学报(02)：176-178.

马中，1999. 环境与资源经济学概论[M]. 北京：高等教育出版社.

潘洋刘，曾进，刘苑秋，等，2018. 基于不同类型的森林康养资源评价研究[J]. 林业经济问题，38(6)：83-88.

潘以成，张沂泉，杨家富，等，2004. 虚拟现实技术及其在林业上应用展望[J]. 林业机械与木工设备(2)：32-35.

祁云枝，谢天寿，杜勇军，2003. 养生保健型生态群落在城市园林中的构建[J]. 中国园林(10)：32-34.

任婉侠，耿涌，薛冰，2011. 沈阳市生活垃圾排放现状及产量预测[J]. 环境科学与技术，34(9)：105-109.

上官甦，卢晓红，2006. 石灰岩山区高速公路景观评价指标体系的构建[J]. 公路(2)：80-84.

上官周平，邵明安，1999. 21世纪农业高效用水技术展望[J]. 农业工程学报，15(1)：17-21.

邵全琴，1995. 地理信息系统数据库建设中的若干问题[J]. 地理学报(S1)：34-43.

沈国舫，1999. 中国林业可持续发展及其关键科学问题[J]. 地球科学进展(1)：10-18.

沈国舫，2001. 森林培育学[M]. 北京：中国林业出版社.

沈国舫，1992. 森林的社会、文化和景观功能及巴黎地区的城市林业[J]. 世界林业研究，5(2)：7-12.

沈国舫，1993. 代序——在中国林学会城市林业学术会议的总结发言. 见：沈国舫主编. 城市林业—92首届城市林业学术研讨会文集. 北京：中国林业出版社，1-2.

沈国舫，1993. 森林的社会、文化和景观功能及巴黎地区的城市林业. 见：沈国舫主编. 城市林业—92首届城市林业学术研讨会文集. 北京：中国林业出版社，65-71.

沈国舫，2012. 森林的社会、文化和景观功能及巴黎地区的城市林业. 见：翟明普等主编. 一个矢志不渝的育林人. 北京：中国林业出版社，244-250.

沈国舫，2012. 代序——在中国林学会城市林业学术会议的总结发言. 见：翟明普等主编. 一个矢志不渝的育林人[M]. 北京：中国林业出版社，259-261.

沈清基，2000. 城市生态与城市环境[M]. 上海：同济大学出版社.

苏少之，1999. 1949~1978年中国城市化分析[J]. 当代中国史研究(2)：4-15.

苏智海，赵志江，刘金川，等，2008. 3S技术在城市绿地系统中的应用研究[J]. 西北林学院学报，23(2)：173-176.

司马永康，徐康，王跃华，2002. 城市林业发展史回顾[J]. 林业调查规划，27(1)：17-19.

宋丽萍，朱伟华，丁少江，等，2003. 深圳城市绿化管理信息系统的设计[J]. 南京林业大学学报(自然科学版)(1)：59-62.

宋永昌，2000. 城市生态学[M]. 上海：华东师范大学出版社.

宋永昌, 2001. 植被生态学[M]. 上海: 华东师范大学出版社.
宋永昌, 戚仁海, 由文辉, 1999. 生态城市的指标体系与评价方法[J]. 城市环境与城市生态, 12(5): 16-21.
栗娟, 1999. 我国城市林业研究进展[J]. 广东林业科技, 15(2): 73-77.
栗娟, 孙冰, 黄家平, 等, 1997. 广州市城市林业管理信息系统的研制开发[J]. 城市环境与城市生态 (3): 17-20.
孙抱朴, 2015. 森林康养是新常态下的新业态、新引擎[J]. 商业文化 (19): 92-93.
孙冰, 栗娟, 1997. 广州市城市森林的空间特征与发展研究[J]. 城市环境与城市生态, 10(2): 50-54.
孙吉雄, 韩烈保, 2021. 草坪学[M]. 北京: 中国农业出版社.
孙琦, 2007. 基于 ERDAS 软件的虚拟现实技术在森林管理中的具体应用[J]. 林业科技情报, 39(2): 14-16.
孙儒泳, 1992. 普通生态学[M]. 北京: 高等教育出版社.
谭靖, 杨为民, 杨建祥, 等, 2004. 基于 B/S 与 C/S 混合结构的森林资源管理信息系统研究[J]. 四川林勘设计(4): 48-51, 56.
汤晓敏, 王祥荣, 2007. 景观视觉环境评价: 概念、起源与发展[J]. 上海交通大学学报(农业科学版) (03): 173-179.
涂慧萍, 颜文希, 2004. 关于城市林业几个问题的思考[J]. 世界林业研究, 14(5): 63-68.
王保云, 2009. 物联网技术研究综述[J]. 电子测量与仪器学报, 23(12): 1-7.
王闻, 宋丽萍, 佘光辉, 2002. GIS 在深圳城市绿化管理中的应用[J]. 南京林业大学学报(自然科学版) (3): 31-34.
王克勤, 赵镜, 樊国盛, 2002. 园林生态城市——城市可持续发展的理想模式[J]. 浙江林学院学报, 19(1): 58-62.
王伯荪, 1987. 植物群落学[M]. 北京: 高等教育出版社.
王伯荪, 1998. 城市植被与城市植被学[J]. 中山大学学报(自然科学版), 37(4): 9-12.
王秉洛, 1999. 中国城市环境建设的理想模式[J]. 城市发展研究(5): 1-5.
王成, 2003. 澳大利亚城市森林建设考察记[J]. 中国城市林业(2): 62-65.
王成, 周金星, 2002. 城镇绿地生态功能表现的尺度差异[J]. 东北林业大学学报, 30(3): 107-110.
王成, 2003. 城市森林建设中的植源性污染[J]. 生态学杂志(3): 32-37.
王成, 2002. 城镇不同类型绿地生态功能的对比分析[J]. 东北林业大学学报, 30(3): 111-114.
王成, 夏宁, 2003. 近自然的设计与管护——建设高效和谐的城市森林[J]. 中国城市林业(1): 44-47.
王成, 彭镇华, 2004. 关于城市绿化建设中增加生物多样性问题[J]. 城市发展研究, 11(3): 32-36.
王丹妮, 狄洪发, 1998. 园林绿化与人居环境[J]. 中国园林, 14(4): 9-12.
王放, 2000. 中国城市化与可持续发展[M]. 北京: 科学出版社.
王兰州, 2006. 人文生态学[M]. 北京: 国防工业出版社.
王礼先, 1998. 林业生态工程学[M]. 北京: 中国林业出版社.
王丽荣, 李贞, 管东生, 1998. 广州城市绿地系统景观生态学分析[J]. 城市环境与城市生态(3): 26-29.
王科朴, 张语克, 刘雪华, 2020. 北京城市绿地对大气颗粒物的削减量计算[J]. 环境科学与技术, 43(4): 121-129.
王林, 1997. 宜昌城市森林现状浅析[J]. 湖北林业科技(1): 23-26.
王木林, 1995. 城市林业的研究与发展[J]. 林业科学, 31(5): 460-466.
王木林, 缪荣兴, 1997. 城市森林的成分及其类型[J]. 林业科学研究, 10(5): 531-536.

王木林, 1998. 论城市森林的范围及经营对策[J]. 林业科学(4): 37-39.

王鹏, 樊宝敏, 何友均, 等, 2018. 作为绿色基础设施的城市森林概念与问题分析[J]. 世界林业研究, 31(2): 88-92.

王如松, 2000. 城市生态调空方法[M]. 北京: 气象出版社.

王祥荣, 2000. 生态与环境——城市可持续发展与生态环境调控新论[M]. 南京: 东南大学出版社.

王业蘧, 李景文, 陈大珂, 1995. 建立中国森林生态系统定位研究网络刍议[J]. 东北林业大学学报(1): 84-94.

王永, 1997. 城市绿化树种组成结构数量指标初探[J]. 河南林业科技(3): 35-37.

王永安, 1995. 城市林业新认识[J]. 中国林业调查规划(4): 28-31.

汪媛媛, 2011. 3D 虚拟现实技术应用于城市森林景观设计的可行性研究[J]. 中国城市林业, 9(4): 58-60.

魏斌, 王景旭, 张涛, 1997. 城市绿地生态效果评价方法的改进[J]. 城市环境与城市生态, 10(4): 54-56.

魏广智, 1997. 北京园林城市建设研究[M]. 北京: 中国林业出版社.

文军, 张思峰, 李涛柱, 2014. 移动互联网技术发展现状及趋势综述[J]. 通信技术, 47(9): 977-984.

文余源, 2002. 西部大开发中的中国西部城市化战略初探[J]. 钦州师范高等专科学校学报, 17(1): 15-18.

温要礼, 2018. 物联网技术在林业信息化管理中的应用[J]. 林业科技通讯(8): 20-22.

温战强, 2015. 《中国林业物联网发展规划(2013—2020 年)》摘编[J]. 卫星应用(7): 60-65.

巫莉莉, 章潜才, 张波, 等, 2011. 试论云计算在林业信息化建设中的应用[J]. 热带林业, 39(2): 10-13.

武文婷, 赵衡宇, 熊丽荣, 等, 2009. 城市森林景观数字化及其关键技术研究[J]. 浙江工业大学学报, 37(4): 453-458.

吴榜华, 赵秀云, 1995. 美国城市林业及其对我们的启示[J]. 吉林林学院学报(3): 177-180.

吴承照, 1998. 现代城市游憩规划设计理论与方法[M]. 北京: 中国建筑工业出版社.

吴良镛, 2001. 关于山水城市[J]. 城市发展研究(2): 17-18.

吴吉义, 平玲娣, 潘雪增, 等, 2009. 云计算: 从概念到平台[J]. 电信科学(12): 23-30.

吴鹏, 2014. 移动终端和互联网卫星影像在林业生产中的应用[J]. 林业调查规划, 39(6): 10-15, 33.

吴人伟, 1999. 城市绿地分类[J]. 中国园林(6): 59-62.

吴人坚, 2000. 生态城市建设的原理和途径[M]. 上海: 复旦大学出版社.

吴章文, 2003. 森林游憩区保健旅游资源的深度开发[J]. 北京林业大学学报, 25(2): 63-67.

吴章文, 2005. 森林旅游区生态环境研究[J]. 林业科学研究, 18(6): 761-768.

吴泽民, 2011. 城市景观中的树木与森林: 结构、格局与生态功能[M]. 北京: 中国林业出版社.

肖胜, 2001. 3S 技术在厦门市森林生态网络体系建设中的应用研究[M]. 见: 福建省科协主编. 福建省科协首届学术年会专号. 福州: 福建科学技术出版社.

肖国清, 1991. 城市大环境绿化的探讨[J]. 中国园林, 7(2): 40-47.

谢花林, 刘黎明, 赵英伟, 2003. 乡村景观评价指标体系与评价方法研究[J]. 农业现代化研究(2): 95-98.

邢劭谦, 2012. Zigbee 网络结合北斗通信技术在林火监测中的应用[M]. 哈尔滨: 东北林业大学.

修文群, 2001. 地理信息系统 GIS 数字化城市建设指南[M]. 北京: 北京希望电子出版社.

薛建辉, 2009. 保护生物学[M]. 北京: 中国农业出版社.

薛建辉, 2011. 森林生态学(修订版)[M]. 北京: 中国林业出版社.

薛静，王青，付雪婷，等，2004. 森林与健康[J]. 国外医学(医学地理分册)，25(3)：109-112.
薛元达，1999. 生物多样性经济价值评估[M]. 北京：中国环境科学出版社.
杨超裕，杨燕琼，罗富和，等，2013. 基于遥感的广州市森林健康分析与恢复对策研究[J]. 林业资源管理(05)：85-90.
杨赉丽，2006. 城市园林绿地规划[M]. 北京：中国林业出版社.
杨士弘，1994. 城市绿化树木的降温增湿效应研究[J]. 地理研究，13(4)：74-80.
杨士弘，2003. 城市生态环境学[M]. 北京：科学出版社.
杨士弘，2005. 城市生态环境学[M]. 2版. 北京：科学出版社.
杨小波，2000. 城市生态学[M]. 北京：科学出版社.
杨新兴，冯丽华，尉鹏，2012. 大气颗粒物$PM_{2.5}$及其危害[J]. 前沿科学，6(1)：22-31.
杨学军，1999. 论城市林业及其研究[J]. 上海农学院学报，17(1)：34-39.
杨学军，许东新，唐东芹，2000. 森林生态网络系统理论在上海城市绿化中的应用[J]. 林业科技(6)：18-20.
叶兵，杨军，2020. 城市森林保健功能[M]. 北京：中国林业出版社.
俞孔坚，段铁武，李迪华，1999. 景观可达性作为衡量城市绿地系统功能指标的评价方法与案例[J]. 城市规划(8)：7-11.
袁兴中，刘红，1994. 城市生态园林与生物多样性保护[J]. 生态学杂志，13(4)：71-74.
翟明普，沈国舫，2016. 森林培育学[M]. 3版. 北京：中国林业出版社.
张秋根，万承永，熊东平，2001. 城市林业生态环境功能评价指标体系的探讨[J]. 中南林业调查规划，20(4)：52-55.
张秋良，2003. 退耕还林与区域可持续发展的研究[D]. 北京：北京林业大学.
张庆费，徐绒娣，1999. 城市森林建设的意义和途径探讨[J]. 城市环境与城市生态，16(4)：98-101.
张强，1999. 城市园林绿化与人类健康浅析[J]. 生态经济(3)：34-36.
张肖宁，李红杰，首艳芳，2009. 基于结构方程建模的道路景观评价[J]. 华南理工大学学报(自然科学版)，37(11)：17-21.
张雪萍，2011. 生态学原理[M]. 北京：科学出版社.
张燕，吴健平，余国培，等，2000. 嵌入专家系统思想的上海市园林绿化GIS构建[J]. 地球信息科学(03)：24-31.
张艳芳，任志远，2003. 干旱区城市景观的演化与生态建设研究——以陕西榆林市为例[J]. 干旱区资源与环境(3)：17-22.
张哲，李霞，潘会堂，等，2011. 用AHP法和人体生理、心理指标评价深圳公园绿地植物景观[J]. 北京林业大学学报(社会科学版)，10(4)：30-37.
郑曦，2018. 山水都市化：区域景观系统上的城市[M]. 北京：中国建筑工业出版社.
中华人民共和国国家统计局，1998. 中国统计年鉴1997[M]. 北京：中国统计出版社.
中华人民共和国国家统计局，2008. 中国统计年鉴2008[M]. 北京：中国统计出版社.
中国林业科学研究院编，1998. 第十一届世界林业大会文献选编[M]. 北京：中国环境科学出版社.
中国市长协会《中国城市发展报告》编辑委员会，2003. 2001—2002中国城市发展报告[M]. 北京：西苑出版社.
中国科学院可持续发展战略研究组，2005. 2005中国可持续发展战略报告[M]. 北京：科学出版社.
中国可持续发展林业战略研究项目组，2003. 中国可持续发展林业战略研究总论[M]. 北京：中国林业出版社.
钟信义，2013. 信息科学原理[M]. 5版. 北京：北京邮电出版社.

周坚华, 2001. 城市绿量测算模式及信息系统[J]. 地理学报(1): 14-23.

周维权, 2008. 中国古典园林史[M]. 北京: 清华大学出版社.

周毅, 2003. 中国生态环境安全[J]. 西北林学院学报, 18(1): 109-112.

朱舒欣, 何双玉, 胡菲菲, 等, 2020a. 森林康养旅游意愿及其影响因素研究——以广州市为例[J]. 中南林业科技大学学报(社会科学版)(3): 114-122.

朱舒欣, 邱权, 何茜, 等, 2020b. 广州城市居民森林康养产品选择意向调查研究[J]. 林业调查规划, 45(4): 97-104.

左玉辉, 2003. 环境经济学[M]. 北京: 高等教育出版社.

Anthnoy B B H, Walmsley T, 1995. Trees in the urban landscape[M]. Cambrige: Printed in Great Britain at the University Press.

Antonelli M, Barbieri G, Donelli D, 2019. Effects of forest bathing (shinrin-yoku) on levels of cortisol as a stress biomarker: a systematic review and meta-analysis[J]. International journal of biometeorology, 63(8): 1117-1134.

Bang K, Kim S, Song M, et al., 2018. The Effects of a Health Promotion Program Using Urban Forests and Nursing Student Mentors on the Perceived and Psychological Health of Elementary School Children in Vulnerable Populations[J]. International Journal of Environmental Research and Public Health, 15(9): 1977.

Bielinis E, Takayama N, Boiko S, et al., 2018. The effect of winter forest bathing on psychological relaxation of young Polish adults[J]. Urban Forestry & Urban Greening, 29: 276-283.

Bradley G A, 1995. Urban forest landscapes[M]. University of Washington Press.

Chen H, Yu C, Lee H, 2018. The Effects of Forest Bathing on Stress Recovery: Evidence from Middle-Aged Females of Taiwan[J]. Forests, 9(7): 403.

Chun M H, Chang M C, Lee S, 2016. The effects of forest therapy on depression and anxiety in patients with chronic stroke[J]. International Journal of Neuroscience, 127(3): 199-203.

Guan H, Wei H, He X, et al., 2017. The tree-species-specific effect of forest bathing on perceived anxiety alleviation of young-adults in urban forests[J]. Annals of Forest Research, 60(2).

Han J, Choi H, Jeon Y, et al., 2016. The Effects of Forest Therapy on Coping with Chronic Widespread Pain: Physiological and Psychological Differences between Participants in a Forest Therapy Program and a Control Group[J]. International Journal of Environmental Research and Public Health, 13(3).

Hibberd B G, 1989. Urban Forestry Practice[M]. London: Her majstys stationery office.

Jim C Y, 1996. Roadside trees in urban Hong Kong: Part II species composition[J]. Arboricultural Journal (20): 279-298.

Jim C Y, 1997. Roadside trees in urban Hong Kong: Part IV tree growth and environmental condition[J]. Arboricultural Journal(21): 89-99.

Grey G W, 1996. The Urban Forest[M]. Printed in the United of America.

Pickering J S, Shepherd A, 2000. Evaluation of organic landscape mulches: Composition and nutrient release characteristics[J]. Arboricultural Journal(24): 175-187.

Kopinga J, Burg J, 1995. Using soil and foliar analysis to diagnose the nutritional status of urban trees[J]. Journal of Arboricultural, 21(1).

Jia B B, Yang Z X, Mao G X, et al., 2016. Health Effect of Forest Bathing Trip on Elderly Patients with Chronic Obstructive Pulmonary Disease[J]. Biomedical and Environmental Sciences, 29(3): 212-218.

Johnston M, 1996. A brief history of urban forestry in the united states[J]. Arboricultural Journal(20): 257-278.

Johnston M, Rushton Br S, 1998. A survey of urban forestry in Britain, Part I: aims and method of research[J]. Arboricultural Association Journal, 22(2): 129-146.

Johnston M, 1997. The early development of urban forestry in Britain: Part I[J]. Arboricultural Journal(21): 107-126.

Jung W H, Woo J, Ryu J S, 2015. Effect of a forest therapy program and the forest environment on female workers' stress[J]. Urban Forestry & Urban Greening, 14(2): 274-281.

Lee J, Lee D, 2014. Cardiac and pulmonary benefits of forest walking versus city walking in elderly women: A randomised, controlled, open-label trial[J]. European Journal of Integrative Medicine, 6(1): 5-11.

Li Q, Morimoto K, Kobayashi M, et al., 2008. A forest bathing trip increases human natural killer activity and expression of anti-cancer proteins in female subjects[J]. Journal of Biological Regulators and Homeostatic Agents, 22(1): 45-55.

Li Q, Morimoto K, Kobayashi M, et al., 2008. Visiting a forest, but not a city, increases human natural killer activity and expression of anti-cancer proteins[J]. International Journal of Immunopathology and Pharmacology, 21(1): 117-127.

Li Q, Morimoto K, Nakadai A, et al., 2007. Forest Bathing Enhances Human Natural Killer Activity and Expression of Anti-Cancer Proteins[J]. International Journal of Immunopathology and Pharmacology, 20(2_suppl): 3-8.

Mao G, Cao Y, Lan X, et al., 2012. Therapeutic effect of forest bathing on human hypertension in the elderly[J]. Journal of Cardiology, 60(6): 495-502.

Mao G, Cao Y, Wang B, et al., 2017. The Salutary Influence of Forest Bathing on Elderly Patients with Chronic Heart Failure[J]. International Journal of Environmental Research and Public Health, 14(3684).

Mcherson E G, Rowntree R A, 1993. Energy conservation potential of urban tree planting[J]. Journal of Arboriculture, 19(6): 321-331.

Mcpherson E G, 1992. Accounting for benefits and costs of urban green space[J]. Landscape Urban Plan(22): 41-51.

Mcpherson E G, 1998. Structure and sustainability of Sacramento's urban forestry[J]. Journal of Arboriculture, 24(2): 174-189.

Miller R W, 1996. Urban forestry[M]. New Jersey: Prentice Hall.

Nowak D J, 1994. Urban forest strueture: The state of Chieago'surban forest[J]. General Technical Report, 3-18.

Ochiai H, Ikei H, Song C, et al., 2015. Physiological and Psychological Effects of Forest Therapy on Middle-Aged Males with High-Normal Blood Pressure[J]. International Journal of Environmental Research and Public Health, 12(3): 2532-2542.

Ochiai H, Ikei H, Song C, et al., 2015. Physiological and Psychological Effects of a Forest Therapy Program on Middle-Aged Females[J]. International Journal of Environmental Research and Public Health, 12(12): 15222-15232.

Ohtsuka Y, Yabunaka N, Takayama S, 1998. Shinrin-yoku (forest-air bathing and walking) effectively decreases blood glucose levels in diabetic patients[J]. International Journal of Biometeorology, 41(3): 125-127.

Richard W, 1998. Urban forestry in Kuala Lumpur, Malaysia[J]. Arboricultural Journal(22): 287-296.

Richard W, 1998. Urban forestry in Singapore[J]. Arboricultural Journal(22): 271-286.

Robert W M, 1988. Urban forestry[M]. Printed in the United States of America.

Schabel H G, 1980. Urban forest in Germany[J]. Journal of Arboriculture, 6(11): 281-286.

Scott R T, George G, 1996. Estimating economic activity and impact of urban forestry in California with multiple data sources from the 1990s[J]. Journal of Arboriculture, 22(3): 131-43.

Sheauchi C, Joe R M, Keizo F, 2000. The urban forestry of Tokyo[J]. Arbocultural Journal(23): 379-392.

Sudaha P, Ravindranath H, 2000. A study of Bangalore urban forest[J]. Landscape and Urban Planning(47): 47-63.

Song C, Ikei H, Miyazaki Y, 2017. Sustained effects of a forest therapy program on the blood pressure of office workers[J]. Urban Forestry & Urban Greening, 27: 246-252.

Sung J, Woo J, Kim W, et al., 2012. The Effect of Cognitive Behavior Therapy-Based "Forest Therapy" Program on Blood Pressure, Salivary Cortisol Level, and Quality of Life in Elderly Hypertensive Patients[J]. Clinical and Experimental Hypertension, 34(1): 1-7.

Yu C, Lin C, Tsai M, et al., 2017. Effects of Short Forest Bathing Program on Autonomic Nervous System Activity and Mood States in Middle-Aged and Elderly Individuals[J]. International Journal of Environmental Research and Public Health, 14(8): 897.

Templiton S R, Goldman G, 1996. Urban forestry adds 3.8 billion in sales to California economy[J]. California Agriculture, 50(1): 6-10.